Teruo Higa

**Eine Revolution zur
Rettung der Erde**

TERUO HIGA

Eine Revolution zur Rettung der Erde

Mit „Effektiven Mikroorganismen" (EM)
die Probleme unserer Welt lösen –
Beispiel, Hintergründe und Geschichte

Neu durchgesehene und erweiterte Ausgabe

Nach der englischen Übersetzung
aus dem Japanischen von Anja Kanal
ins Deutsche übersetzt von
Edith Sassenscheidt und Franz-Peter Mau

Bibliografische Information der Deutschen Bibliothek

Die Deutsche Bibliothek verzeichnet diese Publikation in der Deutschen Nationalbibliografie; detaillierte bibliografische Daten sind im Internet über http://dnb.ddb.de abrufbar.

„CHIKYU WO SUKU DAIHENKAKU" by Teruo Higa
„AN EARTH SAVING REVOLUTION" by Teruo Higa
Copyright © 1993 by Teruo Higa
Copyright for English translation © 1996 by Anja Kanal

„CHIKYU WO SUKU DAIHENKAKU 2" by Teruo Higa
„AN EARTH SAVING REVOLUTION II" by Teruo Higa
Copyright © 1994 by Teruo Higa
Copyright for English translation © 1998 by Anja Kanal

Original Japanese and English editions published by Sunmark Publishing, Inc., Tokyo, Japan
German translation rights arranged with Sunmark Publishing, Inc.
through InterRights, Inc., Tokyo

1. Auflage
Copyright © 2009 der deutschsprachige Ausgabe edition EM, Bremen

Nach der englischen Übersetzung aus dem Japanischen von Anja Kanal
ins Deutsche übersetzt von Edith Sassenscheidt und Franz-Peter Mau

Umschlaggestaltung Ecko Goldenbogen
Korrektor: Wolfgang Krüger
Lektorat: Franz-Peter Mau
Layout und Satz: hofAtelier Toni Horndasch
Druck: Geffken & Köllner

ISBN 978-3-941383-00-5

www.editionEM.de

Zur Herausgabe der überarbeiteten und erweiterten deutschen Auflage

Eine *Revolution zur Rettung der Erde* erschien 1993 in Japan und wurde auf Anhieb ein Bestseller. Schon im folgenden Jahr brachte der japanische Verlag *Sunmark* die inzwischen von Prof. Higa zusammengefassten jüngeren Berichte und Erfahrungen in einem zweiten Band als *Eine Revolution zur Rettung der Erde II* heraus, eine Erweiterung und Ergänzung des ersten Bandes mit vielen Beispielen und vor allem dem Kapitel über die bis dahin noch nicht erwähnte EM-Keramik. 1996 legte *Sunmark* die englische Übersetzung des ersten Bandes als *An Earth Saving Revolution I* vor, den zweiten 1998 als *An Earth Saving Revolution II*. Beide Bücher waren die Initialzündung für die EM-Bewegung in Europa. Auf Vermittlung von Franz-Peter Mau, der schon ein Kapitel ins Deutsche übersetzt hatte, entschloss sich schließlich der deutsche Verlag *OLV*, den bereits von Edith Sassenscheidt aus dem Englischen übersetzten ersten Band für die deutschsprachigen Länder herauszugeben. Er erschien ergänzt um das Kapitel über die EM-Keramik aus dem zweiten Band im Jahr 2000 als *Eine Revolution zur Rettung der Erde* in der Übersetzung von Edith Sassenscheidt und F.-P. Mau.

Vor Erscheinen dieser Ausgabe hatte Prof. Higa schon eingewilligt, dass eine zusammengefasste Ausgabe der beiden Bände auf Deutsch erscheinen könne. Diesem Auftrag kommen wir mit dieser Ausgabe nach, deren neuen Texte zum größten Teil wieder von Edith Sassenscheidt übersetzt wurden. Sie hat auch die Durchsicht der ersten Ausgabe vorgenommen, um die Übersetzung zu verbessern. Der Verlag hat versucht, bekannte Fehler zu korrigieren und diesem wegweisenden Buch ein angemessenes, leserfreundliches Aussehen zu geben.

Da Prof. Higa bei der japanischen Ausgabe nicht davon ausgehen konnte, dass die Leser des zweiten Bandes den ersten gelesen haben, wiederholen sich einige Passagen, wenngleich in anderen Worten. Solche Wiederholungen haben wir um der Lesbarkeit und der Authentizität willen nur gelegentlich gestrichen bez. gekürzt.

Januar 2009

Inhaltsverzeichnis

Zur Wiederauflage von *Eine Revolution zur Rettung der Erde*   15
in der deutschen Fassung

Prolog 1 (für *Eine Revolution zur Rettung der Erde I*)   18
EM – Hoffnung für unsere Erde

Die erstaunliche Regenerationskraft von anabiotischen Mikroorganismen   19

Nahrung für eine Weltbevölkerung von 10 Milliarden   21

Die „Mitläufer"-Eigenschaft der Mikroorganismen   24

Problemlöser – vom Küchenabfall bis zur Umweltverschmutzung   27

Wachsendes Interesse im medizinischen Bereich   30

Koexistenz und Wohlstand für alle statt Konkurrenz   31

Anmerkungen   34

Prolog 2 (für *Eine Revolution zur Rettung der Erde II*)   36
Die EM-Technologie – ein Weg zu einer neuen industriellen Revolution

Positive Impulse für eine Revolution zur Rettung der Erde   37

Die Aufgaben der Mikroorganismen in der Natur sind (fast) unglaublich   39

Ernten, die Rekorde brechen. Beispiele aus ganz Japan   41

Antwort auf den Wunsch nach einer naturnäheren Lebensweise   43

Der Mensch, der größte Umweltverschmutzer – erste Schritte zur Umkehr   44

Viel guter Wille und echte, begeisterte Zusammenarbeit   47

Unheilbare Krankheiten – Licht am Ende des Tunnels   47

EM-Keramik: Ein Meilenstein für revolutionäre Innovationen   48

EM ist eine Technologie, die unbedingt zum Allgemeinbesitz werden muss   50

Anmerkungen   52

Kapitel 1 (aus *Eine Revolution zur Rettung der Erde I*) 54
EM, die umfassende Lösung für alle Nahrungsprobleme

„Die Mischung macht's!" – Ein glücklicher Zufall und eine Entdeckung 55

Die Tage der Chemikalien und des Kunstdüngers in der Landwirtschaft sind gezählt 58

Die Sinnlosigkeit einer Agrarpolitik, die Produzenten und Verbrauchern gleichermaßen schadet 62

Unlebendiger Boden, unlebendige Menschen 65

Antioxidation: Der wesentliche Faktor bei der Bekämpfung der Umweltverschmutzung 67

Zweifache Wirkung: Schädlingsbekämpfung und stärkere Vermehrung von nützlichen Insekten 69

Die dreifachen Vorteile von EM: Kontinuierliche Ernten, beste Unkrautbekämpfung und erhöhte Erträge 71

Die Kraft, jeden Boden ertragreich zu machen 73

Japans landwirtschaftliche Strukturen müssen erneuert werden, wenn die Nation überleben soll 75

Reiche Nahrungsversorgung kann die Erde retten 77

EM – der fehlende Quotient im organischen Landbau 80

Beginn der vielleicht größten Veränderungen seit der industriellen Revolution 82

Anmerkungen 86

Kapitel 2 (aus *Eine Revolution zur Rettung der Erde II*) 90
Landwirtschaften mit EM – Beispiele für den Ackerbau und die Viehhaltung mit EM

1. Die lebensfähige Option in der Landwirtschaft – Höhere Erträge von besserer Qualität 91

Rekord-Reisernten sogar bei außergewöhnlich kühlen Sommern 91

Verantwortung übernehmen – EM zuerst selbst ausprobieren bevor es anderen empfohlen wird 92

Idealer Reisanbau – Keine Bodenbearbeitung, keine Unkrautbehandlung, Direktsaat 94

Doppelte Erträge bedeuten nicht zwangsläufig doppelte Arbeit	96
Größere und süßere Früchte für Obstbauern	97
Japans erster EM-Laden	99
Unglaublich, aber wahr: Dünger aus unbehandeltem Kuhmist	100
Ampfervernichtung ohne Pflanzenschutzmittel	102
Kunstdünger- und Agrarchemikalieneinsatz um ein Fünftel reduziert	103
Erstklassige Produkte in Farbe, Glanz und Geschmack	105
Eine wirklich lebensfähiges System biologischen Landwirtschaftens und eines, das hält, was es verspricht	106

2. Eine Geschichte vom hässlichen Entlein – Transformation der japanischen Viehhaltung — 108

Sobald EM im Spiel ist, verschwinden Gerüche	108
Das Drei-Punkte-Programm: EM ins Trinkwasser, auf den Boden und ins Futter	110
Drastische Reduktion der Schweinesterblichkeit und eine erstaunliche Qualitätssteigerung des Fleisches	111
Tierabfälle, die geruchsneutral und ein überragender Dünger sind	113
Eine 6-Millionen Kläranlage für nur 500.000 Yen	115
Wie eine Geflügelzucht fast aufgeben musste, aber rechtzeitig die Kurve kriegte	117
Anmerkungen	119

Kapitel 3 (aus *Eine Revolution zur Rettung der Erde I*) Lösung von Umweltproblemen — 122

Recyceltes Papier und Plastik – so gut wie neu	123
Kostenreduzierung von erstaunlichen 90 %	125
Nachfrage nach mehr, nicht nach weniger organischem Abfall	125
Geruchsbeseitigung in der Tierhaltung im Handumdrehen	129
Recyceln von Nutzwasser behebt Wasserknappheit	131
EM und das Säubern unserer Flüsse	133

Beseitigung von chemischen Rückständen in der Landwirtschaft — 135

EM statt Chlor in Schwimmbädern — 136

Die lebensnotwendige Rolle der Mikroorganismen in der Natur — 139

Verhinderung der fortdauernden Zerstörung der Ozonschicht — 141

Milderung von Hunger und Armut auf dem afrikanischen Kontinent — 143

Wie können Effektive Mikroorganismen Umweltprobleme zu lösen? — 144

Effektive Mikroorganismen müssen sich ausbreiten dürfen, wenn wir die Welt retten wollen — 144

Anmerkungen — 147

Kapitel 4 (aus *Eine Revolution zur Rettung der Erde II*) — 150
Die Wiederverwertung von organischen Küchenabfällen – der erste Schritt zu einer sauberen Umwelt

Bürger, Behörden und Landwirte arbeiten Hand in Hand — 151

Verarbeitung von Küchenabfälle mit EM in mehr als 1000 Orten in Japan (1994) — 153

Selbst angebaute Produkte bester Qualität — 154

Dramatische Senkung der Kontaminationsrate im Abwasser privater Haushalte — 156

Jetzt macht Mülltrennung Spaß – Blumen und wohlschmeckendes Gemüse als Lohn — 158

Japan mit Blumen für die Seele bereichern — 159

Bürgerinitiativen zugunsten der Umwelt werden immer wichtiger — 160

Anmerkungen — 161

Kompostierung von Küchenabfällen mit EM in der Praxis — 162

Kapitel 5 (aus *Eine Revolution zur Rettung der Erde II*) 170
Ein neuer Ansatz zur Reinigung verschmutzter Gewässer durch EM

Verschmutzte Gewässer – EM wird durch ein neuartiges Verfahren damit fertig	171
Erfolgreicher EM-Versuch in der Kläranlage eines Privathauses	172
Keine Klärschlamm-Beseitigung bei der EM-Methode	174
Enorme Einsparungen an Strom und Wasser	176
Recycling-Wasser in guter Qualität für Landwirtschaft und Industrie	177
EM hat das Potenzial zur Reinigung von schwer verunreinigten Gewässern	179
Bei der Hauptquelle der Verschmutzung beginnen: den Abwässern aus den Haushalten	180
EM in privaten Mehrkammer-Klärsystemen	180
Fisch-Teiche im Garten	181
Reinigung und Geruchsbindung im Haus	181
Küchenabfälle – kein Problem	181
Weitere Anwendungsmöglichkeiten rund ums Haus	182
Warum wird kostengünstige, qualitativ hochwertige Technik nur zögerlich angenommen?	182
Fischzucht ohne Antibiotika	185

Kapitel 6 (aus *Eine Revolution zur Rettung der Erde II*) 188
EM-Keramik – Eine neue revolutionäre Technologie

Mikroorganismen können bei Temperaturen über 700 Grad Celsius überleben	189
Unendliche Möglichkeiten und praktisch zahllose Anwendungsgebiete	191
EM besitzt eine regenerative magnetische Resonanz, die die Lebenskraft fördert	195
Die Antioxidation frischt zu lange gelagerte Nahrungsmittel und alte Gegenstände wieder auf	197
EM-Keramik bedeutet besseres Trinkwasser und wirksamere Wasserklärung	200
EM-Keramik bewirkt bei industriell hergestellten Materialien eine längere Lebensdauer	202

Inhaltsverzeichnis

Alle sollen an den Vorteilen von EM teilhaben	204
Anmerkungen	205

Kapitel 7 (aus *Eine Revolution zur Rettung der Erde I*) 206
Ein Weg aus der medizinischen Misere

Medizin sollte eine rückläufige Industrie sein	207
Wir müssen eigenverantwortlich bestimmen, was wir unserem Körper zuführen wollen und was nicht	209
Wir werden zwar immer älter, aber der schlechte Gesundheitszustand ist ein soziales Problem	212
Die heilende Kraft der Antioxidation	214
Medizinische Beweise	216
Warum bekommen manche Raucher Krebs und andere nicht?	218
Krebs, der Energiefresser, und die Antioxidantien als seine größten Feinde	220
Bei geistigen und seelischen Krankheiten entsteht ebenfalls aktiver Sauerstoff	222
Gesundheit durch regenerative Mikroorganismen	226
Anmerkungen	229

Kapitel 8 (aus *Eine Revolution zur Rettung der Erde I*) 230
Aufbau einer Gesellschaft, die auf Koexistenz und Wohlstand für alle basiert

Landwirtschaft und Pflanzenanbau – meine Leidenschaft seit Kindertagen	231
Theorie ohne Praxis gegen Praxis ohne Theorie und die erfolgreiche Kultivierung von Mandarinen auf Okinawa	234
Eine Zeit des sozialen Umbruchs: Von der Konkurrenz zu Koexistenz und Koprosperität	237
Nahrung, Gesundheit, Umwelt: Sie dürfen nicht dem Prinzip der Konkurrenz unterworfen bleiben	240
Das Kennzeichen der Authentizität – allgemeiner Nutzen zu erschwinglichen Preisen	242
Verminderung übermäßiger Belastungen der Gesellschaft	245

In der Landwirtschaft und nicht in der Medizin kann das große Geld verdient werden 247

Prioritäten setzen: Problemlösung vor Wissensanhäufung 250

Japan hat das Potenzial, eine ideale Gesellschaft aufzubauen 255

Anmerkungen 259

Postskriptum (aus *Eine Revolution zur Rettung der Erde I*) 263

Biographie 266

Bildnachweis 267

Bezugsquellen 268

Zur Wiederauflage von
Eine Revolution zur Rettung der Erde
in der deutschen Fassung

Mein Buch *Eine Revolution zur Rettung der Erde,* das vor 15 Jahren auf den Markt kam, wurde bisher in mehr als zehn Sprachen übersetzt, und die EM-Technologie wird inzwischen in mehr als 150 Ländern nutzbringend verwendet. Die Verbreitung von EM geschieht oft auf ehrenamtlicher Basis und hat dann kaum einen geschäftlichen Aspekt. Daher ist viel von dem, was die EM-Geschäftsleute tun, notwendigerweise auch mit ehrenamtlicher Tätigkeit verbunden.

Wegen dieser vielen Menschen, für die EM eine Freude oder gar ein Lebensinhalt ist, hat sich EM auf der ganzen Welt verbreitet. Das Engagement dieser Leute hat zum Ziel, eine Lebensweise und ein Gesellschaftssystem aufzubauen, das sicher, angenehm, kostengünstig, hochwertig und nachhaltig ist.

Der erste Anlass für die Verbreitung von EM in Europa war 1995 die „Internationale Konferenz über natürliche Landwirtschaftsmethoden mit EM" in Frankreich. Danach waren die Niederlande Mittelpunkt der Verbreitung der EM-Technologie. Durch deren Bemühen ist EM nach Deutschland, Österreich, in die Schweiz und nach Polen verbreitet worden und wird heute in allen EU-Ländern eingesetzt.

Insbesondere Deutschland übertrifft bei den EM-Aktivitäten die anderen Länder und spielt heute eine zentrale Rolle in Europa. Ich bin den Menschen in Europa aus tiefem Herzen dankbar, dass sie geduldig und fleißig ihre EM-Aktivitäten für eine intakte Umwelt und eine nachhaltige Gesundheit schon so lange durchgeführt haben und EM auch in Osteuropa sowie in einigen afrikanischen Ländern bekannt gemacht wurde.

Die EM-Technologie hat sich ständig und schnell weiterentwickelt. Die Methoden in diesem Buch sind schon in vielen Ländern verwirklicht worden, aber es gab Probleme in verschiedenen Ländern, die strikte gesetzliche Beschränkungen für die Verwendung von Mikroorganismen haben.

Zu Beginn wurden aus mehr als 2000 Arten von Mikroorganismen 81 Arten aus fünf Familien bzw. zehn Gattungen ausgewählt, die als unbedenklich bekannt waren. Durch die Überprüfung der Kombinationen dieser Arten wurde festgestellt, dass diejenigen, die eine antioxidante Wirkung haben, Bestandteil der EM-Mikroorganismen werden können. Zudem haben wir entdeckt, dass die Wirkungen bestimmter Mikroorganismen, die bereits in der Erde oder in der Umwelt vorhanden sind, von den effektiven Mikroorganismen verbessert werden. Wenn man EM kontinuierlich verwendet, steigert sich ihre Wirkung, und ohne negative Nebenwirkungen tritt überall eine Regeneration ein (das Phänomen der Syntropie). Deshalb sind die Anwendungsbereiche auch praktisch unbegrenzt.

Obwohl dieser Erfolg anerkannt ist und alle diese 81 Arten aus fünf Familien bzw. zehn Gattungen zu untersuchen technisch möglich wäre, haben einige Länder entschieden, die

EM-Technologie nicht einzuführen, weil es in der Umsetzung zu hohe Kosten verursachen würde, und ihren Wunsch zur Vereinfachung geäußert.

Ich habe zunächst damit begonnen, absolut unerlässliche Mikroorganismen als Bestandteile zu bestimmen und sie auf fünf Familien bzw. elf Arten eingegrenzt. 1997 habe ich eine Genehmigung in den USA und anderen Ländern bekommen. Trotzdem gab es die Meinung, dass es immer noch viel zu viele Arten sind. Das letztendliche Ergebnis ist in der untenstehenden Tabelle abgebildet.

Die Hauptmikroorganismen für EM sind Milchsäurebakterien, Hefen und Photosynthesebakterien. Wenn eine dieser Bestandteile fehlt, funktioniert es als EM nicht. Daher sind wir zu dem Ergebnis gekommen, dass man es als EM betrachten kann, wenn diese drei Mikrobentypen vollständig vorhanden sind und unterhalb eines pH-Werts von 3,5 liegen. Die anderen Mikroorganismen müssen nicht unbedingt überprüft werden.

Die heutige EM-Technologie besteht nämlich zum Hauptteil aus diesen drei Mikrobentypen und weiteren effektiven Mikroorganismen, die aus der Natur zufällig in die Mischung gelangen. Je höher ihre Zahl ist, desto besser.

Mit Zuckerrohrmelasse kann man die Kultur aus Milchsäurebakterien, Hefen und Photosynthesebakterien vermehren. Wird diese Mischung unter einem pH-Wert von 3,5 gehalten, dann kommen paradoxerweise so viele passende Mikroorganismen hinzu, dass sie von der Anzahl fast die originale Zusammensetzung aus den 81 Arten der fünf Familien bzw. zehn Gattungen erreichen – oder ihre Zahl sogar übertreffen. Daher kann man sagen, dass die EM-Technologie, wie sie sich heute darstellt, durchaus das ursprüngliche Niveau der Mikrobenvielfalt erreicht.

Nach dieser Entwicklung ist die untenstehende Tabelle der Weltstandard, so dass man für die EM-Qualitätskontrolle nur diese drei Mikrobensorten prüfen muss. Dies ist die Technologie, mit der sich EM bis heute auf der ganzen Welt verbreitet hat.

Die Umweltprobleme unserer Erde sind immer ernster geworden, der Preis für Energie wird immer höher und die Kosten für Kunstdünger sowie Agrarchemikalien haben sich verdreifacht. Diese Notlage ist für alle, die sich mit EM beschäftigen, der richtige Zeitpunkt, aktiver zu werden, und ich kann mir vorstellen, dass die Stunde der EM-Technologie geschlagen hat. Ich wünsche mir, dass sich die EM-Technologie von Deutschland aus nicht nur in die EU-Länder, sondern in ganz Osteuropa verbreitet, und so die „Revolution zur Rettung der Erde" beschleunigt wird.

Prof. Dr. Teruo Higa, Okinawa, Sommer 2008

表2　2002年に出されたEMソリューション

11 December, 2002

To whom it may concern,

CERTIFICATION OF EFFECTIVE MICROORGANISMS (EM) SOLUTIONS

The EM Research Organization Inc., of Okinawa, Japan wish to certify that the solution of EM for use in agriculture and environmental programs have the following characteristics.

A, Contents of Microorganisms

Type of Microorganisms	Basic Species
Lactic Acid Bacteria	*Lactobacillus plantarum* *Lactobacillus casei*
Phototrophic Bacteria	*Rhodopseudomonas palustris*
Yeast	*Saccharomyces cerevisiae*
Others	Local beneficial microorganisms, that exist naturally in the environment, survive in the mixture of EM at pH levels under 3.5. These species combine into EM in the manufacturing process to constitute EM's dynamic and diverse microbial mixture.

Whereas during the initial phase of development of EM, 5 families, 10 genera, and 80 species of microorganisms have been cultivated, subsequent research has revealed that even by cultivating the three main groups of microorganisms, the same effects of EM are sustained, hence at present cultivation of EM are focused on the above mentioned main microorganisms group.

In circumstances where some of the species are not available, they can be replaced by those of similar characteristics in the same genera.

All microbes found in EM are present in all ecosystems, and are primarily used in the food industry.

They are non-toxic to humans, animals, plants, and the environment.

The solution of EM, therefore, is not harmful and does not contain genetically modified organisms.

We hereby certify that all EM made in future, until notified otherwise, will contain only these organisms at the time of being made available for use and be of the same quality.

Please be informed that this information is the most recent released by our organization. Hence it invalidates all earlier certificates issued by our organization.

Prolog 1

EM – Hoffnung für unsere Erde

Aus: *Eine Revolution zur Rettung der Erde I*

Die erstaunliche Regenerationskraft von anabiotischen Mikroorganismen

Eine neue Technologie bringt eine bedeutsame Revolution auf mehreren scheinbar ganz verschiedenen Gebieten hervor: die EM-Technologie. Sie führt zu wichtigen und immer weiter gehenden Veränderungen in der Landwirtschaft, in der Umwelt und auf dem Gebiet der Medizin. Diesen Prolog schreibe ich in der Absicht, eine kurze Einführung in diese EM-Technologie zu geben: was sie beinhaltet, welche positiven Veränderungen sie in unserer Welt bewirkt und welche Hoffnungen für unseren kranken und dahinsiechenden Planeten in sie gesetzt werden können.

Ein geeigneter Ausgangspunkt scheint mir die Darstellung zweier entgegengesetzt wirkender Kräfte in der Natur zu sein. Im weitesten Sinne können sie als die Kräfte der Regeneration und Degeneration beschrieben werden. Erstere, die Kraft der Regeneration, stattet in charakteristischer Weise alles mit Leben und Vitalität aus, unterstützt und erhält das Ganze und schafft Wohlbefinden und gute Gesundheit. Sie ist produktiv, nützlich und lebenserhaltend. Mit anderen Worten, sie ist die Kraft des Lebens. Im Gegensatz dazu ist Degeneration die dynamische Kraft der Zerstörung: Sie fördert Verfall und Zerfall, Verschmutzung und Infektionen, bewirkt Krankheit und Siechtum und letztendlich Tod. Sie ist kontraproduktiv, pathologisch und nekrotisch. Erst in jüngster Zeit erkennt die Forschung, was hinter diesen beiden Kräften steht, was sie antreibt und bestimmt. Beide entstehen und werden beherrscht von den winzigsten Formen des Lebens, die wir kennen, von Organismen, die wir mit dem bloßen Auge nicht sehen können. Die Kontrolle über Regeneration und Degeneration liegt bei diesen allerkleinsten Geschöpfen, die man in ihrer Gesamtheit als Mikroorganismen bezeichnet.

Die Beschaffenheit des Bodens ist ein genauer Indikator dafür, welche von den beiden Kräften vorherrscht. So zeigen z. B. Pflanzen auf einem Boden, auf dem anabiotische oder regenerative Mikroorganismen dominieren, ein bemerkenswertes Wachstum, sind erstaunlich gesund, frei von Krankheiten und Schädlingen. Ohne Bedarf an Chemikalien, Pestiziden und Kunstdünger weist die Qualität des Bodens eine ständige und anhaltende Verbesserung auf. Das Gegenteil ist der Fall bei einem Boden, in dem die degenerativen oder pathologischen Mikroorganismen überwiegen. Hier ist das Pflanzenwachstum ärmlich, die Pflanzen sind schwach und werden stark von Schädlingen befallen. Gedeihen ist praktisch ohne Hilfe von Chemikalien und Kunstdünger überhaupt nicht möglich. Zurzeit ist diese minderwertige, ausgelaugte Bodenbeschaffenheit leider für 90 % aller Ackerböden in Japan kennzeichnend. Der größte Teil des Bodens in Japan befindet sich im Endstadium äußerster Minderwertigkeit und geht mit Riesenschritten auf den Zusammenbruch und die völlige Degeneration zu.

Mögen diese extremen Verhältnisse und die daraus entstehenden Bedingungen noch so gravierend sein – es gibt eine Kraft, die in der Lage ist, diese Situation vollständig umzukehren und Böden, so arm sie auch sind, in sehr kurzer Zeit zu regenerieren. Die Kraft, die das vermag, stammt von den kleinen anabiotischen Mikroorganismen, die als EM bekannt sind. Als Kurzform für *effektive Mikroorganismen* ist EM der Sammelbegriff, den ich für die große Gruppe von Mikroorganismen prägte, die verantwortlich sind für den regenerativen Prozess der zwei dynamischen Kräfte in der Natur, den ich oben beschrieben habe. Photosynthesebakterien, Hefen, Milchsäurebakterien und Pilze sind einige der Stämme von anabiotischen Mikroorganismen, die zur EM-Gruppe gehören. Wenn eine Kombination hiervon im Boden vorhanden ist und sie sich genügend vermehren können, heben sie das Antioxidationsniveau und verstärken damit die Energie. Mit anderen Worten: Ihre Aktivität regt den Regenerationsprozess an, reinigt die Luft und das Wasser im Boden und intensiviert das Pflanzenwachstum.

Eine weitere positive Wirkung der anabiotischen Mikroorganismen liegt darin, dass ihre Ausscheidungen große Mengen von Nährstoffen enthalten, die sowohl für die Pflanzen als auch für die Tiere nützlich sind, u. a. sind das Aminosäuren, organische Säuren, Polysaccharide und Vitamine. Deshalb macht die EM-Technologie in der Landwirtschaft nicht nur die Verwendung von Chemikalien und Kunstdüngern unnötig, sondern bringt sogar in jeder Hinsicht bessere Ergebnisse. Die mit EM erzielten Erträge in der Landwirtschaft sind sowohl mengenmäßig als auch qualitätsmäßig ganz bemerkenswert. Einige aktuelle Beispiele vom Reisanbau in Japan mit zuverlässigen und nachprüfbaren Daten mögen meine Angaben stützen:

Gegenwärtig beläuft sich bei konventionellem Anbau der durchschnittliche Reisertrag auf 540 kg pro 1000 m^2. Dies setzt eine optimale technische Ausrüstung aufseiten der Landwirte voraus, dazu günstige Wetterbedingungen und die Verwendung von Chemikalien und Kunstdünger. Demgegenüber haben wir bei Einsatz von EM die Reiserträge auf 840 bis 900 kg pro 1000 m^2 steigern können. Der jemals größte Ertrag im Reisanbau in der Geschichte Japans vor der Anwendung von EM wurde auf einer Plantage in der Region Yamagata erzielt und betrug 870 kg/1000 m^2. Nur wenige Jahre nach der Einführung von EM hat sich gezeigt, dass eine weitere Ertragssteigerung möglich und ein höheres Niveau zu erreichen ist als jemals zuvor mit konventionellen Methoden. Diese beträchtliche Steigerung des Volumens ist aber noch nicht alles. Das Maximum, das von unserer Forschungsgruppe unter experimentellen Bedingungen erzielt wurde, waren 1656 kg/1000 m^2. Dies Ergebnis zeigt, dass der Reisanbau mit EM-Technologie durchaus 1800 kg erreichen könnte. Wenn EM in großem Maßstab zum Einsatz käme, gäbe es keinen Grund, warum die Erträge im Reisanbau sich nicht fast über Nacht verdreifachen könnten.

Zurzeit geht allerdings der Reisverbrauch in Japan zurück und die Anbaufläche wird reduziert. Unter diesen Bedingungen überrascht es nicht, dass darüber diskutiert wird, welchen Sinn es hätte, die Reiserträge zu verdreifachen. Meine Gegenfrage ist, was der Nachteil einer höheren Ertragsmenge von qualitätsmäßig und geschmacklich wirklich ausgezeichnetem Reis wäre, der zudem keinerlei chemische Belastungen hätte. Wenn zurzeit eine allgemeine Produktionssteigerung nicht angezeigt ist, warum sollten wir nicht nach Möglichkeiten Ausschau halten, die großen Vorteile von EM auf andere Bedarfsfelder auszudehnen?

Wenn also der gegenwärtige Verbrauch zurückgeht und eine dreihundertprozentige Steigerung nicht erforderlich ist, dann wäre es doch denkbar, die gegenwärtige Produktionsmenge beizubehalten und dafür die Anbaufläche zu reduzieren. Die frei werdenden Flächen könnten auf verschiedene Weise genutzt werden: zum Anbau von anderen Nahrungsmitteln oder für die Wiederaufforstung, um so unsere schwindenden Grünflächen zu vergrößern und neue Waldgebiete zu schaffen. Es wäre weit besser, wenn dieses Land in Parks oder der Öffentlichkeit zugängliche Flächen umgewandelt oder sogar für den dringend nötigen Wohnungsbau bereitgestellt würde. Die Liberalisierung des Reismarktes ist in Japan zu einer ziemlich heftigen Streitfrage geworden und mit einer Menge von Problemen befrachtet. Trotzdem kann aber die Einführung von EM den ganzen Produktionsprozess viel kosteneffektiver machen, einerseits durch Export der Überschüsse von qualitativ allerbestem Reis, andererseits durch Verwendung als organischer Rohstoff in verschiedenen Industrien. Man mag die Situation betrachten, wie man will, auf jeden Fall bietet der Einsatz der EM-Technologie auf diesem speziellen Sektor ein beachtliches Potenzial für positive und bedeutsame Veränderungen in der Reisproduktion in Japan, und zwar so, dass wir damit einer Lösung der Myriaden von Problemen, mit denen wir uns herumplagen, näherkommen können.

Nahrung für eine Weltbevölkerung von 10 Milliarden

Ich habe mich bis jetzt auf den Reisanbau konzentriert, aber die Vorteile der EM-Technologie in der Landwirtschaft und der Nahrungserzeugung gehen weit über die Anwendung für diese spezielle Getreideart hinaus und haben bei einer großen Anzahl von Obst- und Gemüsesorten schon zu außergewöhnlichen Ernteerträgen geführt. War früher der Anbau von tropischen Früchten durch eine einzige Blütezeit und Ernte charakterisiert, so erbringt die EM-Anwendung mehrfache Ernten und das Vielfache des bisher üblichen Ertrags. Im Gurkenanbau, wo üblicherweise ein Fruchtknoten eine Gurke hervorbringt, erhöht sich jetzt der Ertrag auf vier oder fünf pro Fruchtknoten. Dasselbe gilt für Mais, wo es Beispiele für acht Kolben auf einem einzigen Stängel gibt, ebenso für Cocktailtomaten, wo die Erträge sich von 30 auf 300 Tomaten pro Pflanze erhöhten. Diese Steigerung ist nicht nur mengenmäßig fast unglaublich, sondern die Ernten mit EM erweisen sich auch im Geschmack und im Nährwert als qualitativ höchstwertig. Obwohl bis vor kurzem solche mit Hilfe der EM-Technologie erzielten Ernteergebnisse als unvorstellbar angesehen wurden, sind sie doch kaum noch Grund zum Staunen für den, der sich vor Augen hält und begreift, wie wunderbar die Natur arbeitet.

In der ganz frühen Erdgeschichte, lange bevor der Mensch auf dem Planeten erschien, besaß der Boden die Kraft und die Fähigkeit, riesige Wälder auf der ganzen Erdoberfläche hervorzubringen. Die Quelle dieser Kraft lag in den im Boden lebenden Mikroorganismen. Wenn wir eben diesen Lebewesen die Möglichkeit geben könnten, sich wieder so zu vermehren, wie sie es einmal taten, könnten wir ganz ohne Bearbeitung des Bodens auskommen und sogar völlig ohne den Einsatz von Chemikalien und Kunstdüngern. Der Mechanismus für diese einfache und leichte Erzeugung aller Nahrung, die wir brauchen, existiert tatsächlich bereits in der Natur. Wir müssen jedoch noch lernen, dieses Potenzial der Natur effektiv zu maximieren, im Ganzen gesehen und in der Umsetzung in den einzelnen Praxisbereichen.

Die verschiedenen Systeme des Ackerbaus, die sich entwickelten, als die Menscheit in festen Gemeinschaften zu siedln begann, erforderten zuerst eine regelmäßige Bodenbearbeitung, dann organischen Dünger und später Düngemittel, um die Fruchtbarkeit des Bodens zu erhalten und die Ernteerträge zu steigern. Im Laufe der Zeit bildeten sich somit immer ausgeklügeltere Bearbeitungsmethoden heraus. Die chemischen Mittel und die Kunstdünger, die heute in der Landwirtschaft verwendet werden, sind nur eine Weiterentwicklung der gleichen Methode. Da wir diese Technik und Neuerung als Fortschritt betrachteten, haben wir den Weg mit diesen Methoden weiterverfolgt bis zu dem Punkt, an dem die Ackerböden fast bis zur völligen Unfruchtbarkeit verarmt und ausgelaugt sind. Außerdem hat es dazu geführt, dass die Verwendung von Chemikalien und Kunstdüngern zusammen mit dem Einsatz von schweren Landmaschinen die Zerstörung unserer unmittelbaren Umwelt bewirkt.

Einerseits kann nicht geleugnet werden, dass diese künstlichen Produkte eine höchst bedeutsame und dramatische Rolle bei der Hebung des Produktionsniveaus in der Landwirtschaft gespielt haben. Die andere Seite der Geschichte spiegelt sich jedoch wider in der Geschwindigkeit, mit der sie den Boden seiner natürlichen, ihm innewohnenden Fähigkeit, sich zu regenerieren und sich selbst in einem gesunden und lebendigen Zustand zu erhalten, beraubt haben. Es ist genau so, wie wenn man einen Kredit aufnimmt, wohl wissend, dass man nicht die Mittel und Möglichkeiten hat, ihn zurückzuzahlen. Das geliehene Geld ist weg, alle Geldquellen sind erschöpft, aber die Schuld als solche bleibt bestehen, und keine Möglichkeit ist in Sicht, sie abzulösen. Der Schrank ist leer, und es ist nichts da, um ihn wieder zu füllen. Genau das ist unsere heutige Situation. Die Böden unseres Planeten sind ausgebeutet und unsere Umwelt ist verschmutzt.

Aus dieser Perspektive könnte man die Anbaumethoden in Japan während der Edo-Periode (18. bis zur Mitte des 19. Jahrhunderts) für besser geeignet halten als die heutigen, um Bodenbeschaffenheit und Umwelt in gutem Zustand zu erhalten. Aber ich plädiere nicht einen Augenblick lang für die Rückkehr zu Methoden einer vergangenen Zeit. Mit Sicherheit würden sie keine Lösung für unser derzeitiges Dilemma bieten, weil sie nämlich absolut keine Erhöhung der Nahrungsmittelproduktion brächten. Dasselbe kann von den verschiedenen Methoden des biologisch-organischen Landbaus gesagt werden, wie er heute praktiziert wird. Obgleich hierbei die Anwendung von Chemikalien und Kunstdüngern verpönt ist und er von daher empfehlenswert erscheint, kann er vom Ertragsvolumen her gesehen mit den heutigen konventionellen Anbaumethoden, wo chemische Mittel eingesetzt werden, nicht verglichen werden.

Dagegen kennzeichnet die EM-Technologie, dass sie die Anbaumethoden der modernen Landwirtschaft in einer weit besseren und überlegenen Form anwendet. Es werden absolut keine künstlichen chemischen Mittel, Pestizide oder Kunstdünger irgendwelcher Art eingesetzt, und bei Optimierung der Funktion der effektiven Mikroorganismen demonstrieren sie ihr Potenzial für weit verbesserte Qualität und Quantität gegenüber allen anderen modernen Anbausystemen. In diesem Sinne könnte die auf EM basierende Landwirtschaft als natürliche, ganzheitliche Anbauweise der Zukunft bezeichnet werden. Anbaumethoden, die sich auf Biotechnologie gründen, werden häufig als Landbau der Zukunft hochgelobt. Solche Methoden, die freizügig von der Gentechnologie Gebrauch machen, sind zwar im Labor recht erfolgreich, zeigen jedoch drastische Mängel in der praktischen Anwendung draußen im Freiland, und zwar aus dem einfachen Grund, weil sie gegen die Naturgesetze der Evolution arbeiten.

Die EM-Technologie ähnelt dem biotechnischen Weg insofern, als eine Gruppe von effektiven Mikroorganismen zusammengebracht wird, um in der Nahrungsproduktion aus ihrem natürlichen Zusammenleben Nutzen zu ziehen. In der Praxis erweisen sich die Ergebnisse als sehr stabil, weil sie durch einen der Natur entsprechenden Syntheseprozess entstehen, der sich spontan entwickelt, weiterläuft, sich selbst vervollkommnet und dabei frei von selbst geschaffenen Widersprüchen und Umwegen ist.

Wenn auch in Japan EM in der Landwirtschaft nur langsam Eingang findet, so steigt doch die Zahl anderer Länder, die diese Methoden zielbewusst in ihre nationale Politik integrieren. So wurden mein Team und ich in Asien zur Anwendungsberatung schon nach Thailand, Malaysia, Indonesien, die Philippinen, Südkorea, Taiwan, Pakistan, Bangladesh, Sri Lanka, Nepal, Laos, Indien und China gerufen. In Südamerika hat sich Brasilien mit Begeisterung auf EM konzentriert, weil es einen Ausweg zeigt, von den zerstörerischen Brandrodungsmethoden wegzukommen und gleichzeitig die natürlichen Umweltverhältnisse im Amazonasbecken zu erhalten. Brasilien ist derzeit der größte EM-Verbraucher. Argentinien, Paraguay, Uruguay, Bolivien, Peru, Ecuador, Venezuela, Nicaragua und Mexiko gehören zu den Ländern in Mittel- und Südamerika, wo EM versuchsweise schon in Gebrauch ist.

Die Vereinigten Staaten und Kanada sind zwei der entwickelten Länder, die bis jetzt das größte Interesse an EM gezeigt haben. In den Vereinigten Staaten arbeitet bereits ein Herstellungsbetrieb. Im Herbst 1993 führten das Internationale Nature Farming-Forschungszentrum und die zur Verbreitung und Förderung von EM verantwortliche Abteilung unserer Hauptorganisation zusammen mit dem US-Ministerium für Landwirtschaft die dritte Internationale Konferenz für ökologischen Landbau nach der Kyusei-Methode durch. Eine Anzahl aktueller Berichte über erfolgreiche Anwendungsbeispiele haben viel dazu beigetragen, die Verbreitung der EM-Technologie in den USA zu beschleunigen.

Auch mit einer Anzahl von europäischen Ländern wurde schon Kontakt aufgenommen, darunter mit Frankreich, Deutschland, Spanien, Portugal und der Schweiz; es wurde auch damit begonnen, EM nicht nur praktisch in der Landwirtschaft einzusetzen, sondern auch zu erforschen, wie mit EM Umweltprobleme gelöst werden können. Mit einigen Ländern in Afrika und Osteuropa, die von EM wissen und bereits großes Interesse zeigen, scheint nun der Boden für das weltweite Netzwerk vorbereitet, in dem vor dem Ende des Jahrtausends die natürlichen EM-Anbaumethoden eingesetzt werden.

Das Riesenproblem der Nahrungsknappheit und wie wir damit fertig werden, wird im 21. Jahrhundert bedrohlich werden. Nach meiner eigenen Einschätzung könnte mit der weltweiten Anwendung der EM-Anbaumethoden der Nahrungsmangel behoben und genügend Nahrung produziert werden, selbst wenn die Weltbevölkerung die Zehnmilliardenmarke erreichen würde. Der Einsatz von EM würde sogar die Kultivierung von Wüstengebieten ermöglichen, so dass genügend Nahrung für eine Weltbevölkerung von 20 Milliarden oder noch mehr erzeugt werden könnte. Ich möchte damit nicht sagen, dass die Erdbevölkerung sich unbeschränkt vermehren sollte: Ich deute nur eine mögliche und sicherlich optimistischere Betrachtungsweise der Situation an.

Die „Mitläufer"-Eigenschaft der Mikroorganismen

Obwohl ich mich größtenteils auf die Darstellung der positiven Ergebnisse mit EM-Technologie in der Nahrungsproduktion sowie der aufregenden Aussichten für die Zukunft konzentriert habe, ist doch ihre Anwendung keineswegs auf das Gebiet der Landwirtschaft beschränkt. Die EM-Technologie hat bereits erstaunliches Potenzial für die Lösung von zwei weiteren großen, globalen Problemen unserer Zeit bewiesen, nämlich beim Problem der Verschmutzung der Erde allgemein und der daraus resultierenden Verschlechterung und Verschmutzung der Umwelt.

Eine Anwendungsart von EM ist die Herstellung von EM-Bokashi, die ich im ersten Kapitel genauer darstellen werde. Als in Japan mit der Anwendung von EM-Bokashi für landwirtschaftliche Zwecke begonnen wurde, machten die Bauern damit auch in anderen Bereichen Versuche und kamen zu einigen ganz erstaunlichen, neuen und revolutionierenden Ergebnissen, und zwar besonders mit rohem und unbehandeltem organischem Abfall aus Nahrungsresten, die aus Haushalten und Küchen stammten. Wie und warum, beschreibe ich im Folgenden:

EM ist ein flüssiges Konzentrat. Es wird in Tanks aus Kulturen von über 80 verschiedenen Arten von Mikroorganismen hergestellt. Die Mikroorganismen werden aus zehn Spezies ausgewählt, die fünf verschiedenen Familien angehören, und sie umfassen sowohl Aerobier als auch Anaerobier. Vielleicht ist dies das außerordentlichste Charakteristikum von EM, dass nämlich aerobische und anaerobische Mikroorganismen nicht nur ganz vergnügt in einer einzigen Kultur zusammenleben k ö n n e n, sondern es auch t u n[1]. Das bedeutet, dass EM tatsächlich das Ergebnis des Zusammenlebens von zwei Mikroorganismengruppen mit verschiedenen Lebensansprüchen ist: Aerobische Mikroorganismen, die Sauerstoff zum Überleben brauchen, und anaerobische Mikroorganismen, die Sauerstoff meiden. Bisher wurde weithin unwidersprochen von den Fachleuten angenommen, dass jeweils nur gleiche Mikroorganismenarten gleichzeitig und gemeinsam erforscht werden können. Bis jetzt hatte tatsächlich niemand Versuche durchgeführt, was denn passieren würde, wenn Mikroorganismen von dezidiert verschiedenem Typus zusammengebracht werden. Es galt von vornherein als feststehende Tatsache, dass in einem Experiment dieser Art inkompatible, d. h. ungleiche Spezies sich gegenseitig vernichten würden. Aus diesem Grund wurde es in der modernen Mikrobiologie als unmöglich betrachtet, Kulturen für ein solch hohes Niveau des Zusammenlebens der Mikroben zu entwickeln.

Diese vermeintliche Inkompatibilität von aerobischen und anaerobischen Mikroorganismen ist immer der erste Einwand, der gegen EM vorgebracht wird. Dessen ungeachtet ist es eine unleugbare und eminent wichtige Tatsache, dass aerobische und anaerobische Mikroorganismen koexistieren können. Dies ist der springende Punkt für das Verständnis, weshalb die EM-Technologie eine Lösung für unsere Umweltprobleme bietet. Das Folgende ist vielleicht sehr technisch, aber ich bitte um Nachsicht, denn wenn diese Grundtatsachen klar sind, werden Potenzial und Möglichkeiten von EM verständlich, also wie und warum es wirkt.

Zwei Bakterienarten unter den Myriaden von verschiedenen Spezies, die sich im Boden finden, sind die Photosynthese- und die Azotobakterbakterien. Beide Arten erfüllen die lebenswichtige Funktion der Stickstoffbindung[2]. Ihre Lebensbedingungen sind jedoch diametral verschieden. Photosynthesebakterien sind Anaerobier, d. h. sie können keinen Sauerstoff vertragen. Andererseits sind die Azotobakterbakterien, die ebenfalls den Boden beleben und Stickstoff binden, Aerobier, und sie gedeihen nur mit Sauerstoff. Zu erwarten, dass diese beiden Arten vergnügt zusammenleben, gleicht der Vorstellung, dass Öl und Wasser sich mischen. Es wundert also nicht, wenn es bis jetzt für absolut unmöglich gehalten wurde, dass solche Mikroorganismen zusammenleben. Und doch passiert genau das in einer EM-Kultur: Beide Arten koexistieren symbiotisch auf höchst vorteilhafte und produktive Weise. Letztlich ist die genaue Identifizierung dieser nicht wegzudiskutierenden, weil wissenschaftlich begründeten Tatsache eine höchst bemerkenswerte Entdeckung und ein wichtiger Durchbruch in meiner Arbeit auf diesem Gebiet.

Auf welche Weise können zwei so offensichtlich verschiedene Spezies dies tun? Ein Grund liegt im Austausch der Nahrungsquellen, der zwischen ihnen stattfindet. Als Aerobier leben und gedeihen Azotobakter auf organischem Material, das auch die Grundlage für ihre Reproduktion und Vermehrung ist. Zufälligerweise ist nun aber der Abfall, den sie produzieren, die ideale Nahrungsquelle für Photosynthesebakterien, die ihrerseits wieder organischen Abfall produzieren und so wiederum die Lebensbasis für die Azotobakter schaffen. Gerade dieser wechselseitige Austausch bei diesem Nahrungszyklus erfüllt eine der Bedingungen, wodurch beide Spezies zusammen existieren können.

Ein weiteres Hindernis für die Koexistenz von aerobischen und anaerobischen Bakterienstämmen ist die Tatsache, dass die einen Sauerstoff benötigen, wogegen die anderen nur gedeihen, wenn kein Sauerstoff da ist. Azotobakter brauchen Sauerstoff zum Leben und zur Vermehrung. Ihre zu starke Vermehrung führt jedoch zu Sauerstoffmangel. Und genau dieser Sauerstoffmangel ist die Lebensgrundlage für die anaeroben Photosynthesebakterien, für ihr Gedeihen und ihre Vermehrung. Die Bestätigung, dass der Austausch in dieser Weise stattfindet, habe ich tatsächlich gefunden, und ich habe diesen Prozess unter dem Mikroskop auf Video aufgenommen.

Photosynthesebakterien und Azotobakter tauschen also munter ihre Nahrungsquellen aus und können beide sozusagen unter einem Dach leben und gedeihen, wenn bestimmte Kriterien für ihre Koexistenz vorhanden sind. Nachdem sich dies für die anaerobischen und aerobischen Mikroorganismen bestätigt hatte, hielt ich es für denkbar und natürlich, dass bei anderen Typen von Mikroorganismen ein ähnlicher Prozess stattfindet. Ein einziges Gramm Ackerboden enthält Milliarden von diesen winzigen Lebewesen, darunter auch eine ganze Anzahl der anaerobischen Spezies. So gibt es auch verschiedene Arten, die untereinander in einer Symbiose leben, ähnlich der zwischen Photosynthesebakterien und Azotobaktern. Bei meinen Versuchen ging ich von Kombinationen aus, die mehrere verschiedene Mikroorganismenstämme enthielten, wobei es in diesem Stadium mein Ziel war, eine Kombination zu finden, die zu gesünderem Pflanzenwachstum führen sollte. Anfangs gelang es mir nicht, zu den gesuchten Ergebnissen zu kommen, und ich machte kaum Fortschritte. Im Verlauf von zahlreichen Versuchen bemerkte ich jedoch, dass Bakterienarten mit ähnlichen Eigenschaften vom Typus her regenerativ oder degenerativ waren. Ich entdeckte auch, dass in der Mehrzahl der Fälle, wo sie dieselbe dynamische Tendenz zeigten, sie auch zu einer symbiotischen Koexistenz fähig waren, die für beide von Vorteil war.

Ich teilte die Ergebnisse vielen Experten mit, aber es war außerordentlich schwierig, sie von meiner Sicht der Dinge zu überzeugen. Sie waren der festen Meinung, dass ich zwar im Labor meine Erfolge haben könne, dass aber meine Theorie sich bei praktischer Anwendung im Freien nicht bewähren würde, und zwar mit Hinweis auf das empfindliche Gleichgewicht, das unter den in astronomischer Zahl vorkommenden Bakterien herrscht und durch das sie im Boden unter natürlichen Bedingungen zusammenleben können. Solche unverrückbaren Ansichten sind auch heute noch üblich. Meine praktischen Tests im Freiland förderten aber zusätzlich noch einen anderen, sehr wichtigen Faktor zutage.

Es ist absolut richtig, dass der Boden Myriaden von Mikroorganismen enthält und es eigentlich unmöglich ist, ihre genaue Zahl zu bestimmen. Aber es ist ebenfalls richtig und außerordentlich wichtig zu wissen, dass die überwiegende Mehrheit von ihnen sich völlig opportunistisch verhält: d. h. sie legen deutliche „Mitläufer"-Tendenzen an den Tag und verhalten sich konform mit den dominierenden Stämmen in der Gruppe. Anders ausgedrückt bestimmt also die dominierende Gruppe der Mikroorganismen im Boden, ob Regeneration oder Degeneration stattfindet. Unter den wenigen dominanten Stämmen herrscht ein immerwährender Kampf um die Vormachtstellung, und die übrigen Millionen von Mikroorganismen warten nur auf den Ausgang des Kampfes, um die Eigenschaften des Siegers zu übernehmen.

Ein ähnlicher Prozess oder Kampf um die Vorherrschaft, wenn man so will, geht im menschlichen Darm vor sich. In unserem Darm gibt es ungefähr hundert verschiedene Mikrobenstämme, aber nur der Lactobazillus bifidus repräsentiert die „guten", und einige pathogene Mikrobenstämme repräsentieren die „bösen". Zwischen ihnen vollzieht sich ein ständiger Kampf um die Vorherrschaft, und dem Sieger leisten die „unteren Ränge" dann Gefolgschaft. Deshalb bleibt unser Magen normalerweise gesund, solange wir genügend Lactobazillus-bifidus-Bakterien aufnehmen. Um die übrigen etwa hundert Arten brauchen wir uns keine Gedanken zu machen.

Nach demselben Prinzip müssen also lediglich die entsprechenden Lebensbedingungen geschaffen werden, damit die anabiotischen Mikrobenstämme dominieren und sich vermehren können. Wenn einmal ein anabiotischer Strang sich zum Sieger emporgearbeitet hat, werden ihn alle anderen Mikroorganismen nachahmen und seiner Führung folgen. Mit EM wird nun die Kraft der typischen anabiotischen Mikroorganismen gebündelt und zur Wirkung gebracht.

Die Mikrobenstämme in EM umfassen u. a. Photosynthesebakterien, Milchsäurebakterien, Hefen, Pilze und effektive Actinomyzeten, von denen einige Aerobier, die anderen Anaerobier sind. Alle sind sie jedoch für Menschen und Pflanzen nützlich und folgen in der Masse den dominanten Stämmen der anabiotischen Mikroben in der Gruppe.

Problemlöser – vom Küchenabfall bis zur Umweltverschmutzung

Das Potenzial von EM, die Probleme der Umweltverschmutzung zu lösen, hängt von der Aktivität zweier Mikroorganismen-Typen ab: erstens den Zymogenen, das sind effektive Mikroorganismen, die Antioxidantien produzieren, und zweitens von bestimmten synthetisierenden Stämmen von anaeroben Mikroorganismen. Die Infektionserreger und der Schmutz, die wir Menschen so sehr verabscheuen, sind genau das, was anaerobische Mikroorganismen liebend gerne verzehren. Wenn man sich das vor Augen hält, wird das folgende Szenario vorstellbar.

Unter den Photosynthese-Bakterien, die eine zentrale Rolle in EM spielen, gibt es einige Arten, die extrem hohe Temperaturen ertragen können, in manchen Fällen über 700° C, aber nur dann, wenn kein Sauerstoff vorhanden ist. Die einzig mögliche Erklärung für das Vorkommen dieser Lebewesen ist die, dass sie von außerirdischen Lebensformen abstammen, später auf die Erde kamen und sich ansiedelten, solange unser Planet noch ein Feuerball war. Dies könnte als der Ursprung des Lebens auf der Erde angesehen werden.

Früher glaubten die Wissenschaftler, dass das Leben auf der Erde erst entstehen konnte, nachdem Gewitterwolken sich aufgebaut und genügend Wasser abgeregnet hatten, sich die Meere bildeten und der Planet abgekühlt war. Aber diese Ansicht scheint jetzt nicht mehr haltbar. Könnten die ersten Lebewesen, die die Erde besiedelten, extrem hohe Temperaturen über 500° C und mehr ausgehalten, ohne Sauerstoff gelebt haben und in einem Gemisch aus Kohlendioxid und Methangas, Ammoniak und Schwefelwasserstoff gediehen sein? Könnten sie sich in solch ungeheurer Zahl vermehrt haben, dass sie die Bindung des Kohlendioxidgases bewirkt hätten und als Folge davon die Freisetzung von Stickstoff, Sauerstoff und Wasser? Das Kohlendioxid hätte die Erdtemperatur gesenkt und so wäre der ursprüngliche Treibhauseffekt der Erde umgekehrt worden, so dass der Planet auf ungefähr 100° C und darunter abkühlen konnte. Dadurch wäre der Wasserdampf in der Erdatmosphäre kondensiert, in Form von Regen auf die Erdoberfläche gefallen, und es wären die Meere entstanden. Wenn wir dieser Theorie folgen, bleibt uns keine andere Wahl, als gegenwärtige Ansichten über den Treibhauseffekt für falsch zu halten. Die Theorie über den Treibhauseffektes besagt, dass die Temperatur auf der Erde auf 200 bis 300° C anstiege, wenn alles Kohlendioxidgas der Erde freigesetzt würde. Dies ist die derzeitige allgemein akzeptierte Theorie. Hier muss aber sofort angemerkt werden, dass sie automatisch voraussetzt, dass der Schlüssel für eine Umkehrung des Treibhauseffekts im Vorhandensein von anaeroben Mikroorganismen besteht.

Wenn wir das einen Augenblick bedenken, dann sollte klar werden, dass Sauerstoff und Wasser für unser Überleben zwar von vitaler Wichtigkeit, in Wirklichkeit aber die Abfallprodukte eben dieser anaeroben Mikroorganismen sind. Von deren Standpunkt aus ist die Erde fürchterlich verunreinigt und verschmutzt, und zwar wegen des großen Überschusses an Sauerstoff. Diese Situation ist aber das Ergebnis ihrer eigenen enormen Vermehrung und Verbreitung! So gesehen wäre es aus der Sicht dieser Art der Mikroorganismen nicht abwegig, Sauerstoff als bedrohliche Verschmutzung zu betrachten. Wir könnten auch annehmen, dass es der Sauerstoff war, der die anaeroben Mikroorganismen vom Zentrum der

Schaubühne vertrieb und sie an einige wenige Orte auf dem Globus flüchten ließ, wo die herrschenden Lebensbedingungen ihnen ein Versteck bieten konnten.

Nach gegenwärtiger wissenschaftlicher Meinung waren am Anfang unseres Planeten Erde die Umweltbedingungen ideal: Es gab genügend Sauerstoff, und Wasser und Atmosphäre waren sauber und ohne Verunreinigung. Dies ist jedoch eine völlig willkürliche Annahme, da das Übermaß an Sauerstoff für die Anaerobier einen Extremzustand stärkster Umweltverschmutzung bedeutet hätte, in welchem sie unmöglich hätten überleben können. Diese Situation der Verschmutzung, die sie aber selbst mit den Riesenmengen ihrer eigenen Abfallprodukte verursacht hatten, zwang die anaerobischen Mikroorganismen zur Weiterentwicklung, um überleben zu können. Diejenigen, die dazu nicht fähig waren, nämlich die überwiegende Mehrheit, gingen zugrunde, oder, wie ich schon sagte, sie flüchteten sich an die ganz wenigen Stellen auf der Erde, die ihnen Überlebensbedingungen boten. Wir entdecken solche völlig anaerobischen Mikroorganismen tief in der Erde oder in der Umgebung von Austrittsstellen heißer Mineralquellen aus dem Meeresboden, wo sie ein ganz bescheidenes Dasein fristen. Sie aber sind die wenigen erhalten gebliebenen Spuren der Akteure, die früher einmal die Hauptrolle in dem wichtigen Lebensdrama des Gasaustausches gespielt haben, der sich vor langer Zeit auf unserem Planeten vollzog.

Grundsätzlich ist EM eine Auslese aus den lebenskräftigsten anabiotischen Mikroorganismen der Anaerobier, deren Vorfahren die frühesten Lebensformen auf der Erde waren und sich sorgfältig versteckt gehalten hatten, und bietet ihnen nun Lebensbedingungen, unter denen sie mit anabiotischen Stämmen von aerobischen Mikroorganismen zusammenleben können.

Was würde passieren, wenn EM in die bedrohlich verschmutzten Regionen unseres Planeten verbracht würde, Regionen, in denen genau die gleichen Bedingungen herrschen, in denen ihre Vorfahren lebten und gediehen, als die Erde jung war? Die Kombination von Kohlendioxid, Ammoniak, Methangas und Schwefelwasserstoff wäre geradezu ein Schlaraffenland für diese winzigen Lebewesen, und sie würden sich ohne Zweifel darauf stürzen und alles auffressen. Unsere Forschungsgruppe führte einige praktische Versuche durch, die auf dieser Hypothese aufbauten: Sie schuf extrem verschmutzte Bedingungen, wodurch die Vermehrung von EM erleichtert wurde, und sie kam zu einigen erstaunlichen Ergebnissen. In einem Versuch wurde EM in das Dreikammersystem einer Abwasserkläranlage eingebracht. Das Wasser, das in die Kläranlage floss, stammte aus verschiedenen Toiletten, Badezimmern u. ä., wo synthetische Detergentien benutzt wurden. Durch den Einsatz von EM war es möglich, das Abwasser so weit zu klären – und das innerhalb von 24 Stunden –, dass es ohne Schaden als Trinkwasser hätte verwendet werden können.

Eine komplette EM-Kläranlage für das Recycling von Abwasser in der öffentlichen Bibliothek der Stadt Gushikawa auf Okinawa hat enorme Kosteneinsparungen gebracht, so dass die Jahreswasserrechnung für die Bibliothek nur noch ein Zwanzigstel der früheren 1,2 Millionen Yen ausmacht, nämlich 60.000 Yen pro Jahr[3].

In einem anderen Fall haben die Bewohner der Stadt Kani in der Präfektur Gifu im Zentrum der Hauptinsel Honshu mit der Herstellung von organischem Dünger allerbester Qualität für ihre Gemüsegärten begonnen. Der Dünger entsteht durch die Verwendung von EM bei rohen Küchenabfällen, Gemüse- und Nahrungsresten. Der Erfolg war derart eindrucksvoll, dass die Bürger von Kani es als eine schreckliche Verschwendung ansehen, wenn die Küchenabfälle zur städtischen Müllabfuhr gegeben, statt zu Dünger verarbeitet werden. Im Ergebnis gehen jetzt die Kosten der Stadt für die Müllabfuhr, die jährlich um haarsträubende 15 % stiegen, jedes Jahr um 15 % zurück. Ich kenne keine kommunale Behörde, die nicht unter dem gewaltigen Druck der Kostensteigerung für die Müllabfuhr stöhnt. Hier bietet die EM-Technologie eine Lösung des Problems, indem die rohen Abfälle recycelt und wieder in wertvolle Naturstoffe zurückverwandelt werden und jeder Haushalt davon Gebrauch machen kann. Die gegenwärtigen Methoden der Müllentsorgung sind extrem teuer und stellen eine ungeheure Verschwendung öffentlicher Gelder dar. Dieses Problem kann aber ganz billig gelöst werden mit Hilfe der verschiedenen EM-Technologien. Die eingesparten Gelder könnten für andere Zwecke verwendet werden, wo öffentliche Gelder nötig sind, wie z. B. für Bürgerbelange, kulturelle Aktivitäten oder aber zur Wiederbegrünung unserer Landschaft.

Die Verwendung von EM ist keinesfalls auf das Recycling von Küchenabfall beschränkt. Es kann zum Kochen und Konservieren eingesetzt werden, da es Enzyme enthält, die für den Fermentierungsprozess nötig sind, und es eignet sich ideal zum Brotbacken und zur Herstellung des in Japan so beliebten fermentierten Gemüses. Es verlängert die Haltbarkeit von Obst und Gemüse und hält sie länger frisch, es verstärkt das Wachstum der Pflanzen im Haus, der Ziersträucher im Garten und der Gartenprodukte für den Markt. Es kann zur Geruchsbeseitigung in Badezimmern und Duschen benutzt werden und die schmutzigen und stinkenden Ablagerungen in Abwasserrohren beseitigen. Die Zugabe einer geringen Menge EM ins Wasser beim Waschen von Baumwolle verhindert die Abnutzung der Kleidung und erhält sie länger neu. Die Liste der Vorteile von EM ist endlos. Aber der wichtigste Punkt für das Verständnis ist einfach der: Das, was wir Menschen für verschmutzt, gefährlich, faulig und verwesend, übelriechend oder stinkend halten, das ist Speise und Trank für die Mikroorganismen in EM. Für die möglichen Anwendungsarten der EM-Technologie kann es eigentlich keine Grenzen geben.

Ein weiterer wichtiger Punkt bei EM ist sein Preis. Selbst bei ausgiebigstem Gebrauch würde es einen Durchschnittshaushalt pro Monat nicht mehr als ein paar tausend Yen (170 Yen = ca. 1 Euro) kosten.

Ich möchte noch ein Anwendungsfeld für EM anfügen. Es ist das Problem, das die Qualität der Luft und des Wassers unserer Umgebung erheblich beeinträchtigt, nämlich das stinkende und verschmutzte Abwasser aus Viehställen. Ein wenig EM ins Trinkwasser der Tiere und die Reinigung der Ställe mit einer verdünnten EM-Lösung beseitigen dieses Problem auf einfache Weise. Darauf werde ich in Kapitel 2 genauer eingehen.

Ich meine, ich kann zu Recht den Anspruch erheben, dass EM korrekt angewendet die Lösung für die meisten Probleme heutiger Umweltverschmutzung bedeutet, angefangen bei der Entsorgung chemischer Substanzen und des radioaktiven Abfalls über die Behandlung des verschmutzten Wassers und der verunreinigten Luft als Folge der derzeitigen landwirtschaftlichen Methoden bis hin zu den allgemeinen Problemen der Wasser- und Luftverschmutzung, saurem Regen, extrem hoher Konzentrationen von Kohlendioxid und der zerstörten Ozonschicht. EM bringt die Lösung hierfür, und zwar in allerkürzester Zeit und zu äußerst effektiven Kosten.

Wachsendes Interesse im medizinischen Bereich

Nicht nur in der Landwirtschaft, bei der Nahrungsmittelproduktion und der bedrohlichen, kritischen Umweltverschmutzung erweist EM seine erstaunliche Wirksamkeit, sondern auch auf dem Gebiet der menschlichen Gesundheit. Die Forschung für die Anwendung der EM-Technologie konnte in der Medizin noch nicht so gründlich durchgeführt werden wie im Falle der oben genannten Bereiche. Infolgedessen bin ich nicht in der Lage, eine größere Zahl von dokumentierten Beispielen für die Anwendung vorzulegen. Kurz und in groben Zügen kann ich jedoch die offensichtlich positiven Vorzüge von EM auf medizinischem Gebiet darstellen.

EM-X, eine neuere Entwicklung, hat noch größere antioxidative Eigenschaften als das normale EM. Eine systematische Anwendung gibt es bereits, wobei die Patienten EM-X unter ärztlicher Aufsicht einnehmen. Die Resultate deuten darauf hin, dass EM-X eine positive Wirkung auf die Gesundheit der betreffenden Patienten hat. Nach meiner Meinung ist das darauf zurückzuführen, dass es unter der großen Zahl der natürlich im menschlichen Darm vorkommenden Mikroorganismen ein Kräftegleichgewicht schafft und dadurch die günstigen anabiotischen Stämme dominieren können.

Arztberichte über EM-X zufolge ist die Reaktion der Patienten sehr verschieden, so dass die Ärzte nicht in der Lage sind, zum jetzigen Zeitpunkt schon abschließende Urteile abzugeben. Mir wurde jedoch von einem Klinikarzt berichtet, dass die Patienten mit Leberkrebs, die er betreute, bemerkenswerte Fortschritte machten, nachdem sie EM-X getrunken hatten. Es gibt zwar gelegentlich Fälle, wo es bei Krebspatienten zu Spontanremissionen kommt und sie erstaunlicherweise gesunden. So könnte ich also im Fall der oben erwähnten Patienten nicht den kühnen Anspruch erheben, dass sie nur durch EM-X allein gesund geworden wären. Jedoch neigen einige Ärzte in Anbetracht der beträchtlichen Zahl von Genesungen bei EM-X trinkenden Patienten zu der Ansicht, dass zwischen der Anwendung von EM-X und der Zahl der genesenen Patienten ein Zusammenhang bestehen könnte.

Ein mir bekannter Arzt meinte, er könne nicht akzeptieren, dass es irgendeinen Beweis für die Behauptung gäbe, EM sei vorteilhaft für die Gesundheit. Zufällig litt er sehr stark an Heuschnupfen und sagte, er ließe sich überzeugen, wenn EM-X bei seiner Pollenallergie etwas bewirken würde. Schon in der ersten Woche besserte sich sein Zustand so dramatisch, dass er sich jetzt Gedanken darüber macht, was hinter EM steckt. Allmählich wächst das Interesse an EM-X unter den medizinischen Kollegen, wenn sie die Besserungen der Patienten oder bei sich selbst erleben. Auch einige pharmazeutische Firmen sind mit Vorschlägen an mich herangetreten, EM-X zu vermarkten. Meine Meinung ist jedoch, dass eine solche Sache sich nicht zum Geldverdienen eignet.

Ich habe das Glück gehabt, etwas Licht in das Dunkel zu bringen, d. h. das bisher ziemlich unbekannte Verhalten der uns umgebenden Mikroorganismen erforschen zu können.

Mein Wunsch ist es jedoch, dass meine Entdeckung jedermann so billig und günstig wie möglich zur Verfügung steht. Es ist meine tiefe Grundüberzeugung, dass alles, was in der Natur oder in der Welt um uns herum existiert, das gemeinsame Eigentum von jedermann auf diesem Planeten ist, ob Mann, Frau oder Kind.

Es mag den Anschein haben, dass es vieler Elemente für die Erhaltung der Gesundheit bedarf. Letztlich spitzt sich aber alles auf die Frage zu, wie gut das Immunsystem eines Individuums funktioniert. Wir haben im Verlauf unserer Geschichte unsere Immunität gegen Krankheiten einfach dadurch entwickelt, dass wir ihnen entweder direkt oder indirekt ausgesetzt waren. Die Entwicklung unseres Immunsystems ist an sich der Beweis, dass wir Menschen eine Evolution durchmachen: Lebendige Wesen sind in vielfältiger Form zur Anpassung fähig und haben dadurch auf breiter Basis ihre Immunität entwickelt. Anerkanntermaßen haben die antioxidativen Eigenschaften vom EM-X einen positiven und abwehrsteigernden Effekt auf das Immunsystem des Körpers. Deshalb bin ich wirklich gespannt, wie sich die Vorzüge der EM-Technologie in der Gesundheitsvorsorge und im medizinischen Bereich in Zukunft zeigen werden.

Koexistenz und Wohlstand für alle statt Konkurrenz

Auf der Welt gehen zurzeit große Umbrüche und Aufbrüche vor sich. Darunter fällt der Zusammenbruch der Sowjetunion. Aber das ist nur ein Fall in einer langen Reihe von unvorhergesehenen chaotischen Ereignissen. Wir wünschen uns eine Welt ohne Krieg, aber wir sind weit entfernt von diesem Ziel. Denn was passiert in Wirklichkeit? Es brechen kleine Kriege und Konflikte aus, Streitigkeiten und offenbar unüberwindliche Probleme spitzen sich überall auf dem Planeten mit zunehmend alarmierender Regelmäßigkeit zu. Wirtschaftlich gesehen befindet sich die ganze Welt schon längere Zeit in einer Rezession, aus der sie allen Anzeichen nach in nächster Zukunft nicht herauskommen wird. Angesichts der zunehmenden globalen Umweltverschmutzung, der Nahrungsmittelknappheit, verursacht durch die explosionsartig sich vermehrende Weltbevölkerung, der wachsenden Sorge über Gesundheitsprobleme, wovon Aids nur eines ist, für die bis jetzt keine Therapie gefunden worden ist, wird es klar, dass die Menschheit sich in einer Krisensituation befindet, wie sie sie bisher nicht erlebt hat. Verwundert es da, dass wachsender Pessimismus den Blick in die Zukunft verdunkelt?

Doch wie ist es zu alledem gekommen? Was haben wir getan, dass alle diese Dinge auf uns einstürzen? Ich glaube, diese Situation ist vor allem deshalb entstanden, weil unsere gegenwärtige Zivilisation zunehmend von den Prinzipien der Konkurrenz bestimmt ist. Übertriebene Konkurrenz schafft keine Gefühle der Großzügigkeit und des Miteinanderteilens. Im Gegenteil, sie werden unterdrückt, und stattdessen werden Protektionismus und der Wunsch, die guten Dinge für sich selbst zu behalten, gefördert. Manchmal kann dies so stark in den Vordergrund treten, dass Dinge, die für die ganze Gesellschaft von Nutzen wären, von denen, in deren Besitz sie gegenwärtig sind, sabotiert werden aus Angst, ihre Vorteile zu verlieren und benachteiligt zu werden. Solche derart extremen Trends werden sogar in der

Wissenschaft und Technik sichtbar, wo oft hart erarbeitete fortschrittliche und der Entwicklung dienende Produkte niemals ans Tageslicht kommen, sondern stattdessen in der Versenkung verschwinden, weil sie angeblich strukturell unpassend sind.

Anders gesagt: Die Prinzipien des Konkurrenzkampfes, zu manchen Zeiten die treibende Kraft für menschliche Entwicklung und Fortschritt, sind heute so weit vorangetrieben worden, dass sie sogar für den Frieden, die Sicherheit, den Wohlstand und Reichtum der Menschheit eine Bedrohung sind. Bisher haben sich die Weltuntergangsprophezeiungen und Voraussagen des Jüngsten Gerichts, die auch in früheren Jahrhunderten immer wieder laut wurden, nie bewahrheitet, zumindest bis jetzt nicht. Vom Ende des zwanzigsten Jahrhunderts trennen uns nur noch ein paar Jahre, aber wenn weiterhin so erbitterte Konkurrenz – bis zum wahrhaft bitteren Ende – herrschen kann und darf, dann ist es durchaus möglich, dass sich dieses Mal die schrecklichen Voraussagen von Nostradamus erfüllen und das Ende der Welt, so wie wir sie kennen, herbeikommt. Wir müssen zu radikalen Maßnahmen greifen, wenn wir die wirklich bedrohlichen Überlebensprobleme lösen wollen. Wir werden das derzeitige System vollständig ändern müssen: nämlich die Konkurrenz aufgeben und unsere Religionen, unsere Ideologien und Philosophien, unsere Wissenschaften und unsere Gesellschaft total umstrukturieren, damit die Grundlagen für eine harmonische Koexistenz und für allgemeinen Wohlstand zur Geltung kommen.

Um dieses Ziel zu erreichen, müssen wir die vier größten Probleme, die uns derzeit zu schaffen machen, als solche erkennen: Nahrungsmangel, Umweltverschmutzung, Gesundheitsbedrohung, Energiegewinnung. Und wir müssen einsehen, dass der einzige Weg zu ihrer Lösung der ist, dass wir sie als Fragen, die die ganze Menschheit betreffen, betrachten und anpacken. Insgeheim hoffe ich, dass sich die EM-Technologie als d i e Methode erweisen wird, um effektiv mit den riesigen Aufgaben fertig zu werden. Wenn wir auf diese Weise die Probleme lösen können – und ich glaube felsenfest, dass wir die Potenziale dazu haben –, dann wird im 21. Jahrhundert die Weltbevölkerung vollkommen eins sein. Ich hoffe, dass sich dann eine Gesellschaft bildet, die sich auf Koexistenz und Wohlstand für alle gründet. Es ist wirklich meine ernsthafte Überzeugung, dass solch eine herrliche Zukunft jetzt eine reale Möglichkeit ist.

In jüngster Zeit entstehen an verschiedenen Stellen der Welt sogenannte authentische Technologien. Auch dies scheint ein gutes Zeichen zu sein. Yukio Funai, ein bekannter Unternehmensberater in Japan, definiert authentische Technologie als „Technik, die in jeder Hinsicht von Nutzen ist und in keiner Hinsicht schadet". Ich selbst fühle mich in hohem Maße geehrt, dass er EM in die Liste der anerkannten authentischen Technologien aufgenommen hat. Ich würde noch eine weitere Bedingung für die Definition von authentischer Technologie nennen: dass eine solche Technik nämlich nicht nur frei ist von irgendwelchen schädlichen oder selbstzerstörerischen Aspekten, sondern sich selbst erhält und sich selbst vervollkommnet dank einer ihr innewohnenden spontanen Fähigkeit, alle möglichen Unstimmigkeiten oder selbstzerstörerischen Tendenzen bei etwaigem Auftreten sofort zu korrigieren. Wenn auch die Technik in vielerlei Hinsicht Bequemlichkeiten bietet, ist sie doch eine Quelle von Verschmutzung und fällt in die Kategorie, die als selbstzerstörerisch bezeichnet werden muss. Landwirtschaftliche Methoden, die umweltverschmutzende Chemikalien,

Pestizide und Kunstdünger anwenden müssen, um genügend Nahrungsmittel zu produzieren, sind gleichermaßen selbstzerstörerisch. Jede medizinische Behandlung, die, mag sie auch noch so erfolgreich sein, dem Patienten unerfreuliche Nebenwirkungen zumutet, ist ebenso eine selbstzerstörerische Technik. Medizin, die nur die Symptome und nicht die Ursachen der Krankheiten kuriert, ist als solche selbstzerstörerisch.

Die gegenwärtigen hohen Kosten für die medizinische Behandlung sind in der japanischen Gesellschaft einer der großen Widersprüche. Sie stellen in der Tat ein weiteres Beispiel der Selbstzerstörung dar. Nach meiner Meinung sollte die Medizin eigentlich ein niedergehender Industriezweig sein. Damit will ich sagen, dass, wenn sie effizient arbeiten würde, der Bedarf an Medizin und Behandlung im Lauf der Zeit eigentlich abnehmen müsste. Einfach ausgedrückt: Die medizinischen Fortschritte müssten zu besseren Heilergebnissen führen. Dies wiederum würde einen Rückgang der Zahl der eine Behandlung benötigenden Patienten mit sich bringen, was natürlich in letzter Konsequenz bedeuten würde, dass die Ärzte nichts mehr zu tun hätten und arbeitslos würden.

Aber ist dies der Fall? Im Gegenteil! Die Fortschritte auf medizinischem Gebiet haben enorme Kostenerhöhungen für die Behandlungen mit sich gebracht. Ehrlicherweise muss ich natürlich sagen, dass dies nicht nur das Ergebnis dieser fortschrittlichen Behandlungsmethoden ist, sondern dass bei vielen Patienten Krankheiten vorliegen, die die Folgen einer Ernährung sind, die mit Chemikalien verseucht oder verfälscht ist, oder aber Reaktionen auf die Umweltverschmutzung sind. Da jedoch die Belastungen für praktisch jeden Einzelnen unseres Landes so erheblich sind, ist es unmöglich, über diese steigenden Kosten für die medizinische Behandlung hinwegzusehen, und vermutlich ist es in den meisten Ländern der Erde nicht anders. Aus diesem Grund sind Medizin und die medizinischen Kosten ein Symbol für die widersprüchlichen und selbstzerstörerischen Grundlagen unseres ganzen derzeitigen Gesellschaftssystems. Weit entfernt davon, eine niedergehende Industrie zu sein, ist die heutige Medizin wie eine blühende Produktionsindustrie organisiert. Deshalb glaube ich, dass eine gemeinsame Anstrengung zur radikalen Senkung der medizinischen Kosten und eine völlige Abkehr von den gegenwärtigen Strukturen und Ansichten in der Medizin möglicherweise der effektivste Weg ist, die Gesellschaft von Widersprüchlichkeiten und Selbstzerstörung zu befreien. Dies wäre der Weg zum Aufbau einer Gesellschaft, die sich auf Koexistenz und Wohlstand für alle gründet.

Der Einsatz der EM-Technologie kann ganz entscheidend zur Verbesserung unseres Gesundheitszustandes beitragen, und dies auf verschiedene Weise: durch wirksameren Umweltschutz, durch eine ökonomische Versorgung mit sicheren, qualitativ hochwertigen Nahrungsmitteln, hervorgebracht durch den Einsatz von EM in der Landwirtschaft, durch die Lösung der Probleme der Umweltverschmutzung mit Hilfe von Recyclingbetrieben in großem Maßstab, was gleichzeitig die gedankenlose Verschwendung unserer natürlichen Ressourcen verringern würde, und nicht zuletzt durch eine Verbesserung unserer natürlichen Fähigkeit, uns selbst zu heilen. Ich kann mir vorstellen, dass sich bei allgemeiner Verbreitung der Idee von Koexistenz und Wohlstand für alle in Verbindung mit dem allgemeinen Gebrauch von EM die derzeitigen Kosten des Gesundheitssystems in Japan von gegenwärtig mehr als 20 Billionen Yen (ca. 118 Milliarden Euro) halbieren würden. Das dadurch eingesparte Geld könnte den Entwicklungsländern zur Verfügung gestellt oder für die Schaffung einer Weltfriedensbehörde verwendet werden. Dies würde Japan zur ersten Nation in der Geschichte machen, die eine finanzielle Schenkung in dieser Größe für Auslandshilfe oder für die Welt im Allgemeinen tätigen kann. Geschichtlich gesehen ist Japan ein Land mit enormem, bisher nicht genutztem Potenzial. In diesem Sinne hat es eine Verantwortung für die neue Weltordnung. Japans Absicht bei einer solchen Schenkung würde sicherlich von den Empfängern richtig verstanden werden, umso mehr, als sie aus Ersparnissen stammt, die allein durch den Wunsch für eine bessere Zukunft für alle zustande gekommen sind. Japan würde einen wahrhaft bedeutenden, und das heißt authentischen Beitrag für die internationalen Beziehungen leisten. Wenn Japan dadurch in eine Position kommt, dass es eine bedeutsame Rolle im Weltgeschehen spielen kann, wäre dies automatisch für unser Land von außerordentlichem Nutzen, besonders auch für seine eigene Entwicklung.

Ich hoffe, dass ich mit diesem kurzen Prolog dem Leser eine allgemeine Vorstellung von der EM-Technologie geben konnte und von den Vorteilen, die sie für die unmittelbare Zukunft der Menschheit und unserer Erde bedeutet. In den folgenden Kapiteln werde ich im Einzelnen auf die Anwendung in den verschiedenen oben angesprochenen Bereichen eingehen.

Anmerkungen

1 Aerobe und anaerobe Mikroorganismen
Anaerobische Mikroorganismen leben und gedeihen unter Bedingungen, in denen kein Sauerstoff vorhanden ist. Nach allgemeiner Ansicht war die Erde in ihren frühesten Entwicklungsstadien praktisch frei von Sauerstoff mit einer Atmosphäre, die hauptsächlich Methan-, Ammoniak- und Kohlendioxidgas enthielt. Zuerst gediehen unter diesen atmosphärischen Bedingungen anaerobische Mikroorganismen und vermehrten sich. Die riesigen Mengen an Abfallprodukten, die sie durch ihre starke Vermehrung verursachten, bestanden fast ausschließlich aus Sauerstoff und Stickstoff.
Aerobische Mikroorganismen benötigen ihrerseits Sauerstoff zum Überleben, und man nimmt an, dass sie sich erst entwickelten, als die Atmosphäre genügend Sauerstoffgase für ihr Überleben enthielt. Zur Gruppe der anaerobischen Mikroorganismen gehören Lactobacillus bifidus und andere Stämme von Darmbakterien, Zymogene (das sind Fermentbakterien), Schwefel- bzw. Sulfat reduzierende Bakterien, Chlorobakterien und braun-grüne Photosynthese-Bakterien.
Die weitaus überwiegende Mehrzahl der gegenwärtig auf unserem Planeten existierenden Mikroorganismen sind Aerobier, und sie leben und gedeihen unter Bedingungen, wo Sauerstoff überwiegt. Zu ihnen gehören blau-grüne Algen, Azotobakter, Bazillus subtilis, Acetobakter, Methanogene und Sulfurbakterien.
Weil nun die Lebensbedingungen dieser beiden Gruppen diametral entgegengesetzt sind, wurde bis vor kurzem angenommen, dass sie unmöglich zusammenleben, d. h. koexistieren könnten. Es hat sich jedoch gezeigt, dass die photosynthetischen (anaerobischen) Mikroorganismen und die Azotobacter- (aerobischen) Bakterien zusammenleben können,

wenn antioxidierende Substanzen (sogenannte Antioxidantien) in ihrem Umfeld vorkommen.

Beide Gruppen kommen natürlicherweise im Boden vor, und bis zur Entdeckung von EM hielt man allgemein die aerobischen Mikroorganismen für die „guten" und die anaerobischen Mikroorganismen für die „bösen".

Lactobacillus-Bakterien und photosynthetische Bakterien, wichtige Komponenten in der EM-Formel, gehören zur Anaerobiergruppe. Man weiß neuerdings, dass sie bei der Kontrolle von Krankheiten wirksam sind. Man kann sicher sagen, dass in Übereinstimmung mit den Naturgesetzen, die das Ökosystem unseres Planeten bestimmen, die Kontrolle über pathogene Stämme der anaerobischen Mikroorganismen von starken Mikroorganismen aus derselben Gruppe ausgeübt wird, wie in gleicher Weise die Kontrolle über pathogene Stämme der aerobischen Mikroorganismen von kräftigen Stämmen aus der aerobischen Gruppe erfolgt.

2 Stickstoffbindung

Die Bindung von Stickstoff muss erfolgen, damit Stickstoff aus der Atmosphäre für die Pflanzen und andere Vegetationsformen verfügbar wird. Stickstoff kommt in der Atmosphäre als Gas, N_{10}, vor. Aber weil Pflanzen ihn in dieser Form nicht direkt nutzen können, muss er aus dem gasförmigen Zustand in feste Form umgewandelt werden. Diese Umwandlung wird von Mikroorganismen bewerkstelligt, ebenso durch elektrische Entladungen (Blitz und Donner), die das Gas in Salpetersäure, NO_9, und Ammoniak, NH_9, umwandeln, was allgemein als *Stickstoffbindung* bekannt ist.

3 Umtauschrate 2008: 170 Yen = ca. 1 Euro

Prolog 2

EM-Technologie – ein Weg zu einer neuen industriellen Revolution

Aus: *Eine Revolution zur Rettung der Erde II*

Positive Impulse für eine Revolution zur Rettung der Erde

Seit der Veröffentlichung meines ersten Buches mit dem Titel *Eine Revolution zur Rettung der Erde I,* in dem ich EM vorstellte und die Anwendung der EM-Technologie als sinnvolle Lösung für die drei Hauptprobleme, die derzeit die Menschheit bedrohen, beschrieb, hat sich die EM-Technologie schnell verbreitet. Die Nutzung dieser Technologie führt zu einer praktikablen Lösung für die weltweiten Ernährungs-, Umwelt- und Krankheits- bzw. Gesundheitsprobleme. In der Landwirtschaft ermöglicht EM eine zwei- bis dreifache Steigerung der heutigen Erträge, und das ohne die Verwendung von chemischen Dünge- oder Pflanzenschutzmitteln. Außerdem erbringt die Anwendung eine höhere Qualität der Produkte. Überzeugende Beweise dafür gibt es in Japan und in vielen anderen Ländern rund um die Welt. Wird EM mit Sachverstand eingesetzt, können selbst auf Wüstenböden Ernten erzielt werden. Wenn es gelingt, ein funktionierendes Verteilungssystem für Nahrungsmittel aufzubauen, können Hungersnöte trotz zunehmender Weltbevölkerung – bei einer jährlichen Wachstumsrate von 300 Millionen – gebannt werden, sogar wenn die Zehnmilliardenmarke erreicht würde.

EM kann fast alle die Umwelt bedrohenden Schadstoffe, Abfälle und Müll, die ekelerregend und in der Entsorgung kostenintensiv sind, in unschädliche Stoffe zurückverwandeln, so dass sie wieder verwendet werden können – einfach deshalb, weil die effektiven Mikroorganismen, aus denen EM besteht, in einer verdreckten und verseuchten Umwelt gedeihen und aktiv sind! Würde EM in weltweitem Maßstab eingesetzt werden, könnten deshalb die Probleme der Umweltverschmutzung, die uns seit Beginn der industriellen Revolution begleiten, in kürzester Zeit gelöst werden, und das Ideal eines brauchbaren Recycling-Systems könnte Wirklichkeit werden.

Was könnte EM auf medizinischem Gebiet bewirken? Obwohl seit dem 19. Jahrhundert die Seuchenkrankheiten wirksam bekämpft werden können, stehen wir heute mit dem Rücken zur Wand. Wir finden kaum Lösungen oder Hilfen gegen schlimme Krankheiten wie Krebs oder Aids. Am Ende des zwanzigsten Jahrhunderts muss sich unsere hoch entwickelte Medizin diese Unfähigkeit eingestehen. Auch wenn nur ein kleiner Teil der medizinischen Gemeinschaft diesen Standpunkt teilt, gibt es aber auch solche, die durchaus offen dafür sind, dass EM ein Hoffnungsschimmer ist, sogar gegen solche unheilbaren Krankheiten. Ich bin überzeugt: Wenn EM auf dem Gebiet der Medizin und in damit verbundenen Bereichen der Nahrungsversorgung und der Umwelt eingesetzt wird, werden sich dann greifbare Möglichkeiten zeigen, wie wir diese Krankheiten unter Kontrolle bringen. Dieser Anspruch ist sicherlich nicht überzogen. Die Ergebnisse in der EM-Technologie beweisen, dass wir uns zweifellos in diese Richtung bewegen. Ich habe schon in meinen früheren Büchern dargelegt, warum und auf welche Weise dies möglich ist. Die vorliegenden Resultate und Fakten erhärten das. Wir erkennen, welches Potenzial für jeden der drei genannten Bereiche in EM steckt.

Dabei wird deutlich, dass es weit zahlreichere zusätzliche Einsatzmöglichkeiten für EM gibt als anfangs angenommen, in einem Umfang, der den Gedanken nahelegt, ob nicht eine kluge und pfiffige Anwendung von EM gar eine neue industrielle Revolution initiieren könnte. Es ist bereits gelungen, EM mit besten Ergebnissen mit Keramik zu verbinden. Nach diesem Erfolg kann mit Sicherheit angenommen werden, dass in EM das Potenzial steckt, revolutionäre neue Rohmaterialien zu entwickeln. Solche Überlegungen bieten die Möglichkeit, den wirklichen Wert der EM-Technologie abzuschätzen. Ich glaube, wenn bis jetzt unerforschte Bereiche klarer erkannt und entwickelt sind und die Informationen über die diesbezügliche Technik öffentlich zugänglich sind, uns ein reicher Erfahrungsschatz von Experten zur Verfügung steht. Die daraus sich ergebenden Techniken werden die Lösung der gegenwärtigen Weltprobleme – mögen sie noch so vielfältig und zahlreich sein – in Gang setzen und so den derzeitigen Endzeit-Pessimismus Lügen strafen.

Mit diesem Buch möchte ich umfangreiche und praktische Informationen über die Handhabung von EM bieten, über das Wie und Warum, also darüber, was bei der Anwendung passiert. In sämtlichen Bereichen hat sich der Einsatz von EM in einem so unerhörten Maße ausgeweitet, dass ich beschlossen habe, mich besonders auf die Aspekte der Umwelt, der Landwirtschaft und Viehzucht zu konzentrieren und dabei Beispiele aus Japan und anderen Teilen der Erde anzuführen. Zusätzlich werde ich in Kapitel 6 auf EM-Keramik eingehen, die in der Zukunft eine bedeutende Rolle auf dem industriellen Sektor zu spielen verspricht. Ich werde jedoch nur die grundlegenden und nötigen Angaben machen und nicht zu sehr ins Detail gehen, weil ich hoffe, dass die Beispiele es den Lesern ermöglichen, das Potenzial von EM und der EM-Technologie für die Zukunft zu begreifen.

Zurzeit widme ich dem Einsatz von EM im medizinischen Bereich meine größte Aufmerksamkeit, denn daran ist die Mehrheit meiner Leser am meisten interessiert. Ich werde jedoch nur Angaben machen, wie EM als Ergänzung eingesetzt werden kann. Selbstverständlich ist größte Umsicht nötig, wenn jemand, der kein Medizinspezialist ist, über medizinische Behandlung spricht.

Glücklicherweise kann ich gegenwärtig mit beinahe 200 Ärzten zusammenarbeiten. Wir erarbeiten Grunddaten und ebenso Daten bei Anwendung der EM-Technologie. Außerdem werde ich über die Entwicklungen und die Ausbreitung von EM in verschiedenen Bereichen berichten, die sich nach dem Erscheinen meines ersten Buches ereignet haben.

Die Aufgaben der Mikroorganismen in der Natur sind (fast) unglaublich

Der Begriff EM ist die Abkürzung für Effektive Mikroorganismen, oder genauer, für die Kombination verschiedenartiger effektiver Mikroorganismen. Ich habe diese Bezeichnung gewählt für diejenigen Mikroorganismentypen, die in der Natur in positiver Weise wirken. Außerdem ist EM auch die Bezeichnung für das flüssige Konzentrat, das diese effektiven Mikroorganismen in großer Zahl enthält. Sie kommen so in der Natur vor, werden aus der Natur gewonnen und leben in flüssiger Form harmonisch zusammen.

Über die Interpretation der Bezeichnung *effektiv* kann man geteilter Meinung sein. Da in der Natur nichts vorkommt, was überflüssig oder unnötig ist, können selbstverständlich die Meinungen darüber auseinandergehen, was als *effektiv* angesehen werden kann und was nicht. Gewöhnlich bezeichnet man mit effektiv den Grad, in dem etwas einen positiven und günstigen Effekt in der Natur hat, zumindest was die Menschen betrifft. Da jedoch ein und dieselben Mikroorganismen unter bestimmten Umständen effektiv, nützlich, segensreich oder sonst wie vorteilhaft wirken, und unter anderen Umständen genau gegenteilig, gibt es einfach keine simple Regel, wie *effektiv* zu beurteilen ist.

Ein anderer wichtiger Faktor ist, dass die Zahl der vorkommenden Arten und Unterabteilungen bei den Mikroorganismen tatsächlich astronomische Höhen erreicht. Zum Beispiel kann ein Gramm Ackerboden mehrere zehn Millionen bis zu mehreren hundert Millionen Mikroben enthalten. So gesehen, ist es ganz offensichtlich unmöglich, darüber eine generelle Aussage zu machen, weil es eben schon unmöglich ist, das Vorhandensein jeder einzelnen Art festzustellen. Genau das macht das mikrobiologische Konzept von EM so extrem schwierig, und deshalb kann es so schwer mit den allgemein akzeptierten Festlegungen der speziellen mikrobiologischen Forschungen in Einklang gebracht werden.

Man kann es tatsächlich einen glücklichen Zufall nennen, dass ich als Amateur auf dem Gebiet der Mikrobiologie heute so eng damit verbunden und so intensiv darin engagiert bin. Es begann mit Forschungsarbeiten, bei denen ich mich mit den Problemen befasste, kontinuierliche Ernten zu ermöglichen und Präventivmaßnahmen gegen Hindernisse auf dieses Ziel hin zu entwickeln. Bei den Untersuchungen kam ich sozusagen hautnah mit Mikroorganismen in Berührung. Ich konzentrierte mich auf die Suche nach einer Technologie, mit der man vollständig ohne Hilfe von Chemikalien und Kunstdünger auskam. So forschte ich in der Natur, wie Mikroorganismen, wenn überhaupt, dafür eingesetzt werden könnten, und schlagartig wurde mir klar und deutlich bewusst, dass in der gesamten Natur immer eine in eine bestimmte Richtung gehende Dynamik herrscht. Diese Dynamik geht jeweils in eine von zwei Richtungen: Sie ist entweder regenerativ oder degenerativ.

Wenn also, mit anderen Worten, die vorherrschende Richtung zur Regeneration hin tendierte, war alles lebendig, vital und in einem guten Gesundheitszustand. Wenn jedoch demgegenüber die Dinge zur Degeneration tendierten, ging alles in einen Zustand von Zerfall, Fäulnis, Schmutz und Infektionen über; Seuchen übertragende und andere schädliche Insekten erschienen auf der Bildfläche, alles bewegte sich auf den totalen Kollaps und Zerfall zu. Hier nun liegt der springende, lebenswichtige Punkt: Was oder wer diktiert die Richtung der Entwicklung? Ich entdeckte, dass sie ganz und gar von Mikroorganismen bestimmt und kontrolliert wird: eben von den Mikroorganismen, die die kleinsten funktionierenden Lebenseinheiten sind.

Menschen, die Toxinen ausgesetzt sind, die von bestimmten Mikroorganismen produziert werden, werden krank, und mit dem Beginn der Krankheit beginnt auch die Degeneration. Sekrete bzw. Absonderungen von Mikroorganismen, die die Antagonisten der krankmachenden, der pathogenen Mikroorganismen sind, bewirken jedoch Heilung, indem sie die Kranken wieder in Richtung Regeneration zurückbringen. Dies ist nur ein Beispiel für die positiven Wirkungen der effektiven Mikroorganismen und es wäre nicht schwierig, weitere hinzuzufügen.

Es gibt bestimmte Mikroorganismen, die unter anaeroben Bedingungen, d. h. ohne Sauerstoff, in organischer Materie einen Zerfall bewirken, während andere in ebensolchen organischen Substanzen eine Fermentation in Gang setzen. Der Zerfallsprozess verursacht aggressive Gerüche und lässt schädliche Substanzen entstehen; demgegenüber kommen bei der Fermentation angenehme Gerüche zustande und es bilden sich brauchbare und nützliche Stoffe. Alles kommt hierdurch auf ein höheres Qualitätsniveau, sei es der Boden, die Luft oder der menschliche Körper. Es geschieht also absolut zu unseren Gunsten, weil eine Situation entsteht, die alle Mikroorganismen in Richtung Regeneration lenkt. Eben diejenigen Mikroorganismen, die die Kraft haben, diese Umkehr zu bewirken, nenne ich *Effektive Mikroorganismen*.

Alle diese *Effektiven Mikroorganismen* haben eine gemeinsame Eigenschaft, nämlich die Fähigkeit, Antioxidantien zu bilden. Das sind Substanzen, die antioxidierende Reaktionen herbeiführen oder eine antioxidierende Wirkung haben. Sie besitzen eine niedrige Molekularstruktur. Anders ausgedrückt: Verbindungen mit einer niedrigen Molekularstruktur können Substanzen bilden, die k e i n e Oxidation zulassen. Der Grad der Antioxidation hängt vom Substrat (d. h. dem „Futter") ab, das den jeweiligen Mikroorganismen zur Verfügung steht. Wenn z. B. im Boden das Antioxidationsniveau angehoben werden soll, werden die Toxine, die von schädlichen Mikroorganismen stammen, beseitigt. Außerdem entsteht ein Zustand, wodurch diejenigen Mikroorganismen, die die „große Herde" ausmachen und sich eigentlich opportunistisch als Mitläufer verhalten (weil sie einfach dem vorherrschenden Typ in einer Gruppe folgen), jetzt sofort ihre Gefolgschaft ändern und mit positivem Effekt zu arbeiten beginnen.

Weiterhin ist bei EM die Frage von Bedeutung, warum damit eine heterogene Gruppe von „effektiven Mikroorganismen" (kollektiver Plural) beschrieben wird und nicht eine zusammenhängende homogene Einheit von „effektiven Mikroorganismus" (also kollektiver Singular). Hier ist nicht ein grammatikalischer Unterschied gemeint, ob ein Substantiv im Plural oder im Singular steht – nein: Bei EM ist die Unterscheidung definitiv und von höchster Bedeutung. Früher wurden Mikroorganismen immer als ein zusammenhängender Klumpen betrachtet und als eine homogene Einheit behandelt aus dem einfachen Grund, weil vom wissenschaftlichen oder akademischen Standpunkt aus dies der einzige Weg war, mit ihnen umzugehen. Dieses wissenschaftliche Vorgehen bezog sich gleichermaßen auf pathogene Mikroorganismen, also die degenerativen, krankheitserregenden, für die Menschen gefährlichen Arten (wozu das Cholera- und das Dysenterie-Virus sowie der Tuberkulose-

Bazillus als bekannte Typen gehören), aber eben auch auf die dominanten Linien der Mikroorganismen, die jene kontrollieren. Jemand ohne besonderen wissenschaftlichen oder akademischen Bildungshintergrund mag wohl nach der dahinter stehenden Logik fragen und sich wundern, warum es offenbar als unmöglich galt, eine gewisse Anzahl von verschiedenen Linien zusammenzubringen und sie als heterogene Gruppe zu behandeln anstatt als zusammenhängende, homogene Einheit; doch auf dem Gebiet der Mikrobiologie wurde es so gehandhabt.

Ich kam ganz durch Zufall auf die Idee, mich mit den regenerativen Mikroorganismentypen als Gruppe zu befassen, aber es war genau dieser Zufall, der zur Entstehung von EM führte. EM umfasst über 80 verschiedene Arten von effektiven Mikroorganismen. Diese 80 Arten stammen von zehn unterschiedlichen Spezies, die wiederum zu fünf verschiedenen Familien gehören. Dies besagt, dass EM Eigenschaften besitzt, wodurch es wahrlich erstaunliche und weitreichende Wirkungen hervorbringt, ganz einfach, weil es eine heterogene Gruppe und nicht eine homogene Einheit von Mikroorganismen ist. Für die Anzahl der verschiedenen Bakterienarten, die für die Schaffung von EM Verwendung finden, besteht kein genaues Limit, weil die Aufrechterhaltung der Stabilität der biologischen Information innerhalb der Gruppe ein ganz wichtiger Faktor ist. Obwohl nicht mehr als etwa 20 Mikroorganismenarten genügen würden, um positive Ergebnisse zu erzielen, vorausgesetzt sie wären in der Lage, die Bedingungen für eine breite Antioxidantienvielfalt zu schaffen, so ist doch die Aufrechterhaltung einer stabilen biologischen Information bei EM ein so eminent wichtiger Faktor, dass einfach die Erhöhung der Artenzahl der beste Weg ist, um diesen höheren Grad an biologischer Stabilität zu sichern.

Ein weiteres Kennzeichen von EM ist, dass aerobe und anaerobe Bakterien zusammen existieren können, eine Tatsache, die vorher in der Mikrobiologie als unmöglich galt. Wie ist es möglich, dass aerobe Mikroorganismen, die ohne Sauerstoff gar nicht überleben können, zusammen mit anaeroben Mikrobenstämmen existieren, für die Sauerstoff tödlich ist? Da ich in meinem ersten Buch diese Frage recht breit und ausführlich dargestellt habe, will ich mich hier nicht wiederholen (siehe Prolog 1). Ich möchte jedoch betonen, dass sich genau aus dieser Fähigkeit zum Zusammenleben der beiden Mikroorganismenarten mit so konträren Lebensansprüchen die extreme Vielfalt der charakteristischen Eigenschaften erklärt. In den folgenden Abschnitten will ich nun über neue Entwicklungen der EM-Technologie in verschiedenen Bereichen informieren und gleichzeitig den derzeitigen Stand der Dinge skizzieren.

Ernten, die Rekorde brechen. Beispiele aus ganz Japan

Im Sommer 1993 waren die Temperaturen außergewöhnlich niedrig, und Japan wurde mehrmals von Taifunen heimgesucht, so schlimm wie seit Jahrzehnten nicht, was zu schweren Ernteschäden führte. Besonders die Reisernte wurde sehr beeinträchtigt. Die Nachwirkungen dieser Ereignisse sind bis heute in Japan fühlbar. Doch was erlebten diejenigen japanischen Reisbauern, die nach der EM-Anbaumethode arbeiteten?

Der Nordosten Japans ist die Reiskornkammer des Landes, wo zahlreiche hochwertige, geschmacklich gute Reissorten kultiviert werden. Infolge des schlechten Sommerwetters beliefen sich die Erträge nur auf rund ein Fünftel. Im Gegensatz dazu ernteten die Bauern, die sachkundig mit der EM-Methode arbeiteten, sogar mehr als in den Vorjahren. Ich glaube, dass diese Statistiken für sich selbst sprechen. Sie zeigen nicht nur die extreme Empfindlichkeit der konventionellen Anbaumethoden mit Chemikalien und Kunstdüngern, sondern beweisen das Potenzial, das in den natürlichen EM-Anbaumethoden steckt. Auch von den anderen Teilen Japans liefern die Statistiken ähnliche Ergebnisse. Aufgrund dieser Resultate verbreiten sich jetzt die EM-Anbaumethoden im Reisanbau in ziemlichem Tempo.

Neben dem Reisanbau werden mit EM auch auf anderen Gebieten, namentlich im Obstanbau, spektakuläre Erfolge erzielt. Tomaten und Gurken erbringen das Zwei- und Dreifache der sonstigen Durchschnittserträge, Riesenerträge von Trauben und Melonen werden nur durch die Anwendung von EM und ohne sonstige Behandlung mit Chemikalien und Kunstdüngern geerntet. Die Erfolge mit der EM-Technologie sind zu zahlreich, als dass ich sie aufzählen könnte.

Seit Kindertagen beschäftige ich mich auf die eine oder andere Weise mit der Landwirtschaft und bin ihr heute mit Haut und Haaren verbunden, sozusagen als ein waschechter, studierter Landwirt. Ich kann wohl behaupten, dass ich ihr überdurchschnittlich verbunden bin. In meinen Augen dient die Landwirtschaft nicht nur dazu, für die Ernährung zu sorgen. An und in ihr liegt es, dass wir durch sie – in dem Maß, wie wir sie stärken und die landwirtschaftliche Produktion verbessern – wieder eine saubere Umwelt schaffen und dadurch wieder eine bessere Gesundheit erlangen können, denn wir verbrauchen ja die Nahrung, die das Ergebnis der jeweiligen Anbaumethoden ist. Ich räume der Landwirtschaft den höchsten Stellenwert ein, sie erhält und schützt das Leben der japanischen Nation.

Die Landwirtschaft muss sich heutzutage jedoch mit exzessiven Konkurrenzprinzipien herumschlagen, was dazu geführt hat, dass sie sozusagen in eine schicksalsergebene Gleichgültigkeit verfallen ist, die zur Zerstörung unserer Umwelt und zur Schädigung unserer Gesundheit führt. Sie hat heute den Punkt erreicht, wo fatale strukturelle Schäden ein effektives Funktionieren unmöglich machen trotz riesiger Subventionen durch die Regierung. Die Beschaffenheit der Ackerböden ist durch die Verwendung von Chemikalien und Kunstdüngern miserabel. Zudem entstehen durch deren exzessive Verwendung auf den großen Farmen in Südostasien ernste Krankheitsprobleme unter den Landarbeitern.

Die Lösung kann nur in einem radikalen Wandel der landwirtschaftlichen Anbaumethoden liegen. Trotz des Drängens auf Anbaumethoden, die für Landwirt und Verbraucher sicher sind, wird bis heute das Gegenargument ins Feld geführt, dass biologische und natürliche Anbaumethoden allein keinesfalls den nationalen Bedarf decken könnten. Dieses Gegenargument stützt sich auf die Behauptung, dass Chemie, Kunstdünger und schwere Landwirtschaftsmaschinen absolut unentbehrlich seien für den konventionellen Anbau, durch den gegenwärtig die Nahrungsversorgung in ausreichendem Maß sichergestellt wird. Durch EM wird es jetzt aber möglich, dem Verlangen nach sicheren Anbaumethoden nachzukommen und die Nahrungsproduktion auf das gleiche Niveau anzuheben wie mit den konventionellen Methoden. Wenn nun die EM-Technologie den Beweis erbringt, dass im Reisanbau, in der

Gemüse- und Obsterzeugung bei niedrigen Kosten und mehrfachen Erträgen der Bedarf gedeckt werden kann, dann besteht nicht länger die Notwendigkeit, hartnäckig und stur an den konventionellen Methoden festzuhalten.

Antwort auf den Wunsch nach einer naturnäheren Lebensweise

Ein weiterer wichtiger Charakterzug zeichnet die EM-Anbaumethoden aus: dass sie nämlich überall auf der Welt eingesetzt werden können, d. h. EM wird mit derselben Effektivität in den Tropen bei extremer Hitze und Feuchtigkeit, in den Trockengebieten der Wüsten und in den kälteren Zonen mit – topographisch und geographisch bedingt – niedrigeren Temperaturen und geringerer Sonneneinstrahlung eingesetzt. Es sieht danach aus, dass mit Beginn des Jahres 2000 EM in fast jedem Land der Erde seinen Einzug gehalten haben wird. Dementsprechend gestalte ich mein tägliches Arbeitspensum so, dass ich überall beratend zur Hilfe kommen kann. Zugegeben, es ist grausam anstrengend, aber ich scheue weder Zeit noch Mühe, um einer landwirtschaftlichen Anbaumethode den Weg zu bahnen, die nicht nur kostengünstig ist, sondern gleichzeitig hohe Erträge in bester Qualität zu produzieren ermöglicht und dazu noch weltweit die Umwelt schont und schützt. Außerdem sehe ich in der Verbreitung von EM eine Möglichkeit, die Welt auf eine japanische Technologie aufmerksam zu machen, die in der traditionellen japanischen Arbeitsweise ihre Wurzeln hat, nämlich Hand in Hand mit der Natur zu arbeiten.

Außerhalb von Japan verbreitet sich die EM-Technologie in ziemlichem Tempo, und in der einen oder anderen Form ist sie in über 50 Ländern in Asien, Süd- und Nordamerika, Europa und Afrika bekannt. Der Erfolg der 3. Internationalen EM-Konferenz in den USA im Jahr 1993 gab ihr nochmals einen kräftigen Bekanntheitsschub. Das internationale Forschungszentrum für naturnahe Landwirtschaft (INFRC) ist eine japanische Gründung und spielt eine zentrale Rolle für die Konferenzen, die alle zwei Jahre in verschiedenen Ländern abgehalten werden.[1] Die erste Konferenz wurde im Jahr 1989 in Thailand, die zweite 1991 in Brasilien abgehalten, beide gaben der EM-Idee ausgezeichnete Impulse.

In der Landwirtschaft sind die Vereinigten Staaten das fortschrittlichste Land der Welt. Wenn dort EM in größerem Maße angewendet würde, hätte das einen unermesslichen Einfluss auf den Rest der Welt. In diesem Sinn setzte ich auch große Hoffnungen auf die Konferenz 1993 in Santa Barbara (Kalifornien) und sie erwies sich als Riesenerfolg, der weit über das hinausging, was ich zu hoffen gewagt hatte.

Der Einsatz von Chemie hat in Amerika vielfach zu ziemlich beklagenswerten Zuständen geführt. Immer häufiger erschienen darüber Berichte in der Öffentlichkeit. Das Gesundheitsministerium und die Umweltschutzbehörde bestätigten, dass die Chemikalien nicht nur allgemein schädlich seien, sondern sich sogar zerstörend auf die Gene auswirkten. Daher wird in Landwirtschaftskreisen jetzt diskutiert, wie der Verbrauch dieser Stoffe reduziert werden kann. Die Agrarchemie ist jedoch in USA so fest verankert, dass sich die amerikanischen Landwirte gar nichts anderes vorstellen können. Trotzdem legten 1993 drei amerikanische Ministerien fest, dass die Verwendung von Chemikalien und Kunstdünger in der Landwirtschaft auf 10 % des damaligen Umfangs reduziert werden soll. Glücklicherweise gibt es in USA auch Bewegungen, die für eine Umstellung in der Landwirtschaft kämpfen. Für mich war es bedeutsam, dass deren Vertreter EM würdigend anerkannten. Etwa ein Dutzend Fachleute des Landwirtschaftsministeriums nahmen an der Konferenz teil. In den Diskussionen wurden vor allem die drängenderen Themen wie z. B. die Agrarchemie behandelt und die Frage der Stallmist- und Gülllebeseitigung in den Viehzuchtbetrieben, die Wasserverschmutzung und das Müllproblem. Ein besonders wichtiger Punkt in Bezug auf die Umwelt war die Debatte über die Vernichtung und Verbrennung von Ernteüberschüssen.

Mit der EM-Technologie könnten alle diese Probleme, gleich welcher Art oder Größenordnung, gelöst werden. Zurzeit verfügen jedoch die mit der Forschung auf diesem Gebiet befassten Fachleute noch über zu wenig Information darüber, was EM überhaupt ist, als dass sie durch Worte allein von der Richtigkeit unserer Darstellungen sich hätten überzeugen lassen. Schlussendlich brachte die Besichtigung eines EM-geführten Betriebes die entscheidende Wende. Wie auf den beiden früheren Konferenzen wurden auch diesmal die härtesten Ungläubigen angesichts der vielen praktischen Beweise überzeugt und sprachen jetzt von einem Wunder.

Auf der Pressekonferenz betonte ich den Reportern gegenüber, dass ich keinesfalls eine Technologie „verkaufen" und einen Haufen Geld verdienen möchte, sondern dass mit Hilfe einer Organisation die Verbreitung der Technologie durchgeführt werden sollte. Die Konferenz hatte erstaunliche Nachwirkungen. 1994 waren 13 große Pilotprojekte in Angriff genommen, dazu erreichte uns eine große Anzahl von Anfragen, auch seitens der UN. Eine Produktionsstätte für EM arbeitet bereits. Die nächsten internationalen EM-Konferenzen werden 1995 in Frankreich, 1997 in Südafrika, 1999 in China und im Jahr 2001 in Russland abgehalten werden. Für das Jahr 2003 ist Indien geplant.[2]

Der Mensch, der größte Umweltverschmutzer – erste Schritte zur Umkehr

Immer wenn ich eine verantwortungsvolle Aufgabe übernehme, stecke ich zuallererst meine Ziele ab. So auch am Ende des Jahres 1993, als ich den Posten des Direktors einer *Stiftung für Umweltfragen* übernahm. Hier setzte ich mir zum Ziel, das Gebiet Teganuma in der Präfektur Chiba zu reinigen. Ich wählte Teganuma, weil das der hoffnungsloseste Fall zu sein schien: Dieses riesige Wassergebiet war schlimmer verschmutzt als alle anderen ähnlich verseuchten Gebiete in ganz Japan. Alle Bemühungen waren bis dato fehlgeschlagen und hatten riesige Geldsummen verschlungen. Ausschlaggebend für meine Wahl war auch, dass die Bewohner von Teganuma ein stark entwickeltes Bewusstsein für Umweltfragen hatten, so dass ich große Hoffnungen auf den Erfolg der EM-Technologie setzte.

In Teganuma sind es in der Hauptsache drei Faktoren, die die Verschmutzung verursachen: Industrieabwässer, Mist und Gülle aus Viehbetrieben und Haushaltsabwässer. Am Grund des Gewässers hatten sich Ablagerungen zu einer Höhe aufgebaut, dass es in der ganzen Gegend widerlich stank. Teganuma bot das perfekte Beispiel für den kompletten Zusammenbruch des Gleichgewichts zwischen Verschmutzung und Reinigung, zwischen dem Verursacher

Mensch und der unvermeidlich folgenden Verschmutzung. Riesige Staatsmittel wurden in diese Region gepumpt und die verschiedensten Maßnahmen ergriffen, um die Sache in den Griff zu bekommen, jedoch alles ohne greifbare Ergebnisse. Nach meiner Ansicht brauchte das alles gar nicht so schwierig zu sein, wenn man nachdrücklich an den guten Willen und die intensive Mithilfe der Bewohner appellierte.

Mein Plan sah dann folgendermaßen aus: Erst einmal mussten die Bewohner des Flusstals dazu gebracht werden, ihre Küchenabfälle aus den Privathaushalten mit EM zu versetzen und die entstehende Flüssigkeit in den Ausguss zu spülen. Ebenso sollten sie eine Lösung herstellen aus einer kleinen Menge EM-Konzentrat, sie 500-fach mit Waschwasser von Reis verdünnen, diese Mischung drei oder vier Tage stehen lassen (während dieser Zeit verstärkt sich nämlich die Aktivität der Lösung) und sie ebenfalls in den Ausguss schütten. Eine Verschlusskappe voll EM in die Waschmaschine gegeben würde nicht nur die Hälfte Waschmittel einsparen, sondern in der Kanalisation EM effektiv verstärken. Im Badewasser hätte EM nicht nur die beste gesundheitliche Wirkung, sondern wiederum einen merkbaren Reinigungseffekt im Abwassersystem. Selbstverständlich müsste dafür gesorgt werden, dass EM in die örtlichen Kläranlagen eingebracht wird. Das Ergebnis wäre eine starke Vermehrung von EM im Abwasser, das mit der Zeit seinen Weg in den Teganuma-See finden würde. Erfreulicherweise behandeln die Bewohner von Abiko, der Hauptstadt des Flusstales, bereits mit Enthusiasmus ihre Küchenabfälle mit EM, infolgedessen erwartete ich keine Probleme, sie zur Mitarbeit zu gewinnen. Ebenso musste gewährleistet sein, dass EM in den Fabriken und den Viehbetrieben ausgiebigst eingesetzt wurde.

All diese Maßnahmen könnten eine kopernikanische Wende herbeiführen: In entgegengesetzter Richtung würden sich Verschmutzung und Dreck in saubere Verhältnisse und eine gesunde Umwelt verwandeln. Wenn die lästige Küchenabfallfrage gelöst wäre und ebenso das Problem der Industrieabwässer und des Gestanks der Abfälle aus den Viehbetrieben, dann könnte Teganuma vollständig sauber werden und zugleich die Region sich industriell weiterentwickeln. Sicher brauche ich nicht noch anzumerken, dass sich die Landwirtschaft in Teganuma auf EM-Methoden umstellen muss.

Sollten sich alle diese Pläne als zu schwierig erweisen, dann hätte ich natürlich noch eine Anzahl Tricks in der Tasche. Ich plante, etwas Land oberhalb der Flüsse, die in den Teganuma münden, zu kaufen und dort eine EM-Produktionsstätte zu errichten, so dass EM in großen Mengen in die Flüsse eingeleitet werden könnte. Das wäre die „Feuerwehr" für das ganze Flusstal.

Drei Jahre hatte ich mir für das Projekt zum Ziel gesetzt. Im ersten Jahr würde der ganze Gestank aus der Region verschwinden. Im zweiten würden all die versteckten, für das bloße Auge nicht erkenntlichen verdreckten Bereiche gesäubert werden. Im dritten Jahr könnten wir den verächtlichen Namen „das am meisten verschmutzte Wassergebiet in Japan" ablegen. Keiner meiner Pläne würde einen besonderen finanziellen Aufwand erfordern und könnte leicht mit der Hälfte der Kosten realisiert werden, die gegenwärtig für andersartige Reinigungen im Gespräch sind.

Teganuma ist so riesig, dass ein Säuberungsversuch ohne Zweifel als Mammutunternehmen erscheinen muss. Man halte sich jedoch vor Augen, dass Größe ein relativer Begriff ist und dass das Teganuma-Gebiet im Vergleich zum Meer eigentlich recht klein ist. Die für Teganuma angewandten modernen Methoden zur Beseitigung des verseuchten Sediments haben auch deshalb versagt, weil sie nicht drastisch genug waren und nach Beendigung einer Maßnahme die Ablagerungen sich sehr bald aufs Neue gebildet hatten. Die Herausforderung konnte ich nur zusammen mit den dortigen Einwohnern angehen, aber mit ihrer Hilfe musste mein Vorhaben ein Erfolg werden. Wir konnten so die Verschmutzung an der Quelle anpacken und daraus eine Lösung aller Probleme machen. Zusammenarbeit war das Entscheidende an diesem Projekt. Als Reaktion auf die Veröffentlichung meines Buches *Eine Revolution zur Rettung der Erde* geschah, was ich nie erwartet hätte, was mich jedoch hoch erfreute: Unglaublich viele Leser meldeten sich freiwillig zur Mitarbeit!

„Ich bin gerade 60 geworden. Ich brauche keinen Cent mehr zu verdienen, jedoch möchte ich den Rest meines Lebens mit einer sinnvollen Arbeit für unsere Gesellschaft verbringen."

„Ich bin derzeit noch Abteilungsleiter in einem größeren Unternehmen, aber die Lektüre Ihres Buches hat mich derart begeistert, dass ich an dieser Aufgabe mithelfen möchte, ja sogar so weit gehen würde, dass ich meinen jetzigen Job, falls nötig, aufgeben würde."

Dies sind nur zwei von den vielen Hilfsangeboten, die ich nach der Veröffentlichung meines ersten Buches erhielt. Ich bin überzeugt, dass wir bei der rascheren Verbreitung von EM für alle Bereiche fähige Leute brauchen werden, und deshalb bin ich außerordentlich dankbar für dieses Echo und die vielen Kooperationsangebote.

Noch vor zehn Jahren bin ich unter gewaltigen Anstrengungen durch ganz Japan gereist, um in der Landwirtschaft die EM-Technologie bekannt zu machen, aber wohin ich auch kam, schien ich gegen eine Wand anzureden. In der Meinung, dass es doch noch eine längere Zeit dauern würde, bis sich in Japan etwas bewegte, versuchte ich stattdessen, EM im Ausland bekannt zu machen. Mit meinem ersten Buch jedoch wurde jedem leicht verständlich, was es mit EM auf sich hatte, und so viele Menschen stellten sich freiwillig zur Verfügung, dass ich angesichts dieser Chance noch einmal neu überdachte, was in Japan in jeder Hinsicht und auf wie vielen Gebieten tatsächlich geschehen könnte.

Da ich das Teganuma-Säuberungsprojekt vorantreiben wollte, nahm ich von Anfang an jedes Angebot zur Mitarbeit an, um auf diese Weise auch die vielen verschiedenen Umweltprobleme, die damit verbunden waren, zu lösen. Der Schlüssel für Erfolg oder Misserfolg des Vorhabens lag in der Hand der Bewohner, die ja selbst die Verursacher der Verunreinigung des Gebietes waren. Sollten sie für eine gemeinsame Aktion genügend motiviert werden können, könnte zweifellos die ganze Sache zu einem befriedigenden Ende gebracht werden.

Die Freiwilligen sollten in jedem Landkreis, in Städten und Dörfern kleine Büros errichten, ausgestattet mit Telefon und Fax, und so die Gebiete, die ihrer Verantwortung unterlagen, betreuen, EM-Informationen sammeln und weitergeben. Natürlich musste dem ein kurzes Training vorausgehen. Da auch viele junge Leute sich interessiert zeigten, konnten jeweils die Älteren mit ihrer Erfahrung mit den Jungen zusammenarbeiten. Die Gelder sollten anfänglich aus der Stiftung kommen, später von den Privatbetrieben, den Behörden und denjenigen Stellen, die vom Einsatz der EM-Technologie früher oder später profitieren würden.

Viel guter Wille und echte, begeisterte Zusammenarbeit

Daraufhin gründete ich die *EM Research Organization, Inc.* (EMRO) auf Okinawa – nicht identisch mit der oben erwähnten Stiftung – weil ich damit all den guten Willen, die guten Absichten und die Hilfsbereitschaft für die ganze Welt kanalisieren und nicht verloren gehen lassen wollte. Noch etwas anderes leitete mich dabei: Mangel an Platz und Geld hatte es in der Zwischenzeit unmöglich gemacht, die plötzliche Zunahme der Nachfrage nach EM und technischem Gerät zu decken. Viele Besucher aus dem Ausland kamen und wollten Genaueres über EM wissen. Also hatten die Dinge einen Punkt erreicht, die eine Organisation für die Förderung und Verbreitung von EM nötig machten.

Das von überall herkommende zustimmende Echo begeisterte mich. Ein Mann im Alter von 50 Jahren, der zu dieser Zeit Präsident eines Unternehmens war, sagte mir, er könne ruhig die Führung des Betriebes anderen überlassen und ganz für mich und meinen Traum arbeiten, ja er wolle ganz ohne Bezahlung seine Dienste zur Verfügung stellen. Ein anderer, früherer Direktor einer Bank, sagte, dass er jetzt nach seiner Pensionierung für die Verbreitung von EM arbeiten wolle, und noch ein anderer schrieb, dass er im Ruhestand sein Lebenswerk damit krönen wolle, etwas für die Gesellschaft und die Welt zu tun. Viele boten auch an, neben ihrer Hauptbeschäftigung an den Wochenenden mitzuarbeiten, um etwas für die Gesellschaft zu tun. Ohne systematische Organisation würden wir jedoch unmöglich all diese Angebote nutzen können, und sie würden ins Leere laufen. Deshalb musste eine Einrichtung geschaffen werden, mit der die große Bereitschaft und Begeisterung gebündelt werden konnte.

In einigen Gebieten haben sich junge Unternehmer zu Gesellschaften zusammengeschlossen, die sich mit EM befassen. Als gemeinnützige Organisationen leiten sie das Geld, das sie erwirtschaften, wieder in die Gesellschaften zurück. Ihre Direktoren sind sogar vertraglich gebunden, keine Gehälter zu beziehen. Ich kenne auch Gruppen, deren freiwillige Tätigkeit der Verbreitung von großen neuen Ideen und qualitativ höchstwertigen Technologien dient. Japan hat bis jetzt allerdings nur wenig Erfahrung mit freiwilligen Aktivitäten dieser Art, weshalb Energien und Begeisterung effektiv gelenkt werden müssen. Darum glaube ich, dass wir mit einer Art von nationaler Organisation am ehesten jeden unnötigen Leerlauf vermeiden und uns den Freiraum schaffen würden für den Aufbau einer schönen glücklichen Welt in Sicherheit und Gesundheit – und das bei einem Minimum an Kosten. Die EMRO hat meiner Meinung nach das Potenzial, diese Aufgaben zu meistern.

Unheilbare Krankheiten – Licht am Ende des Tunnels

Ich möchte auch noch darauf zu sprechen kommen, was auf medizinischem Gebiet passiert, denn es bestehen Pläne, EM auch hier einzusetzen. Die Vorbereitungen hierfür sind schon im Gang. Einige Ärzte an Universitätskliniken und anderen großen medizinischen Einrichtungen in Japan haben freundlicherweise mit der ernsthaften Erprobung begonnen. Zu der Gruppe gehören auch einige anerkannte Autoritäten für Krebs- und andere unheilbare Krankheiten.

Trotz aller Kritik an meinen frühen Ausführungen zu diesem Thema haben nicht wenige Menschen Interesse gezeigt, obwohl sie Zweifel hatten und die Wirksamkeit noch fraglich war. Was die EM-Technologie anbelangt, gebe ich alle verfügbaren Informationen preis, und ebenso bin ich bereit zu jeder Auskunft über die Einnahme von EM. Zahlreiche Ärzte schreiben EM ein gutes Potenzial für medizinische Behandlung zu und haben damit begonnen, genaue Anwendungsrichtlinien zu erarbeiten. In Anwesenheit von ca. 60 Ärzten wurde am 27. April 1994 mit der EM Medical Society ein Anfang gemacht. Während ich dies schreibe, ist die Zahl auf nahezu 200 gestiegen. Berichte und zahlreiche Fallbeispiele für die Anwendung von EM-X bei unheilbaren und auch sonst jeder Behandlung trotzenden Krankheiten sind erfolgversprechend, obgleich die Art der Einnahme sich total von der üblichen unterscheidet.

Ich hörte sogar von Plänen eines Arztes, der damit eine ideale Medizin schaffen will, und zwar ohne synthetische Medikamente. Um dies Wirklichkeit werden zu lassen, erarbeitet er langsam und beharrlich die Grundlagen dafür. Er hat bereits Ackerland gekauft, um darauf Reis und andere Landprodukte nach der EM-Methode anzubauen und letztendlich Selbstversorger für seine geplante Klinik werden zu können.

Die Auflagen und Formalitäten für eine medizinische Anwendung sind besonders bei neuen Präparaten bekannterweise mühsam und zeitraubend; deshalb möchte ich auch weiterhin die Richtlinien beachten und die nötige Zeit dafür aufwenden. Ich möchte auch Computer-Software entwickeln, um Daten über Versuche, Erfolge usw. auszuwerten. Davon abgesehen will ich mit allem Nachdruck EM-X als Gesundheitsgetränk in der Öffentlichkeit bekannt machen.

Ein großes Problem ist derzeit noch die lange Herstellungszeit von EM-X. Sie ist nötig durch die besondere Aufbereitungsart, damit die effektiven Mikroorganismen sich vermehren und bei diesem Prozess die Antioxidantienbildung intensiviert wird. Auch in anderen Bereichen ist die Nachfrage nach EM-X jetzt schon groß, z. B. als Reinigungsmittel für elektronische Geräte, dass es zunehmend schwieriger wird, die Produktion auf die notwendige Menge zu bringen."[3]

EM-Keramik: Ein Meilenstein für revolutionäre Innovationen

Nun möchte ich mich einer neuen, auf EM basierenden Technologie zuwenden. Ich nenne sie „neu", obgleich es sie schon seit einiger Zeit gibt. Doch besitzt sie so viele erstaunliche und ungewöhnliche Eigenschaften, dass ich meinen ursprünglichen Plan aufgab, sie erst im 21. Jahrhundert vorzustellen, bis ich eine ansehnliche Menge von Beweisen aus erster Hand gesammelt hätte. Ein junger Geschäftsmann mit guter sozialer Einstellung überredete mich jedoch, und deshalb stelle ich der Welt jetzt schon, früher als geplant, diese Innovation vor.

Ich nenne hier nur die wichtigsten Punkte und werde in einem späteren Kapitel in größerer Ausführlichkeit darauf zurückkommen. Es handelt sich um Keramik, die in einem einzigartigen Prozess aus Ton, der mit EM imprägniert ist, hergestellt wird. Das Zusammenwirken der anorganischen Energie in der Keramik und die Eigenschaften von EM erzeugen einen

Akkumulationseffekt, wodurch das Produkt unangenehme Gerüche eliminiert und sich hervorragend zur Wasserreinigung eignet.

Ich möchte eine Wette eingehen, dass kaum jemand sich vorstellen kann, dass, wenn Mikroorganismen mit Ton vermischt bei sehr hohen Temperaturen von mindestens 700° C, wie es beim Brennen von Ton erforderlich ist, gebrannt werden, diese Mikroorganismen nach dem Brennprozess noch genau so wirksam sind wie vorher. Jeder weiß, dass Mikroorganismen vermutlich nicht überleben können, wenn sie so extrem hohen Temperaturen wie beim Brennen von Keramik ausgesetzt sind.

Als ich zum ersten Mal auf dieses außergewöhnliche Phänomen stieß, verneinte ich diese Möglichkeit auch selber. Ich sagte immer wieder: „Das ist verrückt! Das kann gar nicht sein!" Doch ich konnte es abstreiten so viel ich wollte, der Beweis war unleugbar und die Tatsachen sprachen für sich selbst. Also begann ich intensiv zu forschen, und ich musste erkennen, dass EM, in Ton eingebunden und bei extremen Temperaturen gebrannt, auch weiterhin seine erstaunlichen Eigenschaften behielt.

Auf welche Weise kann EM in Keramik wirken und wie kann man die Wirkung feststellen? Ganz einfach: Gibt man EM-Keramik in Reiskleie, so entsteht Bokashi. Gibt man sie in Wasser, reinigt sie das Wasser und hält es für immer sauber. Streut man sie im Schweinestall auf den Boden, verschwindet der üble Gestank total. Vermischt man sie mit Erde, ergeben sich die gewohnten EM-Resultate. Kurz, EM-Keramik bringt dieselben Ergebnisse wie normales EM.

Die EM-Keramik muss vor dem Ausstreuen sehr fein pulverisiert werden. In dieser Form reinigt es Meerwasser, tiefe Flussbette, Schlammgebiete in den Marschen, ebenso moorige Flächen und alles, was bisher mit EM in anderer Darreichungsform noch schwierig war. Wasserreinigung auf diese Weise wäre durchaus eine Lösung für vielerlei Probleme in unserem Land.

Wasservorräte gehören allen auf der ganzen Erde. Man kann auch sagen, dass überall auf dem Globus die Gesamtwassermenge niemals zunimmt oder weniger wird; einzig und allein verändert sich das Maß der Verschmutzung durch den Menschen, der es gebraucht. Wenn man jedoch in den Haushalten das Wasser reinigen und wieder zu sauberem und sicherem Trinkwasser recyceln könnte, würden die Wasserreserven automatisch länger vorhalten.

Würde diese Möglichkeit zur Realität, könnte dadurch ein radikaler Wandel in der Trinkwasserversorgung eintreten. Wenn nicht für die riesigen täglichen Trinkwassermengen gesorgt werden müsste, brauchte man auch in den Bergen nicht weite Gebiete für Dammbauten in Anspruch zu nehmen. Ebenso würde die Abwasserkanalisation im positiven Sinn profitieren. Der Bau von Kanalisationssystemen verursacht enorme Kosten. Würden die Wassermengen, die derzeit durch die Kanalisation fließen, reduziert und dadurch keine neuen Systeme mehr gebaut werden müssen, könnten riesige Kosten eingespart und für andere Zwecke verwendet werden. Für Japan kommt einem sofort in den Sinn, dass das derzeit noch oberirdische elektrische Kabelsystem stattdessen in die Erde verlegt werden könnte. Bei Autos kann EM-Keramik die problematischen Folgen von Abgasen verringern und den Benzinverbrauch senken; die Verbrennungseffizienz von Kraftstoff kann sich um ca. 30 % erhöhen. Wenn die Anwendung von EM-Keramik sich in weiteren technischen Bereichen Bahn bricht, dann gibt es nach meiner festen Überzeugung keine Gründe mehr, dass sich der derzeitige Energieverbrauch nicht durchweg um 30 bis 50 % reduziert werden kann.

Ein weiterer brauchbarer Vorschlag wäre, Öltanker mit frischem Wasser für den Nahen Osten zu füllen, wenn sie ihre Rohölfracht gelöscht haben. Der Petroleumgeruch könnte ganz einfach durch EM-Keramik beseitigt werden. Mit einer Kombination von EM und EM-Keramik gelingt es ohne weiteres, in damit gereinigten Öltankern frisches Wasser zu transportieren; das Wasser könnte dort für die Abwasserklärung in städtischen Gebieten verwendet werden. Mit einem solchen System könnte auch meine Vision wahr werden, ausreichend Wasser in Trockengebiete zu verbringen, um ausgedehnte Wüsten in gutes Ackerland zu verwandeln und gleichzeitig dem ewigen Wassermangel dort abzuhelfen.

Diese neuen Technologien zeigen bereits jetzt, was damit bewerkstelligt werden kann in Bezug auf Reinigung großer Wasserflächen, wie Seen, Meer, Sumpfgebiete und Stauseen. Der Nachteil von flüssigem EM für diesen Zweck besteht darin, dass besonders in großen Gewässern, Meeren und Sumpfgebieten EM zu sehr verdünnt würde, um noch Erfolg zu bringen. EM-Keramik kann jedoch in große Tiefen verbracht werden und dort wirken. Ich möchte auch, dass es besonders in Fischzüchtereien und natürlich im Teganumasee, wovon ich weiter oben sprach, zur Reinigung eingesetzt wird.

Etwas heimatnäher ist die mögliche Anwendung beim Hausbau. Ausgesprochen effektiv kann EM-Keramik Abnützung und Verwitterung in verschiedenen Baumaterialien verhindern und eignet sich hervorragend zur Einbringung auch in Zement. Das verlängerte nicht nur die Haltbarkeit dieser Materialien, sondern EM-Keramik würde wirksam die Gesundheit der betreffenden Hausbewohner beeinflussen. Die Gebrauchsmöglichkeiten von EM-Keramik sind praktisch unbegrenzt. Natürlich denken schon jetzt kreative Köpfe über den Einsatz in den verschiedensten Spezialbereichen nach. Und so wird uns in naher Zukunft EM-Keramik auf zahlreichen Gebieten und in vielfältiger Form begegnen.

Zu Beginn dieses Prologs verwendete ich den Ausdruck „eine neue industrielle Revolution". Meine feste Überzeugung ist es, wenn einmal die Eigenschaften von EM wirklich erkannt und in richtiger Weise eingesetzt werden, sich ein neues industrielles System herausbilden wird, wodurch Nachteile und negative Seiten der heutigen Industriewelt korrigiert werden.

EM ist eine Technologie, die unbedingt zum Allgemeinbesitz werden muss

Weltweit ist das derzeitige Meinungsklima aufgrund der globalen Probleme und der wirtschaftlichen Rezession von Pessimismus geprägt. Dieser Pessimismus kann einfach als Fatalismus aufgrund des heutzutage excessiven Konkurrenzkampfs interpretiert werden. Man könnte sich aber auch zu der Meinung durchringen, dass wir durch eine Änderung der Sicht der Dinge unsere Stärken und Kräfte bündeln und eine glücklichere Zukunft anstreben könnten. Es liegt in der menschlichen Natur, sich in solchen Zeiten unsicher zu fühlen und blind zu sein für das, was möglicherweise nur um die nächste Ecke liegt.

Mag auch die Zukunft durch solch fundamentale Probleme wie Ernährung, Umwelt, medizinische Versorgung und Energiebedarf düster erscheinen und der Pessimismus sich breit machen, EM verspricht ein helleres Morgen. Das mag auch erklären, weshalb ich ein wenig ungeduldig war, die EM-Technologie möglichst schnell voranzutreiben und seine Verbreitung so weit wie möglich zu propagieren. Ich glaube aber, wenn die Menschen einmal die Vorzüge auf den für ihre Existenz notwendigen Gebieten erkannt haben, werden sie alle Ängste vergessen und ein neues Gefühl der Sicherheit gewinnen. Ebenso glaube ich, wenn die Menschen ohne Sorgen und vertrauensvoll und sicher leben, wird sich alles in eine positivere Richtung bewegen.

Die Bestätigung auf der einen Seite und die Angebote zu selbstloser Zusammenarbeit und Hilfe auf der anderen, die ich von so vielen Lesern meiner *Revolution zur Rettung der Erde* erhalten habe, haben mir Sicherheit und Mut gegeben. Gleichzeitig wurde meine Zuversicht gestärkt, weil ich erfahren habe, dass so viele gute Menschen um mich herum leben, die mit eigenem Einsatz die Dinge in Japan und letzten Endes auf der Welt ändern möchten. Deshalb sehe ich EM für alle als eine echte Chance in eine glücklichere Zukunft.

Für mein Land betrachte ich es als vordringliche Aufgabe, umfassende und praktikable Lösungen für die bedrängenden Probleme der Gesellschaft zu finden; Probleme der Umweltverschmutzung, der medizinischen Versorgung, der Gesundheitsvorsorge und vor allem des desolaten Zustands der Landwirtschaft. EMRO wurde ja in der Absicht gegründet, gangbare Wege aus diesen Schwierigkeiten zu erarbeiten. Wenn wir den guten Willen der vielen mit anpackenden Menschen noch intensivieren können, wird das Resultat eine bessere Gesellschaft sein, von der alle profitieren. Es wird davon abhängen, wie hart wir dafür arbeiten, aber in dem Maß, wie wir uns dafür einsetzen, werden wir auch die Früchte ernten: ein Leben in Freude, sorgenfrei und unbelastet. Solch eine lebenswerte Welt zu schaffen, sollte unser Ziel sein.

In meinem ersten Buch zeigte ich, dass effektive Mikroorganismen schon immer in der Natur existiert haben. Aus diesem Grund, und aus keinem anderen, hätte es schon früher unendliche Möglichkeiten gegeben, ihre erstaunlichen Kräfte zu entdecken und zu nutzen. Es ist schwer verständlich, warum dies nicht geschehen ist. Ich kann nur folgern, dass es eine Frage des richtigen Zeitpunkts ist, und dass Dinge nur dann geschehen, wenn die Zeit reif ist.

Für EM ist jetzt die richtige Zeit. Ich sehe mich einfach als die Person, der vom Schicksal die Aufgabe zugewiesen wurde, die effektiven Mikroorganismen aus dem Naturreich auszulesen, nichts weiter. Das erklärt meine Überzeugung, dass die EM-Technologie das gemeinsame Eigentum der ganzen Menschheit sein muss. EM mag am Anfang nur als Bodenverbesserer gegolten haben, aber sein Potenzial ist ja unglaublich viel breiter gefächert. Die bis dato für die Anwendung geeigneten Bereiche zeigen das deutlich, angefangen von der Beseitigung von Umweltschäden über die menschliche Gesundheit bis hin zur Verlängerung der Haltbarkeit einer großen Anzahl von Materialien, was letztlich Energieeinsparung bedeutet. Nimmt man die EM-Keramik noch dazu, ist die Behauptung nicht übertrieben, dass der Umfang der potenziellen Anwendungsmöglichkeiten praktisch unbegrenzt ist.

Ich habe immer frei und offen und ohne Vorbehalt über EM mit solchen Leuten diskutiert, die es meiner Meinung nach ernst genommen haben. Ich gebe aber auch zu, dass ich es zu Zeiten leid war, mein Wissen preiszugeben und andere zu belehren, in Erinnerung an die harten, mühevollen Zeiten während seiner Entwicklung. Trotz allem wollte ich den Fragen nicht ausweichen, in denen sich ein echtes Interesse am EM zeigte. Dabei stellte ich fest, dass diese ernsthaften Gespräche zu größerem Verständnis führten, wenn ich z. B. erklärte, dass EM nicht aus spezifischen bzw. speziellen Bakteriengruppen besteht, sondern aus mehreren verschiedenen Bakteriengruppen, die ganz natürlich um uns herum leben.

Der Gedanke, EM könnte möglicherweise in der Medizin eingesetzt werden, erwuchs aus dem Gefühl, „was wäre, wenn", also auf einen noch gar nicht klar definierten Bedarf hin. Was anfangs als ein Mittel gegen Pflanzenkrankheiten oder zur Schädlingsbekämpfung angesehen wurde, entwickelte sich spontan im Lauf der Zeit zu einer Medizin für den Menschen. Auf diese Weise und für den gesunden Menschenverstand nicht fassbar, wurde aus einem Bodenverbesserer ein Problemlöser für extrem schwierige und drängende Aufgaben.

Man fragte mich auch nach dem möglichen Einsatz auf anderen Gebieten, nicht nur auf meinen eigenen. Wenn die Fragen sich nicht auf mein eigenes Fachgebiet bezogen, beschrieb ich einfach die charakteristischen Eigenschaften von EM und fügte hinzu, dass ich zweifellos Grund zu der Überzeugung hätte, dass es alle Möglichkeiten in sich berge, jedes, wenn auch noch so besondere Problem zu lösen und dass ich empfehlen würde, unbedingt weiterzumachen, um zu sehen, was daraus wird. Meistens wurde die Sache ein Erfolg. Manchmal experimentierten die Leute auch auf eigene Faust und es gelang. Ganz deutlich war immer der Wunsch, möglichst Lösungen für neue Probleme zu entdecken; dadurch wuchs das Ansehen von EM und das Anwendungspotenzial erweiterte sich.

Die Frage, wie breit der Anwendungsbereich letztlich sein würde, kann auch ich nur schwer beantworten. Soweit es mich betrifft, fühle ich mich verpflichtet, alles zu veröffentlichen, was ich über EM entdecke und lerne und was für die Öffentlichkeit interessant ist. Es wäre mir eine Freude, wenn meine Leser ebenfalls Lust auf Entdeckungen mit EM hätten und Neues zum Nutzen für die Menschen und für ihr Wohlergehen finden würden.

Noch eine Sache möchte ich anfügen: EM ist kein Allheilmittel, mag es auch noch so wunderbar erscheinen. EM besteht aus lebenden Organismen, was man sich vor Augen halten muss, wenn man damit arbeitet, und es wird sich nicht vermeiden lassen, dass sich manchmal die gewünschten Ergebnisse nicht einstellen. EM ist keine Maschine, mit der man durch Knopfdruck automatisch das gewünschte Ergebnis erhält. EM braucht und verdient einen liebevollen und verständnisvollen Umgang, und so wünsche ich mir auch seine Anwendung. Ich für mein Teil betrachte es so, was hoffentlich in den folgenden Kapiteln deutlich wird, in denen ich neue Beispiele aus den vielen Anwendungsbereichen vorstelle.

Anmerkungen

1 INFRC = International Nature Farming Research Center in Atami, Japan. Prof. Higa vereinbarte sieben solcher internationaler Konferenzen zur Einführung der EM-Technologie und der Verbreitung natürlicher Agraranbaumethoden zwischen 1989 und 2001.

2 Es ging nicht alles wie geplant: 1995 fand die Konferenz in Paris statt und setzte die EM-Bewegung in Europa in Gang. Die Konferenz 1997 sollte in China stattfinden, musste

aber kurzfristig nach Bangkok verlegt werden, 1999 fand die nächste wie geplant in Südafrika statt, die letzte 2001 in Neuseeland. Konferenzen in Russland und Indien gab es aber bis heute noch nicht.

3   2008 wurde EM-X durch das von Professor Higa weiterentwickelte EM-X Gold ersetzt. Die hier von ihm beklagte Produtionsdauer wurde für EM-X Gold erheblich verringert und die Wirksamkeit um das fünf- bis sechsfache verstärkt. Siehe auch S. Tanaka, *Mein Vertrauen in Dr. Higas EM-X,* Bremen 2009

Kapitel 1

EM, die umfassende Lösung für alle Nahrungsprobleme

Aus: *Eine Revolution zur Rettung der Erde I*

„Die Mischung macht's!" – Ein glücklicher Zufall und eine Entdeckung

Wie ist die EM-Technologie entstanden? Wie habe ich sie entdeckt? Ich muss gestehen, dass es ein glücklicher Zufall war – wie bei so manchen anderen wissenschaftlichen Entdeckungen – und zwar durch Unachtsamkeit. Es war sozusagen mehr Glück als Verstand. Irgendwann im Jahr 1968 begann ich, die Möglichkeiten für den Einsatz von effektiven Mikroorganismen ins Auge zu fassen. Dies war ungefähr zur selben Zeit, als Professor Tatsuji Kobayashi von der landwirtschaftlichen Fakultät der Kyushu-Universität, der sich in seinen Forschungen mit photosynthetischen Bakterien befasste[1], in einer Veröffentlichung die praktische Anwendung und Wirkung dieser speziellen Mikrobenstämme in der Landwirtschaft diskutierte. Er besaß auch bereits eine gewisse Bekanntheit durch seine Arbeit, jedoch nicht – das füge ich sofort hinzu – bei seinen wissenschaftlichen Kollegen, die, milde ausgedrückt, sowohl den Professor selbst als auch seine Forschungen mit großer Skepsis betrachteten. Die meisten Anhänger hatte er unter den Landwirten.

Ich versuchte alles nur Denkbare, angefangen von den Hormonen und Mikronährstoffen bis zu organischen Düngemitteln und Mikroorganismen, und kam immer nur zu Standardergebnissen. Erst als ich einige Stämme der Photosynthesebakterien testete, ähnlich denen von Professor Kobayashi, kam etwas anderes heraus: Photosynthesebakterien erwiesen sich als Ausnahme.

Ein Vergleich bei Mandarinen, wovon die einen mit, die anderen ohne Photosynthesebakterien angebaut worden waren, ergab, dass beide Gruppen denselben Zuckergehalt aufwiesen, aber die mit Photosynthesebakterien gezogenen erheblich besser schmeckten. Sie ließen sich auch besser lagern, hielten länger und behielten ihr überragendes Aroma im Gegensatz zu den mit Kunstdünger gezogenen, die schnell schlecht wurden und beinahe sofort zu faulen anfingen. Außerdem waren sie reicher an Vitamin C. Es war schwierig, diese Ergebnisse statistisch zu belegen, aber eines war klar: Die mit Photosynthesebakterien gezogenen Mandarinen waren den anderen im Geschmack haushoch überlegen. Das ganze Mandarinen-Forschungsprogramm, das hauptsächlich auf Qualitätsverbesserung der Früchte angelegt war, hatte jedoch einen viel weiter reichenden Effekt: Es brachte mich dazu, nochmals, und zwar nachdrücklicher und ernsthafter, das Potenzial der Mikroorganismen für den Landbau zu untersuchen.

Ich begann, alle Mikroorganismenstämme zu sammeln, die damals auf dem japanischen Markt verfügbar waren. Ich muss aber gestehen, dass ich trotzdem noch immer ein in der

Wolle gefärbter Befürworter der Anwendung von Kunstdünger, Herbiziden und Pestiziden war, noch ganz unentschieden in der Frage des organischen Landbaus und der natürlichen Anbaumethoden. Da ich von Kind an mit der Landwirtschaft vertraut war, wusste ich sehr wohl, wie ermüdend und arbeitsintensiv Landarbeit sein konnte und unvermeidlich dazu auch gehörte, was ich am allermeisten hasste, nämlich das Herstellen von Kompost. Zu der Zeit war ich der Meinung, ich hätte genug Erfahrung mit Kompost für mein ganzes Leben und war fest entschlossen, diese oder irgendeine andere Knochenarbeit nie wieder zu machen.

Nicht lange danach gab ich meinen Posten an der Kyushu-Universität auf und kehrte zu meiner angestammten Ryukyu-Universität auf Okinawa zurück. Auf Okinawa war ich geboren und aufgewachsen, und ich war sehr daran interessiert, den Anbau von Mandarinen einzuführen und weiterzuentwickeln. Ich arbeitete gleichzeitig an diesem Projekt und an der Universität.

Der damalige Mandarinenanbau war stark vom Einsatz großer Chemikalienmengen abhängig. Jeden Sonntag machte ich meine Runden durch die Mandarinenhaine und verwandte viel Zeit auf die praktische Seite des Anbaus. Die Arbeit als solche war eigentlich nicht schwer, jedoch stellte ich im Lauf der Zeit eine Verschlechterung meines Gesundheitszustandes und meines Allgemeinbefindens fest. Ich merkte, dass ich körperlich nicht mehr so fit war. Ich bekam immer wieder Hautausschläge und begann, unter Allergien zu leiden. Zugleich war ich ziemlich kraftlos. Nach kurzer Zeit war dies mein Dauerzustand. Trotzdem sah ich noch immer keine Verbindung zwischen meiner Arbeit und meinem körperlichen Befinden. Wie gesagt, Chemikalien und Kunstdünger wurden in beträchtlichen Mengen für den Mandarinenanbau eingesetzt. Da ich sie für ungefährlich hielt, verschwendete ich keinen Gedanken darauf und bezog sie auch nicht in die Gleichung mit ein. Ich glaubte, der Grund für mein schlechtes Befinden läge anderswo. Meine Symptome zeigten jedoch keinerlei Besserung. Sie wurden im Gegenteil zunehmend schlimmer. Zu guter Letzt drängte sich mir aber doch der Gedanke auf, dass möglicherweise die Wurzel des Problems in den Chemikalien liegen könnte, mit denen ich bei meiner Arbeit ständig in Berührung kam. Ich unternahm zwar noch nichts, aber die Saat des Zweifels war gesät.

Wenig später hatte ich Gelegenheit, den Nahen Osten zu besuchen, wo ich ein Projekt überwachen sollte, bei dem Gemüse in Wüstengebieten angebaut wurde. Dort stellten uns die Wassermelonen, die als Teil des Programms gezogen wurden, vor ein Riesenproblem. Sie waren besonders stark von einer Viruskrankheit befallen, die in hartnäckigster Weise all unseren Anstrengungen, sie unter Kontrolle zu bekommen, Widerstand entgegensetzte. Wir mussten zuletzt unsere Niederlage eingestehen, zogen die kranken Pflanzen aus und warfen sie in die Abwässergräben, in denen das Wasser aus den Küchen dieses Gebietes abfloss. Ich vergaß die Sache, bis ich eines Tages entdeckte, dass die Pflanzen keinerlei Zeichen der Krankheit mehr aufwiesen, die sie und uns geplagt hatten, sondern neue tiefe Wurzeln geschlagen und Knospen gebildet hatten und schon Früchte ansetzten. Da ich sehr wohl die praktischen Aspekte und Ergebnisse beurteilen konnte, wurden sie für mich zu einem zwingenden Argument, das ich nicht ignorieren konnte. Zu diesem Zeitpunkt kam ich endgültig zu der Überzeugung, dass sich unsere Landwirtschaft zu stark auf die Anwendung von Chemikalien stützt, und ich fasste den Entschluss, nach einem besseren Weg zu suchen, bei dem möglicherweise Mikroorganismen für das Pflanzenwachstum zur Anwendung kommen könnten.

Vor meinem Erlebnis mit den Wassermelonenpflanzen hatte ich bei der Erforschung der Mikroorganismen nur Stümperarbeit gemacht. Zurück in Japan konzentrierte ich mich völlig darauf, aber die Ergebnisse waren kläglich. Ich bewegte mich zwischen Erfolgen und Fehlschlägen hin und her. Erzielte ich einmal gute Erfolge, so erlebte ich das nächste Mal wieder einen Fehlschlag. Oder aber die Mikroorganismen, mit denen ich gerade arbeitete, erbrachten bei der einen Pflanzenart gute Resultate, bei anderen Arten wieder nicht. Wenn man alle verschiedenen Mikrobenstämme zusammenzählt, kommt man auf astronomische Zahlen, und so war es undenkbar, Versuche mit jeder einzelnen Art durchzuführen. Ich suchte nach der Stecknadel im Heuhaufen. Und so sehr ich mich auch damit beruhigen wollte, ich würde ja wissenschaftliche Methoden anwenden und bei der Auswahl der Stämme wissenschaftlich vorgehen, glich meine Arbeit einem Glücksspiel. Ich platzierte also meine Wetten und hoffte, zu gewinnen. Im Herbst 1977 hatte ich mir diese Bürde aufgesattelt, aber nach fünf Jahren intensiver Forschung konnte ich noch immer keine nennenswerten Ergebnisse vorweisen. Natürlich hatte ich viele Male mein Projekt aufgeben wollen, aber ich blieb dran. Im Herbst 1981 endlich gipfelten meine vielen Enttäuschungen in dem Entschluss, meine Forschungen in eine andere Richtung zu lenken. Und dann kam der glückliche Zufall, und etwas absolut Unerwartetes trat ein.

Mit Mikroorganismen zu arbeiten, ist ziemlich knifflig. Um die Gefahr der Ansteckung zu vermeiden, ist es für alle, die damit arbeiten, eine Sache des gesunden Menschenverstandes, am Abend alles peinlich zu säubern. Es ist allgemeine Praxis, alle Gegenstände und alles, was mit den Versuchen zu tun hat, zu sterilisieren und die Mikroorganismen wegzuwerfen. Da ich jedoch wusste, dass alle Stämme, mit denen ich arbeitete, harmlos und unschädlich waren, selbst wenn man sie aß, hatte ich sie am Ende meiner Versuche einfach alle zusammen in denselben Eimer geworfen, um sie alle wegzuschütten.

Aus irgendeinem Grund hatte ich immer das Gefühl, sie seien in Anbetracht des vielen Geldes, das sie gekostet hatten, zu wertvoll, um einfach in den Ausguss gekippt zu werden. Ich schüttete sie deshalb auf ein Stück Rasen außerhalb des Labors. Eine Woche später bemerkte ich einen deutlichen Unterschied im Graswuchs auf diesem kleinen Flecken: Er war deutlich sichtbar üppiger. Ich dachte erst, meine Studenten würden mit irgendetwas experimentieren und fragte herum. Doch dann fiel mir ein, dass ich selbst der Urheber war!

Plötzlich ging mir ein Licht auf, und ich begriff, was passiert war. Es war die K o m b i n a t i o n ! Das Besondere an den Mikroorganismen, die ich auf den Rasen vor dem Labor geschüttet hatte, war, dass es sich um eine Mischung von mehreren verschiedenen Typen von Mikroorganismen handelte! Das war der Punkt! Der „aktive Bestandteil", wie man es nennt, war die Mischung als solche!

Wenn man Mikroorganismen erforscht, arbeitet man immer nur mit einem Stamm. Aus erklärlichen Gründen kann es nicht anders sein, sonst könnte nicht bestimmt werden, welcher Stamm oder welche Stämme zu welchen Ergebnissen führen. Allgemein galt die Meinung, dass die verschiedenen Stämme sich untereinander bekämpfen, wenn sie zusammengebracht werden. Aber jetzt hatte es den Anschein, als ob diese Meinung falsch wäre. Ich hatte keine

Ahnung, welche der Mikroorganismen in der „Mischung" gegenseitige Freunde oder Feinde waren, und offen gesagt interessierte es mich nicht. Ich wollte nur wissen, was da vor sich ging. Entschlossen, auf diesem Weg weiterzugehen und nur das wichtig zu nehmen, was auch gute Ergebnisse brachte, begann ich mit verschiedenen Kombinationen zu arbeiten, von denen ich mir die gesuchten Resultate versprach.

Ich sammelte Bakterien von allem und jedem, was möglicherweise zu Ergebnissen führen konnte: von den Wurzeln großer Bäume, von alten Bäumen, von natürlichem Kompost guter Qualität, von Miso, der in Japan beliebten Paste aus fermentierten Sojabohnen, von Sojasauce, eigentlich von allem – und mischte sie in verschiedenen Kombinationen in Teströhrchen. Wenn eine Mischung die Farbe veränderte oder schlecht zu riechen begann, warf ich sie weg und versuchte es wieder anders. Bei Kombinationen, die unter den Forschungsbedingungen im Labor gut zu sein schienen, ging ich ins nächste Stadium und testete ihr Verhalten unter normalen Lebensbedingungen im Freiland. Im Verlauf dieser immer wiederholten Versuche und Fehlschläge sowohl im Labor als auch in der praktischen Anwendung machte ich jede Menge äußerst interessanter Entdeckungen.

Es überrascht nicht, dass ich bestätigt fand, dass sogenannte degenerative Stämme für Pflanzen nicht geeignet waren, und dass ich größtenteils dann positive Ergebnisse hatte, wenn ich effektive Zymogene verwendete. Nach einiger Zeit arbeitete ich mit verschiedenen Kombinationen aus mehr als zehn verschiedenen Mikrobenstämmen. Alles ging immer so lange gut, bis ich einen einzigen neuen Bakterienstamm zusetzte, dann fiel alles auseinander. Es brach buchstäblich ein Krieg unter den Bakterien aus, und in kürzester Zeit hatte ich ein verfaulendes, schimmelndes, stinkendes Zeug in der Hand. Man kann es wirklich nicht anders beschreiben. Es war im wahrsten Sinne des Wortes ein Hauen und Stechen unter den Bakterien, aber dieser Vernichtungskrieg führte zuletzt zur Entdeckung einer Kombination, die alle meine Kriterien erfüllte: gesundes Pflanzenwachstum mit größeren Erträgen und besserem Geschmack. Für die Gruppe, die diese erfolgreiche Kombination bildete, prägte ich den Namen „Effektive Mikroorganismen" (EM). EM ist jetzt die gängige Bezeichnung geworden für die Gruppe als ganze und für die Technologie, die daraus entstanden ist.

Die Tage der Chemikalien und des Kunstdüngers in der Landwirtschaft sind gezählt

Als EM sich 1982 tatsächlich als ein gangbarer Weg in der praktischen Anwendung erwies, hatte ich in meinen kühnsten Träumen nicht vorausgesehen, dass es zu einer solchen Entwicklung kommen würde. Die öffentliche Reaktion darauf war anfangs – gelinde ausgedrückt – ziemlich enttäuschend. Ungefähr um die Zeit, als EM eingeführt wurde, führte ich auch noch Forschungen im Anbau mehrerer verschiedener Pflanzen durch, nämlich von Orchideen, Obstbäumen für tropische Früchte und Ziersträuchern, und wenn sich die Gelegenheit ergab, hielt ich auch Vorträge über meine Arbeit in dieser Region bei Gärtnervereinigungen und auf Symposien. Vor diesem Publikum nahm ich natürlich die Gelegenheit wahr, EM vorzustellen, aber fast niemand zeigte auch nur das geringste Interesse.

Da kam einer meiner Studenten auf mich zu und bat mich um Hilfe. Er war Mitglied einer Organisation, die sich dem natürlichen Landbau verschrieben, jetzt aber Probleme bekommen hatte und nicht weiterwusste. Dadurch lernte ich die religiösen Vereinigung *Sekai Kyusei Kyo* und ihren Begründer, *Mokichi Okada* kennen. Beim Lesen einiger seiner Bücher erkannte ich, dass Mokichi Okada exzellente, aber etwas ungewöhnliche Ideen über natürliche Methoden in der Landwirtschaft hatte. Er war z. B. der Meinung, dass durch die kompromisslose praktische Anwendung der Naturgesetze die menschliche Gesundheit verbessert und erhalten werde, dabei gleichzeitig die Umwelt geschützt und darüber hinaus ausreichende Ernteerträge erzielt werden könnten. Es war das erste Mal, dass ich von einer religiösen Vereinigung hörte, die eine Verantwortung für Nahrungsfragen übernahm, sowohl für die Erzeugung als auch für die Behebung der Nahrungsknappheit. Diesen Ansichten konnte ich zustimmen, und ich entschloss mich zu einer Zusammenarbeit mit dieser Organisation in der Eigenschaft als unabhängiger Wissenschaftler. So begann ich mit den Versuchen und wandte EM auf den Feldern der Organisation auf der Insel Ishigakijima an. Bis auf eine Handvoll seiner eigenen Anhänger belächelten alle Okadas natürliche Anbaumethoden als zu idealistisch. Jetzt hatten sie durch die Verwendung der EM-Technologie den denkbar größten Erfolg vor Augen.

Okadas Theorie für die natürlichen Anbaumethoden war in den Grundzügen folgende: Der Boden selbst ist der klügste Landwirt überhaupt. Wenn die Menschen als seine Helfer nur einfach die Bedingungen schaffen, dass er seine ihm innewohnende Kraft für das Pflanzenwachstum beweisen kann, dann wird der Boden durch sein natürliches System der Eigendüngung ganz regelmäßig Ernten hervorbringen. Ohne den Bedarf an Chemikalien und Kunstdüngern würde so der Getreideanbau ein wirtschaftlich gangbarer Weg. Die Natur würde geschützt und dabei ein ganzheitliches System entstehen: Gesundheit, genügend Nahrung und Schutz der Umwelt. Nach allgemeiner Ansicht ist jedoch ein System mit einer solchen Philosophie zwar großartig in der Theorie, aber nicht in die Praxis umsetzbar. Nichtsdestotrotz zeigte sich jetzt, dass EM all dies zu einer realen Möglichkeit werden lässt, und zwar in jeder Hinsicht.

Als Teil ihrer religiösen Doktrin, nämlich Krankheit, Armut und Krieg auszumerzen und den Himmel auf Erden zu errichten, hatten die Sekai Kyusei Kyo zu meinem Glück das Internationale Forschungszentrum für Nature Farming eingerichtet mit dem Ziel, überall auf der Welt für natürliche Anbaumethoden zu werben. Durch dieses Zentrum wurde die EM-Technologie in anderen Ländern außerhalb Japans bekannt gemacht.

Meine erste Präsentation von EM in Übersee war auf der 6. Internationalen Wissenschaftlichen Konferenz der Internationalen Vereinigung für Organische Landwirtschaft in Kalifornien im August 1986. Ich war völlig verblüfft über die unerwartete Zustimmung, die mir entgegengebracht wurde. Delegierte aus vielen Nationen kamen auf mich zu, baten mich um technischen Rat und fragten, wie die Technik von EM in ihren Ländern eingeführt werden könnte.

Thailand konnte ich zuerst helfen, und seitdem sind China, Korea, Taiwan, die Philippinen, Myanmar (früher Burma), Bangladesh, Indien, Pakistan, Malaysia, Indonesien und Laos dazugekommen. Alle nehmen jetzt mit Enthusiasmus die Methoden des natürlichen

Anbaus auf und verwenden EM zur Förderung der Landwirtschaft in ihrem Land. Die letzte asiatische Nation in der Gruppe ist Vietnam, das im Jahr 1993 mit EM begann. Anfangs übernehmen wir in diesen Ländern die Überwachung bei der Einführung der EM-Technik. Gewöhnlich führen wir Verhandlungen direkt mit den Regierungen der betreffenden Länder, mit einer anerkannten Institution oder einer offiziellen Behörde und machen eine Art schriftlichen Vertrag. Privatinteressen kommen in der Regel nicht zum Zuge, denn es ist meine Absicht, die EM-Technologie der ganzen Nation zugute kommen und nicht zur Quelle von Profiten einzelner Vereinigungen oder geschäftlicher Unternehmen werden zu lassen.

Die Verträge sind ebenso ziemlich strikt. So muss z. B. das betreffende Land damit einverstanden sein, dass der technische Stab von Japan kommt und die volle Verantwortung für das Projekt bis zu dem Stadium innehat, wo es selbst die Leitung übernehmen kann. Wenn die Umstände es verlangen, wird auch finanzielle Hilfe gewährt, aber nur unter der strengen Bedingung, dass, wenn das Projekt Profite abwirft, diese zum Zweck des Umweltschutzes und zur Förderung der Verbreitung der natürlichen Anbaumethoden in diesem Land verwendet werden.

Dies bedeutet konkret, dass solche Fonds nur für die Berufsausbildung in der Landwirtschaft, für die Förderung von Forschungsvorhaben, für Modellprojekte in dieser Region oder für alternative Formen in der Gesundheitsfürsorge Verwendung finden dürfen. Sie dürfen jedoch nicht für irgendwelche Unternehmen verwendet werden, auch nicht für konventionelle medizinische und Gesundheitsvorsorge-Einrichtungen, noch dürfen sie außer Landes gebracht werden. Die Frage, wie die verfügbaren Gelder verwendet werden, entscheidet ein Komitee von sieben Mitgliedern, das eigens für diesen Zweck aus vier landeseigenen und drei Mitgliedern unserer Organisation in Japan gebildet wird. Die Mitgliederzahl im Verhältnis vier zu drei garantiert, dass bei einer Mehrheitsentscheidung die entscheidende Stimme bei den Landesvertretern liegt und nicht auf japanischer Seite. Wir können das akzeptieren, da unser Ziel nicht die Teilnahme an der Entscheidung ist, sondern die Gewähr, dass die Gelder in Übereinstimmung mit den Vertragsbedingungen zugeteilt und verwendet werden. Unsere Absicht ist nicht, ihre Verwendung zu kontrollieren oder zu dirigieren, sondern nur sicherzustellen, dass die Verwendung gemäß den Vertragsbedingungen erfolgt.

Natürlich unterscheiden sich die Erfordernisse von Land zu Land, und so müssen Anwendung und Verteilung der Gelder auf die jeweiligen Bedürfnisse zugeschnitten werden. Brasilien z. B., derzeit der größte Verbraucher von EM, ist hauptsächlich ein Agrarland, und Landwirtschaft wird dort in viel größerem Maßstab als in vielen anderen Ländern betrieben. Trotzdem sind die Bedingungen und Abmachungen genau dieselben, wie ich oben beschrieben habe. Es existieren auch bereits Vereinbarungen für Hilfen bei der Erweiterung der mit EM bearbeiteten Agrarflächen, da der Verbrauch des Landes an EM steigt.

Das enthusiastische Echo in vielen Ländern auf die EM-Technik und ihre Anwendung fehlt in Japan ganz, der Einsatz ist begrenzt und liegt weit unter dem in anderen Ländern. In welchem Ausmaß, wird sofort ersichtlich, wenn ich Brasiliens monatliche Produktionskapazität mit 700 Tonnen angebe, die ungefähr den Bedarf des Landes decken, während der Bedarf für Japan im ganzen Jahr kaum die 100-Tonnen-Marke erreicht.[2] Trotzdem wächst jetzt in Japan das Interesse auf bestimmten Gebieten. Die Mehrzahl der mit organischem Landbau befassten Betriebe hat jetzt mit der Verwendung von EM begonnen, und auch einige Präfekturen engagieren sich aktiv für seine Förderung.

Vielleicht das größte Hindernis für die Verbreitung der EM-Technologie sind Unwissenheit und Neid von Seiten der Wissenschaftler und Experten, die dagegen opponieren, ohne die Anwendung gesehen oder die Ergebnisse verfolgt zu haben. Das gilt auch für bestimmte Privatunternehmen, die es als Angriff auf ihre angestammten Interessen betrachten. Vertreter einer Privatfirma, die Chemikalien für die Landwirtschaft und Kunstdünger herstellt, haben mich sogar verklagt wegen des Versuchs, ihre Firma in den Bankrott zu treiben oder ihnen das Geschäft kaputtzumachen. Ob das im Spaß oder im Ernst geschah, kann ich nicht sagen.

Ich brauche nicht zu erwähnen, dass es nie meine Absicht war, solchen Unternehmen das Geschäft zu verderben. Die Realitäten unserer heutigen Situation sind klar genug. Jedermann kann die Tatsachen klar und deutlich erkennen. Die Riesenmengen an Chemikalien und Kunstdünger, die von den entwickelten Nationen in der Landwirtschaft verwendet worden sind, haben überall enorme Probleme hinterlassen: Umweltverschmutzung, ausgebeutete Böden, verseuchte Wasservorräte, Krankheiten der in der Landwirtschaft Beschäftigten. Ist es richtig, die Dinge einfach dabei zu belassen? Muss nicht der Versuch gemacht werden, die Probleme an der Wurzel zu packen? Kann man sich mit dieser Situation abfinden? Haben wir das Stadium noch nicht erreicht, wo uns keine andere Wahl bleibt? Haben wir noch Bewegungsspielraum, oder ist die Zeit für langes Debattieren nicht schon längst vorbei?

Geschichtlich gesehen haben wir den Zeitpunkt überschritten, dass die Kapazitäten der mit natürlichen Mitteln arbeitenden Landwirtschaft mit der Wachstumsrate der Bevölkerung Schritt halten konnten. Mit anderen Worten: Die Nahrungsversorgung war mit natürlichen Anbaumethoden für eine wachsende Bevölkerung nicht mehr zu bewältigen. Trotz der bekannten Risiken war der Einsatz von chemischen Düngemitteln, Pestiziden und Ähnlichem unvermeidlich, um auch nur annähernd den Bedarf zu decken. Der Rest ist Geschichte. Die Produzenten mussten den Bedarf decken, und der überwiegende Teil der Landwirte ging dazu über, diese chemischen Stoffe zu verwenden, obgleich sie sie in vielen Fällen als ein „notwendiges Übel" ansahen.

Aber die dadurch geschaffene Wirklichkeit ist gleichzeitig und gleichermaßen gegen sich selbst gerichtet und selbstzerstörerisch. Ich sage damit nicht, dass es EM sein muss, oder dass EM die einzige Antwort auf die Probleme ist. Was auch immer einen Ausweg weist, ist gut. Solange es die Anwendung dieser schädigenden Stoffe vermeidbar macht und gleichzeitig die Produktion von ausreichend Nahrung für die Bevölkerung sichert, muss ein solcher neuer Weg beschritten werden, wie auch immer geartet. Aber ich bin völlig überzeugt davon, dass die Ära, in der es angebracht war, diese schädlichen Substanzen einzusetzen, jetzt zu Ende geht und wir auf neue, bessere Mittel übergehen müssen.

Die Sinnlosigkeit einer Agrarpolitik, die Produzenten und Verbrauchern gleichermaßen schadet

Wir leben in einer Zeit tiefer Umbrüche. Etwa in den letzten zehn Jahren haben die Wertesysteme der westlichen Zivilisation die größten Umbrüche seit der industriellen Revolution erfahren. Auf meinen häufigen Reisen durch die ganze Welt kann ich feststellen, dass die Menschen in den Gesellschaften, wo diese Verwerfungen stattfinden, sich dessen mehr bewusst sind als andere. Das ist auch der Grund, weshalb die Reaktion auf EM in diesen Ländern so positiv ist. Alle zwei Jahre findet jeweils in einem anderen Land eine internationale Konferenz statt, auf der die Kyusei-Landwirtschaftsmethoden und die Anwendung von EM und der EM-Technologie behandelt werden.[3] Werden diese Planungen eingehalten, dann wird EM zu Beginn des neuen Jahrtausends beinahe weltweit verbreitet sein.

In Frankreich wurde ich gefragt, ob ich nicht befürchte, dass es zu erbittertem internationalem Wettbewerb zwischen den Agrarstaaten kommen würde, wenn in allen Ländern überall auf der Erde reichlich Nahrungsmittel produziert werden können. Das ist eine Frage, die sich sicherlich jeder, der mit Landwirtschaft befasst ist und die mit EM erzielten Ergebnisse sieht, mindestens schon einmal gestellt hat. Meine Antwort darauf ist folgende: Genügend Nahrung, eine gesunde Umwelt und Zugang zu angemessener medizinischer Versorgung sind die grundsätzlichen Lebensnotwendigkeiten. Diese drei Faktoren sehe ich als die fundamentalen Erfordernisse für die menschliche Existenz an, und sie sollten in keiner Weise dem Prinzip der Konkurrenz und des Wettbewerbs unterworfen sein. In der Tat scheint die einzig mögliche Lösung darin zu bestehen, dass die Besitzenden freiwillig und freigebig den Nichtbesitzenden abgeben – die Länder mit einem Überschuss geben kostenlos an die Länder, die Mangel leiden, ab. Und wenn danach noch ein Überschuss vorhanden ist, dann sollte man – ich sage es nochmals – das Ackerland wieder in Waldgebiete zurückverwandeln. Wiederaufforstung und ein größerer Baumbestand würden viel zur Erholung unserer natürlichen Umwelt beitragen. Natürlich wären politische Maßnahmen zur Durchführung dieser Pläne notwendig, doch nach meiner Meinung könnte und sollte dies in der beschriebenen Weise gehandhabt werden.

Die Aufrechterhaltung der Preise ist gegenwärtig eine Frage der Taktik. Nahrungsmittel, angebaut und geerntet mit all den damit verbundenen Anstrengungen, können einfach weggeworfen und vernichtet werden; oder andersherum, die Produzenten, also die Landwirte, reduzieren vielleicht den Anbau gewisser Produkte, machen schlechte Wetterbedingungen oder geringe Ernteerträge geltend, um die Preise künstlich hochzuhalten oder sie sogar noch in die Höhe zu treiben. Dadurch dass das absolute Volumen aller Ernteerträge nicht stabil ist, kommen solche Taktiken zustande. Wenn jeder immer und überall genau wüsste, dass er bekommen würde, was er braucht, wenn also die Ernteerträge ganz selbstverständlich garantiert wären, würden diejenigen, die an den ungerechtfertigt hohen Preisen für Nahrungsmittel schuld sind, mit dieser Absurdität aufhören, darin bin ich mir sicher.

Praktiken dieser Art basieren auf der Unfähigkeit zu begreifen, was eigentlich selbstverständlich sein sollte: dass die Produktion von „sicherer", d. h. unbedenklicher Nahrung von vitaler Bedeutung ist, wenn wir ein Leben in Gesundheit führen wollen. Dies trifft auf alle entwickelten Länder mit Nahrungsüberfluss in gleicher Weise zu, Nordamerika, die europäischen Länder und Japan eingeschlossen.

Es gibt Jahre, in denen in den Vereinigten Staaten Berge, buchstäblich Berge, von überschüssigen Nahrungsmitteln verbrannt werden. Natürlich trägt der Rauch nur ein bisschen zur weiteren Umweltverschmutzung bei. Ein ähnliches Beispiel einer solch schrecklichen Verschwendung kam vor kurzem in Europa ans Tageslicht, als launische Winde zufällig eine Riesenmenge von Zitronen über ein ganzes Gebiet verstreuten. Man hatte die Zitronen wegen Überproduktion auf die Müllhalde geworfen, um sie loszuwerden! Wie können wir weiterhin ein Agrarsystem dulden, das so hartnäckig an Konkurrenzprinzipien festhält, die eine solche sträfliche Verschwendung möglich machen, wo täglich auf der ganzen Welt unterernährte Kinder an Hunger sterben?!

Ein Agrarsystem, das solche Abfallmengen produziert, ist gleichzeitig in ärgerlichster Weise übersubventioniert. Die gegenwärtige Situation in Japan ist ein gutes Beispiel für ein landwirtschaftliches System voller Widersprüche – nämlich einerseits auf härteste Konkurrenz eingestellt, andererseits Empfänger von enormen Subventionen. Man kann es beim Anbau von Zuckerrohr auf der Insel Okinawa sehr gut deutlich machen: Der Preis für rohes Zuckerrohr kann bei der größten Jahresernte auf der Insel 35 Milliarden Yen (ca. 20,6 Millionen Euro) erreichen, das ist sieben- bis neunmal so viel wie auf dem internationalen Markt. Dennoch verlieren die Anbauer Geld, trotz hoher Subventionen von der Regierung. Japans Landwirtschaft ist gegenwärtig festgefahren durch antiquierte Gesetze für Ackerland und Nahrungsproduktion, wodurch genau die Situation geschaffen wird, die ich für Okinawa beschrieben habe.

Jedes Gesetz kann veralten, obwohl es bei seinem Inkrafttreten absolut notwendig und unverzichtbar war. Es muss aber, wenn es nicht mehr den Erfordernissen der Gegenwart entspricht, geändert werden. Japans gegenwärtige Agrarpolitik basiert auf Gesetzen, die zu einer Zeit erlassen worden sind, als der weitaus größte Teil der Bevölkerung noch in der Landwirtschaft tätig war. Zu jener Zeit gab es fast keine Nahrungsimporte, und die Prämisse war, dass Japan Selbstversorger war, zumindest was die Nahrungsmittelproduktion anbelangte. Heute gehen 70 % der Bauernfamilien neben ihrer landwirtschaftlichen Arbeit irgendeiner anderen Tätigkeit nach und finden auf diese Weise ihr Auskommen. Zudem ist Japan heute in der Lage, alle Lebensmittel zu importieren, die es braucht oder wünscht. Doch hier sind wir in den Restriktionen alter Gesetze verfangen, öffentliche Gelder werden verschleudert, und die Verbraucher müssen für Lebensmittel Inflationspreise bezahlen. Aus rein wirtschaftlichen Gründen ist es höchste Zeit für einen radikalen Wandel. Es gibt viele Wege dorthin und viele Möglichkeiten dafür. Um noch einmal auf die Situation beim Zuckerrohranbau in Okinawa zurückzukommen: Selbst durch die Stützung seitens der Regierung, damit der Marktpreis auf der astronomischen Höhe von 35 Milliarden Yen gehalten wird, verlieren die Anbauer weiterhin Geld. Warum wird der Zuckerrohranbau nicht vollständig gestoppt? Was hindert die Regierung daran, den Anbauern 30 Milliarden Yen zu bieten, wenn sie mit dem Anbau einfach aufhören?

Das Ergebnis wäre die Liberalisierung der Zuckerproduktion. Die restlichen fünf Milliarden Yen der Regierungsgelder könnten für den Import der noch benötigten Zuckermengen verwendet werden. Wenn alle fünf Jahre die Regierungssubventionen – nur allein für dieses Produkt – um 25 % reduziert würden, dann wären sie in 20 Jahren auf null. Das würde nicht nur Ersparnisse für die Produzenten und für das ganze Land bringen, sondern dazu noch automatisch den zuckerproduzierenden Ländern der Welt Vorteile bringen. Tatsächlich könnte bei einer solchen Politik jeder nur gewinnen.

Dasselbe kann man von der Reisproduktion sagen. Japans Wirtschaftskraft und die internationale Zusammenarbeit sollten eigentlich alle Befürchtungen hinsichtlich einer garantierten Höhe der Reisproduktion, nationaler Katastrophen oder anderer nationaler Notfälle gegenstandslos machen. Genauer gesagt sind die ewigen Streitereien über die Produktion von Reis lächerlich, nachdem die Konfrontation zwischen den USA und Russland beendet ist.

Als ich diese Frage mit einem japanischen Regierungsvertreter für Agrarpolitik diskutierte, entgegnete er mir, ich würde die Sache unter einem zu engen Blickwinkel betrachten. „Sie müssen bedenken", sagte er, „dass es hier nicht einfach nur um die Landwirtschaft geht. Eine Vielzahl von weiterverarbeitenden Industrien hängt von den Agrarprodukten ab. Sie umfassen den Produktionsbereich von Düngemitteln, Chemikalien für die Landwirtschaft, Landmaschinen und anderem Zubehör und ebenso den Bereich der Verarbeitung, Vermarktung, Verteilung und vieles mehr, so dass wir wirtschaftlich gesprochen den Wert der erzeugten Nahrungsmittel allein auf dem Landwirtschaftssektor verdoppeln oder verdreifachen. Das ist die Realität, und sie kann man nicht ignorieren."

Grundsätzlich läuft dies darauf hinaus, dass der Zweck der Landwirtschaft nicht einfach nur die Nahrungsmittelversorgung des Landes ist. Über die Nahrungsmittelproduktion hinaus ist sie dafür da, eine Menge von damit verbundenen Industrien zu unterstützen. Wer bezahlt den Preis für die Unterstützung dieses Systems? Nun, auf der einen Seite die Landwirte als Produzenten, auf der anderen die Konsumenten. Das ist die Antwort! Die japanischen Bauern können sich mit den Subventionen der Regierung gerade so über Wasser halten, und wenn man das System so weiter aufrecht erhält, besteht überhaupt keine Aussicht auf zukünftigen Wohlstand. Im Gegenteil, Japan ist diesen Weg beinahe bis zum letzten Ende gegangen.

Der ständige Verbrauch von Chemikalien und Kunstdünger in der Landwirtschaft wird nur eine noch weitergehende Verschlechterung der jetzt schon ausgelaugten Böden mit sich bringen. Die Kosten für eine Korrektur werden astronomisch hoch sein. Außerdem schädigen diese Substanzen alle in der Landwirtschaft Beschäftigten, und die Produzenten machen sich zusätzlich schuldig, die Verbraucher mit Lebensmitteln zu versorgen, die nicht wirklich sicher sind. Wenn die Söhne sich gegen ihre Väter wenden und ihnen sagen, sie hätten die Landwirtschaft satt, so können die Väter wahrlich keine überzeugenden Gegenargumente vorbringen, um sie umzustimmen. Sie können nur nicken und ihren Söhnen wortlos Recht geben über den Zustand der heutigen Landwirtschaft in Japan. Die Einführung der chemischen Mittel, der Kunstdünger, der Pestizide und der landwirtschaftlichen Maschinen sollten die Landwirtschaft modernisieren und die Arbeit für die Bauern erleichtern. Dies scheint zwar der Fall zu sein, aber genau genommen hat sich nur die Zahl der Arbeitsstunden geändert, und zwar auf um etwas weniger als die Hälfte innerhalb der letzten 35 Jahre zwischen 1965 und 1990. In Anbetracht der hohen Kosten dafür kann die Situation nur als lächerlich bezeichnet werden. In Geld ausgedrückt sind die Kosten für die Bearbeitung von 1000 m² von 57.000 Yen (€ 335) im Jahr 1965 auf 244.000 Yen (€ 1.435) im Jahr 1990 gestiegen. Das wäre nicht so schlimm, da sich die Steigerung in der Senkung der Zahl der Arbeitsstunden ausgewirkt hat. Aber das ist es nicht allein. Zusätzlich mussten riesige Mengen von schädlichen Chemikalien gekauft werden, die jetzt in unseren Lebensmitteln enthalten sind und ein erhöhtes Gesundheitsrisiko bedeuten: für alle, die sie essen und ebenso für die Bauern, die sie erzeugen. Auch wenn man die Gesamtkosten in Bezug auf die dafür gebrachten Opfer addiert, könnte man immer noch zugunsten der chemischen Stoffe argumentieren, wenn wenigstens die Landwirte selbst im Endeffekt einen finanziellen Vorteil hätten. Da sie aber nur mit hohen Subventionen überleben können, muss man dies mit allem Nachdruck verneinen.

An diesem Punkt der Diskussion muss unweigerlich irgendjemand die Frage stellen, ob es nicht möglich wäre, genügend Nahrung für das Land zu produzieren, wenn wir ganz und gar auf die Verwendung von Chemie in der Landwirtschaft verzichten würden. Bis vor kurzem konnten selbst diejenigen, die sich für eine Reform in der Landwirtschaft starkmachten, keine klare Antwort geben. Die Diskussion lief sich sozusagen immer tot angesichts der Tatsache, dass die konventionellen Methoden des organischen Landbaus einen Rückgang der Erträge bedeuten. Es wurde zwar als richtig anerkannt, den Gesetzen der Natur entsprechend zu arbeiten, aber man musste zugeben, dass dies einfach kein gangbarer Weg für die Praxis war.

All das stimmte vor der Erfindung von EM. Die Anwendung der EM-Technologie bei natürlichen Anbaumethoden bietet nun die Möglichkeit, jetzt und für immer auf Chemie in der Landwirtschaft zu verzichten. Gleichzeitig eröffnet sie die Aussicht auf viel höhere Ernteerträge. Das ist gewiss eine Chance, die nicht zu nützen wir uns nicht leisten können.

Unlebendiger Boden, unlebendige Menschen

In meiner Jugend galt in Okinawa der Spruch: Die Landwirtschaft ist das Rückgrat des Landes. Heute sollte man die Landwirtschaft viel exakter als die Last des Landes bezeichnen. Zwei Faktoren sind in erster Linie für die derzeitige Lage verantwortlich: Japans Agrarpolitik und das übermäßige Vertrauen auf Chemikalien, Pestizide, Kunstdünger und schwere Landmaschinen.

Früher musste man mir genau so wie jedem anderen den Vorwurf machen, an dieser Situation mit schuld zu sein. Ich glaubte an die Chemie in der Landwirtschaft und an Kunstdünger. Ich verstand Theorie und Praxis, da ich ja an der Universität Agrikultur studiert hatte und täglich praktisch in der Landwirtschaft tätig war. Ich glaubte zu wissen, wovon ich redete, und schätzte mich glücklich, in eine Zeit hineingeboren zu sein, wo Fortschritt und Entwicklung mit Macht vorwärtsgingen dank dieser neu entwickelten Stoffe.

Ich war immer der Erste, der sich auf neue Produkte stürzte und sie ausprobierte, wenn sie auf den Markt kamen, und empfahl sie dann Freunden und Kollegen. Ich hatte zwar um die Zeit, als ich ins Gymnasium kam, Rachel Carsons Buch *Der stumme Frühling* (1962) gelesen, aber da ich ein waschechter Befürworter der Chemie war, hatte es mich überhaupt nicht beeindruckt. Eine Reihe von Aufsätzen von Sawako Ariyoshi in der führenden japanischen Zeitung Asahi Shimbun unter dem Titel „Verschmutzung allüberall" tat ich ab als einseitige Meinung von jemandem, der wenig oder gar nichts von Landwirtschaft verstand.

Doch ab den späten siebziger und den frühen achtziger Jahren wurden die Beweise unwiderlegbar, dass der sorglose und exzessive Gebrauch von Chemikalien, Pestiziden und Kunstdünger nicht nur für die Gesundheit der Menschen, sondern auch für die Umwelt schädlich ist. Japan verbot deshalb die Verwendung und den Verkauf von quecksilber- und arsenhaltigen Präparaten mit ihren schwer löslichen Verbindungen. Es wurden strenge Richtlinien erlassen zur Kontrolle neu entwickelter chemischer Präparate.

Die neuen Richtlinien lösten jedoch die Probleme nicht, da sich bei den Pflanzen Abwehrschwäche zeigten gegen die Schädlinge, wogegen diese Mittel angewendet worden waren. So hatten zum Beispiel die Pflanzen, die jetzt mit den zugelassenen schwächeren Mitteln behandelt wurden, keine Abwehrkraft mehr, weil sie diese nur mit Hilfe der stärkeren Pestizide entwickelt hatten, mit dem Ergebnis, dass die Ernten verloren waren. Diejenigen, die wie ich in der Landwirtschaft tätig waren, wussten natürlich Bescheid, was da vor sich ging. Um die Situation irgendwie zu retten, importierten die Bauern heimlich die nicht zugelassenen Chemikalien und behandelten damit auch weiterhin ihre Felder. Durch den fortdauernden Gebrauch von Kunstdünger und Chemikalien haben sich außerdem die pathogenen Mikroben im Boden außerordentlich vermehrt. Nun kommt zum Tragen, dass die sogenannten degenerativ wirkenden Mikroorganismen dominant werden, die schwächeren ihnen als Mitläufer opportunistisch folgen und sie nun gemeinsam immer mehr den Boden seiner natürlichen Fruchtbarkeit berauben.

Jede Geschichte hat zwei Seiten, und manchmal ist es notwendig, ein Auge zuzudrücken gegenüber den offensichtlichen Nachteilen, wenn die Vorteile überwiegen. Als die chemischen Mittel und Kunstdünger eingeführt wurden, konnte man anfangs viel zu ihren Gunsten sagen. Jetzt, da die Situation sich ins andere Extrem entwickelt hat, hat sich jeder Vorteil auf null reduziert. Ein spezielles Problem besteht darin, dass die Produkte, die mit ihrer Hilfe erzeugt wurden, bedeutend weniger Antioxidantien enthalten[4]. Diese Substanzen, die in unbehandelten Produkten ganz natürlich enthalten sind, sind lebensnotwendig für die menschliche Gesundheit und das Wohlbefinden. Ein Mangel daran hat den gegenteiligen Effekt und führt zu einem Zusammenbruch der Gesundheit, zu Krankheit und Siechtum.

Es ist zwar das Los des Menschen, dass er vergänglich ist, dass er altert und schließlich stirbt. Seine Gesundheit jedoch kann bis zum Tod erhalten bleiben, wenn konsequente Anstrengungen zur fortwährenden Regeneration gemacht werden. Die Fähigkeit zur Antioxidation ist für den Regenerationsprozess lebensnotwendig. Antioxidation hilft die Degeneration zu verhindern, die die Folge von übersteigerter Oxidation ist, und fördert die Entwicklung eines starken Immunsystems. Aus unserer unmittelbaren Umgebung werden wir ständig mit einer Vielzahl von degenerativen Mikroorganismen bombardiert. Dass wir trotzdem überleben, liegt in der Hauptsache an zwei Faktoren: an Antioxidation und Immunkraft. Die Kraft, die Angriffe der degenerativen Mikroben und der Oxidation abzuwehren, ist die Lebenskraft an sich. In der Tat hat aber diese Lebenskraft in jüngster Zeit sich auf allen Ebenen verschlechtert. Immer mehr Menschen leiden an allergischen Reaktionen verschiedenster Art, ziehen sich Krankheiten unbekannten Ursprungs zu, und wie alle Neune beim Kegeln fallen sie beim Angriff von Bakterien, die früher überhaupt keine Bedrohung dargestellt hätten, um.

Aids, das gegenwärtig auf seine ganz eigene, heimtückische Weise unseren Planeten von Pol zu Pol so gnadenlos heimsucht, ist in Wirklichkeit ein ganz schwaches Retrovirus und dürfte uns als solches wenig Kummer machen. Wenn wir ihm anscheinend keinerlei Widerstandskraft entgegensetzen können, so beweist das, wie schwach unsere Lebenskraft ist und wie gering die Vitalität der menschlichen Rasse geworden ist. Ich kann es nicht für einen beziehungslosen Zufall halten, dass die verminderte Vitalität, die sich jetzt so deutlich bei den Einzelnen und in unserem allgemeinen Gesundheitszustand zeigt, das genaue Spiegelbild der Degenerationsvorgänge in unserer Umwelt und in unseren verarmten Bodenverhältnissen ist.

Antioxidation: Der wesentliche Faktor bei der Bekämpfung der Umweltverschmutzung

Durch den Sauerstoff kommen Entwertung und Degeneration auf allen Gebieten zustande, natürlich auch die Schwächung der Lebenskraft. Dieses Phänomen ist als Oxidation bekannt und verantwortlich für den Zusammenbruch und Kollaps in allen Bereichen. Es ist seltsam genug, dass Sauerstoff in der molekularen Form, in der wir ihn in unsere Lungen einatmen, keinen direkten Oxidationseffekt auf unsere Körpersysteme hat. Nur wenn Sauerstoff aktiviert wird, entstehen die Bedingungen für eine schnelle Oxidation. Sauerstoff, in dieser Weise aktiv, wird – nicht überraschend – als „aktivierter Sauerstoff" bezeichnet[5]. Alle ionisierten Elemente, einschließlich Chlor, Stickoxide und Sulfide, besitzen eine oxidierende Aktivität.

Von Kunstdünger und landwirtschaftlichen Chemikalien wird häufig behauptet, sie bildeten kaum eine Gefahr, weil Ersterer nur geringfügig toxisch sei und Letztere sich in relativ kurzer Zeit auflösen und verteilen würden. Diese Behauptung zieht nicht in Betracht, dass beide äußerst wirksame oxidierende Agenzien (Oxidantien) sind und mit allen anderen Substanzen, mit denen sie in Berührung kommen, eine Oxidation durchführen.

Ein weiterer erwähnenswerter Faktor in der Gleichung betrifft das Wasser und seine etwas weniger erfreuliche, ihm aber sozusagen angeborene Eigenschaft, nämlich „mimische" Informationen weiterzugeben. Nehmen wir Regenwasser als Beispiel. Es nimmt die Information von der ersten Substanz, mit der es in Berührung kommt, auf und ahmt sie dadurch nach und spiegelt sie wider. Wenn also die Substanz, mit der es zuallererst in Kontakt kommt, verunreinigt, kontaminiert oder anderweitig schädlich ist, so nimmt das Regenwasser diese Information in sich auf und behält sie in abgeschwächter Form bei. Es wird also verunreinigt oder kontaminiert. Beim Versickern in die tieferen Erdschichten trägt es diese Information weiterhin in sich. Obwohl die anfängliche Information durch den Kontakt mit dem Boden und den Felsen etwas verändert wird, wird sie doch nicht ganz gelöscht. Damit dies geschieht, muss das Wasser erst wieder zu Dampf werden und dem Sonnenlicht und Ozon ausgesetzt werden.

Aufgrund dieses Phänomens wird das Grundwasser sozusagen kontaminiert. Selbst durch Kochen oder Destillation wird die übertragene Information nicht gelöscht, sondern behält die charakteristische Information von verunreinigtem Wasser weiterhin bei. Die Atmosphäre, der Boden und das Wasser, d. h. unsere ganze Umgebung, sind zurzeit in einem unsauberen Zustand. Ganz besonders hat unser Wasser getreulich die schädlichen Eigenschaften der Verunreinigung angenommen, was an sich schon als ernsthaftes Gesundheitsrisiko angesehen werden kann.

Die vielen verschiedenen Mikrobenstämme von EM bewirken jedoch die Auslöschung der übertragenen Information in einer ganzen Anzahl von Substanzen. Ob das Problem in saurem Regen oder in Luftverschmutzung besteht – wenn genügend EM in Ackerböden und Waldgebieten vorhanden ist, kann das Grundwasser dadurch gereinigt werden. Starke elektrische Felder, statische Elektrizität, ultraviolette und infrarote Strahlen sind schon lange bekannt für ihre wasserreinigenden Eigenschaften, aber bis vor kurzem wusste man nicht, dass auch lebende Organismen solche Eigenschaften besaßen. Die Menschheit lebt gegenwärtig unter Bedingungen, in denen aufgrund von Umweltverschmutzung, Nahrungsverseuchung und übermäßigem Verbrauch von Medikamenten extreme Oxidation vorherrscht. Antioxidation ist der Schlüssel zur Änderung dieser beklagenswerten Situation, weil die Beseitigung praktisch aller Krankheitsursachen dadurch, dass wir größere Mengen von Antioxidantien regelmäßig täglich in uns aufnehmen, möglich wird. Wenn wir einmal begriffen haben, dass Krankheit nur unter Bedingungen von starker Oxidation auftreten kann, dann verstehen wir auch, wie wichtig die Möglichkeit ist, Substanzen zu antioxidieren bzw. die Oxidation zu verhindern, und wir erkennen, dass sowohl die Vorbeugung als auch die Heilung von Krankheiten darin besteht, dem Körper die Fähigkeit zu umfassender und wirksamer Antioxidation zu vermitteln.

Die Fähigkeit zur Antioxidation ist ein und dasselbe wie die Fähigkeit, Oxidation zu verhindern. Da sich unser ganzer Erdball zurzeit auf einen extremen Oxidationszustand zubewegt, ist es um unserer Gesundheit willen unbedingt erforderlich, dass wir unsere Antioxidationsmöglichkeiten entwickeln und verbessern. EM kann Antioxidantien mit starker Antioxidationsfähigkeit produzieren. Man kann sagen, dass Pflanzen bemerkenswert gut gedeihen, wenn sie mit EM behandelt werden, und zwar wegen seiner ausgeprägten Antioxidationswirkung und seiner Fähigkeit, immer weiter Antioxidantien zu produzieren.

Bei starker Oxidation können die wichtigen Nährstoffe im Boden nicht ohne weiteres gelöst und verfügbar gemacht werden. Infolgedessen brauchen Pflanzen, die auf einem stark oxidierten Boden wachsen, sehr viel Energie, um die Nährstoffe, die sie für ihr Wachstum brauchen, aufzunehmen. Wenn die Pflanzen jedoch dieser Belastung nicht ausgesetzt sind, können sie in einem Boden, in dem antioxidante Bedingungen herrschen, ihre ganze Energie zu einem gesunden Wachstum verwenden.

In oxidierten Böden neigen Schwermetalle zur Ionisation. Dadurch gehen sie leicht Verbindungen mit anderen Substanzen ein und werden sehr gut löslich. Unter diesen ungünstigen Bedingungen können eine Vielzahl von Giften entstehen. Im Gegensatz dazu kehren in einem Boden mit hohem Antioxidationsgrad die ionisierten Schwermetalle wieder in ihren früheren Molekularzustand zurück. Wenn dies geschieht, werden sie schwerer als Wasser;

sie dringen mit dem Regenwasser in die tieferen Schichten des Bodens ein und lagern sich dort ihrem spezifischen Gewicht entsprechend ab. Infolgedessen werden sie in geringerem Maße von den Pflanzen aufgenommen, Toxizität und Schädlichkeit werden reduziert.

Auf einer Ranch in Amerika traten plötzlich viele Missbildungen unter den Rindern auf. Untersuchungen ergaben, dass diese Missbildungen in Zusammenhang mit der Grundwasserversorgung auf der Ranch standen. Die Quelle des Trinkwassers für die Tiere, eben dieses Grundwasser, stellte sich als stark mit Schwermetallen belastet heraus. Als jedoch EM dem Quellwasser beigegeben wurde, ging die Missbildungsrate bei den Neugeborenen in erstaunlich kurzer Zeit völlig zurück.

Der Photosynthese-Prozess bei Pflanzen verbraucht beträchtliche Mengen an Energie, selbst unter normalen Bedingungen. Wenn die Pflanzen mehr Sonnenlicht ausgesetzt sind, als sie brauchen, nehmen sie enorm viel an Energie auf. Dieses Phänomen beobachtet man oft bei Pflanzen, die auf stark oxidierten Böden wachsen, jedoch ganz selten bei Pflanzen auf Böden, in denen das Antioxidationsniveau hoch ist. Mit anderen Worten: Die Antioxidationslage, die von EM bewirkt wird, erleichtert den Pflanzen nicht nur die Aufnahme der Nährstoffe, sondern optimiert auch den Photosynthese-Prozess und erhöht in starkem Maße die Anpassungsfähigkeit der Pflanzen an ihre unmittelbare Umgebung.

Zweifache Wirkung: Schädlingsbekämpfung und stärkere Vermehrung von nützlichen Insekten

Einer der größten Feinde, wenn nicht d e r größte, für unsere Ernten ist die große Vielfalt der schädlichen und Krankheiten verursachenden Insekten, allgemein als Schädlinge bezeichnet. Eine gemeinsame Eigenschaft dieser Schädlinge ist ihre Vorliebe für oxidierte Substanzen, also für Oxidantien. Infolgedessen werden sie wirksam durch Stoffe oder Umweltbedingungen mit einem hohen Antioxidationsgrad vertrieben. Weiterhin ist interessant, dass die Eier von solchen Schädlingen, die auf Pflanzen mit guter Antioxidation abgelegt werden, meist im Eistadium verbleiben und die Schädlinge niemals schlüpfen. So entwickeln sich z. B. die Eier, die von mit EM behandelten Fliegen abgelegt werden, niemals zu Larven. Ebenso verbleiben mit EM behandelte Larven in diesem Stadium und reifen nicht zu Fliegen aus. Der Grund dafür liegt darin, dass die Larven auf bestimmten schmutzigen und faulenden Substanzen gedeihen, mit deren Hilfe sie Hormone produzieren, die sie für den Durchgang durch das Puppenstadium und für die Reifung zu Fliegen benötigen. Die Antioxidantien in EM blockieren die Bildung dieser speziellen Hormone und vereiteln die Metamorphose.

Ganz anders ist es bei den nützlichen Insekten. Die schädlichen Insekten, die Krankheiten verbreiten, sind größtenteils Pflanzenfresser, die sich von schwachen oder kranken Pflanzen oder von verrottendem Material ernähren. Im Gegensatz dazu sind die meisten nützlichen Insekten Fleischfresser. Das Enzymsystem der Pflanzenfresser unterscheidet sich von dem der Fleischfresser darin, dass Letztere die Fähigkeit zur Antioxidation haben. Dies wirkt sich deshalb günstig aus, weil die Antioxidation einen vernichtenden Effekt auf die schädlichen Insekten hat. Sie hat aber nicht nur diesen vernichtenden, sondern darüber hinaus auch einen sehr günstigen Effekt, weil sich das Energieniveau dieser nützlichen Lebewesen erhöht. Kurz, die von EM geschaffenen Antioxidationsbedingungen kann man in der Weise beschreiben, dass sie einen Mechanismus in Gang setzen, der Schädlinge und Krankheiten beseitigt und gleichzeitig das Wachstum und die Verbreitung von Nutzinsekten fördert. All das könnte als zu schön erscheinen, um wahr zu sein, aber unsere Forschungen haben dies ohne den geringsten Schatten eines Zweifels bewiesen.

Es gibt einige Insektenarten, bei denen die Entscheidung schwierig ist, ob sie in die Kategorie der Schädlinge fallen, oder ob sie tatsächlich nützliche Insekten sind. Das beste Beispiel dafür sind die Ameisen. Aus menschlicher Sicht schaden sie mehr, als sie nützen. Charakteristisch für sie ist, dass sie die Nahrung, die sie sammeln, mit arteigenen Zymogenen behandeln, bevor sie sie fressen. Mit Hilfe dieser Zymogene können sie sich einen Nahrungsvorrat anlegen. Wenn nun EM in das Vorratslager einer Ameisenkolonie verbracht wird, entsteht im Laufe der Zeit durch Fermentation ein anderes Zymogen, das die Ameisen nicht lieben. So ist EM also ein wirksames Mittel, den Nahrungsvorrat einer ganzen Ameisenkolonie zu zerstören. Die gefräßigen Blattsäge-Ameisen in Südamerika können in einer einzigen Nacht einen ganzen Wald kahl fressen. Versuche haben jedoch gezeigt, dass sie mit Hilfe von EM wirksam in Schach gehalten werden können. Wird nämlich EM in die Nester verbracht, wird nicht nur der gesamte Nahrungsvorrat der Kolonie zerstört, sondern es werden auch die Eier an der Weiterentwicklung gehindert.

Im Prolog habe ich dargelegt, dass Myriaden von Mikrobenstämmen existieren und als nützlich oder schädlich bezeichnet werden können, dass aber nur ein sehr kleiner Teil die nötige Fähigkeit hat, in einer bestimmten Situation zum dominierenden Stamm zu werden. Die große Mehrheit ist „unpolitisch" und opportunistisch und übernimmt in regenerierender oder degenerierender Weise die Eigenschaften des dominierenden Mikrobentyps. Wenn auch nicht so klar definierbar wie im Fall der Mikroben, so ist doch eine ähnliche Mitläufer-Tendenz bei den meisten Insekten und anderen Tieren festzustellen; diese Arten führen ein angepasstes Durchschnittsleben und können unter EM-Bedingungen überleben.

Bekanntlich sind Krähen „Aufräumer" und ernähren sich von Aas. Sie verzehren Verfaulendes und Infiziertes. Das ist eine Tatsache, auch wenn wir es kaum verstehen können. Wie machen sie das? Aufgrund ihrer physiologischen Organisation können sie hochwirksame Antioxidantien produzieren wie Vitamin C und E, die beim Verdauungsprozess auch verdorbene Nahrung für die Krähen verträglich machen.

Der menschliche Körper ist dazu nicht imstande, weil ihm die Fähigkeit zur Synthetisierung von Vitamin C im Körper fehlt. Aber alle Aasfresser, wie z. B. Hyänen und Aasgeier, haben diese erstaunliche Fähigkeit zur Produktion von Antioxidantien in ihrem eigenen Körper. Dieses eine Beispiel kann uns das Verständnis dafür erleichtern, wie lebenswichtig die erstaunliche Kraft der Antioxidation für alle Lebewesen auf diesem Planeten ist.

Die dreifachen Vorteile von EM: Kontinuierliche Ernten, beste Unkrautbekämpfung und erhöhte Erträge

Da EM die Bildung von Antioxidantien an der Wurzel der Pflanzen stimuliert und erhöht, werden die Wurzeln selbst widerstandsfähiger. Sie faulen nicht und sterben nicht so leicht ab. Mit stärkeren Wurzeln können die Pflanzen die Nährstoffe aus dem Boden viel wirkungsvoller aufnehmen, so dass auch bei schlechten Umweltbedingungen eine Kultivierung des Bodens möglich ist. Als gutes Beispiel können Tomatenpflanzen dienen, die bei Anwendung von EM sogar gegen Schneefall widerstandsfähig wurden. Früher hätte die Schneekälte das Ende des Tomatenanbaus für diese Jahreszeit bedeutet. EM erbringt auch höhere Erträge, höher als diejenigen, die mit den bisherigen organischen Anbaumethoden erzielt worden sind, und viel höher als mit Anbaumethoden unter Verwendung von Chemikalien und Kunstdünger.

Es scheint mir angebracht, hier einige aktuelle Beispiele anzuführen, wie die Produktion mit Hilfe der EM-Technologie gesteigert worden ist.

Betrachten wir den Tomatenanbau in Ohno, einem kleinen landwirtschaftlich geprägten Ort der Präfektur Gifu im mittleren Westen Japans. Mein Informant, Yasuhiro Mori, baute eine Tomatensorte an, die als Momotaro bekannt ist und die im Durchschnitt vier oder fünf Tomaten an einer Dolde hat. Nach der Rodung eines ungefähr einen Hektar großen Gebietes in den Bergen, das er für weiteren Tomatenanbau vorgesehen hatte, stand er vor rohem Land voller Unkraut. Zu Beginn behandelte er es mit EM, um den Bodenzustand zu verbessern, bevor er die erste Tomatenanpflanzung machte. Er berichtete von erstaunlichen, rekordbrechenden Erträgen bei der ersten Ernte. Verglichen mit den vorher besten Ergebnissen von vier oder fünf Früchten pro Dolde, wuchsen jetzt nach der EM-Behandlung sieben oder acht, und bei einigen Ausnahmen sogar bis zu sechzehn Früchte. Diese Ergebnisse sind noch eindrucksvoller, wenn man bedenkt, dass unter normalen Bedingungen die erste Ernte einer neuen Pflanzung gar nicht ausreift, also nicht vermarktet werden kann, sondern weggeworfen werden muss. Anders in diesem Fall, wo die Tomaten zur vollen Reife kamen und groß genug für die Vermarktung waren. Außerdem trugen die Pflanzen immer weiter Früchte, und es konnte bis zum Eintritt der ersten Fröste Anfang November geerntet werden. Die Pflanzen zeigten auch Mitte Oktober keine Zeichen von Erschöpfung, wie das auf den benachbarten Feldern der Fall war.[6]

Das zweite Beispiel verdanke ich Masaharu Fujii, einem Gemüsebauern im äußersten Südwesten der Hauptinsel Honshu, der nach der Einführung der EM-Methoden über rekordbrechende Ergebnisse beim Anbau von Auberginen und Gurken berichtete. Herr Fujii hatte bisher mit den konventionellen Methoden pro Saison nur eine Ernte von Gurken und Auberginen erzielt, und zwar im Durchschnitt mit einer Blüte und einer Frucht pro Fruchtknoten. Nachdem er auf die EM-Methode umgestiegen war, wuchsen zwei oder drei Früchte an einem Fruchtansatz, und sobald die ersten Früchte abgeerntet waren, erschienen neue Blüten und danach neue Früchte am selben Ausleger. Sowohl der vielfache Ertrag als auch die vielfachen Ernten pro Saison sind fast unglaubliche Resultate, die man früher nicht für möglich gehalten hätte. Mit Hilfe von EM erzielte Herr Fujii jetzt um 60 % höhere Erträge. Wo früher eine Pflanze 80 bis 90 Früchte getragen hatte, erbrachte sie jetzt 150. Diese Steigerung war jedoch nicht nur quantitativer, sondern vor allem qualitativer Art: Die Schalen der Auberginen waren weicher, die Farbe und der Glanz leuchtender und der Geschmack war frischer und kräftiger, so dass die Produkte einen viel höheren Preis auf dem Markt erzielten, sehr zur Freude des Anbauers.

Auch bei den Gurken erreichte er ähnlich eindrucksvolle und überdurchschnittliche Erträge. Blüten und Früchte erschienen jetzt vom ersten Fruchtknoten an, und es wuchsen bis zu sechs Gurken an einem Ausleger. Diese Fülle brach alle bisherigen Rekorde, und insgesamt war sein Ernteertrag dreimal höher als früher mit den konventionellen Methoden.[7]

Die EM-Technologie erbringt jedoch nicht nur ausgezeichnete Ergebnisse in Bezug auf Erträge und bessere Qualität, sondern sie befreit den Anbauer auch von bestimmten zusätzlichen und arbeitsintensiven Tätigkeiten. Sumio Takenaka, ein Reisbauer aus Tsuruga in der Präfektur Fukui an der Westküste Japans, berichtet, dass er dank EM von der harten Arbeit des Unkrautjätens befreit wurde. EM bietet eine außergewöhnliche Hilfe, mit dem Unkraut fertig zu werden. Da Unkräuter ebenfalls Pflanzen sind, könnte man annehmen, dass bei der erstaunlichen Ertragserhöhung mit Hilfe von EM auch die mühevolle und doch notwendige Arbeit des Unkrautjätens zunehmen würde. Es stimmt zwar, dass das Unkraut bei der Verwendung von EM ebenfalls gedeiht, aber man verfährt so, dass man das Unkraut wachsen läßt und es dann in einem Arbeitsgang zusammen mit der Vorbereitung des Bodens für die Anpflanzung entfernt. Wenn EM auf die Reisfelder ausgebracht wird, beschleunigt es das Wachstum des Unkrauts, und die Samen entwickeln sich alle gleichzeitig. Mit dem Pflügen, Bewässern und Eggen wird dann das Unkraut entfernt, also bevor die Reissetzlinge gepflanzt werden. Da das Unkraut nicht wieder erscheint, während der Reis wächst, ist der Reisbauer von der früher so lästigen und fortwährenden Arbeit des Jätens bis zur Ernte völlig befreit. Durch die Anwendung von EM konnte Herr Takenaka den Zeitaufwand für Unkrautjäten während des Reiswachstums auf Null reduzieren.

Die wirksame Unkrautbekämpfung ist jedoch nur ein Beispiel für die nützlichen Nebeneffekte bei der Verwendung von EM. Wo die EM-Technologie beim Reisanbau angewendet wird, sind die Durchschnittserträge in Japan immer die höchsten gewesen, und sie haben die Ergebnisse des konventionellen Anbaus weit hinter sich gelassen.

Weitere positive Beweise zugunsten der EM-Technologie zeigten sich in praktischen Feldversuchen, die ich mit meinem Forschungsteam durchführte. Nicht nur immer gleiche Fruchtfolgen sind durchaus denkbar und möglich, sondern auch der Ertrag ist höher und ebenso die Qualität der Produkte.

Eine kurze Schilderung der Versuchsergebnisse beim Tomatenanbau über einen Zeitraum von vier Jahren bei acht aufeinanderfolgenden Ernten sei hier angefügt: Das Grundstück, das wir für diesen Versuch auswählten, hatte sandigen Boden mit nur 10 cm Tiefe. Einer der Hauptnachteile von sandigem Boden ist, dass durch die extreme Trockenheit und die Temperaturschwankungen sich leicht Älchen einstellen. Zu Beginn der Versuche war der Boden damit verseucht, wodurch natürlich die Pflanzen auf ihren Standorten oft welkten. Als wir jedoch mit EM begannen, verschwanden die Älchen, die Pflanzen blieben gesund und bekamen keine Krankheiten. Wir stellten jedes Jahr eine Qualitätsverbesserung fest und gleichzeitig erhöhte Erträge. Statt fünf oder sechs Tomaten verdoppelte sich die Anzahl auf zwölf. Der Zuckergehalt wurde bei den großen Tomaten mit sechs gemessen und mit neun bis zehn bei den kleineren. Während normalerweise reife Tomaten schwer zu transportieren sind, weil sie bei der Verschiffung leicht beschädigt werden, konnten unsere EM-Tomaten sehr gut über weite Entfernungen transportiert werden, ohne dabei Schaden zu leiden.

Mit den konventionellen Methoden ergeben sich bei kontinuierlichem Anbau verschiedene kumulierende Schäden, wie z. B. die Vermehrung von degenerativen Mikrobenstämmen, die sich an den Wurzeln zeigen und dort Fäulnis hervorrufen. Eine nähere Untersuchung dieser Faktoren zeigt, dass sie durch Oxidantien entstehen, bedingt durch den hohen Gehalt an Sauerstoff im Boden. Daraus folgt, dass die Probleme, die durch kontinuierlichen Anbau ohne Fruchtwechsel entstehen, gelöst werden, wenn der Boden in einen antioxidativen Zustand zurückversetzt wird.

Die Kraft, jeden Boden ertragreich zu machen

Böden können sich bekanntlich sehr stark in ihrem Zustand und in ihren Eigenschaften unterscheiden. Sie können sauer oder alkalisch sein, sandig, tonig, sumpfig oder trocken; jedoch unabhängig davon, welche Anteile überwiegen, kann EM solche Unausgewogenheiten korrigieren. Mit seiner Hilfe wird jede Art von Boden in guten, ertragreichen Boden umgewandelt werden. So macht EM z. B. einen schweren Tonboden leichter, zu saurer oder zu alkalischer Boden wird neutralisiert, und bei ausgedörrten Böden kann die Wasserhaltefähigkeit verbessert werden.

EM verbessert auch die Drainage von sumpfigen Böden und sichert selbst da, wo sich immer wieder Wasser sammelt, die genügende Belüftung des Bodens und verhütet dadurch Schäden. Solche Verbesserungen sind bei den bisherigen Behandlungsmethoden der Böden nicht vorstellbar. Man darf eben nicht die Tatsache aus den Augen verlieren, dass alle diese positiven Resultate dadurch entstehen, dass EM ein höheres Antioxidationsniveau herstellt.

Zwei Elemente gehören zum Prozess der Antioxidation. Eines bezieht sich auf die antioxidierenden Stoffe, die von den Mikroorganismen produziert werden. Das zweite sind die Schwingungen, die von eben diesen Mikroorganismen ausgehen. EM enthält immer Photosynthesebakterien, eine Mikrobenart, die in besonderem Maße fähig ist, mit ihrer ausgeprägten Antioxidationswirkung Substanzen wie Vitamin C und E zu produzieren. Ferner senden die Photosynthesebakterien ständig unter dem Mikroskop sichtbare Wellen bzw. Schwingungen aus.

Eine weitere Eigenschaft von EM ist seine Reinigungsfähigkeit in Situationen, in denen durch zu starke Oxidation Verschmutzungen entstehen; es führt ionisierte Stoffe wieder in den ursprünglichen Molekularzustand zurück. In diesem Zustand können sie wieder die ihnen eigenen Wellen aussenden. Mikroorganismen erzeugen Antioxidantien und Schwingungen. Nichtorganische Elemente erzeugen ebenfalls Wellen. Diese Aktivitäten hängen mit dem laufenden Prozess der Antioxidation und Regeneration zusammen, und sie bringen wunderbare Resultate hervor, die in keiner Weise mit den bisherigen Vorstellungen und Theorien über Produktion und Anbau vergleichbar sind. Darüber hinaus sind solche Ergebnisse nicht auf das Gebiet der Nahrungserzeugung beschränkt, sondern sie erweisen sich für die Umwelt und die menschliche Gesundheit gleichermaßen als gültig.

Der sich immer mehr verschlechternde Zustand unserer Umwelt ist die Folge der sich ständig erhöhenden Oxidation. Ein wichtiger, wenn nicht der wichtigste Faktor dafür ist die Unmenge der verschiedensten Abfallmaterialien, die das Oxidationsniveau mehr und mehr anheben. Es sind die Auspuffgase der Autos genau so wie die Rauchabgase der Elektrizitätswerke, der Elektromotoren und der Industrieanlagen und Fabriken, die alle extreme Oxidationslagen in der Luft ihrer Umgebung verursachen. Wenn sie sich in der Atmosphäre ausbreiten, werden sie zu Oxidantien: Das bedeutet, sie sind in der Lage, jede Substanz, mit der sie in Berührung kommen, zu oxidieren.

Dasselbe gilt für die Abfälle in der Tierhaltung und für die Abwässer. Obwohl sie anfänglich einem Deoxidationsvorgang unterworfen werden, findet doch letztlich ein Zerfallsprozess unter erhöhter Oxidation statt, wobei giftige Gase entstehen. Zuletzt verwandeln sie sich in einen Zustand, in dem sie ionisieren und eine Oxidation mit Metallen herbeiführen. Die Stoffe, die diese Oxidation fördern, werden als „freie Radikale" bezeichnet. Zurzeit erleben wir eine Zunahme dieser freien Radikalen in unserer ganzen Umwelt in geradezu furchterregendem Ausmaß.

Die Ausbreitung unbekannter und unerklärbarer Krankheiten und Gebrechen unter der menschlichen Bevölkerung, die zunehmende Schwäche und Anfälligkeit für Korrosion bei allen Metallarten, die große Zahl der verfallenden und einsturzgefährdeten berühmten Gebäude und Marmorstatuen, der schnelle Verschleiß aller Materialien, all das muss der durch die freien Radikale überhandnehmenden Oxidation zur Last gelegt werden. In natürlicher Form ist ultraviolettes Licht das stärkste freie Radikal, in vom Menschen gemachter Form ist es die Radioaktivität. Wenn Radioaktivität in den menschlichen Körper eindringt, verbreitet sie sich blitzschnell, dringt in gefährlichster oxidierter Form in die tieferen Gewebe- und Organschichten und richtet den Körper zugrunde.

Ganz offensichtlich bewegt sich unser ganzer Planet auf einen Zustand extremer Oxidation zu, wodurch alles, angefangen von der Nahrung, die wir essen, dem Wasser, das wir trinken, der Luft, die wir atmen, bis hin zu den Pflanzen und Tieren und sogar bis hin zur menschlichen Rasse extrem gefährdet und vom Zusammenbruch bedroht ist.

Die Zeit der Palliativ- und Flickmethoden ist vorbei, d. h. es hilft nicht mehr, die Symptome zu kurieren. Es müssen die Ursachen der verschiedenen Probleme behoben werden. Die Vorgänge, unter denen jetzt unsere ganze Erde leidet, haben die Grenze, wo noch Hoffnung für eine Regeneration bestehen würde, bereits überschritten. Die einzige Lösung für uns besteht darin, dass wir uns dem Bereich der allerkleinsten Lebensformen, die wir kennen, zuwenden, nämlich dem Reich der Mikroorganismen, und mit ihrer Hilfe die Regeneration herbeiführen. Die EM-Technologie besitzt dafür das gesamte notwendige Potenzial.

Japans landwirtschaftliche Strukturen müssen erneuert werden, wenn die Nation überleben soll

EM hat schon bei vielen Leuten in Japan reges Interesse gefunden. Unter den Politikern war es in erster Linie der verstorbene Osamu Inaba. Er und ich hatten einmal eine sehr erregte Diskussion über die Frage der Liberalisierung des japanischen Reismarkts. Wie schon weiter oben erwähnt, liegt auf der japanischen Landwirtschaft kein Segen mehr, und sie findet derzeit keine Unterstützung bei der Bevölkerung, noch genießt sie ihr Vertrauen. Zahlreiche Bedingungen müssen erfüllt werden, wenn die Landwirtschaft wieder nationale Unterstützung finden soll. Dazu gehört, dass sie das Land wieder zuverlässig mit wohlschmeckenden, sicheren und erschwinglichen Produkten versorgt, die mit umweltschonenden Methoden erzeugt werden. All das kann die japanische Landwirtschaft derzeit nicht leisten.

Die Wurzel des Problems liegt in den konventionellen Techniken und der gegenwärtigen Landwirtschaftspolitik. Aber ungeachtet des Lärms, den ich und andere schlagen, dass sich etwas ändern müsse, geschieht nichts. Es bleibt alles beim Alten. Nur wenn in Japan ein freier Markt für Reis geschaffen wird und zwar auf einen Schlag, dann wird, soweit ich sehen kann, genügend Unruhe entstehen bei denen, die mit dem Reishandel zu tun haben. Nur so wird sich etwas bessern. Leider hält man in Japan starr an den alten Mustern fest, und man macht keine Anstrengungen, Änderungen anzuregen, es sei denn, sie werden von außen aufgezwungen. Da ich der Ansicht bin, dass Japan aus seiner Selbstgefälligkeit aufgeschreckt werden sollte, habe ich für die Einführung des freien Reismarkts in Japan als erste Maßnahme plädiert. In den Diskussionen, die ich mit Osamu Inaba über dieses Problem führte, erklärte er zwar, dass er mich verstehen könne, aber dann legte er mir seinen alternativen Standpunkt dar.

„Ein Parlamentsmitglied, das solch einen Vorschlag macht, müsste sich ohne den geringsten Zweifel im Klaren sein, dass es bei den nächsten Wahlen seinen Sitz verliert. Jeder Politiker, der vor einer Gruppe von Bauern diesen Vorschlag der Liberalisierung des Reismarkts macht, kann damit rechnen, dass nicht nur Kissen, sondern auch Stühle nach ihm geworfen werden. Buchstäblich! Es ist für einen Politiker völlig undenkbar, so etwas zu tun!"

Nachdem er seine Position als Politiker klargemacht und erklärt hatte, warum es deshalb für jemanden wie ihm unmöglich sei, so einen direkten Vorschlag im Parlament zu unterbreiten, fuhr er fort, dass er es jedoch für absolut notwendig halte, dass die EM-Methoden weitestgehend in der japanischen Landwirtschaft eingeführt würden. Er bot mir daraufhin die größte direkte und indirekte Unterstützung an. Durch diese seine Hilfe haben nun schon viele meine Ideen kennen gelernt. Der Hauptfehler in der japanischen Landwirtschaft liegt jedoch weiterhin in ihrer Struktur. Dadurch wird die Industrie durch ein System von Privilegien besonders gefördert, und zwar in einem betrügerischen Maß, das jede Veränderung ausschließt. Um die notwendigen Maßnahmen herbeizuführen, sind drastische Schritte erforderlich. Die gegenwärtige Organisation in der Landwirtschaft muss vollständig umgekrempelt werden und nach den Prinzipien der Koexistenz und der allgemeinen Prosperität wieder aufgebaut werden.

Wenn ich die Einführung eines freien Marktes für Reis in Japan befürworte, dann nicht aus dem Wunsch heraus, billigen Reis zu bekommen. Mein Motiv ist meine definitive Ansicht, dass die Landwirtschaft für Japan zur Last geworden ist, und wenn man den Dingen weiter diesen Lauf lässt, wird es um Japans Zukunft schlecht bestellt sein. Es scheint die Meinung vorzuherrschen, dass die Liberalisierung des Reismarktes Japan billigen Reisimporten aussetzen würde. Diesen Standpunkt kann ich jedoch nicht teilen. Japan gehört heute zu den mächtigsten Nationen der Welt, und von daher besteht überhaupt kein Grund, dass es nicht geeignete Gegenmaßnahmen ergreifen könnte. Keinesfalls wird die Einführung des freien Reismarktes das Land in die Knie zwingen. Das wäre im Gegenteil eine wunderbare Gelegenheit, mit Hilfe der EM-Technologie eine enorme Menge von kostengünstigem Reis zu produzieren, exzellent in Qualität und Geschmack und frei von Schadstoffen. Darüber hinaus ist es weit eher denkbar, dass Japan ein konkurrenzfähiger Reisproduzent und Exporteur wird, anstatt Reis importieren zu müssen, genau so, wie es gegenwärtig ein konkurrenzfähiger Automobilhersteller und -exporteur ist.

Oft gilt meine Kritik Gesellschaftsformen, die auf Konkurrenz an sich gegründet sind. Aber wenn die Konkurrenz auf dem Ehrgeiz und dem Ziel beruht, die Zustände für alle zu verbessern, dann gebe ich ihnen meine Unterstützung aus vollem Herzen. Hier halte ich es jedoch für die Hauptfrage, bis zu welchem Grad die Mehrheit unseres Volkes leidenschaftlich und sinnvoll den Konkurrenzkampf überhaupt aufnehmen und bestehen kann.

Jede Nation, die keine Hilfe anbieten kann für die, die im Konkurrenzkampf stehen, ihn aber nicht bestehen, wird immer Probleme bekommen. Finanzielle Unterstützung durch die öffentliche Wohlfahrt und die Versorgung mit Kleidung oder die Einrichtung von Suppenküchen durch freiwillige Initiativen sind wirklich zu begrenzte Maßnahmen, um das Problem zu lösen. Japan unterscheidet sich in dieser Hinsicht keinesfalls von vielen anderen Nationen. Ohne solche Vorsorgemaßnahmen gegen diese sozialen Probleme werden die Menschen, die dem Konkurrenzkampf nicht gewachsen sind, zu einer schweren sozialen Bürde für die ganze Nation. In jeder Gesellschaft, in der das Prinzip der Konkurrenz herrscht und nicht die entsprechenden Vorsorgemaßnahmen getroffen werden, wird es immer eine große Anzahl von Bürgern geben, die unter bedrückenden Umständen leben müssen und dadurch eine schwere, andauernde und nicht zu mildernde Bürde für das Gesellschaftssystem bedeuten.

Die meisten zivilisierten Länder haben ein soziales Wohlfahrtssystem für die weniger Begünstigten bzw. die gesellschaftlich weniger Angepassten, aber solch ein System wird unweigerlich ineffizient, weil die Kosten für die medizinische Behandlung ungeheuerlich steigen. Die Situation in Japan, so wie sie heute ist, bietet ein gutes Beispiel dafür. Trotz einer nationalen Gesundheitsversicherung für alle Bürger, freie medizinische Versorgung für die Älteren eingeschlossen, gibt es immer noch sehr viele Leute, die unter dem Existenzminimum leben und nicht genug zu essen haben. Welche offensichtlichen sozialen und wirtschaftlichen Fortschritte auch gemacht worden sind, sie wurden auf Kosten der Umweltbedingungen erreicht, die als solche an vielen Krankheiten und einem schlechten Gesundheitszustand aller schuld sind. Alles in allem hat dies eine höchst unbefriedigende Situation herbeigeführt, die massive öffentliche Ausgaben verlangt, die aber eigentlich verschwendet sind.

Die Mehrheit der gesunden Bürger Japans unterstützt nur diese gewaltige Verschwendung der Gelder: keinesfalls bereichern ihre Ausgaben ihr eigenes Leben oder machen sie wohlhabend. Zurzeit sind 70 % aller in der Landwirtschaft Tätigen gleichzeitig noch auf anderen

Gebieten beschäftigt. Demzufolge würden Veränderungen in Japans Landwirtschaftssystem tatsächlich nur die 30 % treffen, die Vollzeitbauern sind. Mit geeigneten Maßnahmen und voller Unterstützung von Seiten der Regierung müsste es möglich sein, Japans Landwirtschaftssystem zu reformieren, ohne jemand in der Landwirtschaft in eine schwierige Lage zu bringen, die Vollzeitbauern eingeschlossen.

Wenn außerdem das Gesetz für die Reformen der landwirtschaftlichen Flächen in Kraft gesetzt würde, dann könnte die Regierung landwirtschaftliche Flächen aufkaufen, die entweder ohne Erben sind oder die der gegenwärtige Eigentümer an jemanden verkaufen will, der in der Lage ist, sie zu bebauen. Dies wäre ein Weg, Japans Landwirtschaftssystem wieder besser zu nutzen und zu einem Gewinn und Aktivposten für das japanische Volk zu machen. Derzeit ist Japan eines der wohlhabendsten Länder der Welt. Jetzt, wenn überhaupt, sollte dies dem Land bei ganz geringen Einschränkungen und Einbußen ohne große Not möglich sein. Wenn Japans Überfluss gleichmäßiger verteilt werden kann, trägt dies nur zum nationalen Fortschritt bei. Wir leben in guten Zeiten, und Japan ist vom Glück begünstigt. Es ist dringend erforderlich, dass jetzt entschiedene Reformen im Blick auf die Zukunft in die Wege geleitet werden. Es ist entscheidend wichtig, dass wir diese Chance nicht vertun.

Reiche Nahrungsversorgung kann die Erde retten

Uns Menschen steht die Zeit nicht unbegrenzt zur Verfügung. Die wenige Zeit, die wir haben, verschwenden wir hauptsächlich durch Krankheit und schlechtes Befinden und zweitens durch Streitigkeiten. Sucht man den Ursprung von Streitigkeiten, welcher Art auch immer, findet man ihn in den allermeisten Fällen in Armut oder Gier (Geiz, Wünsche und Habsucht). Wenn wir beim Aufbau der Gesellschaft für das neue Jahrhundert die Furcht vor Krankheit und Mangel beseitigen könnten, so dass für jedermann auf der Erde genügend Nahrung und Unterkunft zur Verfügung stünden, dann wäre der notwendige Rahmen dafür geschaffen, dass übermäßiges Konkurrenzverhalten sich in eine höhere Ordnung entwickeln könnte. Ich kann mir nicht helfen: Einer der wichtigsten und potentesten Schlüssel für die Schaffung einer solchen Gesellschaft ist die verbreitete Anwendung von EM.

Vor einiger Zeit erhielt ich einen Brief von dem Eigentümer einer Farm auf Hawaii. Sein Betrieb ist sehr groß und gibt ihm, seiner Familie und seinen ca. 3000 Angestellten eine Existenzmöglichkeit. Der Briefschreiber schilderte sein Unternehmen, erzählte, dass er Zuckerrohr anbaue, aber dass leider bis heute der Geschäftserfolg noch sehr zu wünschen übrig lasse. Zurzeit schafften sie es gerade, sich mit Hilfe von staatlichen Subventionen über Wasser zu halten. Er wolle nun etwas anderes anbauen, aber er wisse nicht so recht, womit er zu einem besseren Erfolg kommen könne. Die Farm umfasse 1.400 ha, und er habe die englische Übersetzung meines Buches *Die Anwendung von Mikroorganismen in der Landwirtschaft und ihre positiven Wirkungen auf die Umwelt* gelesen. Nun denke er daran, die EM-Methoden anzuwenden in der Hoffnung, dass sein Betrieb rentabel würde. Er erwähnte noch, dass er vor einiger Zeit während eines Grundstücksbooms einen Teil seines Ackerlandes an eine

Gesellschaft für Golfplätze verpachtet habe. Diese habe aber in der Zwischenzeit bankrott gemacht, und alle Angestellten seien nun ohne Arbeit und wüssten nicht, wohin sie gehen könnten. Er hoffe, dass er für diese Leute etwas tun könne, und habe auch schon das Einverständnis der Regierung, dass er bei dem beschriebenen Projekt unterstützt würde. Jetzt brauche er Rat, was er tun und wie er es anfangen solle. Er fragte, ob ich willens wäre, den Nutzen meines Experiments mit ihm zu teilen und ob ich ihm helfen wolle. Ich entschied mich dafür.

Ich habe mir diese Geschichte ausgedacht, und sie könnte an vielen Orten auf der ganzen Welt Wirklichkeit werden. Sie ist etwas idealistisch und riecht nach Utopie. In der Mehrzahl der Fälle, in denen solche idealistischen Projekte begonnen wurden, sind sie leider fehlgeschlagen. Fast immer geschah dies aufgrund fehlender wirtschaftlicher Gegebenheiten, oder es war in der angewendeten Technologie etwas grundsätzlich falsch, ganz unabhängig davon, auf welchen Idealen das Projekt basierte, oder wie edel die Ziele waren.

Ich weiß, dass verschiedene religiöse Gruppen im Dschungel von Guatemala und Peru Idealgemeinden aufbauen wollten und gescheitert sind. Genau genommen ist der Grund für ihr Scheitern derselbe wie für das letztendliche Scheitern der kommunistischen Revolution. Für beide war das ideale Ziel, den Reichtum grundsätzlich gerecht und gleichmäßig zu verteilen. Das Endergebnis war jedoch die gerechte und gleichmäßige Verteilung der Armut und des Mangels. Meiner Meinung nach ist in all diesen Fällen der wahre Grund für diese Fehlschläge die dabei angewandte Technologie.

Was bedeutet heute „akzeptable Technologie" oder was versteht man darunter? Es muss auf dem jeweiligen Gebiet diejenige Technologie sein, die den Konkurrenzkampf unnötig macht, denn in unserer heutigen Gesellschaft besteht Interesse nur an dem, was absolut erfolgreich und allen und allem gewachsen ist. Jeder strebt danach, am Ende der Gewinner zu sein, der „Erfolgreichste von allen". Das bedeutet: Gewinnen ist alles – Qualität und angewandte Methoden kommen erst an zweiter Stelle oder noch später. Deshalb kann nur solch eine Technologie als die „einzig wahre" gelten, mit der man gegen jede Konkurrenz gewinnt, auch wenn sie nur zweitklassig ist oder gewisse Nachteile hat. Viele unserer modernen Technologien fallen unter diese Kategorie. Sie sind erfolgreich und lassen wie aufgehende Sterne alle anderen hinter sich. Eben diese Dynamik hat den bedenklichen Zustand, in dem sich unsere Welt heute befindet, herbeigeführt, nämlich den der extremen Umweltverschmutzung.

Glücklicherweise sind in letzter Zeit eine Anzahl von „authentischen Technologien" für verschiedene Bereiche entwickelt worden. Dazu gehört eine Technologie für unerschöpfliche Stromerzeugung, eine andere, mit der man aus Holzstücken jeder Art und Qualität bestes Bauholz herstellen kann, und eine Erfindung, durch die man mit Hilfe der Wellenresonanz absolut jeden Stoff auf seine Echtheit prüfen kann. Wenn authentische Technologien wie diese – und ich zähle EM dazu – zur Anwendung kämen, dann könnten wir zumindest den Anspruch erheben, die Voraussetzungen dafür zu schaffen, dass die Grundbedürfnisse des Lebens befriedigt werden, d. h. genug zu essen da ist, Obdach und Kleidung, Gesundheit und eine gesunde Umwelt für alle.

Es sind nur noch ein paar Jahre bis zum Ende des zwanzigsten Jahrhunderts, und wie so häufig am Ende einer Ära gibt es viele pessimistische Voraussagen für dieses besondere

„fin de siècle". Würde ich nach der Wurzel dieses Pessimismus befragt, dann würde ich „Nahrung" nennen und dieses Problem auf unsere gegenwärtige Unfähigkeit zurückführen, genügend Nahrung für die wachsende Weltbevölkerung zu beschaffen. Nahrungsmangel ist, so wie ich es sehe, das Grundproblem. Die Verteilung der Nahrung ist ein weiterer gewichtiger und ernst zu nehmender Faktor, aber Tatsache ist und bleibt zum gegenwärtigen Zeitpunkt, dass wir einfach nicht genügend Nahrungsmittel für unsere Bedürfnisse erzeugen.

Was machen wir, wenn die Weltbevölkerung die Zehnmilliarden- oder gar die Zwanzigmilliardenmarke erreicht? Wie werden wir mit der kritischen Frage der Ernährung fertig? Werden wir einfach die anderen bestehlen? Wird es einfach darauf hinauslaufen, dass die Tüchtigsten überleben? Wird das Gesetz des Dschungels gelten? Wird einer den anderen auffressen? Für diesen Fall können wir darauf warten, dass Kriege und Streitigkeiten in Zukunft weitergehen und den Verlierern ein erbärmliches Schicksal droht. Wenn wir nichts dagegen tun, die gegenwärtige Situation und unsere Einstellung und Haltung dazu zu ändern, dann wird die Tragödie noch schlimmer. Sind wir bald an einen Punkt gekommen, wo der einzige Ausweg aus dieser Situation der ist, dass der größte Teil der Erdbevölkerung durch eine Reihe von Naturkatastrophen von apokalyptischen Ausmaßen ausgelöscht wird?

Angesichts dieser Tatsachen hat unser Planet in seinem gegenwärtigen Zustand nicht einmal die Möglichkeit, einer Bevölkerung von zehn Milliarden ein menschenwürdiges Dasein zu bieten. Das Limit ist jetzt schon erreicht. Ich möchte sogar behaupten, dass das Limit schon überschritten ist. Gebiete, die früher überaus fruchtbar waren, werden jetzt in kürzester Zeit zu Wüsten, und die Verschlechterung der Böden beweist diese Tatsache. Dies ist der Prüfstein, sollte überhaupt noch ein weiterer Prüfstein nötig sein.

Hierin liegt der Grund zum Pessimismus und für die düsteren Voraussagen eines nahen Weltendes. Ich glaube jedoch, dass die Anwendung der EM-Technologie die Lage total umzukehren kann. Erstens ist EM für jeden Bodentyp geeignet, so dass eine weitverbreitete Anwendung der EM-Technologie erhöhte landwirtschaftliche Erträge im weltweiten Maßstab garantieren würde. Das wäre an sich schon eine einfache Lösung für jeden Nahrungsmangel. Zweitens würden nach meinen Berechnungen mit EM genügend hohe Erträge produziert, so dass niemand hungern müsste, selbst wenn die Weltbevölkerung 20 Milliarden oder mehr erreichen würde. Und drittens schließt das ein, dass unsere Erde einen geheimen Überfluss an unbekannten natürlichen Vorräten besitzt, die mit Hilfe der EM-Technologie für jedermann wirksam genutzt werden könnten. Wenn also die EM-Technologie als Faktor in die Gleichung eingeführt wird, dann hätte Pessimismus über Nahrungsknappheit keine Berechtigung mehr.

Nach dieser kurzen Schilderung, wie EM die Probleme des Nahrungsmangels lösen kann, stelle ich in den folgenden Kapiteln etwas genauer dar, wie es mit großem Gewinn für unsere Umwelt und in der Medizin zur Anwendung kommen kann.

EM – der fehlende Quotient im organischen Landbau

Die Hauptvorteile von EM liegen auf den Gebieten des Anbaus und der Nahrungserzeugung. Das macht in meinen Augen eine auf EM basierende Landwirtschaft zur idealen Landwirtschaft, und zwar weil sie grundsätzlich sechs wichtige Kriterien erfüllt:
1. Sie ist frei von Chemikalien, Pestiziden und Kunstdüngern.
2. Sie ermöglicht eine wirksame Unkrautbekämpfung ohne Herbizide.
3. Sie macht die Bearbeitung des Bodens vor Aussaat oder Anpflanzung unnötig.
4. Sie ist sicher für die Umwelt.
5. Sie verbessert die Qualität der Ernten und der angebauten Produkte.
6. Sie garantiert wirtschaftliche Qualität.

Ein kurzer Blick auf diese Liste macht sofort klar, dass der Anspruch, den ich für die EM-Technologie erhebe, genau den Idealen und Zielen des organischen Landbaus entspricht. Die bisherigen Methoden des organischen Landbaus haben jedoch einen kritischen und bis heute unübersteigbaren Stolperstein: Sie können nämlich in keiner Weise die Produktivität erhöhen, weshalb man sie mit dem Etikett „anachronistisch" versehen hat.

Es muss nicht extra betont werden, dass landwirtschaftlicher Ertrag, mag er auch qualitativ noch so gut sein, kaum eine Bedeutung hat, wenn er nicht hoch genug ist. Die bisherigen Methoden des organischen Landbaus sind auch nicht wirtschaftlich, denn sie sind sehr kostenintensiv, aber nicht kosteneffektiv. Wenn es auch möglich ist, Erträge ohne Chemikalien und Kunstdünger zu erzielen, ist es doch nur unter Aufgabe einer Reihe von Bedingungen, die jede moderne Methode erfüllen muss, um überhaupt effektiv zu sein.

Mit Anbaumethoden, die auf der EM-Technologie basieren oder sie mit einbeziehen, können alle diese Fragen gelöst werden. Lassen Sie mich mit einfachen, laienverständlichen Begriffen erklären, wie dies erreicht werden kann. EM erfüllt vollkommen die erste Bedingung, da es die Anwendung von landwirtschaftlichen Chemikalien, Pestiziden und Kunstdüngern absolut entbehrlich macht. Dies wird nicht nur passiv erreicht, weil auf den Produkten sich keine Rückstände mehr finden, sondern aktiv, weil der Einsatz von EM die Anwendung irgendwelcher anderen Mittel während der ganzen Kultivierungszeit ausschließt. Obgleich es früher für unmöglich gehalten wurde, gute Ernten ohne diese künstlichen Stoffe zu erzielen, beweisen doch die zahlreichen Beispiele guter Ernten mit EM und ohne Einsatz anderer Stoffe, dass es möglich ist. Bauern, die die Anwendung moderner Methoden sozusagen mit der Muttermilch eingesogen haben, werden wahrscheinlich solch einen Anspruch in Frage stellen, da man ihnen beigebracht hat, dass Landwirtschaft ohne Chemikalien und Kunstdünger unmöglich sei. Wir erzielen jedoch unglaubliche Erträge absolut ohne diese Mittel, aber mit einer fermentierten Mischung aus Reiskleie, Reisstroh, Fischmehl und EM-Konzentrat, das wir EM-Bokashi nennen und das über das zu bebauende Land zusammen mit einer entsprechenden Menge von flüssigem EM ausgebracht wird. Es tritt an die Stelle von üblichem Kompost. Das Ergebnis: größere Ernten von besserer Qualität und völlig frei von schädlichen Rückständen.

Der zweite Vorteil von EM, nämlich die wirksame Unkrautbekämpfung ohne Herbizide, ist seit langem der Traum der Landwirte, der immer als irreal angesehen wurde. Unkraut niederzuhalten, auszujäten oder zu beseitigen, war immer eine zeitaufwendige, arbeitsintensive und lästige Arbeit für die Bauern; Grund genug für sie, die Herbizide als die Rettung zu bezeichnen. Das Hauptproblem bei der Unkrautbekämpfung ist ja die Art, wie sie wirkt, dass sie nämlich die Pflanzen einer massiven Oxidation aussetzt und diese daraufhin absterben. Dieser Prozess schadet den Böden in starkem Maße, da er sie damit gleichzeitig der Myriaden von kleinen Lebewesen, die darin leben, beraubt. Das ist ein Pyrrhus-Sieg über das Unkraut, erkauft mit vielen Opfern. Durch übermäßige Oxidation ausgelaugte Böden werden letzten Endes zu Wüsten, darauf gezogene Früchte werden schwächlich und von Krankheiten befallen, da ihre Widerstandskraft drastisch gesunken ist.

Das ist vollkommen anders beim Einsatz von EM zur Unkrautbekämpfung. Wie wir schon beim weiter oben erwähnten Fall sahen und was sich in der Praxis sowohl beim nassen als auch beim trockenen Reisanbau schon viele Male bewiesen hat, bekämpft EM das Unkraut nicht nur wirksam während des ganzen Wachstums, sondern erfordert weit weniger Zeit und ist weniger arbeitsintensiv als der Gebrauch von Herbiziden.[8]

Der dritte große Vorteil von EM besteht darin, dass der Boden vor dem Anbau nicht beackert oder sonstwie vorbereitet werden muss. Ich könnte mir vorstellen, dass das absolute Ideal für alle Landwirte eine Anbaumethode wäre, bei der – völlig ohne Ackern und Pflanzen – das Land gute Ernten hervorbringen würde, dass man es sich also ganz selbst überlassen könnte und nur zu ernten brauchte. Nicht in den kühnsten Träumen wird man so etwas für möglich halten. Und doch ist das Ziel der EM-Anbaumethoden, zumindest ohne Bearbeitung und sonstige Vorbereitungen des Bodens vor der Pflanzung auszukommen.

Mit Hilfe der EM-Technologie wird der Boden außerordentlich locker und gut bearbeitbar, und zwar in einem Maße, dass man die im Gartenbau üblichen Pflanzenstützen einfach mit der Hand bis zu einer Tiefe von eineinhalb bis zwei Metern in den Boden drücken kann. Diese Bodenqualität bietet die Möglichkeit für fortlaufenden Anbau, ohne zwischen den Ernten ackern zu müssen.[9]

Die EM-Agrarmethoden sind für die Umwelt sicher. Dies ist das vierte Kriterium und eine natürliche Ergänzung zu den vorher genannten drei: mit dem Einsatz von Chemikalien, Kunstdüngern und Herbiziden aufhören und damit dem Boden die Möglichkeit der Regeneration ohne Beackerung zu geben.

Der fünfte Vorteil und bewiesene Anspruch ist die hohe Qualität der geernteten Erzeugnisse bei Anwendung von EM gegenüber sonstigen Methoden. Der Grund dafür liegt in der Erhöhung des Antioxidationsniveaus, weil EM die Aktivität der Mikroorganismen im Boden stimuliert. Dies bringt den Pflanzen großen Nutzen, und daher sind die Produkte aus EM-behandeltem Boden anderen in jeder Hinsicht, auch was ihren Nährwert anbelangt, überlegen. Solch gute Ergebnisse konnten bei Anwendung von EM für jedes Produkt erzielt werden.

Der letzte Vorteil und weiter klar bewiesene Anspruch ist die wirtschaftliche Stabilität, die die EM-Methoden garantieren. Bei Kostenvergleichen zwischen konventionellen Methoden unter Einsatz von Pestiziden, sonstigen Agrarchemikalien und Kunstdünger und den EM-Methoden, erwiesen sich Letztere als weit weniger teuer. In den meisten Fällen benötigte die EM-Technologie Investitionen von ungefähr der Hälfte bis zu einem Viertel, in einigen Ausnahmefällen sogar nur einem Sechstel der bisherigen Kosten.

Wenn die Vorteile in Bezug auf Sicherheit und Gesundheit der Landwirte und auf die Umwelt im Allgemeinen in die Gleichung eingefügt werden, dann übersteigt auf lange Sicht gesehen der Nutzen der EM-Technologie im Bereich der Landwirtschaft jede Berechnung.

Orthodoxe Agrartechniken richten sich immer nach dem Bedarf. Mit anderen Worten, sie orientieren sich daran, Lösungen für die bestehenden Probleme zu finden. Diese Bedarfsdeckung aber bedeutet, die Symptome zu kurieren anstatt die wirklichen Ursachen an der Wurzel zu suchen und zu korrigieren. Und gerade das hat die Landwirtschaft in eine so starke Abhängigkeit von Chemikalien und Kunstdünger gebracht. Aber diese von Grund auf falsche Art der Bedarfsdeckung ignoriert völlig die Fähigkeit des Bodens, sich selbst zu heilen.

Ein einziges Gramm guten, fruchtbaren Bodens wird von mehreren hundert verschiedenen Mikrobenarten besiedelt. Insgesamt sind dies mehrere Milliarden Mikroorganismen, die die allerverschiedensten Aktivitäten ausführen. Und genau diese Aktivitäten sind die wahre Ursache für das Pflanzenwachstum. Wenn wir uns diese Naturgegebenheit zunutze machen und die Aktivitäten derjenigen effektiven Mikroorganismen, die die übrigen dominieren und kontrollieren, fördern, dann können wir die Fähigkeit der Pflanzen optimieren, Sonnenlicht, Wasser und Luft in die für ihr Wachstum benötigte Energie umzuwandeln. Auf diese Weise erzielen wir die bemerkenswertesten Produktionsergebnisse. Die Mikroorganismen so zusammenzumischen, dass sie eine aktive Regenerationskraft für den Boden haben, war das Hauptziel der Entwicklung von EM.

Beginn der vielleicht größten Veränderungen seit der industriellen Revolution

Ich hatte immer vor, die Formel und Herstellungsmethode von EM öffentlich zugänglich zu machen, so dass alle Landwirte, die es einsetzen wollen, es selbst in genügender Menge für ihren Bedarf herstellen können. In dieser Absicht hatte ich vor einiger Zeit schon einer kleinen Gruppe von Landwirten die nötigen Informationen gegeben. Aber später merkte ich, dass sie es nicht für ihre eigenen landwirtschaftlichen Zwecke hergestellt hatten, sondern um es kommerziell zu vermarkten. Es stellte sich auch heraus, dass die technische Ausführung viel zu wünschen übrig ließ und das Endprodukt fehlerhaft war. Aber natürlich war die ursprüngliche Formel von mir, und ich wurde in ein Gerichtsverfahren, das von den Käufern angestrengt worden war, verwickelt. Die ganze Affäre war für mich ein bitterer Lernprozess. Ich hatte diese Information zu vorschnell allgemein zugänglich gemacht und entschloss mich, eine weitere Verbreitung zunächst für einen längeren Zeitraum zurückzuhalten.

Trotz dieser leidigen Erfahrung bin ich davon überzeugt, dass die Landwirte, wenn sie für ihren eigenen Bedarf die nötigen Mengen von EM-Konzentrat in ihren Betrieben frei herstellen könnten, sie überall auf der ganzen Welt in der Lage wären, riesige Mengen ausgezeichneter Agrarprodukte zu minimalen Kosten zu erzeugen.

Für die Menschen sind ja die landwirtschaftlichen Produkte, die Ernten als Agrarendprodukte, wenn man so will, nichts anderes als die eigentliche Lebensgrundlage. Die Art, wie die Landwirtschaft unsere nötige Nahrung produziert, ist in Wirklichkeit ein alchemistischer

Vorgang, denn sie schafft eigentlich aus nichts etwas von außerordentlichem Wert. Genau genommen verleiht dieser alchemistische Aspekt der Landwirtschaft ihre Daseinsberechtigung.

Der hundertprozentige Einsatz von EM, besonders in der Landwirtschaft, gereicht natürlich speziell jenen Unternehmen, die Pestizide, Chemikalien und Kunstdünger für die Landwirtschaft herstellen, zum Nachteil. Tatsächlich betrachten bestimmte Firmen EM als eine Bedrohung, und sie haben auch schon damit begonnen, eine Art von chemischem Substrat für die Landwirtschaft zu entwickeln, das in bestimmter Weise von Mikroorganismen Gebrauch macht. Einige Unternehmen sind auf mich zugekommen und haben diesbezügliche Informationen erbeten; in solchen Fällen habe ich diese auch auf einer fairen Basis gegeben. Ich tue dies, wie gesagt, weil es meine Absicht ist, die Informationen über EM für jedermann zum Wohle aller frei verfügbar zu machen.

Wenn ich zurückschaue und exakt den Punkt suche, wann ich darüber nachzudenken begann, dass in der gegenwärtigen Landwirtschaftspraxis etwas grundsätzlich falsch sei, stelle ich fest, dass das ziemlich am Anfang meiner Karriere war. Meiner Schätzung nach war dies um die Zeit, als ich die Mittel- und Oberstufe im Gymnasium besuchte. Ich baute Kohl und Gurken für den Verkauf an in der Absicht, etwas Geld zu verdienen für meine Schulausgaben und die Kosten für meine Erziehung. Drei Monate arbeitete ich wirklich schwer, zog die Kohlköpfe mit größter Sorgfalt und Aufmerksamkeit auf und fand einige Läden, die sie mir für zehn Yen, das ist ein Cent, pro Stück abkauften. Ich war mit diesem Handel zufrieden, bis ich am nächsten Tag entdeckte, dass sie in diesen Läden für 30 Yen pro Stück verkauft wurden. Ich hätte einen Aufschlag von fünf bis zehn Yen in dieser Region für akzeptabel gehalten, und mit einem Verkaufspreis von 15 bis 20 Yen hätte ich leben können, aber ich war am Boden zerstört, als ich den Preis von 30 Yen pro Kopf sah. Ich konnte mir nicht helfen, ich empfand es als unfair, dass nicht ich den Gewinn einstrich, obwohl ich doch die ganze Arbeit gemacht hatte. Aber es sollte noch schlimmer kommen. Ich fand nämlich heraus, dass die Läden, um Kunden anzulocken und das Geschäft anzukurbeln, einen Kohlkopf für nur einen Yen verkauften. Die Geschäfte machten dadurch keine Verluste, denn durch die übrigen Einkäufe der Kunden wurden diese wieder ausgeglichen, für mich aber war es eine Niederlage, weil alle meine Arbeit nun nicht mehr wert zu sein schien als ein Yen für einen Kohlkopf. Da stand ich nun, hatte wirklich schwer gearbeitet und konnte gerade eben meine Schulgebühren bezahlen. Gleichzeitig hatte ich meine Arbeit als etwas Wertvolles und Achtenswertes betrachtet – eine Arbeit, die fast heilig war, weil die Landwirtschaft das Leben aller erhielt –, und nun verkauften die Geschäfte nicht einen Kilometer weiter weg die Früchte meiner Arbeit, machten dabei das große Geld und ihre Eigentümer fuhren mit ihren Familien in schönen Autos durch die Gegend.

Ich hatte das Gefühl, dass diese Welt ein Ort der Ungerechtigkeit sei, und sagte das auch. Aber als ich das zum Ausdruck brachte, sagte man mir nur, so seien die Dinge eben. Ich würde das einsehen, sagten sie, wenn ich nur eine Weile darüber nachdenken würde, wie viele Schritte das ganze Produktions- und Vermarktungssystem beinhalte, angefangen von der Erzeugung über die Verteilung und die Bearbeitung bis hin zu Groß- und Einzelhandel. Dies ärgerte mich gewaltig. Aber als ich schon nicht mehr weitermachen und aufhören wollte, sagte man mir in den Geschäften, ich solle mich beruhigen und einfach weitermachen.

Es wäre für sie aber gleichgültig, ob sie ihre benötigten Waren von mir oder von jemand anderem beziehen würden.

Das Erkennen dieser Widersprüchlichkeit und das Gefühl der Machtlosigkeit angesichts der zugrunde liegenden Gegebenheiten haben mich nicht mehr losgelassen und beschäftigen mich noch heute. Genau genommen ist es heute noch immer so. Aber damals sagte ich zu mir selbst: Nun denn, wenn sie so über die Sache denken, dann habe ich immer noch eine oder zwei Ideen in petto, und ich machte weiter, und zwar folgendermaßen:

Die Insel Okinawa, auf der ich geboren wurde und aufgewachsen bin, wird immer während der Taifunzeit von extrem starken Winden heimgesucht mit entsprechend schweren Schäden auf den Feldern. Dies veranlasste mich, schon frühzeitig Setzlinge vorzubereiten, die ich unmittelbar nach den Taifunstürmen auspflanzen konnte. Als die Stürme kamen und die Pflanzen der anderen vernichteten, pflanzte ich sofort die vorbereiteten Setzlinge aus und hatte dadurch mehr oder weniger ein Monopol. Ich konnte eine schöne Menge Geld verdienen. Als die anderen merkten, was ich gemacht hatte, machten sie es mir natürlich nach. Meine Monopolstellung und meine Verdienstquelle waren dahin. Nun könnte man sagen, dass dies der Beginn meiner Karriere war, und in der Tat war es seit meiner Gymnasialzeit mein Sinnen und Trachten, die Landwirtschaft zu einem Geschäft zu machen, bei dem man Geld verdienen kann, und gleichzeitig zu einer Tätigkeit, auf die die Menschen stolz sein können.

Mein derzeitiger Einsatz für die Verbreitung der EM-Technologie gibt mir das Gefühl, dass ich endlich das gefunden habe, wonach ich so lange gesucht habe, d. h. ich habe das entdeckt, was den Bauernfamilien die freie Gestaltungsmöglichkeit bietet, aus nichts etwas zu machen. Gleichzeitig sehe ich im Blick auf die Zustände in Japan, dass es hier noch viele Hindernisse für die rasche Einführung der EM-Agrartechniken gibt, weil das gegenwärtige Klima eine schnelle Akzeptanz von Seiten der meisten Bauern nicht begünstigt.

Inzwischen hatte ich die Gelegenheit, bei Zusammenkünften mit mehreren politischen Führern – auch einigen früheren Ministerpräsidenten – die EM-Frage zu diskutieren. Während einige größeres Interesse daran bekundeten, konnte ich mich bei den anderen des Gefühls nicht erwehren, dass sie, je mehr sie verstanden, welches Potenzial in EM selbst und den weit gefächerten Anwendungsgebieten steckt, es auch als Problem für die japanische Landwirtschaft sahen. Sie erkannten, dass die Einführung mit einer Menge Schwierigkeiten verbunden und deshalb eine breite Anwendung in Japan nicht so einfach zu bewerkstelligen wäre.

Im Grunde genommen ist EM einfach eine alternative Agrartechnologie. Doch in einer Gesellschaft, die – wie Japan – durch ihre rigiden Strukturen die angestammten Interessen aller sichern will, also sowohl der Wirtschaft als auch der Gesellschaft als Ganzer, müssen sich Einstellung und Bewusstsein der ganzen Nation ziemlich radikal ändern, wenn etwas so total anderes wie EM mit einer gewissen Aussicht auf Erfolg eingeführt werden soll.

Andererseits gibt es Beispiele dafür, dass die EM-Technologie in entwickelten Ländern bereitwillig aufgenommen wurde und schnellste Verbreitung fand, sogar dort, wo Kunstdünger und Chemikalien für die Landwirtschaft importiert werden. Voraussetzung ist, dass die Regierung sie als eine Sache nationaler Politik betrachtet.

Wenn ich sehe, was in anderen Ländern geschieht, mache ich mir gewisse Sorgen um Japan, das schließlich mein Geburtsland ist und meinem Herzen nahesteht, weil es sich sehr bald im Schlepptau der restlichen Welt befinden könnte, zumindest was EM anbetrifft. Ich muss jedoch zugeben, dass in letzter Zeit das Interesse an EM auf regionaler und kommunaler Ebene in Japan zugenommen hat. Dieser Trend gewinnt an Bedeutung. So hoffe ich, dass es bald zu einer raschen Verbreitung kommt. Für die Landwirte ist es am besten, wenn sie EM selbst ausprobieren und auf ihren Höfen praktische Versuche machen. Was man vor Augen hat, kann man nicht leugnen, und wenn sie einmal die mit EM erzielten Ergebnisse sehen, sind umständliche Erklärungen und Überzeugungsversuche nicht mehr nötig.

Die gegenwärtige Stärke des Yen auf dem internationalen Geldmarkt könnte ebenfalls eine Ermutigung für die Landwirte sein. Man kann sicher annehmen, dass bei der derzeitigen Stimmungslage die Liberalisierung des Reismarktes schlecht akzeptiert wird. Ich halte jedoch den japanischen Reismarkt für den Schauplatz, auf dem das wirkliche Potenzial und alle Vorteile von EM demonstriert werden könnten. Wenn die jetzigen Trends auf dem Geldmarkt sich fortsetzen, wird wahrscheinlich der Wechselkurs unter 100 Yen für 1 Dollar oder darunter fallen. Wenn aber diese Situation eintritt, dann könnte es zum Einsatz einer authentischen Technologie kommen, weil bei Geldknappheit nichts verkauft werden kann, was nicht wirklich einen guten Preis rechtfertigt.

Würde sich die technische Entwicklung in Japan rascher den authentischen Technologien zuwenden, müsste der Rest der Welt unweigerlich folgen. In diesem Fall und als Ergebnis einer solchen Entwicklung könnte Japan auf technischem Gebiet in der Welt führend werden.

Wie schon dargelegt, sind verschiedene Faktoren kennzeichnend für authentische Technologien: Sie sind nicht teuer, leistungsstark und verhältnismäßig einfach in der Anwendung. Und, um ehrlich zu sein, sind sie auch nicht allzu gut geeignet, um damit große Profite zu machen. Damit möchte ich sagen, dass man in der japanischen Landwirtschaft bei den traditionellen, heute bestehenden Strukturen ohnehin nicht viel Geld verdienen kann. Ich bin jedoch überzeugt, dass unter schweren wirtschaftlichen Bedingungen, die beim Fall des Wechselkurses auf 100 Yen pro Dollar oder darunter eintreten würden, authentische Technologien ihre Wirksamkeit beweisen könnten.

Das Aufkommen einer ganzen Anzahl authentischer Technologien auf dem ganzen Erdball würde eine technische Revolution herbeiführen, wie sie die Welt bisher nicht gesehen hat. In einer solchen Revolution könnte EM tatsächlich in jeder Hinsicht sein Potenzial entfalten. Es würde dann überall bekannt werden und sich erstaunlich weit verbreiten. Solch eine Revolution könnte noch während dieses Jahrhunderts eintreten oder in den allerersten Jahren des nächsten Jahrhunderts. In diesem Fall wäre dann die Landwirtschaft endlich produktiv und würde als die wirkliche Grundlage allen Lebens zu Ehren kommen und anerkannt werden. Zum ersten Mal in der sechstausendjährigen Geschichte der menschlichen Rasse könnten wir in einem Zeitalter leben, in dem Nahrungsmangel und die damit verbundenen Probleme unbekannt wären.

Anmerkungen

1 Photosynthesebakterien: Photosynthese findet nicht nur in den Blättern der Pflanzen statt, sondern ebenso im Boden und im Wasser. Mit Hilfe der Wärme, die die Erde von der Sonne als Energiequelle erhält, bilden die Photosynthesebakterien Antioxidantien, Aminosäuren, Zuckerstoffe und verschiedene physiologisch aktive Substanzen und regen dadurch das Pflanzenwachstum an. Diese synthetisierten Stoffe werden nicht nur von den Pflanzen absorbiert, sondern sie spielen auch eine Rolle bei der Vermehrung anderer wirksamer (effektiver) Mikroorganismen, so dass sich also die Zahl der Photosynthesebakterien im Boden erhöht und ebenso die Zahl anderer Stämme von effektiven Mikroorganismen.

2 Schon in seinem zweiten Buch im Folgejahr korrigiert Prof. Higa diesen Eindruck. Auch in Japan wurde die EM-Technologie bald breit und enthusiastisch angenommen.

3 Von 1989 bis 2003 fand alle zwei Jahre eine solche Konferenz statt, die die EM-Technologie in der Welt verbreiten helfen sollte und gleichzeitig natürliche Anbaumethoden propagierte.

4 Antioxidantien und der Prozess der Antioxidation: Antioxidantien und der Prozess, durch den sie entstehen, können die schädlichen Wirkungen des aktivierten Sauerstoffs in Schach halten, verhindern und in richtige Bahnen lenken. Antioxidantien können im Körper synthetisiert oder von außen aufgenommen werden. In den letzten Jahren hat man sie weithin erforscht. EM hat die Fähigkeit, Antioxidantien zu erzeugen. Wenn z. B. organisches Material wie Küchenabfälle unter normalen Umständen im Boden eingegraben wird, entstehen unangenehme starke Gerüche, ein Beweis dafür, dass abbauende Mikroorganismen am Werk sind. Wird solchem Abfall aber EM beigegeben, so entsteht eine Änderung im mikrobiologischen Gleichgewicht, und die regenerativen Mikrobenstämme dominieren über die degenerativen. Unter diesen Bedingungen stinken Abfälle nicht mehr. Im Gegenteil, es entsteht ein eher angenehmer Geruch. Anbau auf einem Boden, wo diese Bedingungen bestehen, zeigt ein bemerkenswertes Wachstum aufgrund der vorhandenen Antioxidantien, die die schädlichen Wirkungen durch Oxidation verhindern. Die Pflanzenwurzeln werden dadurch stärker und können ihre Funktionen besser erfüllen, ebenso wird dadurch die Fähigkeit der Pflanzen, die Nährstoffe aus dem Boden aufzunehmen, stark erhöht. Außerdem erzeugt EM eine Anzahl von Hormonen, die für das Pflanzenwachstum nützlich sind. Diese fördern die Vitalität und das Wachstum im Allgemeinen, und ebenso steigern sie in rascher und dynamischer Weise den Vorgang der Photosynthese. Auch im Boden kommen wirksame Hormone vor. In magerem Boden werden sie jedoch durch den Vorgang der Oxidation fast sofort unwirksam. Wenn ein solcher Boden in einen Zustand der Antioxidation zurückverwandelt wird, also bei Einsatz von EM, werden die wirksamen Hormone widerstandsfähiger gegen Zerfall und gehen nicht verloren. Stattdessen werden sie aktiviert und werden zusammen mit organischen Nährstoffen umgewandelt, so dass die Pflanzen sie leichter aufnehmen können.

Aminosäuren und organische Säuren sind ebenso wichtige Elemente im Boden. Wenn im Boden fortgeschrittene Oxidation vorherrscht, werden diese Elemente zu Substanzen umgewandelt, die für die Pflanzen ohne Nutzen sind. Amid ist eine Substanz, die irgendwo zwischen Aminosäure und Ammoniak steht. Sie ist hoch toxisch und kann auf verschiedene Weise schädlich sein und dabei Untätigkeit der Pflanzenzellen bewirken.

Wenn jedoch Antioxidantien sich im Boden befinden, werden Aminosäuren nicht in Amide und Ammoniak nicht in Salpetersäure umgewandelt. Charakterischerweise wandeln sich im antioxidantienhaltigen Boden die Aminosäuren nicht um. Auf diese Weise können sie direkt von den Pflanzenwurzeln aufgenommen und sofort zu pflanzlichem Eiweiß werden. Unter ähnlichen Bedingungen werden organische Säuren zu Zuckern, obgleich das normalerweise bei üblicher Bodenqualität nicht möglich ist.

In oxidierten Böden zerfallen die Aminosäuren und werden von den Pflanzen in Form von Ammoniak oder Salpetersäure aufgenommen: Ammoniak bei Nasskultivierung, wofür die Reisfelder typisch sind, Salpetersäure bei Trockenkultivierung. Das bedeutet einfach ausgedrückt, dass unter Oxidationsbedingungen die Aminosäuren in Elemente umgewandelt werden, die von den Pflanzen in Form von anorganischem Stickstoff aufgenommen werden. Soll eine Aminosäure aus anorganischem Stickstoff aufgebaut werden, muss sie eine chemische Verbindung mit einem Zucker bilden. Dies belastet den Prozess der Photosynthese schwer und unnötig, der ja die Energie dafür bereitstellen muss, da die durch Photosynthese in den Blättern entstandenen Zuckerstoffe in Form organischer Säuren für den Eiweiß-Syntheseprozess aus anorganischem Stickstoff gebraucht werden. Im Gegensatz dazu gibt es in antioxidierten Böden keine unnötige Verschwendung von Energie, weil hierbei die Aminosäuren geradewegs von den Pflanzen aufgenommen werden ohne chemische Veränderungen. So hängt es vom Boden ab, ob oxidierend oder antioxidierend, welche Qualitätsunterschiede sich in den Endprodukten zeigen, obgleich sie auf dieselbe Weise angebaut worden sind. Der entscheidende Faktor ist immer der Zustand des Bodens: vorwiegend oxidierend oder antioxidierend.

5   Aktivierter Sauerstoff: Ein bestimmter Teil des Sauerstoffs, den wir bei der Atmung in unsere Lungen aufnehmen, ist aktivierter Sauerstoff. Dieser spielt eine wichtige Rolle bei der Umwandlung unserer Nahrung in Bioenergie (Körperenergie). Ein Überschuss davon kann aber schädlich sein: aktivierter Sauerstoff greift die Gene an, verbindet sich mit ungesättigten Fettsäuren und beschleunigt den Alterungsprozess. Für alle degenerativen und pathogenen Vorgänge, also auch für Krankheiten und Altern, kann aktivierter Sauerstoff als Ursache betrachtet werden.

6   Vgl. Kapitel 2, S. 105 ff

7   Vgl. Kapitel 2, S. 100 ff

8   Beherrschung des Unkrauts ohne Herbizide: Die Anwendung von EM auf den Feldern, die für den Anbau vorbereitet werden, stimuliert stark das Wachstum des Unkrauts und

die rasche Keimung der Samen. Wenn auf den Reisfeldern dieses Unkraut während der Bewässerung und Lockerung zur Vorbereitung der anschließenden Auspflanzung der Reissetzlinge in den Boden zurückgepflügt wird, verwelkt es, stirbt ab und erscheint praktisch nicht wieder. Bei der Trockenkultivierung wird EM-Bokashi auf das Land gestreut, nachdem das Unkraut umgelegt worden ist, wodurch die perennierenden Wurzeln verwelken, und wieder kommt es kaum zu erneuter Verunkrautung. Der fortlaufende Einsatz von EM über mehrere Jahre reduziert die Arbeit gegen das Unkraut beinahe auf null.

9 Ohne Pflügen und andere Vorbereitungsarbeiten: Der Hauptzweck des Pflügens besteht darin, harten und klumpigen Boden aufzubrechen, damit er gut belüftet und drainiert wird. Der Einsatz von EM schafft Bodenverhältnisse, die alle diese Bedingungen erfüllen, wodurch Pflügen unnötig wird. Familien von Landwirten, die die EM-Methoden anwenden und Pflügen und andere Vorbereitungsarbeiten nach dem dritten Jahr aufgegeben haben, berichten von anhaltend guter Qualität und gleich bleibenden Erträgen, auch nach dem dritten Jahr und fortwährendem Anbau.

Kapitel 2

Landwirtschaften mit EM – Beispiele für den Ackerbau und die Viehhaltung mit EM

Aus: *Eine Revolution zur Rettung der Erde II*

1. Ackerbau – Höhere Erträge von besserer Qualität

Rekord-Reisernten sogar bei außergewöhnlich kühlen Sommern

Eine Landwirtschaft, die abhängig ist von Kunstdünger und Agrarchemikalien, zerstört nicht nur die Umwelt, sie verursacht auch einen Rückgang der Erträge, behindert den kontinuierlichen Anbau von Feldfrüchten und macht den Boden in jeder Hinsicht weniger produktiv. In anderen Worten: Diese Substanzen lassen den Boden degenerieren, bis er mit der Zeit völlig erschöpft ist. Ungeachtet der Tatsache, dass Bauern sich auf die eine oder andere Form von Dünger verlassen haben, seit die ersten Menschen begannen, das Land zu bestellen, war diese Methode der Förderung von Pflanzenwachstum von Anfang an schlecht durchdacht, und die moderne Nutzung von Agrarchemikalien hat lediglich die Umstände stetig verschlimmert, die zu ihrem Endpunkt führen. Man kann daher ohne Übertreibung sagen, dass eben diese Substanzen die Landwirtschaft in den Zustand versetzt haben, in dem sie sich heute befindet.

Im Gegensatz dazu können auf EM basierende Landwirtschaftsmethoden zahlreiche Vorteile für sich in Anspruch nehmen. Ihrer Natur nach machen sie den unerwünschten Gebrauch von Agrarchemikalien und Kunstdünger ganz und gar überflüssig und befinden sich so in Übereinstimmung mit den Erfordernissen der Natur und der Umwelt unseres Planeten. Außerdem sind die Erträge mit EM höher als mit konventionellen Bewirtschaftungsmethoden. Das Arbeiten mit EM bietet nicht nur besseren Schutz für die Gesundheit von Produzenten wie Verbraucher, es ist auch von einem ökonomischen Standpunkt her überlegen.

Diesen Anspruch, den ich für EM erhebe, wurde während des ungewöhnlich kühlen Wetters in der Wachstumsperiode 1993 in Japan ohne den Schatten eines Zweifels bewiesen. Die außergewöhnlich kühlen Temperaturen zerstörten die Reisproduktion der konventionell wirtschaftenden Bauern und führten später zu heftigen Auseinandersetzungen über die Reisproduktion an sich. Die Resultate der Reisbauern, die nach den EM-Methoden arbeiteten, stachen im Gegensatz deutlich hervor. Einer von ihnen war Tsuyoshi Takahashi aus der Präfektur Yamagata in Nordostjapan. Tsuyoshi Takahashi baut ausschließlich Reis an, aber ökologisch nach EM-Methoden. Die Ernten nach diesem zu kalten Sommer 1993, in dem Nachbarbetriebe völlige Ausfälle hatten oder höchstens 120 bis 180 kg pro 1000 m²

(1200–1800 kg/ha) ernteten, erlebte Takahashi gute Erträge von 480 bis 600 kg/1000 m². Mit gut acht Hektar ist dies gegenwärtig die größte EM-Reisanbaufläche in Japan.

Selbst bei konventionellen Bewirtschaftungsmethoden liegen 600 kg/1000 m² in einem normalen Jahr im oberen Bereich, aber das Besondere bei Reis, der mit EM produziert wird, ist die Tatsache, dass nicht nur der Ertrag, sondern die *Qualität* exzellent ist. So wurde Takahashis Reis auch in die höchste Qualitätskategorie eingestuft und erhielt die Spitzenauszeichnung für einheimischen Reis (Ittomai). Dass er ein äußerst fähiger und kompetenter Landwirt ist, hat Takahashi dadurch bewiesen, dass er die drei Jahre vor dem Einsatz von EM die höchsten Erträge für Reis in der gesamten Präfektur erreicht hatte. Lässt man also Fragen nach seinem fachlichen Geschick und seinem großen Engagement beiseite, dann machen seine Erfolge in 1993 überaus deutlich, dass die EM-Technologie für die Landwirtschaft eine Bewirtschaftungsmethode bietet, die nicht nur widrigsten Wetterbedingungen standhalten kann, sondern dabei auch gut funktioniert.

Es kann keinen Zweifel geben, dass das ungewöhnlich kühle Wetter und der Mangel an Sonne im Sommer 1993 Takahashis Ernteergebnis genauso beeinflusst hatten wie die der anderen Reiserzeuger, sodass das Ergebnis von 480 bis 600 kg/1000 m² viel niedriger war als es in einem normalen Jahr gewesen wäre. Es ist übrigens interessant, dass Kyuichi Kimura in der Nachbarpräfektur Niigata, der die EM-Methode schon länger nutzt, im gleichen Zeitraum 1.080 kg/1000 m² erntete. Nebenbei sei bemerkt, dass Tsuyoshi Takahashi in dem normalen Jahr 1992 einen Durchschnittsertrag von 810 kg/1000 m² auf seinen acht Hektar erntete, während Nachbarbetriebe durchschnittlich 540 kg hatten. Das zeigt, dass EM-Bewirtschaftungsmethoden auch beim Reisanbau bisherige Rekorde brechen können.

Mit seinem Wissen über die Anwendung der EM-Technologie glaubt Takahashi, bei normalen Wetterbedingungen im nächsten Jahr durchaus 900 kg erwirtschaften zu können. Ich finde seine Erfahrungen und sein Vertrauen zu EM sehr ermutigend, weil dies doch einiges für die Nutzung von EM in der Landwirtschaft im Allgemeinen verspricht.

Während der Wintermonate liegt in Mamurogawa, wo Takahashi lebt, viel Schnee, aber in der schneebedeckten Landschaft ist es leicht, die EM-bewirtschafteten Flächen zu entdecken: Der Schnee schmilzt früher und schneller als auf den anderen Flächen.

Verantwortung übernehmen – EM zuerst selbst ausprobieren, bevor es anderen empfohlen wird

Tsuyoshi Takahashi ist recht überzeugt von seinen Fähigkeiten, mit EM umzugehen, aber anfangs war das ganz anders. Die Dinge liefen ganz und gar nicht nach Plan, denn als er zu EM-Landwirtschaftsmethoden wechselte, hatte er nicht genügend Erfahrung, sie richtig anzuwenden; das führte dazu, dass er einerseits eine hübsche Menge Unkräuter und andererseits geringere Erträge hatte. Vor fünf Jahren erfuhr er erstmals etwas über EM von der Daimeshi-Ya, einer Erzeuger-Verbraucherorganisation in der Präfektur Aomori in Nordjapan. Tsuyoshi Takahashi, dessen Familie natürliche Reisanbaumethoden seit der Zeit seines Vaters praktiziert hatte, sagt, er spürte keinerlei Widerstand gegen das, was er da über die EM-Methoden erfuhr. Ganz im Gegenteil: er fand, sie sei eine wirklich großartige Innovation.

Anfangs lief es für ihn allerdings gar nicht gut. Er war heilfroh, dass er nur einen Teil seiner Fläche für den EM-Einsatz genommen hatte, denn mit EM erzielte er gerade einmal 360 kg/1000 m², obwohl er eigentlich 600 kg hätte ernten müssen. Unter diesen Umständen wäre es nicht ungewöhnlich, wenn Bauern das Produkt dafür verantwortlich machten und aufgäben. Nicht so Takahashi. Überzeugt, dass die EM-Methoden funktionieren müssten und fest entschlossen, die Technik zu meistern, machte er die lange Reise nach Okinawa, um mich zu treffen.

Nachdem er mir zugehört und die Prinzipien, Fähigkeiten und Eigenheiten von EM verstanden hatte, nahm er die Herausforderung ein zweites Mal an. Nun war er vom Funktionieren dermaßen überzeugt, dass er seinen gesamten Betrieb auf EM umstellte. Das war 1991, vor drei Jahren. Wenn jemand mit einer solchen Erfahrung im ökologischen Landbau beim erstmaligen Einsatz von EM solch negative Erfahrungen machen kann, zeigt das nur, dass es unter Umständen ein wenig dauert, bis EM effektiv funktioniert und Felder wiederbelebt werden, deren Böden durch konventionelle Bewirtschaftungsmethoden und andauernden Gebrauch chemischer Mittel geschwächt sind. Was aber wirklich nötig ist, wenn man die EM-Technologie in Angriff nimmt, ist Ernsthaftigkeit und Vertrauen. Es gibt viele Beispiele von Bauern, die schon nach einem Jahr die Resultate erzielten, die sie sich als Ziel gesetzt hatten.

Jetzt, da er volles Vertrauen in den EM-Reisanbau hat, bietet Takahashi Bauern in seiner Gegend Unterstützung an, um sie dazu zu bewegen, ebenfalls EM-Anbaumethoden zu übernehmen. Durch seine Bemühungen haben 17 der 54 Mitglieder starken lokalen Vereinigung chemiefrei produzierender Reisbauern mit EM begonnen. Takahashi erklärt es so: „Ich hatte nicht das Gefühl, dass ich es anderen empfehlen kann, wenn ich es nicht selbst erfolgreich angewendet hätte. Also hängte ich mich wirklich rein und tat, was ich konnte. Dabei halfen mir die Unterstützung und Kooperation der örtlichen Verwaltung ebenso wie die lokale Landwirtschaftskooperative."

In der letzten Zeit haben sich immer mehr Bauern für EM interessiert und Takahashi ist ziemlich beschäftigt damit, Vorträge vor Leuten zu halten, die biologisch landwirtschaften möchten. Viele, die diesen Weg gehen wollen, sind besorgt, dass der plötzliche Wechsel zum EM-Anbau einen starken Abfall der Erträge nach sich zieht. Da er dies weiß, empfiehlt er wechselwilligen Bauern einen Kompromiss, der darin besteht, organischen Kompost und EM gleichzeitig einzusetzen, und in einer gemeinsamen Anstrengung, den Einsatz von chemischem Dünger so gering wie möglich zu halten – ein Plan, dem ich voll und ganz beipflichte.

Welche Ursachen sind möglicherweise dafür verantwortlich, dass Ernteerträge zeitweilig sinken, wenn Bauern erstmalig EM einsetzen? Zunächst gibt es die langlebige Wirkung von Kunstdüngern und Agrarchemikalien. Über einen längeren Zeitraum eingesetzt, sickern diese Substanzen in die Erde und verursachen Degeneration und schließlich die Erschöpfung des Bodens. Besonders der exzessive Gebrauch von Herbiziden verhindert die vollständige Wirkung von EM im ersten Jahr der Anwendung. Um den Zustand des Bodens von einem des Abbaus zu einem zymogen-synthetisierenden[1] zu verändern und um die ganze Wirkung von EM von Anfang an zu erfahren, ist es deshalb notwendig, in der Anfangszeit die doppelte Menge der Standardempfehlung für die Menge von EM und organischem Dünger zu nehmen.

Zu einem gewissen Grad haben die ungewöhnlich ungünstigen Wetterbedingungen des Jahres 1993 zum Verstehen von EM beigetragen, was dazu führte, dass überall in Japan der effektive Einsatz der aktivierten EM-Lösung (EMa) ein wenig Fahrt aufnahm.

Die aktivierte EM-Lösung (EMa) wird hergestellt, indem je 1 l EM1 und 1 l Melasse mit acht bis zehn Liter Wasser gemischt wird. Diese Mischung wird in einer Umgebung von mindestens 25° C drei bis vier Tage bebrütet.[2] Die fertige Lösung reicht dann aus für etwa 10 Ar (1000 m²) und sollte in den Tagen nach der Fertigstellung ganz verbraucht werden. Es kann wie hier beschrieben im (nassen) Reisanbau, am besten aber in einer Wasserverdünnung von 500 bis 1000 l im Trockenanbau verwendet werden. So angewendet, sollte diese Lösung mit fast allen potenziellen Fehlschlägen fertig werden.

Da die aktivierte EM-Lösung (EMa) leicht verdirbt, muss sie innerhalb von fünf bis sieben Tagen aufgebraucht werden. Unangenehmer Geruch zeigt an, dass es gefährlich ist, die Lösung für den ursprünglichen Zweck einzusetzen. Sie muss jedoch nicht weggeworfen werden, sondern kann als Basisdüngung benutzt werden. Sie kann auch zu exzellentem Dünger werden, wenn man sie mit Kompost und organischem Material mischt und etwa zwei Wochen ruhen lässt.

Idealer Reisanbau – Keine Bodenbearbeitung, keine Unkrautbehandlung, Direktsaat

Immer wenn eine Methode geändert wird – und das trifft nicht nur auf die organische Anbauweise mit EM zu – sind die anfallenden Kosten und die zu erzielenden Erträge Anlass zur Sorge. Es lässt sich leicht darüber reden, wie Erträge steigen werden, wenn alles angelaufen ist und die neue Technologie glatt funktioniert. Sind aber im zweiten und dritten Jahr die Erträge immer noch niedrig, ist es ganz natürlich, wenn die Landwirte kaum den Mut aufbringen, weiterzumachen. Durch unsere Forschung wissen wir inzwischen, was Bauern zu empfehlen ist, damit diejenigen, die zu EM wechseln, nicht Monate oder Jahre auf Resultate warten müssen, aber das war anders, als die EM-Technologie noch ganz am Anfang stand. Ich kann mich noch gut erinnern und möchte zwei Fälle als Beispiele anführen, wo Erträge nach der Einführung von EM für kurze Zeit schwankten.

Shoichiro Tabata kämpft seit 40 Jahren an der Nordwestküste Zentraljapans mit den Schwierigkeiten, natürliche Anbaumethoden anzuwenden. Sich gegen Kunstdünger und Agrarchemie, insbesondere Unkrautvernichtungsmittel zu wenden, macht es nicht leicht. Er hatte sich damit abgefunden, trotz seiner immensen Anstrengungen nicht mehr als 360 kg/1000 m², knapp unter den Erträgen konventionell wirtschaftender Nachbarn, zu erwarten. Das war die Lage, als er von EM erfuhr und sich praktisch ohne zu zögern dafür entschied. Schon im ersten Jahr erntete er 480 kg/1000 m², was immer noch viel zu wünschen übrig ließ, vergleicht man es mit den Durchschnittserträgen konventioneller Bauern. Im folgenden

Jahr stiegen seine Erträge leicht auf 510 kg/1000 m², und im dritten EM-Jahr auf 540 kg/1000 m² – immerhin in etwa gleichauf mit Erträgen konventioneller Kollegen.

Wenn man bedenkt, wie es in den vorhergehenden Dekaden für ihn war, bedeutete dies einen bemerkenswerten Fortschritt, wenn dies aber das ganze Ausmaß der Möglichkeiten für die EM-Technologie war, dann würde es nicht leicht sein, konventionell wirtschaftende Bauern für diese Methode zu gewinnen. Sollte EM nicht mehr erreichen, als sie ertragsmäßig auf gleiches Niveau mit konventionellen Landwirten zu bringen, dann zeigte EM nicht mehr auf als einen Funken Hoffnung für diejenigen Bauern, die schon Erfahrung in biologischer Landwirtschaft hatten und sich für diese Methoden entschieden, um Reis zu erzeugen, der gesund war.

Aber in der nächsten Phase zeigte EM erst, zu was es wirklich in der Lage war. Waren die Erträge im dritten EM-Jahr etwa gleich den durchschnittlichen konventionellen Erträgen gewesen, so fuhr er im vierten EM-Jahr 660 kg/1000 m² ein, fast so viel wie die Spitzenwerte konventioneller Erzeuger. Eine solche Situation ist nahezu ideal für einen Landwirt wie ihn, dessen Ziel es ist, mit biologischer Landwirtschaft geschmacklich sehr guten Reis zu erzeugen. Und zwar nicht nur Reis, der gut schmeckt, sondern der auch gesund ist für den Verbraucher wie für den Erzeuger, da dieser beim Anbau auf alle Agrarchemie verzichtet.

Landwirtschaftsmethoden, die auf EM basieren, haben aber ein weiteres Ziel. Das ultimative Ziel des Reisanbaus mit EM-Technologie ist im Grunde, hohe Erträge zu erzielen, *ohne* den Prozess arbeitsintensiver zu machen. In anderen Worten, das Ziel ist, die körperlich anstrengende Arbeit des Reisanbaus zu eliminieren, indem die wie auch immer geartete vorbereitende Bodenbearbeitung wie auch die wiederholte Unkrautbehandlung, die normalerweise für eine Direktsaat nötig ist, überflüssig werden. Direktsaat bedeutet, dass Reis gleich von Anfang an auf die Felder ausgesät werden kann, ohne ihn vorzuziehen und später die Setzlinge zu pflanzen. Diese Methode verzichtet auf einen wesentlichen Schritt im Reisanbau und reduziert dadurch den Arbeitsaufwand erheblich. Hinzu kommt, dass diese Praxis – mit EM – auch zu größeren Ernten führt.

Als er mit EM anfing, hatte Shoichiro Tabata ein kleineres Stück Land für Experimente mit der Direktsaat-Methode ausgespart. Es dauerte allerdings drei Jahre, bis er selbst überzeugt war, dass diese Methode der Direktsaat ohne Bodenbearbeitung und ohne Unkrautbehandlung tatsächlich neue Möglichkeiten eröffnete. Er führte seine Experimente fort und erntete 1994 210 kg auf 300 m². Hochgerechnet wären das knapp über 660 kg/1000 m² – ein echter Beweis dafür, dass diese Methode unter Hinzunahme von EM ebenso gute Erträge produzieren kann wie die herkömmliche Methode des separaten Vorziehens der Samen und des späteren Pflanzens der Setzlinge. Nachdem sie von diesen Resultaten erfahren hatten, verfeinerten mehrere Landwirte in unterschiedlichen Regionen Zentraljapans diese Methode mit herausragendem Erfolg.

Wenn ökologische Landwirtschaftsmethoden mit EM sich verbreiten und die Methode der Direktsaat ohne Bodenbearbeitung und ohne Unkrautbehandlung sich als eine der Hauptanbaumethoden durchsetzt, wird es möglich sein, den Reisanbau mit einem Minimum an körperlicher Arbeit und mit höchstens der Hälfte der Kosten durchzuführen, als es momentan in der konventionellen Anbauweise nötig ist, bei gleichzeitiger Zunahme der Erträge.

Und, wie ich nachfolgend erklären werde, sind verbesserte Ernteerträge durch den Einsatz der EM-Technologie nicht beschränkt auf den Reisanbau; sie kann bei gleich guten Resultaten ebenso gut im Trockenfeldanbau angewendet werden. Ergebnisse wie die hier beschriebenen und viele weitere bilden die Grundlage für meinen Optimismus, dass uns mit EM eine Möglichkeit an die Hand gegeben ist, den für die Zukunft prognostizierten Nahrungsmittelmangel zu überwinden.

Doppelte Erträge bedeuten nicht zwangsläufig doppelte Arbeit

Die Anwendung von ökologischen Landwirtschaftsmethoden mit EM beschränkt sich nicht auf den Reisanbau. Riesige Ernten werden auch für den Früchte- und Gemüseanbau verzeichnet, erstaunliche Zunahmen von Erträgen, die mit bisherigen Anbaumethoden für unmöglich gehalten wurden. Deshalb möchte ich ein wenig erklären, wie und warum sich das so entwickelt hat.

Wenn ich lediglich behauptete, ich kenne eine Methode, mit der man Erträge von 1200 kg Reis pro Feld (1000 m^2) erreichen könnte, gäbe es zweifellos Leute, die meine Behauptung als unmöglich abtäten. Obwohl es zahlreiche aktuelle Beispiele von Ernten gibt, die alle vorigen Rekorde gebrochen haben, gäbe es sicher auch noch viele Menschen, die darin nichts als einen „Zufallstreffer" oder nur „das Ergebnis einer Kombination von verschiedenen glücklichen Zufällen" sehen möchten. Was *ich* sie aber zurückfragen möchte, ist: „Wie sind denn die Maßstäbe für die bisherigen Ernten zustande gekommen?" Um welche Frucht es sich auch handelt, Erträge variieren immer je nachdem, ob der richtige Zeitpunkt getroffen ist oder ob der Landwirt richtige Entscheidungen getroffen hat. Es ist tatsächlich nichts Ungewöhnliches an Ernten, die zwei oder sogar dreimal so hoch sind wie der „Durchschnitt". Wenn wir uns vor Augen halten, dass jedes Wachsen von der Aufnahme und dem Verbrauch von Sonnenenergie abhängt, sollten wir glücklich darüber sein, Effizienz und Ertrag zu erhöhen, ganz egal, wie bescheiden der Prozentsatz auch sein mag.

Was ich andeuten will, wird klarer, wenn ich es am menschlichen Gehirn erkläre. Ein durchschnittlicher Mensch hat etwa 15 Milliarden Gehirnzellen, dennoch heißt es, wir nutzen tatsächlich nur zwei bis drei Prozent davon. Gehen wir davon aus, dass das eine feststehende Tatsache ist, dann könnte man sagen, dass jeder, der den Prozentsatz, mit dem er sein Gehirn nutzt, auch nur ein winziges bisschen erhöhen kann, ein Supergenie wäre. Darüber hinaus kann es passieren, dass selbst winzige Veränderungen in einem Organismus bedeutende Ergebnisse für diesen Organismus hervorrufen können. Ein gutes Beispiel ist Krebs. Ein nur kleiner Anstieg der Menge von Antioxidantien, die beispielsweise ein menschlicher Körper aufnimmt, kontrolliert den Ausbruch der Krankheit. Und umgekehrt braucht die aufgenommene Menge an Antioxidantien nur knapp unter dem notwendigen Minimum zu sein, um einen physischen Zustand zu erzeugen, in dem der Körper den Ausbruch der Krankheit nicht mehr unter Kontrolle halten kann. Das meine ich, wenn ich sage, dass ein mikrokosmischer Unterschied makrokosmische Resultate hervorrufen kann.

Wenn es um landwirtschaftliche Leistung geht, gibt es eine Tendenz, bei jedem Ertragsanstieg ein ebenso hohes finanzielles Investment vorauszusetzen. Es wird z. B. vermutet, dass die Kosten sich verdoppeln müssen, wenn man den Ertrag verdoppeln will. Aber stimmt das eigentlich, wie die meisten meinen? Nein, ganz und gar nicht. Man wird aber vielleicht sagen, wenn es nicht das Doppelte kostet, dann wird es sehr schwierig, die Erträge zu verdoppeln. Trotz eindeutiger gegenteiliger Beweise gibt es immer Menschen, die darin nur einen Zufallstreffer sehen oder die Ausnahme von der Regel. Viele scheinen nicht zu wissen, dass Menschen anfällig für solch beschränkendes Denken sind.

An anderer Stelle habe ich über die mannigfaltigen Mechanismen der EM-Technologie gesprochen, von denen eine die Fähigkeit ist, Fermentation und Abbau von organischem Material zu bewirken. Wendet man sie für den Boden an, kann diese Eigenschaft genutzt werden, um den enzymatischen Abbau von Ernterückständen im Boden zu stimulieren. Das Material, das auf diese Weise abgebaut wird, kann dann direkt von den Wurzeln aufgenommen und in produktive Leistungsfähigkeit umgewandelt werden. Weil in diesem Prozess eine große Bandbreite von aktivierten Substanzen und Antioxidantien entstehen, erhöht EM die Aktivität in den Pflanzenzellen, es steigert einerseits die Produktionskapazität und Energie, verhindert aber andererseits deren Verlust durch übermäßige Respiration.

Sobald die Wirkung von EM alles in die richtige Richtung gebracht hat, nämlich in Richtung Regeneration, werden Wunderdinge – die dem gegenwärtigen sogenannten gesunden Menschenverstand widersprechen – leicht Allgemeinplätze. Die Ergebnisse des EM-Einsatzes zur Steigerung landwirtschaftliche Erträge gehören in diese Kategorie. Mit absolut keiner Änderung in Arbeitseinsatz pro Hektar können dramatische, anscheinend unverständliche Resultate im Bezug auf das erzielt werden, was man für seinen Einsatz zurückbekommt. Allerdings würde ich den Begriff „dramatisch" dafür nicht gern benutzen. Ich würde einfach sagen, dass sie aus der Entdeckung eines Weges resultieren, Zugang zu dem latenten Potenzial zu finden, das schon immer in der Natur existiert hat, und zwar auf eine Art und Weise, dass wir vollen Gebrauch davon machen können.

Größere und süßere Früchte für Obstbauern

Wenn ich im Bezug auf landwirtschaftliche Erträge vom „Brechen aller Rekorde" spreche, beschränke ich meine Bemerkungen nicht auf einen bestimmten Bereich, sondern beschreibe, was überall und in jedem Bereich landwirtschaftlicher Produktion gegenwärtig passiert. Die Ergebnisse zeigen, dass die Erträge von Früchten, die unter Einsatz der EM-Technologie gewachsen sind, im Vergleich mit konventionell oder sonst wie angebauten Früchten, das überschreiten, was bislang der akzeptierte Standard für eben diese Frucht war. Außerdem werden diese höheren Erträge nicht nur ohne einen Anstieg von Arbeitseinsatz für den Bauern erreicht, sie resultieren auch in der Produktion von Früchten allerhöchster Qualität. Berichte von solchen Erfolgen mit EM-Methoden werden mir aus allen Teilen Japans berichtet.

Takamatsu, eine Stadt auf der Insel Shikoku, war einer der ersten Orte in Japan, der die EM-Technologie einführte. Heute wird sie hier in vielen Bereichen eingesetzt wie Landwirtschaft, Viehzucht und dem Recyceln von organischen Küchenabfällen. Takamatsu geht ebenfalls in die Geschichte ein als derjenige Ort, der Beispiele für den erfolgreichen Anbau von Melonen mit ausschließlichem EM-Einsatz geliefert hat – und das im Angesicht der hartnäckigen Meinung, es sei eigentlich unmöglich, Melonen ohne den Einsatz von Agrarchemikalien anzubauen.

Melonen sind extrem anfällig für Krankheiten und vielfaches Sprühen mit Agrarchemikalien ist allgemeine Praxis. Es ist durchaus nicht unüblich, bis zu 15-mal vor dem Abtransport zu sprühen. Diese Praxis hat bei einigen Anwohnern von Takamatsu zu der spöttischen Bezeichnung „Giftknödel" für Melonen geführt. Fast das Einzige, das getan werden konnte, um das exzessive Sprühen im Zaun zu halten, war, die Menge der benutzten Chemikalien zu reduzieren. Nichtsdestoweniger ist es eine unbestreitbare Tatsache, dass Masayoshi Kamisuna alle bestehenden Rekorde für durchschnittliche Melonenerträge beeindruckend brach, nachdem er den Einsatz von Agrarchemikalien und Kunstdünger völlig eingestellt hatte.

Mit 22 Jahren Erfahrung im Anbau von Melonen im Gewächshaus war Masayoshi Kamisuna zunehmend ablehnender geworden, je mehr und häufiger jede Saison gesprüht werden sollte. Er trug schon einige Zweifel an der konventionellen Landwirtschaft in sich, als er mich über EM und den EM-Einsatz in der Landwirtschaft sprechen hörte. Ohne einen Moment zu zögern, führte er die EM-Technologie in sein Unternehmen ein, indem er 700 Setzlinge pflanzte und sie ausschließlich mit EM-Bokashi aufzog. Sein erster EM-Einsatz brachte ihm eine Melonenernte von 5 t, fast doppelt so viel, wie er mit konventionellen Methoden geerntet hatte.

Kamisuna stellte sein Bokashi nach folgender Methode her: Er mischte sorgfältig 10 kg Reiskleie, 3 kg Fischmehl, 5 kg Ölkuchen und 2 kg Reisschalen. Dann gab er 3,3 l Wasser mit 40 ccm Melasse und 80 ccm EM1 dazu, vermischte alles sorgfältig und ließ das Ganze ein Woche lang stehen. Als die Mischung fertig war, gab er jeweils ca. 90 g um die Wurzel jeder Pflanze. Wann immer er das Gefühl hatte, die Pflanzen brauchten weiteren Dünger, nahm er während der gesamten Saison ausschließlich dieses EM-Bokashi. Außerdem stellte er ein EMa aus einem l Wasser, 40 ccm Melasse und 300 ccm EM1 her, das er als Spritzung für das Blattwerk nahm[3]. Insgesamt sprühte er die Pflanzen viermal in der Saison mit einer 1000-fach verdünnten Lösung und ließ jeweils ein bis zwei Wochen Zeit dazwischen. Zusätzliche chemische Mittel benutzte er nicht mehr. Mit 1,8 kg waren die Melonen, die er am Ende der ersten Saison erntete, nicht nur schwerer, sondern hatten auch einen höheren Zuckergehalt (ein bis zwei Grad mehr als die normalen 16 Grad BRIX). Er war so freundlich, mir einige seiner Melonen nach Okinawa zu schicken; deshalb kann ich beurteilen, dass sie, was Geschmack und Aroma angeht, alles hatten, was man sich von einer Melone wünscht.

Ein weiteres Beispiel aus meinen Aufzeichnungen beschreibt, wie Schweinemist von Höfen, die schon die EM-Technologie anwendeten, mit großem Erfolg im Melonenanbau eingesetzt wurden: Toshiso Ino baut Melonen im Südwesten Japan, in der Präfektur Miyazaki, an. Er hat ein Arrangement mit einem nahe gelegenen Hof, der ihn mit EM-Schweinemist versorgt, das heißt Mist von Schweinen, die mit EM behandelt werden. Ein anderer Bauer war zufällig bei Bauer Ino, als der Mist angeliefert wurde, und war völlig verblüfft über das, was er da sah, vor allem, weil es seiner Meinung nach jedem gesunden Menschenverstand widersprach.

Der Vorfall rief lautstarke Kommentare und Reaktionen von anderen Höfen in der Umgebung hervor, die darauf hinausliefen, dass Ito die volle Verantwortung zu tragen hätte, wenn irgendeine merkwürdige Krankheit durch sein Einbringen von „etwas so Ungeheuerlichem wie Schweinemist" in die Melonenkulturen ausbräche. Ino setzte dennoch all seine Pflänzchen – nicht ohne eine Stoßgebet zum guten Gelingen. Er sprühte seine Pflanzen mehrfach mit EM und beobachtete, wie sie mit der Zeit schöne, kräftige Triebe, ein üppiges Blattwerk und prächtige weibliche Blüten[4] bekamen. Etwa von dieser Zeit an war ein deutlicher Unterschied zwischen seinen Melonenfeldern (nicht im Gewächshaus) und denen der Nachbarn, die konventionell arbeiteten, zu erkennen. Zur Zeit des Fruchtansatzes hatten seine Felder im Vergleich ein so gesundes Aussehen und eine Vitalität, die niemand übersehen konnte. Nicht nur das, nicht eine einzige von seinen tausenden von Melonen verwelkte an der Ranke. Der Unterschied wurde in der zweiten Wachstumsphase noch deutlicher. Als er dann mit dem Verpacken und Versenden fertig war, berichtete er, kamen schon einige seiner Kollegen und fragten, woher er den Schweinemist bekommt, da sie ihn für ihre Melonen in der nächsten Saison auch benutzen wollten.

Die Melonen, die Ito vermarktete, hatten im Gegensatz zu den Nachbarbetrieben (mit einem BRIX-Wert von 14) durchschnittlich 16,5. Die Gesamtqualität seiner Früchte war so gut, dass der auf dem Markt zuständige Händler ihn persönlich kontaktierte, um herauszufinden „genau welche Anbaumethode er benutzte, um solch herausragende Früchte zu erzeugen".

Japans erster EM-Laden

Marktgärtnern, das ist Landwirtschaften in einem geschützten, umfassten Raum im Gegensatz zum offenen Feldanbau, ist ein blühender Geschäftszweig in und um die Stadt Takamatsu. Dort wird neben Melonen eine ganze Bandbreite von Früchten und Gemüse angebaut wie Erdbeeren, Gurken, Trauben, Mandarinen und Spargel unter Glas. Eiko Togawa ist eine Hausfrau, die an einem Viehzuchtbetrieb beteiligt ist. Ihr Anteil beinhaltet u. a. die Verantwortung für Trauben, die im Gewächshaus gezogen werden. Es handelt sich um Muskat-Trauben (Tafeltrauben), die auf 225 m^2 angebaut werden. Frau Togawa führte die EM-Technologie hier in erster Linie ein, weil sie Arbeit einsparen wollte. Dies gelang ihr auch, aber außerdem hatte sie beträchtlichen Erfolg mit den von ihr verantworteten Früchten.

Bei der von ihr angewandten Methode bereitete sie zunächst den Boden vor, indem sie 2 t EM-Bokashi einbrachte. Danach brauchte sie nur noch die Temperatur des Gewächshauses zu kontrollieren. Sie gibt allerdings zu, in ihrem ersten Jahr am Anfang der Wachstumsphase chemische Mittel zur vorbeugenden Schädlingsbekämpfung eingesetzt, dies im Juli aber ganz aufgegeben zu haben. Ab August sprühte sie die Früchte nur noch dreimal mit einer 1:1000 verdünnten EM1-Lösung. Trotz widriger Wetterbedingungen in ihrem ersten EM-Jahr durch lang anhaltende Regenperioden und darauf folgende, ungewöhnlich niedrige

Temperaturen haben ihre Trauben – dank EM, wie sie sagt – einen BRIX-Wert von 17 und die Erntemenge war etwa wie in einem Jahr mit normalen Temperaturen.

Nicht weit von Takamatsu entfernt baut der Landwirt Kazuo Kubo 0,9 ha Reis auf Nassfeldern und 0,3 ha Zwiebeln an. In seinem ersten EM-Jahr notierte er einen Zuwachs von 30 % bei den Zwiebel, von 5000 kg/1000 m² im letzten Jahr ohne EM auf nun 8000 kg mit EM. Die gesamte Fläche Zwiebeln blieb völlig frei von Kunstdünger oder chemischen Mitteln, denn mit der natürlichen Schädlingskontrolle durch EM scheinen Schädlinge einen großen Bogen um die mit EM angebauten Feldfrüchte zu machen.

Seit 1994 gibt es zwei Läden in Takamatsu, die EM-Gemüse direkt vermarkten. Einer von ihnen nennt sich „Grünes Dorf"; es ist das erste Geschäft in Japan, das ausschließlich Produkte verkauft, die mit EM gewachsen sind oder mit Hilfe der EM-Technologie hergestellt wurden. Insofern ist es wie ein sogenannter Antenna-shop für EM[5]. Eine große Zahl Freiwilliger betreiben den Laden, in dem auch EM-Eier, EM-Fleisch und vieles mehr angeboten werden. Für mich ist es ein Modell-Verkaufsladen und ein gutes Beispiel dafür, wie ich EM-Produkte in der Zukunft am liebsten verkauft sehen möchte.

Unglaublich, aber wahr: Dünger aus unbehandeltem Kuhmist

Das Beispiel, über das ich hier berichte, zeigt, wie EM geholfen hat, Spitzenergebnisse bei Tomaten zu erzielen. Yasuhiro Mori ist ein erfahrener Tomatenbauer, der sie in der Präfektur Gifu in West-Zentraljapan seit gut zehn Jahren anbaut. Lange bevor er EM kennenlernte, hatte er schon beharrlich organische Anbaumethoden angewandt. Sein Dorf Itadono liegt recht hoch, nicht weit entfernt von dem schönen Dorf Hida-Takayama im Hida-Hochland (Weltkulturerbe). So hoch gelegen, hat Mori wegen des kühleren Klimas relativ wenig Probleme mit Schädlingen. Dennoch addierten sich die Schritte, die er gegen andere Pflanzenkrankheiten unternehmen musste, zu einer zusätzlichen und mühsamen Last.

Obwohl er fand, dass er bis zum dritten oder vierten Trieb recht gesunde Tomaten hatte, schienen die höheren Triebe zu wenig Nahrung zu bekommen: Die Äste waren dünner und die Tomaten anfälliger für verschiedene Krankheiten. Er war ganz zufrieden, wenn er überhaupt Tomaten am sechsten oder siebten Trieb hatte, auch wenn diese weniger gesund waren. Die Durchschnittsernte in dieser Gegend war vier bis fünf kg pro Pflanze, Mori kam über 2 kg aber nicht hinaus. Da solch kleine Erträge aber nicht profitabel sind, hatte er seiner Meinung nach keine andere Wahl, als Kunstdünger und chemische Spritzmittel einzusetzen, um über die Runden zu kommen.

Als er nun von EM hörte, probierte er es zunächst bei der Aufzucht seiner Jungpflanzen aus. Er bereitete den Boden vor, indem er Reiskleie und Stroh mit roter Bergerde mischte und eine 1:500-EM-Lösung hinzugab. Er deckte eine Binsenmatte darüber und ließ das Ganze zwei bis drei Wochen lang stehen, bevor er es mit hervorragendem Erfolg bei seinen Tomatenpflänzchen ausprobierte. Da er nun von dem großen Potenzial von EM überzeugt war, und aufgrund seiner großen beruflichen Erfahrung, dachte er jetzt in größeren Dimensionen und pachtete einen zusätzlichen Hektar Land. Das war aber ein ziemliches Brachland, das vor ca. zehn Jahren aus einem gerodeten Waldstück entstanden war und verschiedentlich landwirtschaftlich genutzt worden war. Mori begann den Boden vorzubereiten, indem er zunächst eine Mischung aus unbehandeltem Rindermist, Reiskleie, den Bodensatz aus der Produktion von Rapsöl, Holzkohle und Zeolith sowie Seemuschelkalk zur Stabilisierung des pH-Wertes ausbrachte und dann 1,5 l EM1 darüber goss.

Leser, die nicht vertraut sind mit der Landwirtschaft, können sich sicher nicht vorstellen, wie *undenkbar* und jenseits jeden gesunden Menschenverstands eines Bauern der Einsatz von Kuhmist als Dünger ist. Auch wenn es wie ein normaler organischer Vorgang erscheint, wird ein so behandelter Boden schlecht, degeneriert und birgt jede Menge Krankheiten, bis er für die Landwirtschaft ganz unbrauchbar wird. Auch wenn das Düngen mit organischem Material Teil des biologischen Wirtschaftens ist, so ist eine solch riskante Maßnahme wie der Einsatz von unbehandeltem Rindermist in der Regel tabu. Jeder konventionelle Bauer wäre erstaunt, auch nur von so etwas zu hören. Da es sich aber um eine EM-Landwirtschaftsmethode handelt, tat Bauer Mori genau das Richtige. Wie kommt es, dass bei dieser Methode unbehandelter Rindermist genommen werden kann? Zum einen: Solange der Mist frisch ist, sind die ruhenden Fäulnisbakterien in ihrer Zusammensetzung noch nicht aktiv geworden und haben die Oberhand gewonnen, d. h. sie müssen noch die Kontrolle über die opportunistischen Gruppen von Mikroorganismen gewinnen. Wenn dieser Mist nun mit EM behandelt wird, wird die Gruppe von Effektiven Mikroorganismen darin und nicht die Gruppe der Fäulnisbakterien im Mist dominant. Sie übernehmen überall die Kontrolle über die Masse von Mikroorganismen und nehmen auf diese Weise potenziell schädlichen Bakterien die Chance, zu dominieren und sich zu vermehren. Der Nährwert des Mistes wird dadurch so stark verbessert, dass er die Fähigkeit hat, die Erde des Brachlandes in einen reichen, enzymatischen Typus von Erde zu verwandeln, die eine hervorragende, fermentative Erde mit einer guten, anaeroben Respiration ist.

Doch zurück zu den Tomaten in dem von Herrn Mori behandelten Boden. Er baute eine Standardsorte Tomaten an, Momotaro, und die Ergebnisse brachen wortwörtlich alle Rekorde; er erzielte eine Rekordernte weit jenseits seiner Erwartungen. Am untersten Trieb, an dem gewöhnlich vier bis fünf Früchte reifen, hatte er das Doppelte, an allen anderen durchschnittlich sieben bis acht Tomaten, ja bis hin zu 14 oder 15 Früchten an einem Trieb.

Während eine beträchtliche Menge von konventionell angebauten Tomaten auf die eine oder andere Weise schadhaft ist, sodass sie nicht in den Versand gehen können, haben die EM-Tomaten eine größere Elastizität, sodass ein größerer Prozentsatz versendet werden kann. Außerdem sind sie süßer und ihr Fleisch fester. Natürlich bestehen sie auch den Wassertest: Sie sinken, statt oben zu schwimmen.

Yasuhiro Mori baut außerdem Cherry-Tomaten an. Sogar die produktivsten Sorten bringen in der Regel nicht mehr als 50 bis 70 an einer Dolde, Mori hingegen zählte bis zu 250 Stück. Außerdem kann er bis zum ersten Frost im November ernten, weil seine Pflanzen nicht krank werden, während die Pflanzen aller anderer Bauern in der Gegend Probleme mit Krankheiten haben.

Ein weiteres Beispiel dafür, wie EM bei Problemen mit Pflanzenkrankheiten zur Hilfe kam, erhielt ich aus Asahikawa auf Hokkaido. In dieser Gegend waren Reisfelder auf Tomatenanbau umgestellt worden. Etwa Mitte Juni, als die Tomaten gerade damit begannen, Früchte zu auszubilden, wurden sie in einer einzigen Nacht von einer sehr ansteckenden Welke befallen, einer hartnäckigen Pflanzenkrankheit, die durch den Zustand des Bodens hervorgerufen wird. Sie reagiert nicht auf chemische Pflanzenschutzmittel. Sie macht viele Probleme und es heißt, dass in einem von ihr befallenen Boden keine Tomaten mehr gedeihen. Einer der Farmer dieser Gegend hörte aber einen meiner Vorträge und entschloss sich gegen alle anderslautenden Meinungen, dafür zu kämpfen, ob es nicht doch möglich wäre, auf demselben Land wieder Tomaten zu kultivieren.

Im Herbst brach er sein Land um und vergrub die Pflanzenreste der Tomaten. Dann brachte er große Mengen Bokashi aus und goss großzügig mit einer EMa-Lösung. Dasselbe machte er im Frühjahr wieder. Aufgrund seiner Anwendungen transformierte er den Boden in einen enzymatischen Typ, der zu anaerober Respiration fähig war. Dann pflanzte er seine Tomatenpflanzen und besprühte sie zweimal im Monat mit EMa. Er wurde belohnt, denn es fanden sich keine Pflanzenkrankheiten an seinen Tomaten. Im August 1993 konnte ich mich bei einem Besuch in dieser Gegend von dem gesunden Zustand des Bodens und der Pflanzen selbst überzeugen.

Dies sind nur ein paar Beispiele dafür, wie die überraschendsten Transformationen geschehen, wenn in anscheinend hoffnungslosen Situationen die Anwendung von EM gegen jeden gesunden Menschenverstand durchgesetzt wird. Solche Transformation sind auch nicht nur temporär; die Wirkung von EM und der EM-Technologie ist akkumulativ. Je mehr diese Maßnahmen Jahr für Jahr gemacht werden, desto besser wird der Boden und desto unverwüstlicher die Pflanzen, die darin wachsen.

Weißkohl ist eine weitere Pflanze, die von der EM-Methode besonders profitiert. Kohl ist anfällig für die Krankheit *Kohlhernie*, bei der sich krebsartige Knoten an der Wurzel bilden und langsam vergrößern. Als der früher erwähnte Bauer Yasuhiro Mori dies Krankheit an seinem Kohl vorfand, goss er ca. eine halben Liter einer 1:500-EMa-Lösung pro Pflanze. Dadurch, berichtete er, verlangsamte sich das Wachstum und die Pflanzen setzten neue Wurzeln an. Normalerweise gibt es bei einem solchen Befall keine Hoffnung auf neues Wurzelwachstum. Jetzt können aber die meisten Bodenkrankheiten einschließlich Wurzelknoten-Nematoden und Wurzelwund-Nematoden unter Kontrolle gebracht werden, sobald die Konzentration von EM ein bestimmtes Niveau im Boden erreicht hat.

Ampfervernichtung ohne Pflanzenschutzmittel

Hokkaido hat die größte Dichte von Milchviehbetrieben in Japan, sodass die Pflege von Grünland zur Futtergewinnung sowie fürs Grasen einen wichtigen Teil der landwirtschaftlichen Arbeit auf der Insel ausmacht. Große Kopfschmerzen bereitet dabei die Bekämpfung von Ampfer. Ampfer ist ein besonders hartnäckiges und zähes Unkraut, das anscheinend allen Versuchen zu seiner Vernichtung widersteht und ganze Weiden dominieren kann. Das ist schon schlimm genug, aber wegen des hohe Oxalsäureanteils ist die Pflanze für Kühe giftig. Erwachsene Tiere erkennen und meiden sie, aber Jungtiere fressen zuweilen davon, bekommen Durchfall und können nicht mehr stehen. Da es praktisch unmöglich ist, sie bei der Mahd zu vermeiden, können sie ins Futter gelangen und unsägliche Probleme bereiten.

EM bietet jedoch eine Lösung, die schon bei einer einzigen Anwendung funktioniert. Man bringt nur gut mit EM fermentierte Gülle auf eine solche Wiese aus. EM bringt den Ampfer natürlich nicht um. Ganz im Gegenteil, er wächst genau so kräftig und schnell wie das Gras. Aber wie wird der Ampfer dann bekämpft? Die Erklärung liegt in dem mehrfachen Effekt von EM auf den Ampfer. Er wächst nicht nur schneller, die Blätter werden auch weicher und so attraktiver für den natürlichen Feind des Ampfers, die Larve eines Käfers (kogataruriha-mushi). Die Zartheit der Blätter zieht den Käfer stärker als sonst an, er legt mehr Eier und daraufhin fressen viel mehr Larven die Blätter. Dies ist schon lange bekannt und man hat versucht, zur Kontrolle des Ampfers diesen Käfer als biologische Pflanzenkontrolle einzusetzen, aber es gelang bisher nicht, dass die Käfer in genügend großer Menge Eier auf den Pflanzen ablegten. Jetzt reduziert EM aber den Gehalt an Oxalsäure in der Pflanze, sodass die Larven sie besser fressen können. Immer mehr Käfer leben nun auf der Pflanze, und es ist beobachtet worden, dass sie den Ampfer bis zur Wurzel hinab abfressen. Dies ist ein weiteres Beispiel dafür, wie der Einsatz von EM zu nicht vorhergesehenen, zusätzlichen positiven Effekten führen kann. Ein teurer Einsatz chemischer Mittel kann verhindert und das Unkraut bekämpft werden; gleichzeitig steigt die Menge und Qualität der Gräser, und auch die Regenerationsphase des Grases verlängert sich.[6]

Kunstdünger- und Agrarchemikalieneinsatz um ein Fünftel reduziert

Im Folgenden geht es um eine Erfolgsgeschichte bei grünem Paprika unter Glas in der Präfektur Miyazaki (siehe S. 97, Größere und süßere Früchte für Obstbauern). Nachdem bekannt war, dass Tierabfälle in guten Dünger verwandelt werden können, wollte Seijiro Mizutani diese für seine Paprikazucht in seinem Gewächshaus anwenden. Er bestellte EM-behandelten Schweinemist, konnte aber nicht genug für seine Bedürfnisse bekommen. Unbeeindruckt besorgte er sich die notwendigen Zutaten und machte sich sein eigenes EM-Bokashi als Basisdünger. Nach dem Aussetzen der Jungpflanzen in die Beete besprühte er sie nach den entsprechenden Anweisungen. Er hatte von den Erfolgen mit EM gehört und freute sich nun auf die guten Ergebnisse. Er musste aber beobachten, dass die Pflanzen anfänglich langsamer wuchsen, als er es kannte. Dann verlor er auch noch einen erheblichen Teil seiner Ernte durch frühzeitiges Abfallen der Fruchtansätze. Er war zunehmend besorgt, sah aber, dass seine Pflanzen stärkere Wurzeln hatten als die anderer Kollegen, deren Pflanzen leicht herauszuziehen waren, seine aber durch tief gehende Wurzeln fest verankert waren. Mizutani hatte ein Logbuch seiner Erfahrungen angelegt, aus dem ich zitieren möchte:

2. November – Anzeichen, dass die Pflanzen von einer Verkalkung betroffen sind. Starke Wetterumschläge machen die Behandlung schwierig.

8. November – Tägliches Sprühen mit EM hat den Befall unter Kontrolle gebracht. Die Pflanzen haben die Blüten verloren, darüber bin ich besorgt.

12. November – Es sieht aus, als bilden sich Früchte, die fallen aber wieder ab, ohne nennenswert größer zu werden. Manche Nachbarn beginnen schon zu ernten.
15. November – Keine Änderung. Zusätzlicher Dünger gemischt mit EM-Bokashi gegeben.
17. November – Einige leichte Veränderungen der Situation. Bin irritiert, da die Nachbarn schon ihre Produkte verschicken. Ich bewahre die Ruhe und sprühe weiter mit EM.
19. November – Endlich Besserung. Ich bereite die Verschickung vor.
1. Dezember – Habe mit der Ernte begonnen. Ich komme meinem Zeitplan aus dem vorigen Jahr näher. Die Früchte sind gesund und vital.
13. Dezember – Alles geht gut. Bin täglich mit dem Ernten beschäftigt.
4. Februar – Es könnte nicht besser laufen: Die Paprika sind alle gleich schön in Farbe, Glanz und Festigkeit. Es gibt praktisch keine zweite Wahl.
15. Februar – Andere Paprikabauern ernten nur alle sechs Tage, ich alle vier Tage und komme immer noch kaum nach.
2. März – Erziele Erträge wie sonst Ende Januar. Erträge im Dezember und Januar übertreffen die des Vorjahres bei Weitem.

Trotz Mizutanis anfänglichen Ängsten über den verzögerten Start zeigte sich, dass er nun in zwei Monaten so viel Ertrag erreicht hatte wie in sechs Monaten des Vorjahres, und dass die Ergebnisse der verbleibenden vier Erntemonate ausnehmend gut waren.

Aus derselben Gegend erreichte mich ein weiteres Beispiel eines schönen Erfolgs, diesmal mit Gurken unter Glas. Ich habe schon das anormale Wetter in Japan 1993 erwähnt. Im Juni und Juli dieses Jahres gab es im Süden der Hauptinsel Kyushu Rekordregenfälle, die zu einer Serie von Erdrutschen und Überflutungen führten und der landwirtschaftlichen Produktion einen schweren Schlag versetzte.

Guntaro Nanokaichi betreibt einen Hof in dieser Gegend, wo er Gurken anbaut. Gerade als er die Gurken, die draußen wuchsen, ernten wollte, schwoll der nahe gelegene Fluss durch die ungewöhnlich starken Regenfälle so an, dass seine Felder überschwemmt wurden und in der Folge Mehltau seine Pflanzen befiel. Er ergab sich in sein Schicksal, dass er die Ernte in diesem Jahr abschreiben musste, prüfte aber dennoch das Ausmaß des Schadens auf den Feldern. Er sah, dass das untere Drittel gelb geworden war – eine offenbar hoffnungslose Situation. Kurz darauf schlug ihm Fujio Gotoh, ein anderer Landwirt und EM-Aktivist in der Region, vor, da er eh nichts zu verlieren habe, einen Versuch mit dem Sprühen von EM zu machen, sonst müsse er ja sowieso alles wegschmeißen. Nanokaichi sprühte daraufhin mit einer 1:250er-Lösung das gesamte Blattwerk und konnte beobachten, dass nach vier bis fünf Tagen die Pflanzen neue Blätter und Blütenansätze gebildet hatten und wenig später ganz normale Gurken wuchsen.

Nicht viel später wurde die Gegend so schlimm wie schon seit Jahrzehnten nicht mehr von einem Taifun betroffen, sodass Nanokaichis Felder aufs Neue völlig zerstört wurden. Die vorherige Erfahrung hatte ihm aber Gelegenheit gegeben, zu zeigen, was mit EM möglich ist. Er hatte schon beschlossen, EM in seinen Gewächshauskulturen im Herbst einzusetzen und verlor nun keine Zeit, dies vorzubereiten. Er fing an, indem er sein eigenes EM-Bokashi herstellte; seine Pflanzen besprühte er dann wöchentlich. Seinen Berichten zufolge übertrafen die Ergebnisse in den Monaten Dezember bis Februar bei weitem das, was er im Vorjahr erreicht hatte. Sowohl Erntemenge als auch Einkünfte waren die höchsten, die in dieser Gegend je dokumentiert worden waren. Er war auch überrascht, wie kostengünstig der EM-Einsatz war. Verglichen mit den chemischen Spritzmitteln und dem Kunstdünger, die ihn vorher etwa 250.000 Yen (ca. 3.000 Euro) pro 1000 m^2 gekostet hatten, kam er mit der EM-Methode auf gerade einmal ein Fünftel dieser Summe.

Erstklassige Produkte in Farbe, Glanz und Geschmack

Lassen Sie mich noch ein wenig ins Detail gehen bei einigen Beispielen von Rekordergebnissen im Gemüseanbau. Ich möchte bei Masaharu Fujii im äußersten Süden der Hauptinsel Honshu beginnen, der sich entschlossen hatte, mit EM bei Auberginen zu experimentieren. Normalerweise bilden Auberginen nicht mehr als ein bis zwei Blüten pro Fruchtknoten aus, doch Fujiis Pflanzen glichen mehr den Verzweigungen, die man sonst von Tomaten kennt, mit zwei oder drei Blüten pro Trieb. Er hatte diese Pflanzen in Erde gepflanzt, in die er zunächst EM-Bokashi eingearbeitet und dann mit einer EM-Lösung gegossen hatte. Selbst nach dem Abernten erschienen Blüten ein zweites Mal an den Trieben, ein bislang unbekanntes Phänomen bei konventionellen Anbaumethoden.

80 bis 90 Auberginen werden in der Regel pro Pflanze geerntet, Fujii erntet aber 150 Stück von einer Pflanze, was einen Gesamtertrag von 25 t auf 1000 m^2 bedeutet; im Vergleich dazu ernteten konventionelle Nachbarn 16 bis 18 t. Darüber hinaus waren diese rekordverdächtigen Ergebnisse ohne besondere Anstrengung erreicht worden. Selbst einen Anflug von Welke[7] konnte er ebenso wie andere Bedrohungen seiner Pflanzen durch die EM-Anwendungen abwehren. Nach dem Pflanzen führte Fujii häufige Blattbehandlungen mit einer 3000-fach verdünnten EM-Lösung durch, er sprühte alle paar Tage und goss den Boden etwa alle 14 Tage reichlich. Außerdem stellte er einen Flüssigdüngeransatz her, indem er EM-Bokashi zwei Tage lang in eine 1000er-EM-Lösung legte und absiehte. Dies nutzte er als zusätzlichen Dünger. Er berichtete mir, dass seine Früchte hervorragend aussahen und von anderen als erste Qualität bei Farbe, Glanz, Festigkeit und Geschmack eingeschätzt wurden.

Bei Obstbäumen scheint EM ebenso effektiv zu sein. Shintaro Mohri baut auf Shikoku (der kleinsten der vier Hauptinseln Japans) eine breite Palette von Zitrusfrüchten an. Er ist hocherfreut über die Ergebnisse, die er seit der Einführung von EM auf seinem gesamten Betrieb erreicht hat. „Es hat Verbesserungen bei den Erträgen und der Qualität gegeben," sagt er, „dafür war aber nur ein Zehntel der vorherigen Arbeit nötig." Er berichtete, dass seine Bäume früher unter starkem Insektenbefall litten wie der roten Milbe, Schildläusen und Stinkwanzen. Dagegen erhöhte er die Menge der chemischen Insektizide, sorgte sich aber zunehmend wegen der gesundheitlichen Gefahren, sodass er schließlich zu traditioneller organischer Landwirtschaft wechselte. Dadurch reduzierten sich seine Erträge allerdings um die Hälfte, was ihm wieder neue Kopfschmerzen bereitete. Die Einführung der EM-Technologie hat ihn aber wieder auf die Erfolgsspur zurückgeführt, sodass sein Betrieb heute ein schöner Vorzeigebetrieb für Obstanbau ist.

Die Präfektur Yamanashi im östlichen Zentraljapan ist bekannt für Traubenanbau. Eine Reihe von Familien hat sich dort zusammengetan, um den Einsatz von biologischen Anbaumethoden mit EM zu erforschen. Trauben sind bekannt dafür, dass man sie nur sehr schwer ohne chemische Behandlungen durch die Saison bringt. Daher vertraut man diesem Einsatz und zusätzlichen Hormonbehandlungen. Takeharu Takano besitzt einen Weingarten und hat dort die EM-Technologie mit großem Erfolg angewendet. 1988 hörte er meinen Vortrag, als ich erstmalig EM in dieser Gegend vorstellte, und entschloss sich sofort, damit zu experimentieren. Seine Erfolge waren so groß, dass er im nächsten Jahr etwa 0,5 ha komplett mit EM bewirtschaftete. Daraufhin wurden seine Bemühungen aber von großem Pech verfolgt.

Das ungünstige Wetter dieses Jahres war ein wesentlicher Faktor dafür, aber auch die Tatsache, dass er EM nur für das Blattwerk einsetzte, also nur die Blätter besprühte. Er hatte die bekannte Anwendung von chemischen Mitteln auf EM übertragen und daher versäumt, den Boden rechtzeitig mit EM zu behandeln. Er lernte aber aus dieser Erfahrung, studierte die Anweisungen für den EM-Einsatz noch einmal und begann von vorn, indem er den Boden der gesamten Fläche mit Bokashi präparierte. In dieser Saison erntete er 13 % mehr, als er in sonst im Durchschnitt hatte. Vergleicht man die EM-Trauben mit den konventionell erzeugten, stellt man fest, dass sie diesen an Süße und Geschmack überlegen sind. Je nach Wetter gibt es Jahre, in denen während der Saison komplett auf chemische Spritzmittel verzichtet werden kann.

Laubabwerfende Obstbäume wie Äpfel, Pfirsiche und Japanische Birnen (tropische Birnenart) sind besonders anfällig für Schädlingsbefall. Da in jedem Obstanbau die Aufrechterhaltung der Erträge erste Priorität hat, ist es ratsam, am Anfang der Einführung von EM bei laubabwerfenden Obstbäumen EM in Verbindung mit chemischen Spritzmitteln zu benutzen. Während die Aktivität von EM sich allmählich aufbaut und der Boden dadurch aktiviert wird, wird die Häufigkeit der chemischen Behandlungen ganz natürlich im Laufe der Zeit zurückgehen. Danach kommt eine Zwischenperiode, in der mit EM fermentierte Lösungen und chemische Mittel nebeneinander benutzt werden, bis es nach einer gewissen Zeit – möglicherweise nach einigen Jahren – möglich wird, die chemischen Mittel ganz wegzulassen.[8]

Im Grunde genommen kann es so zusammengefasst werden: Bei den biologischen Anbaumethoden mit EM können die Anwendungen der EM-Technologie auf unterschiedliche Art und Weise den jeweiligen Bedürfnissen angepasst werden. Dort, wo dieser Ansatz versucht wurde, sind zahlreiche Beispiele für Ergebnisse entstanden, die alle vorherigen Ertragsrekorde gebrochen haben.

Ein wirklich lebensfähiges System biologischen Landwirtschaftens und eines, das hält, was es verspricht

In letzter Zeit hat die gesamte Landwirtschaftsbranche begonnen, sich immer mehr der schädlichen Auswirkungen von Agrarchemikalien und Kunstdüngern bewusst zu werden. Trotz dieser Befürchtungen benutzt die Mehrheit weiterhin konventionelle Methoden, vor allem wegen dieser Vorbehalte: Nur mit konventionellen Methoden sei es möglich, zufriedenstellende Ertragsmengen und ansehnliche Früchte zu produzieren, was bei natürlichen Anbaumethoden nicht möglich sei. Auch wenn sich die Ertragsseite bei Biobetrieben verbessert hat, erzielen sie durchschnittlich nur 60 bis 70 % der Mengen, die konventionell erzeugt werden. Und es gibt auch offenbar kein Herumreden um die Tatsache, dass die Produkte äußerlich nicht sehr ansprechend sind. Zusammen zwei starke Fakten, die konventionelle Bauern wenig für eine Umstellung motivieren.

Diese Sichtweise verbirgt jedoch einen großen Irrtum. Die vorrangige Anforderung an landwirtschaftliche Produkte als Nahrungsmittel ist, dass sie gesund sind, die zweite, dass ihre Zusammensetzung, ihre Inhaltsstoffe einen akzeptablen Standard erreichen. Beides ist bei dem Einsatz von Agrarchemikalien und Kunstdüngern nicht der Fall, weswegen ihr Gebrauch so weit wie möglich zurückgehen sollte.

Vermarktung hat mit äußerer Erscheinung zu tun; aber auch das ist ein auf Konvention beruhendes Missverständnis. Die Verteidigung der Bioproduzenten ist, dass ihre Ware „gut, gesund und schmackhaft ist, egal wie sie aussieht". Aber diese Einstellung ist ebenfalls irrig: Die äußere Erscheinung und die tatsächliche Qualität sollten übereinstimmen.

Unsere Sinne, das Sehen, Fühlen und Riechen sind ja Sensoren, die unseren Körper schützen sollen. Deswegen weisen wir instinktiv alles zurück, das unsere Sinne uns als ungeeignet erscheinen lassen. Das geschieht ganz natürlich, wenn unsere „Sensoren" gut funktionieren. Akzeptieren wir diese Tatsache, dann ergibt sich daraus, dass alles, was wir essen wollen, aber nicht ansprechend aussieht, so geworden ist durch einen Defekt oder ein Unfall in der Wachstumsphase. Während konventionelle Anbaumethoden Früchte hervorbringen mögen, die ansprechend aussehen, lassen sie doch viel an Geschmack vermissen, zuweilen extrem viel. Immer mehr Kinder verweigern heutzutage Gemüse. Dies kann man als negative Reaktion auf Gemüse betrachten, das mit Hilfe von Kunstdünger und Agrarchemikalien gezogen wurde und nicht viel mehr ist als nur „Stoff" und mehr gemein hat mit Tierfutter als mit Nahrung für Menschen. Die Wahrheit ist, dass Gemüse, das fachgerecht nach natürlichen Anbaumethoden angebaut ist, so schmeckt, wie Gemüse schmecken muss, und Kinder, die sonst kein Gemüse mögen, dies ganz fröhlich essen.

Einerseits haben wir also traditionelle Methoden biologischer Landwirtschaft, die unter geringen Erträgen und unansehnlichen Früchten leiden, und andererseits moderne konventionelle Methoden mit ihren Problemen der Gesundheits- und Geschacksproblemen. Geht es aber um die ökonomischen Vorteile, haben die konventionellen Methoden im Vergleich immer die Nase vorn.

Hier kommen jetzt aber die biologischen Anbaumethoden mit EM ins Bild. Mit ihren Möglichkeiten, bisherige Defizite traditionellen biologischen Landwirtschaftens zu korrigieren, bieten die EM-Methoden das beste beider Welten: reichliche Erträge und Produkte von hervorragender Qualität, die gut aussehen und ebensogut schmecken.

2. Eine Geschichte vom hässlichen Entlein – Transformation der japanischen Viehhaltung

Sobald EM im Spiel ist, verschwinden Gerüche

Besonders auf einem Gebiet hat EM in Japans Viehbetrieben beachtenswerten Erfolg erzielt. Ganz gleich um welche Art von Betrieb es sich handelt, ob Schweine- Rinder- oder andere Tierhaltung, die Ställe sind immer eine berüchtigte Quelle von Verschmutzung, ganz besonders in Form von Gestank – der Grund für einen ununterbrochenen Strom von Beschwerden aus der Nachbarschaft dieser Betriebe. Doch das Aussprühen der Ställe mit EM eliminiert die Gerüche binnen weniger Tage. Die Wirkung ist schnell, umfassend und dauerhaft. Es gab Fälle, wo Nachbarn dachten, ein Betrieb sei geschlossen worden oder umgezogen, weil sich die Luft in der Gegend so dramatisch verbessert hatte. Die Leute waren total überrascht, dabei war dies nur das Ergebnis der EM-Technologie, die in das Betriebssystem eingeführt worden war.

Das Ausmerzen von schlechten Gerüchen ist aber nicht der einzige Vorteil. Genau genommen bietet EM einen dreifachen Nutzen. Neben dem Auflösen von Gestank wird die Gesundheit der Herde verbessert, und die von den Tieren produzierten Abfälle (Exkremente wie Mist, Dung und Urin) werden zu organischem Dünger von hoher Qualität. Es sind diese drei Vorteile zusammen mit der Geschwindigkeit, in der dies geschieht, die in jüngster Zeit viele japanische Viehbetriebe dazu gebracht haben, die EM-Technologie einzuführen. In diesem Kapitel möchte ich einige Beispiele von solchen Betrieben vorstellen.

Takashi Fujiwara betreibt eine Rinderzucht in der Präfektur Gifu im westlichen Zentraljapan. Als er den Betrieb von seinem älteren Bruder erbte, bestand die Herde aus 60 % Kobe- und 40 % Holstein-Rindern. Aus hauptsächlich ökonomischen Gründen hielt er später nur noch Holsteiner. Der Rindfleischmarkt in Japan kann so zusammengefasst werden: Zwar ist der Ertrag für das Fleisch von Kobe-Rindern höher, kann aber sehr stark schwanken. Wer auf einen großen Profit mit Kobe-Fleisch aus ist, kann leicht mit einem herben Verlust enden. In der Phase der boomenden Ökonomie in Japan sehr hoch bezahlt, stürzten die Preis ab, als die Blase platzte. Takashi Fujiwara hatte diese Entwicklung geahnt und auf diese Weise große Verluste vermieden.

Fujiwara lernte EM Anfang 1993 kennen. Zwar hatte er schon zwei bis drei Jahre vorher davon gehört, aber erst 1993, als Yasuhiro Mori, der Tomatenzüchter aus dem vorigen Kapitel, ihm den Einsatz von EM empfahl, beschäftigte er sich ernsthaft damit. Es gab aber einen weiteren Anlass, der ihn zum Handeln zwang. Seitdem er seine Herde vergrößert hatte, war der Gestank immer schlimmer geworden und die Nachbarn beschwerten sich immer öfter und heftiger, sodass er gezwungen war gegenzusteuern. Schon kurze Zeit nach der Einführung von EM merkte er, dass es dieses Problem gelöst hatte, sodass die nachbarlichen Beschwerden aufhörten. Angefeuert durch diesen Erfolg, entschloss er sich, EM auf der ganzen Linie anzuwenden. Mit diesem Gedanken und dem Wunsch, die Sache so gründlich wie möglich kennenzulernen, bevor er sie in seinem Betrieb übernahm, besuchte er Takamatsu, die Gegend, in der am meisten Erfahrungen mit der EM-Technologie in Viehbetrieben herrschte. Was er dort sah, machte großen Eindruck auf ihn.

Normalerweise werden Rinder bis zum Verkauf 24 Monate lang großgezogen. Was Fujiwara nach der Einführung von EM auf seinem Betrieb besonders beschäftigte, war die Qualität des Fleisches. EM mag den Gestank eliminiert haben, aber welchen Einfluss würde es auf die Qualität seines Rindfleisches haben? Er sorgte sich auch, ob nicht unbekannte Probleme auf ihn zukommen würden, da er mit EM noch nicht sehr vertraut war.

Mit diesen Gedanken kam er auf die Sogo-Rinderfarm in Takamatsu. Dort fand er ganz offensichtlich gesunde Rinder, schön prall mit glänzendem Fell. Er konnte den Zustand der Tiere schon beim Betrachten einschätzen. Was ihn in seinem Vorhaben besonders bestärkte, war die Tatsache, dass kein Tier unter Husten litt, obwohl sie im Stall ziemlich dicht zusammenstanden. Rinder sind anfällig für Probleme mit den Bronchien und es ist praktisch nicht zu vermeiden, dass sich unter beengten Stallverhältnissen entsprechende Bakterien ausbreiten und irgendwann das eine oder andere Rind Husten bekommt. Jedenfalls konnte er bei diesen Rindern nichts davon erkennen. Der Halter erklärte, dass nur wenige aus seiner Herde überhaupt krank geworden waren und dass es praktisch keine Kämpfe gab, da die Rinder eine weit unter dem Durchschnitt liegende Aggressivität zeigten; zudem hatte sein Fleisch eine deutlich bessere Qualität als das anderer Züchter. Diese Informationen wiesen Fujiwara einen Weg aus seinen Problemen.

Üblicherweise hat ein Zuchtrind in Japan fünf bis sechs Quadratmeter Standfläche, Fujiwaras Tiere hatten lediglich vier. Mehr Platz ist besser für die Tiere, weniger für das Geschäft des Halters. Zu Hause begann er, die EM Anwendungen auf seinen ganzen Betrieb auszudehnen. Er reinigte den Boden des Stalls mit einer EM-Lösung und streute anschließend eine Lage EM-Keramikpulver. Er spülte die Abflusskanäle mit einer 1:100 EM-Lösung und gab außerdem EM ins Futter und Trinkwasser. Er sah einfach zu, dass EM überall zur Anwendung kam. Auch wenn die Art der Anwendung in der Tierzucht recht einfach ist, ist der Nutzen doch gewaltig. EM eliminiert unangenehme Gerüche, hält die Tiere gesund, es verhindert die Notwendigkeit des Antibiotika-Einsatzes und vermindert unnötige Arbeit. Fujiwara meint: „Man muss nur in die Augen der Tiere sehen. Mit EM werden ihre Augen sanft und ruhig, weil sie nicht mehr unter Stress stehen." Die wichtigste Frage, nämlich die nach der Fleischqualität, kann er aus eigener Anschauung nicht beurteilen, da er seine Tiere vermarkten lässt. Aber er hat gehört, dass ihr Ruf ausgezeichnet ist. Etwas anderes sei noch erwähnt. Seit er mit EM begonnen hat, hatte keinen Fall von Fußfäule (Klauenseuche) mehr, eine Krankheit, unter der vorher pro Jahr 50 bis 60 seiner Tiere litten.

Es gibt praktisch keinen Gestank mehr bei dem Dung von EM-aufgezogenen Rindern, und die Ställe durchzieht der süß-säuerliche Fermentationsgeruch. Von diesem Mist kann ausgezeichneter Kompost hergestellt werden, der bei Gemüsebauern sehr begehrt ist. Fujiwara könnte seinen Mist billiger verkaufen und immer noch einen Gewinn dabei machen, da er nun bei der Sterilisation der Ställe, bei der Bekämpfung von Gerüchen und bei den Impfungen spart. Nachdem sie gesehen haben, was Fujiwara erreicht hat, sind in dieser Gegend fast alle Bauern zu EM gewechselt. So hat sich im ganzen Land die EM-Methode für die Viehzucht verbreitet, aber ich sollte zwei treibende Kräfte dabei nicht unterschlagen: Iwao Kumazaki von dem International Nature Farming Research Center (INFRC) und Takahiko Kubo aus Takamatsu.

Das Drei-Punkte-Programm: EM ins Trinkwasser, auf den Boden und ins Futter

Der vorher erwähnte Takahiko Kubo hatte es sich zur Aufgabe gemacht, besonders die Viehzuchtbetriebe in der Region Takamatsu von dem Einsatz der EM-Technologie zu überzeugen. Er stellte das Thema Hiroyuki Sogo vor, der einen Rinderzuchtbetrieb mit japanischen Fleischrindern hatte und mit Problemen von Gestank und Fliegen geplagt war. Der signalisierte gleich Interesse, EM auszuprobieren. Er gab EM in das Quellwasser, aus der das Trinkwasser für seine Herde kam, er streute EM-Bokashi auf den Böden seiner Stallungen aus und gab EM ins Futter, kurz: Er wendete EM in einem Drei-Punkte-Programm an. Innerhalb einer Woche waren die Geruchsprobleme weg und seine Rinder sahen gesünder aus. Das reicht ihm aber nicht, wenn er EM ernsthaft auf seinen gesamten Betrieb ausweiten sollte. Es dauert 24 Monate, bis die Tiere Marktreife haben, daher konnte er erst sagen, was EM wirklich kann, wenn er die Qualität des Fleisches nach diesen zwei Jahren beurteilt hatte.

Kubo, der die erstaunlichen Effekte bei EM gegen Gestank gesehen hatte, begann nun, Milchviehbetriebe anzusprechen. Die Reaktionen waren auch positiv, sodass der Einsatz der EM-Technologie auch auf diesen Bereich ausgedehnt wurde. Eine Hauptwirkung von EM ist dort, dass es einen positiven Effekt auf Mastitis hat, eine Eutererkrankung, die das Melken verhindert. In Herden, die mit EM versorgt wurden, verschwand die Krankheit oder war nur von kurzer Dauer, wenn sie ausbrach, und die Tiere erholten sich wieder vollständig. Mastitis ist eine hartnäckige Krankheit, die nur sehr schwer zu behandeln ist und sogar tödlich verlaufen kann. Vor EM war sie eine Hauptsorge von Milchviehhaltern. Ein weiterer Vorteil für Milchviehhalter beim Einsatz von EM ist die Reduktion der Bakterienmenge, die in der Milch gefunden wird, und ihre bessere Qualität.

Zwei Jahre nach der Einführung von EM nahm Hirayuki Sogo mit seinem EM-Rindfleisch an einem Wettbewerb teil, der vor allem die Qualität des Fleisches beurteilte. Von sechs möglichen Preisen gewann er gleich vier! Er hätte sich keine Sorgen machen müssen. Das Fleisch seiner Rinder war wunderschön marmoriert, und seine Rinder haben seitdem jeden Wettbewerb gewonnen, an dem er teilgenommen hat. Dies hat nicht nur den Namen Sogo in Rinderzüchterkreisen berühmt gemacht, es hat auch die Kenntnis über EM vorangebracht und was man mit dieser Technologie in der Rinderzucht erreichen kann.

Fast alle Zuchtbetriebe der Region sind zu EM gewechselt. Mit der Verbreitung von EM hat sich die Qualität von Fleisch und Gemüse in der genzen Region verbessert, sodass man dort jetzt ganz gut essen kann. So gibt es ein Restaurant für traditionelle japanische Nudelgerichte, u. a. das Gericht *sanuki udon*. Seit die Betreiber dazu übergegangen sind, ausschließlich EM-Produkte zu benutzen, ist es eines der bekanntesten Restaurants für dieses Gericht in der Gegend von Takamatsu geworden.

Es mag für die Leser interessant sein, noch einige Details über den Rinderzuchtbetrieb von Hirayuki Sogo zu erfahren. So achtet er sehr genau darauf, dass seine Rinder nur gutes Trinkwasser bekommen. Es kommt aus einer eigenen Quelle und wird in einem 1000-l-Tank gespeichert, in den Sogo alle zwei Wochen 10 kg Zeolith, 100 ml EM1 und 100 ml Melasse gibt; das Wasser wird durch EM-Keramik zusätzlich verbessert.

Eins der Geheimnisse von Sogos konkurrenzlosem Fleisch liegt im Futter. Während die meisten Züchter kommerzielles Futter verwenden, füttert Sogo seine selbst hergestellte spezielle Mischung. Reiskleie, Weizenkleie, Kombifutter und Zeolith sind die Hauptbestandteile. Auf 100 kg gibt Sogo 100 ml EM1 und 100 ml Melasse sowie fünf bis sechs Liter Wasser. Er mischt alle Zutaten sorgfältig und lässt sie in luftdichten Plastiksäcken fermentieren. Die tägliche Ration dieses Spezialfutters sind etwa ein kg auf zehn Tiere.

Die moderne Praxis, Antibiotika zur Steigerung des Fettgehalts zu benutzen, wird als eine Ursache für eine Menge von Problemen bei der Qualität von Fleisch angesehen. Wenn aber EM ins Bild rückt, gibt es fast keine Krankheiten bei den Rindern mehr, und es ist nicht mehr nötig, Antibiotika zur Erhaltung der Tiergesundheit zu verabreichen. Mit EM sind die Rinder gesund und wachsen zu schönen Tieren heran, die sauber sind, unbeeinträchtigt von zusätzlichen Substanzen – so wie Feldfrüchte, die mit EM angebaut wurden, frei sind von Resten chemischer Mittel und Kunstdünger.

Aber nicht nur die Tiergesundheit hat sich verbessert. EM hat auch einen positiven Effekt auf die Gesundheit derjenigen, die es einsetzen. Die Verbesserung der eigenen Gesundheit und das bessere allgemeine Wohlbefinden sind häufige Gesprächsthemen zwischen Menschen, die sich mit EM beschäftigen.

Drastische Reduktion der Schweinesterblichkeit und eine erstaunliche Qualitätssteigerung des Fleisches

Der südliche Teil der Hauptinsel Kyushu ist ein weiteres Zentrum der Viehhaltung. In Miyazaki, wo er eine Handelsfirma betreibt, bestimmt Fujio Gotoh die Geschwindigkeit und Art der Verbreitung von EM in der Region. Von Viehzuchtbetrieben über Reisbauern bis hin zu Ackerbaubetrieben, Gotoh war überall behilflich, EM in der Landwirtschaft einzuführen. Viehzüchter und Bauern in einer bestimmten Gemeinde haben EM besonders enthusiastisch angenommen, sodass es sich schnell verbreitete. Diese schnelle Adaption liegt hauptsächlich an der guten Zusammenarbeit zwischen Mitgliedern der Bauernschaft und dem Bürgermeisteramt. Diese günstige Verbindung hat einige Beispiele ins Leben gerufen, von denen ich verschiedene gern vorstellen möchte.

Das erste Beispiel handelt von Problemen in Schlachthäusern, die durch das Faulen und Verderben sowie den schrecklichen Geruch des Blutes hervorgerufen wurden, die das massenhafte Schlachten begleiten, und wie EM darauf eine Lösung bereitstellen konnte.

Normalerweise beschäftigt man sich ja nicht damit, aber es liegt in der Natur der Sache, dass jedes Schachthaus täglich mit großen Mengen Blut überschwemmt wird. Ein Hauptbestandteil von Blut sind Aminosäuren, die auf Grund ihrer Zusammensetzung einen besonders heftigen Gestank entwickeln, wenn sie sich zersetzen. Wie man Blut behandeln kann, damit diese starke Geruchsentwicklung verhindert wird, ist ein Problem, das jeden Schlachthof in Japan schon intensivst beschäftigt hat.

Im Schlachthof von Miyazaki ist schon alles Erdenkliche ausprobiert worden, aber es fand sich bisher keine sichere Methode, dieses Problems Herr zu werden. Teil der mühsamen und sorgenvollen Suche nach einer Lösung war ein ziemlich aufwendiger Prozess, bei dem Kalk auf dem gesamten Boden des Schlachthauses verteilt wurde. Als Gotoh gefragt wurde, ob er nicht *irgendetwas* wüßte, das das Problem lindern könne, begann er sofort, Versuche vorzubereiten, um herauszufinden, ob EM hier helfen könnte.

Für sein Experiment am Ende des Jahres 1993 nahm er einen Behälter mit 100 Litern Blut aus dem Schlachthaus und mischte 100 ml EM1 darunter. Das war am 28. Dezember, dem letzten Arbeitstag des Jahres. Der Behälter stand also bis zum ersten Arbeitstag im neuen Jahr, dem 6. Januar 1994 in seinem Büro. Als er den Deckel öffnete, um die Entwicklung seines Experiments zu überprüfen, stellte er zu seiner Überraschung fest, dass es in diesen zehn Tagen keinerlei Verfall des Inhalts gegeben hatte: Es gab keinen unangenehmen Geruch und das Blut wirkte frisch. Beides war das Resultat der antioxidativen Wirkung von EM. Wo bisherige Ansätze misslungen waren, hatte EM mit einem Schlag die Antwort auf den größten Kopfschmerz von Schlachthöfen geliefert. Wenn Blut, das auf Schlachthöfen vergossen wird, noch frisch mit EM behandelt wird, bevor schädliche Bakterien sich bilden können, kann EM den Degenerationsprozess und die Zersetzung der für den schlimmen Geruch verantwortlichen Aminosäuren verhindern. Die Wirksamkeit kann noch verstärkt werden, indem die allgemeine Konzentration von EM durch Sprühen in allen Arbeitsräumen erhöht wird.

Ein anderes Beispiel ebenfalls aus dem Bezirk Miyazaki beschreibt, wie EM einige sehr überraschende Ergebnisse in der Schweinezucht erzielte. Es handelte sich um einen ziemlich großen Betrieb von etwa 10.000 Tieren. Er verlor jedoch durchschnittlich ein Schwein pro Tag. Der genaue Grund für diese Todesfälle war unbekannt. Die Tiere kippten plötzlich um und starben fast sofort. Zwar kennt man dieses Phänomen in Schweinezuchtbetrieben, aber für einen Betrieb dieser Größenordnung, der in der 190-tägigen Zuchtphase 190 Tiere verliert, bedeutete dies einen großen finanziellen Verlust.

Sobald der Betrieb EM-Techniken eingeführt hatte, verringerte sich diese Quote von einem Tier pro Tag auf ein Tier alle zehn Tage – eine beträchtliche Reduktion. Obwohl der Tod von Ferkeln durch Krankheiten oder Unfälle recht häufig vorkommt, sind sie doch nicht so schwerwiegend wie der Tod von ausgewachsenen Tieren, denn trotz der Kosten für die Aufzucht werden am Ende null Erträge erzielt.

Das Phänomen des plötzlichen Todes unter ausgewachsenen Schweinen ist nicht auf Japan beschränkt, sondern z. B. auch eine große Sorge in Thailand, einem Land, in dem die Schweinezucht floriert. Auch von dort gibt es Berichte, dass mit dem Einsatz von EM die Sterblichkeit von ausgewachsenen Schweinen erheblich zurückgegangen ist. Es wird auch berichtet, dass vermehrt größere Würfe zu beobachten sind: zehn und mehr Ferkel anstatt der sonst üblichen fünf oder sechs.

Ein weiterer Vorteil bei dem konsequenten Einsatz von EM betrifft die Dauer der Mast, die um etwa 10 % kürzer sein kann. Reduziert man die Mast von 190 Tagen auf 175 Tage, spart man 15 Tage Kosten. Außerdem gibt es auch bei den mit EM aufgezogenen Schweinen, wie schon für Rinder vorher ausgeführt, deutlich weniger Krankheitsfälle. Heutzutage müssen konventionell arbeitende Betriebe nach und nach Antibiotika und Impfungen verabreichen, um vor einer breiten Palette von Krankheiten zu schützen wie Cholera, Lungenentzündung und Durchfall. Diese Vorsorgemaßnahmen und Medikamentationen werden mit EM weitestgehend überflüssig. Dadurch spart der Halter natürlich erhebliche Kosten.

Obwohl der Gesunderhaltung der Tiere nun nicht mehr durch verschiedene medizinische Mittel nachgeholfen wird, sind EM-Schweine gesund und haben eine verbesserte Fähigkeit der Nahrungsaufnahme und Verdauung. Sie sind gut im Fleisch mit einer schönen rosa Haut, wiegen mehr und sind früher marktfähig. Was bis vor kurzem noch als unmöglicher Traum galt, ist Wirklichkeit geworden, und das leicht, einfach und ohne großen Wirbel.

Tierabfälle, die geruchsneutral und ein überragender Dünger sind

Berichte in den Medien verbreiteten die Informationen über die EM-Technologie in Miyazaki, sodass auch andere Gemeinden auf Kyushu bei der Einführung von EM miteinander kooperierten. Nachfolgend möchte ich noch kurz drei unterschiedliche Viehbetriebe im Süden der Hauptinsel Kyushu vorstellen.

Beispiel 1

Die Schweineställe des Betriebes Fujimine mit 8000 Tieren hatten eine so starke Ammoniakbelastung, dass jemand, der ihn das erste Mal betrat, bald über tränende Augen, Übelkeit und Kopfschmerzen klagte. Der Gestank durchdrang Haare und Kleidung, sodass er schon nach zehnminütigem Aufenthalt lange an der Person haften blieb. Der Geruchssinn von Schweinen ist aber bei weitem feiner als unserer. Deshalb sind Schweine einem großen Stress ausgesetzt, wenn sie die Ausdünstungen ihres eigenen Dungs einatmen müssen. Das macht sie anfällig für Krankheiten wie Lungenentzündungen und Durchfall. Es gab eine deutliche Verbindung zwischen der hohen Zahl von Krankheitsfällen, der Anzahl von Tieren, die das erwachsene Alter erreichten, und der Dauer der Masttage bis zur Vermarktung. Unmittelbar vor der Einführung wollte man den Ammoniakwert messen, aber das Gerat, das eine Minute lang messen kann, hatte schon nach 5 Sekunden den Höchstwert von 20 ppm (parts per million) erreicht, sodass der genaue Wert gar nicht ermittelt werden konnte.

Der erste Schritt war das Aussprühen der Ställe mit einer EM-Lösung, gefolgt von einer zweiten nach fünf Tagen. Als der Ammoniakgehalt der Luft am zehnten Tag geprüft wurde, stelle man fest, dass er auf 12 ppm/Minute gefallen war. Es wurden zwei weitere Sprühungen ausgeführt und nach einem Monat war der Wert weiter gefallen, auf 3 ppm/Minute. Seitdem ist es eigentlich erst wieder möglich, in dem Stall normal zu atmen.

Die als Einstreu benutzten Sägespäne sind normalerweise am Ende der Mastperiode, wenn die Schweine den Stall verlassen haben, durch die Exkremente faulig, matschig und eklig. Alles muss dann abgefahren und durch frische Sägespäne ersetzt werden. Anders als manche denken würden, sind Sägespäne nicht ganz billig, was die Produktionskosten in die Höhe treibt. In diesem Betrieb wurde nun das gebrauchte Sägemehl in Kompostschuppen gebracht und noch einmal mit EM besprüht. Bei der Inspektion zehn Tage später stellte man fest, dass eine Fermentation stattgefunden hatte und das Material schon trocken war.[9] Es war nicht ein Anflug von Ammoniak zu riechen, ganz im Gegenteil: Der Geruch war eher angenehm frisch und erdig. Der Prozess, Einstreu zu trocknen, dauert sonst bis zu einem Jahr, in diesem Fall ging es dank EM aber fast im Handumdrehen. Das Streu wurde vollständig getrocknet, bevor es erneut in den Ställen ausgebracht wurde. Da es schon einmal mit EM behandelt worden war, fingen die Effektiven Mikroorganismen darin auch gleich mit ihrer Arbeit an, als die Exkremente der neuen Ferkel mit ihnen in Kontakt kamen. Gerüche wurden so von Anfang an vermieden und in den Ställen herrschte eine frische, angenehme Atmosphäre. Dadurch, dass dieser Betrieb kein neues Sägemehl kaufen musste, ergaben sich für ihn natürlich erhebliche Einsparungen.

Beispiel 2
Ammoniak ist in Rinderzuchtbetrieben kein so großes Problem wie in Schweine- oder Hühnerställen. Der Betrieb, über den ich berichten möchte, lag mitten in einem bewohnten Gebiet. Die zuständigen Leute in der Gemeindeverwaltung fühlten sich ziemlich bedrängt durch den nicht enden wollenden Strom von Beschwerden wegen Geruchsbelästigung, besonders in den Sommermonaten.

Diese Stadt war eine der ersten, die ernsthaft den Einsatz von EM für Viehbetriebe empfahl. Ein Grund dafür lag darin, dass die Gemeinde von der Viehhaltung einigermaßen abhängig war, weil (1994) mehr als ein Fünftel der Bevölkerung auf die eine oder andere Weise in der Tierzucht oder -mast arbeitete. Ein weiterer Grund war, dass der Leiter der zuständigen Abteilung bei der Stadt, Makoto Yukizaki, Absolvent der Ryukyu-Universität war, an der ich lehrte. Da er EM schon länger kannte, wollte er es als Trumpfkarte für ein Programm zur Umweltsanierung der Gegend benutzen.

Da die Beschwerden sich häuften, sah der Besitzer dieses Betriebes keine andere Möglichkeit, als einen Umzug in Betracht zu ziehen. Yukizaki wählte diesen Betrieb als Testballon für die Einführung von EM aus, da er von Wohnhäusern umgeben war. Obwohl der Ammoniakwert lediglich 3,4 ppm/Minute zeigte, schien dies durch die Nähe der Wohnungen schlimmer, als es eigentlich war. Viel unangenehmer war eigentlich die Menge der Fliegen, das war so schlimm, dass man in der Nähe des Betriebs kaum stehen und eine Unterhaltung führen konnte, ohne dass sie einem in den Mund flogen.

Der EM-Einsatz begann mit dreimaligem Sprühen, jeweils einmal in der Woche. Nach diesen 20 Tagen war der Ammoniakwert auf 1,8 ppm/Minute gefallen. Nach 50 Tagen zeigte das Messinstrument nur noch 0,9 ppm/Minute an, und hätte man es nicht gewusst, niemand hätte vermutet, dass Rinder so nahe an Wohnungen großgezogen wurden. Nach drei Monaten – zufällig auch das Ende des Sommers – war kaum noch ein Fliege in der Nähe des Betriebes zu erblicken, wo dies gerade 90 Tage vorher, vor der Einführung von EM, eine solche Plage gewesen war.

Außerdem gab es nicht einen einzigen Fall der gefährlichen Kälberdiarrhoe. Später fraßen die Rinder EM-Silage, das ist Silage, die mit EM vorbehandelt wurde. Von diesem Zeitpunkt an minimalisierte sich der Geruch des Rinderdung so weit, dass der Mist draußen gelagert werden konnte, praktisch direkt angrenzend an die Grundstücke der Wohnhäuser, ohne Beschwerden auszulösen.

Beispiel 3

In Rinder- oder Schweineställen wird in den meisten Fällen der Festmist vom Urin getrennt, welches in Tanks gelagert wird. Es gelangt aber dennoch eine beträchtliche Menge der Exkremente in die Flüssigkeit und endet in den Tanks, wo sich dadurch eine Art Schlamm bildet. Wenn die Tanks voll sind, wird die Gülle auf den Feldern ausgebracht. Der fürchterliche Gestank, der dabei freigesetzt wird und über die Gegend weht, führt ständig zu Beschwerden. Der Hof Higashi Gyusha hat nur eine geringe Speicherkapazität für Gülle und war deshalb gezwungen, diese täglich auszufahren. Der Bauer schämte sich wegen der beißenden, üblen Gerüche und fühlte sich ständig schlecht und minderwertig.

Dieser Hof wurde ebenfalls als Testbetrieb für die Region ausgewählt, und 20 andere Bauern und Viehzüchter wurden eingeladen, die Entwicklung zu überwachen und zu beobachten, was geschieht, wenn EM in den Stallungen und im Gülletank versprüht wurde. Schon am Tag nach dem ersten Einsatz waren die Gerüche fast verschwunden und auch die an diesem Tag gesammelte Gülle verursachte beim Ausbringen nicht mehr den gewohnten Gestank. Die Landwirte, die das mitbekamen, waren äußerst erstaunt über die kraftvolle Wirkung von EM.

Ein Bauer aus demselben Bezirk, der über das Experiment Bescheid wusste, hatte den Einfall, diese Gülle für seinen Reisanbau zu benutzen. Er schlug vor, diese über seine 1,5 ha Reisfelder zu versprühen. Wegen der geringen Kapazität des Tanks hätte es aber drei Monate gedauert, diese Fläche ausreichend mit Gülle zu versorgen. Dennoch freute sich der Bauer von Higashi Gyusha mit geschwellter Brust, dass mit dem Einsatz von EM eines seiner größten Probleme so plötzlich zu einer begehrten Ressource geworden war.

Eine 6-Millionen Kläranlage für nur 500.000 Yen

Einer der problematischsten Aspekte jeder Viehhaltung ist die Behandlung und Verwertung der im Stall anfallenden Tierabfälle. Kleine Betriebe legen einen Misthaufen in irgendeiner Ecke des Hofes oder in einem Schuppen an, wo er bis zu seiner Ausbringung reifen kann. Für größere Betriebe mit 5000 oder 6000 Schweinen gibt es aber keine so einfache Lösung. Entweder hat ein solcher Betrieb eine eigene Anlage, in der Abfälle zu Kompost gemacht werden, oder eine Gruppe von Bauern tut sich zusammen und baut eine Anlage für mehrere Betriebe.

Beispiel 1

Eine Kläranlage ist dazu da, Exkremente durch ein wie auch immer geartetes Reinigungssystem so weit zu behandeln, dass es als klares Wasser recycelt werden kann. Doch die Menge und die Dichte von Rinder- oder Schweineabfällen unterscheidet sich stark von der menschlicher Abfälle. Der biochemische Sauerstoffbedarf (BOD) unbehandelten Abwassers menschlichen Ursprungs liegt bei höchstens 600 bis 700 ppm (ppm = Einheiten pro Millionen), manchmal weniger. Bei Rinder- oder Schweineabfällen sind es jedoch um die 20.000 bis 25.000 Einheiten. Entsprechend größer muss die Kläranlage für die Abfallbehandlung solcher Betriebe ausfallen.

Der Kostenvoranschlag für eine solche Anlage für die Nakao-Schweinefarm mit ca. 800 Tieren lag bei sechs Millionen Yen (ca. 37.000 Euro). Zu diesem Zeitpunkt hörte der Besitzer von EM und legte das Projekt zunächst auf Eis, um mich erst um Rat zu fragen. Bei der Ortsbesichtigung der geplanten Anlage fand ich eine Reihe von ausgedienten Schweineställen vor. Diese wollte ich gleich zu seinem Vorteil benutzen. Ich rechnete ihm vor, dass der bestehende Tank und die leeren Ställe zusammen reichten, um die Gülle eine Monat lang zu speichern. Er stimmte meinem Plan zu und begann gleich, Wände in die Ställe einzubauen, die die einzelnen Kammern unterteilen sollten. Zum Schluss hatte er sein selbstgemachtes Mehrkammer-Klärsystem.

Die Gülle, die dann in dieses System lief, wurde mit EM behandelt. Nach einem Monat enthielt die letzte Kammer nur trockenes Material. Der Besitzer der Farm war genau wie ich höchst erstaunt, dass es gelungen war, für nur 500.000 Yen (gut 3000 Euro) eine Kläranlage zu bauen, die ihn das 12-fache gekostet hätte, wenn sie professionell gebaut worden wäre. Außerdem hätte ein solcher Tank nicht eine Klärung erreicht, wie sie durch den EM-Einsatz nun möglich war. Bis heute kommen Mengen von Besuchern, um seine Kläranlage Marke Eigenbau zu besichtigen.

Beispiel 2
Die Hagiwara-Schweinefarm besteht aus sechs separaten Höfen. Die Gruppe hat regionale und überregionale Fördermittel für den Bau von gemeinsam wirtschaftenden Mastbetrieben und einer gemeinsam genutzten Kompostanlage erhalten. Die Kosten für den Bau der Kompostanlage betrugen schon mehrere zehn Millionen Yen. Da sie aber konventionell betrieben wurde, wurden der Gestank und die gewaltigen Fliegenschwärme zu einer ständigen Quelle für Ärger und Unruhe in der Gegend.

Ursprünglich sollte der kompostierte Mist an Bauern in der Umgebung als Dünger verkauft werden, aber das gelang nicht. Selbst nach der Kompostierung haftete dem Material noch ein unangenehmer Geruch an, sodass niemand Interesse an diesem hübsch verpackten Material hatte. Bei der Entscheidung, zur EM-Technologie zu wechseln, erwies es sich als günstig, dass alle sechs Farmen ihr Trinkwasser aus derselben Quelle bezogen. So konnte EM überall gleichzeitig über das Trinkwasser eingeführt werden. Dies Wasser wurde auch für die Reinigung der Ställe benutzt. Es handelte sich um heraufgepumptes Grundwasser, das in einem zentralen Tank gelagert wurde.

Das EM-Programm begann also damit, dass die Schweine EM-haltiges Wasser tranken, während gleichzeitig die Ställe mit dem EM-Wasser ausgespült wurden. Nach einigen Wochen waren alle Ställe geruchsfrei. Da die Ursache der üblen Gerüche nun verschwunden war, entschloss sich der nahe gelegene Shinto-Schrein, das jährliche Sommerfest nach mehrjähriger Auszeit wieder durchzuführen.

Es gab auch eine erhebliche Reduktion der Fliegenschwärme auf dem Kompostplatz und auch der fertige Kompost hatte nun einen eher frischen, erdigen Geruch, sodass diese neue Charge bei Gärtnern, Baumschulen und anderen Betrieben auf reges Interesse stieß und sich für ca. 2,50 Euro pro Beutel hervorragend verkaufte. Im Winter, wenn die Felder für die Saison verbreitet werden, konnte der Bedarf gar nicht gedeckt werden. Man entwickelte dann eine neue Verpackung, die dieses Produkt von anderen deutlich als EM-Dünger unterschied.

Wie eine Geflügelzucht fast aufgeben musste, aber rechtzeitig die Kurve kriegte

In der Geflügelmast dauert es normalerweise zwei Monate bis zur Marktreife der Tiere. Ökonomisch wichtig ist für den Züchter, dass möglichst viele Küken bis zum Schluss durchgebracht werden können. Über die Investition in Futter und Medikamente bedeutet die erfolgreiche Aufzucht und Mast ein großes Engagement und viel Arbeit. Sobald die Küken aufgestallt werden, müssen sie gegen die Newcastle-Krankheit (ähnlich der Vogelgrippe) geimpft werden. Dann erhalten sie weitere Impfungen gegen andere Krankheiten und wenn sie größer werden, müssen die Käfige wieder und wieder desinfiziert oder sterilisiert werden, bis sie ebenso wie die Tiere quasi mit Medikamenten mariniert sind. Obendrein werden zur Vorbeugung Antibiotika ins Futter gemischt.

Als wir ein Programm für die Hähnchenzucht Kuroki auf Kyushu vorschlugen, das die Probleme in seinem Betrieb angehen sollte, war der Besitzer damit einverstanden, vollständig nach unseren Maßgaben vorzugehen, sämtliche Mittel auszusetzen und nur EM und das, was wir vorschlagen, einzusetzen. Unser Programm war der EM-Standard für jede Tierhaltung: EM ins Trinkwasser, EM-Bokashi ins Futter und die Ställe bzw. Käfige mit einer EM-Lösung ausspülen. Damit erreichten wir folgende Ergebnisse:

Von den 27.000 eingestallten Küken erreichten vor der Einführung von EM nur 83 % die Marktreife, mit EM waren es nun 97 %. Mit einem Vermarktungspreis von 170 Yen (ca. 1 Euro) ergaben sich so zusätzliche Einnahmen von mehr als 600.000 Yen. Obendrein waren die Tiere im Durchschnitt 450 g schwerer, was noch einmal 16.700 Yen erbrachte. Mit fünf Zuchtperioden pro Jahr hatte der Betrieb in diesem ersten EM-Jahr einen Einkommenszuwachs von etwa 20 Milllionen Yen (ca. 125.000 Euro).

	Vor EM	mit EM	Erlöse/Einsparungen durch EM
Erreichen des Schlachtgewichts	83 %	97 %	¥ 1,7 Mio. (ca. €10.000)
Durchschnittsgewicht	2,23 kg	2,68 kg	¥ 2 Mio. (ca. €12.000)
Tierarztkosten	¥ 500.000 (ca. €3000)	¥ 30.000 (ca. €175)	¥ 470.000 (ca. €2800)
Gewinn durch EM-Einsatz			¥ 4,17 Mio. (ca. €25.000)

Die Hauptvorteile von EM können aber nicht in Geld allein gemessen werden, denn es gibt „unsichtbare" Gewinne wie eine größere Effizienz der Betriebsabläufe, bessere Gesundheit für die Halter und ihre Angestellten und den positiven Effekt für die Umwelt.

Was ich hier berichtet habe, ist ein ausgezeichnetes Beispiel dafür, was mit EM erreicht werden *kann*, das heißt aber ganz und gar nicht, dass es in jedem Fall so gut gelingt. Ich habe auch eine ganze Reihe von Berichten, die mit Misserfolgen enden, weil die Züchter sich nicht um ein angemessenes Verständnis der Besonderheiten von EM bemüht hatten und zusätzlich Antibiotika gegeben haben. Es gibt zahlreiche Beispiele für Misserfolge, wo ein halbherziges Vertrauen in die Fähigkeiten von EM darauf hinauslief, dass nebenher andere Mittel eingesetzt wurden, beispielsweise Desinfektionsmittel und Insektizide, oder dass fortgesetzt Medikamente verwendet werden, wie bei konventioneller Haltung üblich. Es ist ganz unmöglich, dass EM sein volles Potenzial zeigt, wenn es in einer solch halbherzigen, unentschiedenen Art und Weise angewendet wird. Und das gilt natürlich nicht nur für die Geflügelzucht, sondern auch für jede andere Tierhaltung und ebenso für den Ackerbau. Die aufgeführten Fallbeispiele sind nur ein winzig kleiner Teil der bei uns vorliegenden Berichte und es gibt sie aus allen Regionen Japans. Andererseits halten die meisten Landwirte noch an den alten, konventionellen Methoden fest.

Ackerbaumethoden, die weiterhin Agrarchemikalien und Kunstdünger benutzen, zerstören den Boden, indem sie ihn immer weiter in einen Zustand der Degeneration treiben und weiter wegbringen von dem Zustand, den wir uns für unsere Böden wünschen. Darüber hinaus holen sie sich durch diese Substanzen alle möglichen Probleme auf den Acker, z. T. schlimme Krankheiten. Trotzdem, um ökonomisch zu überleben, fühlen sich viele gezwungen, Methoden anzuwenden, von denen sie wissen, dass sie für sie selbst und vor allem für die Konsumenten schädlich sind. Also bringt das Gros der Landwirte heute Waren auf den Markt, von denen sie wissen, dass es sich um „vergiftete Früchte" handelt, die von allen möglichen chemischen Substanzen durchtränkt sind, weil die überwiegend akzeptierte Meinung sagt, dass man mit organischer oder chemiefreier Landwirtschaft nur sehr schwer oder gar nicht ein stabiles Einkommen erzielen kann.

Die andere Seite der Medaille ist das, was ich von fast allen höre, die die EM-Methode voll und ganz übernommen haben: „Warum", klagen sie, „haben wir nicht früher davon erfahren?!" Außerdem höre ich oft, dass diese Landwirte gar nicht so sehr um die Steigerung der Erträge besorgt, sondern mehr als zufrieden sind, die vorherigen Ertragsmengen zu halten, solange sie keine chemischen Mittel mehr einsetzen müssen. Bauern, die sich früher beim Sprühen chemischer Mittel unwohl fühlten, besonders in der Enge von Gewächshäusern, sagen heute, dass sie sich durch das Sprühen und Einatmen von EM gesünder fühlen.

Ein offenkundiges Problem bei EM-Früchten und EM-Fleisch ist die Vermarktung. Da die absolute Menge der EM-Produkte klein ist, gibt es noch kein vollständiges Verkaufs-Netzwerk dafür. Obwohl diese EM-Produkte sich deutlich von den anderen angebotenen Waren unterscheiden, werden sie in den Geschäften Seite an Seite mit anderen Früchten oder Fleisch verkauft, die mit Hilfe chemischer Mittel, Kunstdünger oder Antibiotika aufgezogen bzw. gewachsen sind. Unsere nächste Aufgabe wird sein, ein System zu schaffen, das alle EM-Produkte einschließlich Fleisch, Eier, Gemüse und Reis an einer Stelle zusammen verkauft, wo sie deutlich von anderen Produkten unterschieden werden können, damit sich die Konsumenten tatsächlich entscheiden können. Und wenn sie sich für EM-Waren entscheiden, dann sollen sie auch ganz sicher sein, dass sie wirklich solche Waren erhalten.

Nach der Lektüre dieses Kapitels mag es den Lesern so erscheinen, als sei die Einführung der EM-Technologie im Bereich der Tierzucht recht einfach gewesen ist. Nichts ist weiter von der Wahrheit entfernt! Die ersten Versuche, EM einzuführen, trafen auf schärfsten Widerstand bei Tierärzten und Tierzucht-Forschern. Ich selbst habe vor Gegnern gestanden und EM getrunken, um sie von der Sicherheit des Produkts zu überzeugen, aber selbst das konnte sie nicht in ihrer Meinung erschüttern. Es waren die Landwirte selbst, die alles ins Laufen brachten, denn sie standen mit dem Rücken zur Wand bei all den Problemen in der Tierhaltung und -zucht, für die es keine Lösung zu geben schien. Wer es von ihnen ausprobiert hatte, nahm es in der Regel auch mit ganzem Herzen an. Deshalb verbreitet sich die EM-Technologie schnell in ganz Japan. Einige Präfekturen haben sie schon in ihre Empfehlungen aufgenommen, und zu unserer Freude beginnen auch erste Kooperationen zwischen Tierzüchtern und Ackerbauern. Wenn man dies noch mit Systemen zusammenbringen könnte, wo organischer Hausabfall mit EM prozessiert und dann als EM-Bokashi für die Produktion von Tierfutter verwendet wird, dann könnte auch die Tierhaltung und -zucht in Japan international konkurrenzfähig werden.

Anmerkungen

1 Anfang der 1990er Jahre veröffentlichte Dr. Higa zusammen mit dem US-amerikanischen Bodenexperten James Parr eine ausführliche Abhandlung über die Veränderung des Bodens unter Einsatz der EM-Technologie, in der der Begriff „zymogen-synthetisierend" für den idealen, gesunden Boden benutzt wird.

2 Bald nach dem Erscheinen dieses Buches wurde die Formel für die Fermentation von EM1 zu EMa optimiert. Die bis heute gültige Formel für EMa (EM aktiv) heißt: Drei Teile Zuckerrohrmelasse in heißem Wasser aufgelöst, werden mit 94 Teilen chlorfreiem Wasser aufgefüllt, das möglichst um die 37° C haben sollte, und zuletzt werden drei Teile EM1 hinzugefügt. Alles wird gut vermischt und unter Luftabschluss sieben bis zehn Tage bei einer gleichmäßig hohen Temperatur zwischen 30 und 37° C fermentiert. Der pH-Wert sollte bei 3,5 liegen, keinesfalls über 4. Weltweit wird empfohlen, das EMa innerhalb von 14 Tagen zu verbrauchen.

3 Heute wird in der Regel ein EMa nach der Formel 3:3:94 hergestellt, das sieben bis zehn Tage bei 30 bis 37° C unter Luftabschluss fermentiert. Siehe auch Fußnote 2.

4 Melonen sind einhäusig, haben also männliche und weibliche Blüten auf einer Pflanze, wobei nur die weiblichen Früchte tragen.

5 Antenna-shop = Laden, in dem Konsumententendenzen und Produktabsatz getestet werden.

6 Neu gesätes Gras welkt nach einer bestimmten Zeit. Durch den Einsatz von EM werden Qualität und Menge so verbessert, dass diese Periode zeitlich gestreckt wird, denn das Gras länger bleibt vital und gesund. Daraus ergibt sich, dass die Regenerationsphase erheblich verlängert wird.

7 Welke (engl: wilt oder bacterial wilt disease) *Ralstonia solanacearum*, auch *Bacillus solanacearum* oder *Pseudomonas solanacearum*, eine in tropischen wie subtropischen Gebieten vorkommende Pflanzenkrankheit.

8 Jeweils nach Art des Betriebes und der landwirtschaftlichen Bedingungen können unterschiedliche Herangehensweisen erforderlich sein, wenn die EM-Technologie eingeführt wird. Prof. Higa vertritt leidenschaftlich die Meinung, dass, ganz gleich um welche Art von Betrieb es sich handelt, *niemals* halbherzig an die EM-Technologie herangegangen werden sollte. Wer sich dafür entscheidet, sollte es „ganz durchziehen" und alles dafür tun, es nach bestem Wissen und Gewissen nach den vorgegebenen Anweisungen durchzuführen. Er stimmt aber auch zu, dass es unter Umständen ratsam ist, anfangs EM zusammen mit chemischen Mittel einzusetzen. Obstplantagen sehen sich besonderen Problemen gegenüber, besonders, wenn sie unter minderwertigen Böden leiden. In solchen Fällen könnten sich Obstbauern, die in einem „Alles oder nichts"-Ansatz sämtliche Spritzmittel und Kunstdünger aufgeben, im ersten EM-Jahr ohne jede Ernte wiederfinden. Denn anders als beim Anbau von Gemüse, wo man bei Verlusten in der gleichen Saison nachpflanzen oder auf eine andere Pflanze ausweichen kann, betrifft ein solcher Verlust bei Obstbäumen das gesamte Jahr. Deshalb rät Prof. Higa in solchen Fällen, am Anfang der Umstellung ein Minimum von chemischen Mitteln zusammen mit EM zu nehmen, um Krankheiten vorzubeugen oder sie im Anfangsstadium zu bekämpfen. Danach soll aber sehr bewusst EM angewendet werden. Die chemischen Mittel sollten möglichst immer mehr reduziert werden, bis der Boden schließlich gesund genug ist, chemische Mittel ganz unnötig werden zu lassen. Mit anderen Worten: Es wird zu gesundem Menschenverstand geraten. Ein anderes Beispiel: In Betrieben, die einen wiederholten Befall von Krankheiten haben, muss die Bodengesundheit aufgebaut werden, bis sie Krankheiten abwehren kann. Während dieser Übergangsphase ist es am sinnvollsten, die Erträge und damit den Betrieb am Leben zu erhalten und gleichzeitig die Böden aufzubauen. Wenn für dieses Ziel zu Anfang eine begrenze Menge an chemischen Mittel benötigt wird, ist das zu akzeptieren. Ein solcher Ansatz wäre, eine solche minimale Menge chemischer Mittel vor der Pflanzung einzusetzen, um einen möglichen Krankheitsausbruch abzuwehren. Danach kann der volle Einsatz der EM-Technologie zur Bodenverbesserung vom Pflanzen bis zur Ernte genutzt werden. Auf der Basis der Erfahrungen im ersten EM-Jahr können Landwirte selbst oder mit Hilfe von Beratern entscheiden, ob ihre Böden gesund genug sind, um Krankheiten ohne chemische Mittel abwehren zu können. Dann sollten sie einen Teil ihrer Fläche als

Versuch komplett auf EM umstellen. Ist das erfolgreich und bleiben die Pflanzen ohne Befall, können sie dann ihre gesamten Flächen EM-Verfahren übergeben und ganz auf chemische Mittel verzichten. Eine besonnene, aber engagierte Herangehensweise wird für alle Fälle empfohlen.

9 Dieser Betrieb liegt in der subtropischen Klimazone im Süden der Hauptinsel Kyushu.

Kapitel 3

Lösung von Umweltproblemen

Aus: *Eine Revolution zur Rettung der Erde I*

Recyceltes Papier und Plastik – so gut wie neu

Seit es EM gibt, bin ich ein regelrechter Weltreisender geworden. Aber in keinem der vielen Länder, die ich besucht habe, habe ich ein besseres System der Behandlung von Müll und Abfallprodukten gesehen als in der Schweiz. Dieses Recycling-System war in der Lage, eine große Menge unterschiedlichster Gegenstände und Materialien zu behandeln: von Metallschrott aus Aluminium, Eisen und Stahl über Plastik, Vinyl und alle möglichen Papier- und Textiliensorten bis hin zu Küchenabfällen, Nahrungsmittelresten und anderen organischen Substanzen. Das gesamte Gemisch wurde in dem Bearbeitungsprozess zerkleinert und dann in einem hochentwickelten Sortierungs- und Weiterverarbeitungsprozess für die Wiederverwertung separiert. Es gab allerdings einen schwerwiegenden Nachteil in diesem System: Der getrennte und verarbeitete Abfall gab einen äußerst widerwärtigen, stechenden Gestank ab. Obwohl in dem Prozess auf halbem Wege mit Ozon sterilisiert wurde, um des Gestanks Herr zu werden, litten die Arbeiter dennoch erheblich darunter. War der Gestank schon schlimm genug, so war das benutzte Ozon geradezu gefährlich. Ozon ist ein virulentes Karzinogen und daher latent lebensbedrohlich.

Wie ich schon erwähnte, hielt ich dieses System im Bezug auf die Hardware für ausgesprochen fortschrittlich, was die Maschinen und das Werk anging. Für mich gab es aber einige wesentliche Probleme mit der Software, nämlich was die gewählten Prozesse anging. Ich schlug vor, EM an einem möglichst frühen Punkt in diesem Prozess einzusetzen. Wir entschieden uns, es auf das Abfallmaterial am Beginn des Zerkleinerungsprozesses zu sprühen, unmittelbar bevor das Material in den Schredder ging. Es stellte sich heraus, dass EM als starkes Deodorant wirkte und den schlimmen Gestank sofort und vollständig eliminierte – er schien wie von Zauberhand verschwunden.

Die Einführung der EM-Technologie in die Schweizer Recyclinganlage machte es möglich, auf die gefährliche Sterilisation mit Ozon zu verzichten. Zudem verbesserte sie die Effizienz der technischen Geräte und verhinderte, dass die unmittelbaren Betreiber dem Gestank ausgesetzt waren. Das Arbeiten in einer übelriechenden Atmosphäre kann für die Gesundheit schädlich sein, weil mit der fauligen Luft starke Oxidantien eingeatmet und vom Körper absorbiert werden. Die Betreiber und Mitarbeiter der Anlage waren äußerst beeindruckt von der Art und Weise, wie das simple Sprühen von EM an einem bestimmten Punkt des Prozesses ein erhebliches Problem für sie gelöst hatte. Sie waren sogar so beeindruckt, dass sie fast sofort mit meinem Team und mir eine geschäftliche Vereinbarung eingingen. Wir nahmen noch ein paar Verbesserungen im System vor, die ins Gesamtsystem eingearbeitet wurden.

In dieser Form wurde es dann schließlich vermarktet. Meiner Meinung nach ist dies ein höchst fortschrittliches und wirklich außergewöhnliches Recylingsystem.

Diese von der Olfar-Technologie in der Schweiz entwickelte Anlage kann zwischen fünf und 20 t Müll und Abfall pro Stunde verarbeiten und 20 Stunden lang ununterbrochen laufen. In Verbindung mit der EM-Technologie benötigt es keine teure Ozontrommel mehr. Das gesamte System kann somit zu geringeren Kosten gebaut und betrieben werden, als man für den Bau und Betrieb einer üblichen Müllverbrennungsanlage benötigt. Ich glaube, es hat das Potenzial, den internationalen Markt zu bestimmen und eine der bestverkauften Anlagen dieser Art in der Welt zu werden.

Sollen die natürlichen Ressourcen möglichst effizient genutzt werden, ist das Recyceln von Müll ein fundamentaler Bestandteil jeder Abfallbehandlung. Leider sind recycelte Waren wegen ihrer oft minderen Qualität nur wenig attraktiv. Bis jetzt sind recycelte Waren neuen unterlegen, es ist aber bewiesen, dass mit Hilfe der EM-Technologie Gegenstände aus recyceltem Papier oder Plastik eine ebenso hohe Qualität haben können wie Produkte aus Rohmaterialien. Die äußere Erscheinung von heute erhältlichem recycelten Papier und Plastik ist nur deswegen minderwertig, weil die recycelten Ausgangsprodukte oxidiert sind. Trotz unserer Aversion gegen die Benutzung solcher recycelten Produkte minderer Qualität machen wir ökologisch Gesinnten meist gute Miene zum bösen Spiel und benutzen sie, auch wenn wir es oft lieber nicht täten. Jetzt bietet EM aber eine Lösung, die in Zukunft eine solche Nachsicht überflüssig macht.

Papier eignet sich für effektives Recycling besser als Plastik. Außerdem hat es einen viel größeren Anteil am gesamten Abfall, als es eigentlich haben sollte, in extremen Fällen bis zu 60 % allen gesammelten Mülls. Eine der größten Schwierigkeiten beim Recyceln von Altpapier ist das Trennen und Sortieren der vielen verschiedenen Papierqualitäten. Weil dies eine so mühsame Aufgabe und dazu oft ganz unmöglich ist, landet das meiste davon letztendlich in der Verbrennungsanlage. Deshalb ist die Verschwendung von Papier ganz oben auf der Negativliste, die ausweist, wo wir allzu sorglos unsere Holzvorräte verbrauchen. Selbst wenn das Trennen und Sortieren von Altpapier möglich ist, wird das wiederholte Recyceln von Papier schwierig und sehr teuer, sodass am Ende nur die Verbrennung übrig bleibt. Bisher war diese Meinung Konsens. Seitdem es aber EM gibt, bietet sich eine unmittelbare und vollständige Lösung dieses Problems an.

Jedes Papier ist pflanzlichen Ursprungs. Folglich muss man es nur einem Prozess fermentativer Zersetzung unterwerfen, um es zu ausgezeichnetem organischen Dünger zu machen. Man muss dann minderwertiges Papier, das nur schwer von Hausmüll und anderen Nahrungsabfällen getrennt werden kann, nicht mühselig separieren. Die Verwendung von EM ermöglicht die gemeinsame Behandlung all dieser Materialien, um durch Zersetzung daraus erstklassigen organischen Dünger zu machen.

Derzeit (1993) sind erst zwei der erwähnten Olfar-Systeme in Betrieb, eins in Deutschland und eins in den USA. Ich rechne aber damit, dass in den nächsten Jahren einige mehr in der ganzen Welt installiert werden. Nachdem ich gesehen habe, was jedes System, Olfar- und EM-Technologie, für sich zu leisten vermag, schätze ich, dass jeder, der die beiden Systeme miteinander kombiniert, leicht die gegenwärtigen Abfallentsorgungskosten um 30 % reduzieren kann, und dies ist meines Erachtens noch eine vorsichtige Schätzung.

Bei der Installation eines solch modernen Systems ergeben sich vielfältige Vorteile. Es befreit die Mitarbeiter in einem solchen Werk nicht nur von schädlichen Ausdünstungen und Staub, sondern die recycelten Rohmaterialien, ob Papier oder Plastik, sind von derart hoher Qualität, dass sie als Grundmaterial für Waren gebraucht werden können, die ebenso gut sind wie die aus neuwertigem Rohstoff. Andererseits kann minderwertiges Altpapier, das für das Recyceln nicht in Frage kommt, mit organischem Abfall kombiniert und in einem Arbeitsgang zu preiswertem, hochwertigem organischen Dünger verarbeitet werden. Es hängt natürlich von der gesamten Organisation ab, aber Systeme, wie das von mir beschriebene, sind in der Lage, das Verarbeiten und Recyceln von Abfall zu einem ökonomisch lebensfähigen, ja lukrativen Herstellungsvorgang für recyceltes Rohmaterial zu machen. Die Einführung von EM in die Gleichung hat ein System wie das beschriebene zu einer multifunktionalen Operation gemacht, wodurch mehr als zwei Fliegen mit der einen sprichwörtlichen Klappe geschlagen werden. Ich glaube, dass es eine Fülle von Maschinen, Ausrüstungen, Systeme und Ideen gibt, die nur darauf warten, mit EM in Zusammenhang gebracht zu werden, um existierendes Potenzial und Aktivitäten zu verbessern. In jedem einzelnen Fall würde dies zu höherer Effektivität führen oder zumindest die Entwicklungsmöglichkeiten verbessern.

Kostenreduzierung von erstaunlichen 90 %

Kani City, eine Schlafstadt für Nagoya, der größten Stadt in der Präfektur Gifu im Westen Zentraljapans, ist seit der Einführung der EM-Technologie ausnehmend erfolgreich in der Verarbeitung von Hausmüll geworden. Die Ergebnisse sind tatsächlich so erstaunlich, dass Kani gegenwärtig die Aufmerksamkeit aus ganz Japan auf sich zieht. Wegen der konzertierten Bemühungen, die die Stadt führend in der Abfallbehandlung und -verwertung macht, kann Kani als so etwas wie ein Pionier auf diesem Gebiet betrachtet werden. Im nächsten Kapitel wird diese Bürgerbewegung mit ihren Projekten im Detail behandelt.

Nachfrage nach mehr, nicht nach weniger organischem Abfall

Nun ist es ja schön und gut, Biomüll zu organischem Dünger zu machen, aber es gibt Menschen, die weder organischen noch anderen Dünger brauchen. Stadtbewohner, besonders die in Mietwohnungen, werden ihn nicht brauchen, es sei denn für ihre Topfpflanzen oder Ziersträucher. Angenommen, sie begännen auch ihren Bioabfall zu recyceln, was sollen sie mit dem entstandenen organischen Dünger anfangen? Die Antwort heißt natürlich: Kooperation.
　Stadtgemeinden, die wenig Bedarf an dem Endprodukt ihrer Recyclingbemühungen haben, sind gut beraten, sich mit Gemeinden in nahe gelegenen ländlichen Regionen zusammenzutun, in denen biologische Landwirtschaft betrieben wird. Dort ist eine zusätzliche Quelle von Naturdünger hoch willkommen. Mir schwebt vor, ein System aufzubauen, in dem die Stadtbevölkerung ihren EM-Naturdünger an die Landwirte, die organisch und biologisch wirtschaften, abgibt, und dafür deren landwirtschaftliche Produkte kauft. Gegenseitig vor-

teilhafte Arrangements dieser Art gibt es bereits in verschiedenen Teilen Japans, insbesondere in der Präfektur Chiba – auf der Halbinsel östlich von Tokio – und in der Präfektur Aichi im südlichen Zentraljapan.

Leider sind solche kooperativen Projekte derzeit eher die Ausnahme als die Regel. Heutzutage wird viel häufiger organischer Müll aus privaten Haushalten zusammen mit anderem Müll verbrannt. Aber wie jedermann nur zu gut weiß, sind Japans Müllverbrennungsanlagen schon völlig ausgelastet und stehen in vielen Fällen kurz vor dem Zusammenbruch. Dabei sind noch andere Faktoren zu bedenken, z. B. die Kosten für Brennstoff. Wegen des hohen Wassergehalts in organischem Material benötigt dessen Verbrennung mehr Rohöl. Auch die Erhöhung von Kapazitäten durch den Bau von immer neuen Verbrennungsanlagen ist sicher nicht die Antwort, da die Rate des brennbaren Abfalls ständig steigt und so die Verbrennungskapazitäten immer wieder neu an ihre Grenzen gelangen. Das aber würde bedeuten, dass in fünf oder zehn Jahren das Problem wieder auf der Tagesordnung steht, wenn sich nichts Grundsätzliches ändert. Es müssen neue Methoden zur Problemlösung in Betracht gezogen werden. Hinzu kommt, dass der Bau neuer Verbrennungsanlagen ein teureres Unterfangen ist und sich die Kommunen schon jetzt mit der Beschaffung des dafür notwendigen Kapitals schwertun.

Da gegenwärtig der größte Teil des Abfalls verbrannt wird, bilden die Müllverbrennungsanlagen das Rückgrat der Abfallwirtschaft. Mit dem Müll verbrennen die Anlagen jedoch gleichzeitig eine Menge Geld. Sie sind nicht nur ein kontinuierlicher Aderlass für die Kassen der Kommunen, sondern auch eine ernst zu nehmende Quelle der Umweltverschmutzung. Genau genommen ist der ganze Prozess der Müllverbrennung voll von Widersprüchen und Anomalien. Die Müllverbrennung produziert ja wirklich nichts von Wert. Im Grunde spricht so gut wie nichts für sie. Im Gegensatz dazu ist die EM-Technologie in der Lage, die ganze Sache umzudrehen und erhebliche finanzielle Ersparnisse zu erwirtschaften, die dann für die Kosten der Sozialhilfe, für kulturelle Projekte oder andere Formen lokaler Aktivitäten verwendet werden könnten.

Zweifellos würde das Recyceln von Biomüll durch seine Umwandlung in organischen Dünger den gesamten für die Verbrennung vorgesehenen Müll um mindestens 20 % reduzieren. Allein dies könnte schon erhebliche Kosten einsparen. Wie ich schon zu Beginn dieses Kapitels ausgeführt habe, kann die EM-Technologie das Recyceln von Papier und Plastik zu einer brauchbaren Alternative machen. Würden wir allein die Möglichkeiten nutzen, die uns durch die neuen Wege der Behandlung von Biomüll sowie Altpapier und -plastik eröffnet werden, würde der größte Teil des Hausmülls schon nicht mehr in die Kategorie „Müll" fallen, sondern wäre eine Quelle ausgezeichneten, qualitativ hochwertigen Rohstoffs.

So oder ähnlich eingesetzt würde EM die Probleme beseitigen, die mit den konventionellen Entsorgungsmethoden verbunden sind. Es gäbe weder Gestank noch Luftverschmutzung durch die Verbrennungsanlagen noch Probleme mit der Entsorgung der dabei entstehenden Asche. Veränderungen dieser Art würden es nicht nur leichter machen, den gegenwärtigen Zustand der Umwelt zu beurteilen, sie würden auch den Weg ebnen für die Entstehung neuer Geschäftszweige, sobald erst einmal ein flächendeckendes Recyclingsystem etabliert ist. Um dies zu erreichen, halte ich die Bereitstellung großzügiger finanzieller Hilfe für die

Anfangsphase solcher Projekte für richtig und notwendig. Sie würde dazu beitragen, dass sie sich tragen und schließlich profitabel werden. So bestünde nicht mehr die Notwendigkeit, riesige Mengen öffentlicher Gelder zu vergeuden, wie wir es bisher getan haben.

Wenn das Behandeln von Biomüll mit EM in allen Haushalten üblich würde, wäre Müll nicht mehr eine Quelle der Irritation und ein Ärgernis, sondern würde sich unmittelbar in eine Sache von Wert verwandeln. Man kann sich nämlich an das Recyceln von Biomüll durchaus gewöhnen. Ich habe eine Menge Geschichten von Leuten gehört, die Biomüll und anderen organischen Abfall, den andere weggeworfen hatten, allein schon deshalb gesammelt haben, weil sie den Gedanken nicht ertragen konnten, etwas von Wert verkommen zu lassen.

Wer denkt, das Recyceln von Biomüll sei nur eine Tätigkeit für Hausfrauen und angesichts der globalen Bedrohung der Erde nur ein Tropfen im Ozean, kennt meines Erachtens nicht alle relevanten Fakten. Es ist für Japan geradezu lebenswichtig, wie es mit seinem Biomüll umgeht. Und das erfordert ein Mehr an Kontrolle über die Probleme der Nahrungsmittelproduktion in meinem Heimatland. Ich bin sicher, fast jeder weiß, wie sehr Japan auf Importe angewiesen ist, um seine Bedürfnisse an Nahrungsmitteln, Tierfutter und landwirtschaftlichen Produkten wie Getreide, Frischfrüchten und Gemüse zu befriedigen. Gegenwärtig stammen 70 % dieser Produkte aus Importen. Würde man nun die Menge Biomüll, die beim Konsum dieser Produkte entsteht, zu organischem Dünger machen, würde dieser ausreichen, um den gesamten Bedarf der Landwirtschaft Japans zu decken.

Wenn also ein System aufgebaut würde, wo der täglich entstehende Biomüll aus den einzelnen Haushalten, aus der Landwirtschaft, aus Fisch- und Viehzucht effizient recycelt und als organischer Dünger dem Boden zurückgegeben würde, wäre es möglich, auf den gesamten Kunstdünger ein für alle Mal vollständig zu verzichten. Im Moment verschwenden wir diese wertvolle Ware einfach. Jeder mit einigermaßen gesundem Menschenverstand muss erkennen, dass es für uns wesentlich ist, ein solches System zu installieren, um das gegenwärtige, in sich widersinnige zu ersetzen. Dennoch bleiben wir in der Situation stecken, dass wir den täglich entstehenden Müll und Abfall nicht bewältigen können und sich die Verantwortlichen unter immensem Druck der Öffentlichkeit bemühen, die massiven Kosten der Müllentsorgung aus den begrenzten öffentlichen Töpfen zu bezahlen.

Ich spreche dauernd von „öffentlichen Geldern," aber wir alle wissen, dass das ja unser Geld ist, unsere Steuern. Wir selbst geben das Geld, um dies alles zu finanzieren. Die Summen, um die es geht, sind gewaltig und unproduktiv. Im Grunde ist die täglich anfallende Menge Abfall eine Tatsache in unserem Leben geworden. Man kann nichts dagegen tun. Wir nehmen das hin und geben obendrein auch noch große Summen für die Verbrennung aus, obwohl das bekanntlich nur zu weiterer Verschmutzung der Atmosphäre, zu saurem Regen, zur Zerstörung der Ozonschicht und zu globaler Erwärmung führt.

Vor einiger Zeit waren in den 47 Präfekturen Japans zahlreiche Kompostierungsanlagen geplant. Heute sind sie auf 26 Anlagen reduziert. Neue Anlagen sind nicht mehr geplant. Ganz im Gegenteil, man lässt ihren Betrieb auslaufen, um sie durch besser funktionierende Müllverbrennungsanlagen zu ersetzen. Während ich dies schreibe, ist Japan nur in der Lage, zwischen 500 und 600 t Kompost pro Tag zu produzieren, während in der gesamten Nation täglich 90.000 bis 100.000 t Biomüll aus privaten Haushalten anfallen! Unter diesen

Umständen ist es nicht erstaunlich, dass sich die Menschen Gedanken darüber machen, ob diese Menge organischen Abfalls nicht einem profitablen Nutzen zugeführt werden könnte. Leider ist das einfache Vergraben keine Lösung, wenn man den ausgezehrten Zustand unseres Bodens bedenkt. In seinem gegenwärtigen Zustand der Degeneration hat der Boden seine ureigene Fähigkeit verloren, mit solchem biologisch abbaubaren Abfall über natürliche biologische Prozesse selbst fertig zu werden. Würde organischer Abfall nur vergraben, würden Zerfall und Fäulnis nicht nur einen schrecklichen Gestank, sondern obendrein sekundäre Formen der Verschmutzung verursachen. Als Erstes fallen einem da ungesunde Zustände und Hygieneprobleme ein.

Trotz all dieser Schwierigkeiten gibt es doch immer einige Menschen, die entschlossen sind, sich mit jedem Problem zu befassen, das sich ihnen in den Weg stellt. Ich spreche von denen, die den Mut haben, mit organischer Landwirtschaft zu beginnen und dabei bleiben wollen. Die organische Landwirtschaft hat jedoch besondere Probleme, z.B. regelmäßig organischen Dünger herzustellen. Dieser Prozess beinhaltet einige Schwierigkeiten, von denen der hohe zeitliche Aufwand und die damit verbundenen Mühen nicht die kleinsten sind, weil unbehandeltes organisches Material nicht einfach sich selbst überlassen werden kann, sondern sorgfältig behandelt werden muss, wenn es zu organischem Dünger in Form von Kompost werden soll. Wie ich schon an anderer Stelle gesagt habe, ist das Herstellen von Kompost ein öder, zeit- und arbeitsintensiver Prozess. So sehr sogar, dass er tatsächlich ein Haupthindernis für die allgemeine Produktivität in der organischen Landwirtschaft ist. Die Voraussetzungen werden allerdings grundlegend anders, wenn EM in die Gleichung aufgenommen wird.

Lassen Sie mich noch einmal wiederholen: Mit Hilfe von EM kann organischer Küchenabfall in qualitativ hochwertigen Dünger verwandelt werden. Dies macht aus organischem Abfall ein Produkt mit „Mehrwert". Daraus folgt, ihn einfach wegzuschmeißen, ohne ihn irgendwie nutzbar zu machen, müsste als Verschwendung natürlicher Ressourcen angesehen werden. Würden andere Kommunen in Japan dem Beispiel der Stadt Kani folgen und ähnliche Maßnahmen einführen, würde dies nicht nur jedem ermöglichen, Gemüse, Reis und Getreide aus biologischem Anbau essen zu können, sondern es würden riesige Summen, die augenblicklich für die Müllentsorgung ausgegeben werden, für andere Zwecke frei. Die stärkere Verbreitung von Formen organischen Landbaus hätte zudem noch andere Auswirkungen, nämlich den Schutz der Natur und die Verbesserung der Umwelt. Mit anderen Worten: Auf diesem Gebiet – wie auf anderen auch – brächte die Anwendung der EM-Technologie auf die Entsorgung organischen Küchenabfalls weitreichende Ergebnisse, die allen nutzen würden.

Wir alle haben eine soziale Verpflichtung, die Kosten für die Müllentsorgung zu tragen. Gegenwärtig stellt sie eine Last dar, die eine beträchtliche Summe öffentlicher Gelder bindet. Mit entsprechenden Maßnahmen sind wir jedoch in der Lage, diese Ausgaben erheblich zu senken und sogar Ausgaben in Einnahmen zu verwandeln. Die derzeitige Müllentsorgung ist gekennzeichnet durch lauter Elemente, die die Umwelt schädigen. Daraus folgt, dass dort, wo ein gemeinsames Problem ist, auch eine gemeinsame Lösung gefunden werden muss.

Geruchsbeseitigung in der Tierhaltung im Handumdrehen

Neben der Müllentsorgung ist die Wasserverschmutzung für uns wohl das dringlichste Problem im Umweltschutz. Es gibt fünf Hauptursachen der Wasserverschmutzung: Chemikalien einschließlich der Pestizide, die in der Landwirtschaft benutzt werden, Kunstdünger, Abfall aus der Viehhaltung (Mist und Gülle), Abwasser aus privaten Haushalten und der Industrie sowie saurer Regen. EM kann in allen diesen Bereichen Verbesserungen erzielen.

Der Gestank von Viehbetrieben wird u. a. erzeugt von einer Mischung aus Ammoniak, Schwefelwasserstoff, Trimethylaminen und Methylmercapton. Diese Substanzen sind nun zufällig genau die Nahrung für die Mikroorganismen in EM. Diese stürzen sich regelrecht darauf, vertilgen sie und rotten sie somit wirkungsvoll aus[1].

Im Laufe von Tests entdeckten wir, dass die mit EM behandelte Flüssigkeit, die zusammen mit dem Dung aus den Ställen floß, einen ausgezeichneten organischen Flüssigdünger ergab, der direkt auf die Felder ausgebracht werden konnte. Bei Viehzuchtbetrieben, die keine Felder und daher keine Verwendung für Flüssigdünger haben, kann er bedenkenlos in die Kanalisation geleitet werden. Auch wenn er schließlich in die Flüsse gelangt, stellt die Präsenz von EM in der Gülle sicher, dass der BOD (biochemischer Sauerstoffbedarf) höchstens 15 ppm beträgt. Dies wiederum garantiert Geruchslosigkeit und die Abwesenheit von gefährlichen Verunreinigungen, die das Wasser kontaminieren könnten. BOD ppm ist die Maßeinheit, mit der Wasserverschmutzung festgestellt wird. In diesem Zusammenhang ist interessant, dass der obere Grenzwert für Abwässer aus öffentlichen Gebäuden derzeit in Japan bei 20 ppm liegt.

Lassen Sie mich kurz erklären, wie EM es schafft, die unangenehmen und widerwärtigen Gerüche zu bannen: Zerfall von organischem Material findet über zwei Arten statt, entweder über Oxidation (ein sauerstofforientierter Prozess) oder über den Weg der Fermentation (ein weitestgehend sauerstofffreier Prozess). Kalkulationen über die Atemfrequenz der für diese Prozesse zuständigen Mikroorganismen zeigen, dass der oxidative Zerfall viel wirkungsvoller, ja, 20-mal schneller vonstatten geht als durch Fermentation. Ein Ergebnis des effektiveren Oxidationsprozesses ist jedoch die Bildung einer großen Anzahl von Bakterien, bekannt als „Belebtschlamm"[2]. Leider schafft dieser Schlamm Bedingungen, unter denen sich toxische Metalle leicht auflösen, ein entscheidender Faktor, der bei der Entsorgung von Industrieabfall bedacht werden muss. Aus diesem Grund unterliegt Industrieabfall so strikten Auflagen und Kontrollen und kostet alle Kommunen in Japan enorm viel.

Noch etwas sollte meiner Meinung nach hier erwähnt werden: Viele glauben noch immer, dass die anaeroben Bakterien die „bösen" und die aeroben die „guten" sind, wenn es um Gestank geht. Anders gesagt, obschon sowohl aerobe als auch anaerobe Bakterien am Zerfallsprozess beteiligt sind, scheinen viele zu glauben, nur von den anaeroben Bakterien werde der faulige Geruch verursacht. Dies ist aber ein Vorurteil. Zwar ist eine bestimmte Sorte der anaeroben Bakterien am Zerfallsprozess und dem daraus entstehenden Gestank beteiligt, gleichzeitig aber gehören anaerobe Bakterien auch zur Gruppe der Effektiven Mikroorganismen, die wesentlich am Fermentationsprozess von japanisch eingelegtem Gemüse beteiligt sind. Und diese Gruppe produziert nicht nur keine unangenehmen Gerüche, sie ruft sogar einen Duft hervor, den viele Menschen geradezu angenehm finden.

Der Schluss, der aus all dem gezogen werden muss, ist, dass effektive anaerobe Zymogene (Fermentbakterien) nicht nur keine unangenehmen Gerüche produzieren, sondern sogar eine wichtige Rolle bei der Beseitigung von Gestank spielen. Effektive Mikroorganismen sind also ganz klar der Schlüssel für die Beseitigung des Geruchsproblems. Faktum ist jedoch, dass unter den gegenwärtigen Bedingungen in der natürlichen Umwelt Sauerstoff vorherrscht und aerobe Mikroorganismen die „Könige" sind. Sind sie sich selbst überlassen, gibt es kaum eine Chance für die anaerobe Linie der Effektiven Mikroorganismen, ihre aeroben Gegenspieler aus ihrer führenden Rolle zu verdrängen – es sei denn, man greift ihnen unter die Arme.

Ein beliebtes Gericht in Japan ist Natto, fermentierte Soyabohnen. Werden die Bohnen gekocht und ohne irgendeine Zutat stehen gelassen, werden sie nie zu Natto, weil Fäulnisbakterien sie schlichtweg verderben würden. Jeder Prozess, der die Fermentation für ein essbares Endprodukt braucht, muss durch menschliches Zutun angeschoben werden. Jemand muss den Fermentationsprozess in Gang bringen. Auf die gleiche Art und Weise muss der Prozess der Geruchseindämmung durch Zymogene durch menschliches Zutun eingeleitet werden. Mit anderen Worten: EM muss von jemandem vorbereitet und angewendet werden – gesprüht oder gespült –, damit die effektiven Zymogene an die Arbeit gehen können. Sobald sie die Oberhand gewonnen haben, entfaltet sich der Prozess ganz natürlich. Sie vermehren sich stetig und ziehen alle anderen Mikroorganismen dieser heterogenen Gruppe in Richtung Regeneration.

Weil der Abfall von Viehzuchtbetrieben Gestank und verschmutztes Wasser verursacht, unterliegt er extrem scharfen Kontrollen. Genau nach dem Buchstaben des Gesetzes zu verfahren, würde für viele Betriebe bedeuten, ökonomisch nicht mehr lebensfähig zu sein. Ich übertreibe keineswegs, wenn ich behaupte, nahezu alle Viehbetriebe in Japan arbeiten gegenwärtig unter Verletzung bestehender Gesetze. So steigt die Belastung des lebenswichtigen Grundwassers, die von diesen Betrieben ausgeht, ständig an. Da die Situation immer bedrohlicher wird, werden diese Betriebe zunehmend strenger kontrolliert. Das Resultat ist, dass heute viele von ihnen in einer wirtschaftlichen Krise stecken. Einige Besitzer werden gedrängt, wegen des Gestanks ihren Betrieb zu verlagern, während andere keine Nachfolger finden, wenn sie in den Ruhestand gehen wollen, oder sie sind nicht in der Lage, ihren Angestellten einen gesicherten Arbeitsplatz anzubieten. Alles in allem müssen sich Viehbetriebe auf erhebliche Schwierigkeiten einstellen und stehen derzeit stark unter Druck. In den Städten Nara und Takamatsu im mittleren Westen Japans wird die Wasserverschmutzung, die vom Abfall solcher Betriebe ausgeht, genauestens untersucht. Wenn nichts getan worden und alles beim Alten geblieben wäre, hätten diese Betriebe wegen des externen Drucks nur schwer weiterarbeiten können. Einige von ihnen haben aber nun durch die Anwendung von EM die Lösung ihrer Probleme gefunden.

Klar, dass eine Eliminierung der Umweltverschmutzung insgesamt immense Kosten verursacht. Es kostet viel Geld, die Anlagen zu bauen, die Industrieabwässer in den Zustand bringen, dass man sie in der Kanalisation bzw. in Flüssen entsorgen kann. Für den Umweltschutz zur Verfügung gestelltes Geld wird aber immer nur für einen ganz bestimmten Zweck eingesetzt. Es liegt in der Natur der Sache, dass Umweltverschmutzung immer objektbezogen bekämpft werden muss. Kosten können nicht auf andere Gebiete übertragen werden.

Sogar innerhalb des übergeordneten Bereichs der Umweltkontrolle werden Anlagen normalerweise nur für eine einzige Applikation entworfen. Eine Entschwefelungsanlage ist beispielsweise nur in der Lage, diese eine Aufgabe wahrzunehmen.

Recyceln von Nutzwasser behebt Wasserknappheit

Japan war ursprünglich ein Land, gesegnet mit einer überreichen Menge guten, sauberen Wassers. Heutzutage ist das leider ganz anders. Die Wasservorräte des Landes sind verschmutzt und die Qualität des Leitungswassers ist auf ein vorher unvorstellbares Niveau herabgesunken. Mittlerweile findet man in ganz Japan keine Spur mehr von dem einst so ausgezeichneten Wasser. Selbst bei der heutigen miserablen Qualität dürfen sich diejenigen Regionen glücklich schätzen, die wenigstens noch genügend Wasser haben. Ganz im Gegensatz dazu gibt es jedoch Regionen, wie die Insel Okinawa, die unter konstantem Wassermangel leiden.

Die alljährlich auftretende Wasserknappheit brachte die Stadtbibliothek in Gushikawa auf Okinawa dazu, die erste mit EM betriebene Abwasser-Recycling-Anlage der Welt zu installieren. Wir nannten es das EM-Abwasserbehandlungssystem. Die Anlage in der Bibliothek in Gushikawa ist ein wertvolles, praktisches Bespiel für die Art und Weise, wie die EM-Technologie für Wasseraufbereitung genutzt werden kann. Das EM-Abwasserbehandlungssystem ist eine Methode, einen wünschenswerten Grad von Wasserreinheit mit Hilfe Effektiver Mikroorganismen zu erhalten, die dafür sorgen, dass organisches Material im Abwasser oder in der Kanalisation abgebaut wird. Dafür sind keine besonderen technischen Anlagen notwendig. Das System kann in jeder einfachen Drei-Kammer-Kläranlage, wie sie normalerweise für Abwasser von Toilette, Küche, Bad und Waschküche genutzt wird, angewendet werden. Im Kapitel 5 wird diese Anlage in aller Breite dargestellt.

Während es zwar völlig ungefährlich ist, das von diesem System erzeugte saubere Wasser zu trinken, muss man bedenken, dass es einen gefühlsmäßigen natürlichen Widerstand gegen das Trinken von Wasser gibt, das – wie nachweislich sauber auch immer – letztendlich ein recyceltes Produkt von Abwasser aus Toiletten ist. Deshalb wurde das gereinigte Wasser anschließend für die Bewässerung des Gartens, zum Autowaschen etc. genutzt. Dennoch ist es aber so, dass durch das EM-Abwasserbehandlungssystem sauberes Wasser aus Toiletten- und anderen Haushaltsabflüssen gewonnen werden kann, das sogar reiner ist als das gute, saubere, fließende Wasser aus Bächen. Darum meine ich, das EM-Abwasserbehandlungssystem kann für sich in Anspruch nehmen, eine ziemlich verblüffende, revolutionäre Methode zu sein, und sicher hochwillkommen für Gegenden wie Okinawa, die unter großer Wasserknappheit leiden. Ich kann mit einiger Sicherheit sagen, dass die Technologie in der Bibliothek von Gushikawa durch und durch getestet worden ist und seit 1991 verlässlich funktioniert.

Das EM-System hat neben der Wasserreinigung noch einige andere positive Nebeneffekte: Es ist z. B. absolut unschädlich für Porzellan und Rohrleitungen. Es verhindert Verstopfung und Kontaminierung und hält strahlend sauber. Ich muss nicht wiederholen, dass der Grund hierfür in der Kontrolle liegt, die EM über die Vermehrung von schädlichen Mikroorganismen ausübt, in der hohen Produktion von Antioxidantien, die eine Oxidation effektiv verhindern. Die Putzkolonne der Bibliothek berichtete mir, dass sie nun den Zeitaufwand ihrer Arbeit aufgrund dieser Änderung um mehr als die Hälfte verkürzen konnte und obendrein keine unangenehmen Gerüche bei ihrer Arbeit mehr zu ertragen brauchte. Einer der Gründe dafür war die Tatsache, dass das Porzellan ebenso wie die Innenseiten der Abflussrohre von den üblichen Verschmutzungen verschont blieben.

Wie in anderen von großer Trockenheit heimgesuchten Gegenden wird auf Okinawa das Wasser im Sommer häufig abgestellt. Die Menschen in diesen Gegenden haben den Wert von Wasser zu schätzen gelernt und verhalten sich beim Verbrauch sehr ökonomisch. Sie schauen denjenigen missbilligend an, der verschwenderisch mit diesem kostbaren Gut umgeht, damit das Auto wäscht oder etwa den Rasen oder Garten wässert. Da das mit EM recycelte Wasser der Bibliothek in Gushikawa so sauber wurde, dass man es leicht mit frischem Leitungswasser aus der städtischen Wasserversorgung verwechseln konnte, kam es dazu, dass einige Besucher der Bibliothek, die mit den Tatsachen nicht vertraut waren, dies falsch deuteten. Sie meinten nämlich, sie ertappten den Missbrauch frischen Leitungswassers, wenn das Wasser aus dem System für die Bewässerung oder die Autowäsche genommen wurde. Dies geschah so häufig, dass die Bibliotheksleitung sich genötigt sah, mit Hinweisschildern deutlich zu machen, dass es sich um recyceltes und nicht um Leitungswasser handelt.

Dank Techniken wie dieser, die es ermöglichen, dasselbe Wasser unendlich oft wieder zu benutzen, dürften die Zeiten des Wassermangels bald der Vergangenheit angehören. Mit ein wenig Einfallsreichtum sollten wir bald in der Lage sein, städtische Abwässer für die Bewässerung von Wüstenregionen aufzuarbeiten. Wir könnten sogar in extrem trockenen Gegenden Dürreperioden damit überwinden.

Recyceltes Wasser – und hier meine ich Wasser, das nicht nur einmal, sondern immer wieder recycelt wird –, das mit EM behandelt wurde, ist reich an Antioxidantien, die von EM produziert werden, und hat von daher zusätzliche Vorteile. Dazu gehören die Verhinderung oder Verlangsamung des Verfalls bzw. der Abnutzung verschiedenster Materialien, der Anbau hervorragender Feldfrüchte und die Verbesserung unseres allgemeinen Gesundheitszustandes. Deshalb würde ich sagen, dass Wasser, das mit Hilfe des EM-Systems recycelt worden ist, einen beträchtlichen Vorteil gegenüber unserem gegenwärtigen, gechlorten und sterilen Leitungswasser besitzt.

EM und das Säubern unserer Flüsse

Die heutzutage gängige und am weitesten verbreitete Methode der Abwasserbehandlung ist die sauerstoffaktive Klärschlammmethode. In einem Punkt ist sie dem EM-Klärsystem ähnlich: Beide machen Gebrauch von Mikroorganismen, um die Verunreinigungen und Verschmutzungen zu vernichten. Während jedoch beim Klärprozess mit EM so gut wie kein Klärschlamm erzeugt wird, erhöht sich die Menge des erzeugten Klärschlamms bei der konventionellen Methode in direktem Verhältnis zum Reinheitsgrad des Wassers. Ich habe schon vorher die bestehenden strengen und notwendigen Kontrollen erwähnt, die die Behandlung von Klärschlamm regeln. Jetzt möchte ich erklären, warum der EM-Prozess praktisch überhaupt keinen Klärschlamm entstehen lässt.

In EM koexistieren zwei Arten von Mikroorganismen, zymogene und synthetisierende. Zymogene Zersetzung verflüssigt organische Masse. Dies ist die beste Voraussetzung für andere Bakterien in EM, sich über diese nun flüssige Masse herzumachen und sie schnell zu konsumieren. Während dieses Prozesses werden große Mengen von Antioxidantien erzeugt, und wenn die Mixtur mehrere Stunden pro Tag stehen kann und belüftet wird, entsteht Autolyse, das heißt, diese Bakterien verschwinden. Als Autolyse wird der Prozess der Verdauung von Organismen durch die natürlich in ihnen vorhandenen Enzyme bezeichnet. Mit anderen Worten: Unter den beschriebenen Bedingungen vernichten sich die Mikroorganismen in EM sozusagen selbst, indem sie sich selbst auffressen. Im Klärschlamm leben Myriaden von Bakterien, die sich mit großer Geschwindigkeit fortpflanzen. Wenn sich diese Mikroorganismen nun gleichzeitig selbst auflösen, hält sich ihre Zahl in Grenzen und es kann sich kein Klärschlamm aufbauen. Wenn die Voraussetzungen stimmen, entsteht bei EM eine natürlich Autolyse. Deshalb ist das Resultat bei der Wasserreinigung durch EM sauberes und klares Wasser ohne Klärschlamm.

Würden Regionen, die von Trockenheit heimgesucht werden, ein kontinuierliches Klärsystem nach der EM-Methode einsetzen, könnten sie so viel Wasser erzeugen, wie sie brauchten, und Sorgen um Wasserknappheit würden der Vergangenheit angehören. Im Klärsystem der Bibliothek von Gushikawa ist es in der gesamten Zeit seit seiner Implementierung 1991 nicht einmal nötig gewesen, Klärschlamm aus dem System zu entfernen.

Diese Methode würde zusätzlichen Nutzen nach sich ziehen: Würde überschüssiges geklärtes Wasser in die Abflusssysteme eingeleitet, käme es nach und nach zur Reinigung auch der Flüsse. Auf diese Weise könnte sich das Ökosystem auf ganz natürliche Weise selbst reinigen. Und das wiederum bedeutete, dass die sauberen Gewässer bald wieder mit Süßwasserfischen besiedelt wären. Wenn wir unsere Wasservorräte erhalten wollen, scheint es mir daher ökonomisch weitaus vernünftiger zu sein, die allgemeine Anwendung der EM-Klärmethode zu fördern, als in den Bau von riesigen Dämmen zu investieren, die nur die Umwelt zerstören. Die flächendeckende Anwendung des EM-Systems würde nicht nur weitere Umweltzerstörung verhindern, sondern wäre ein hervorragendes Mittel für aktiven, radikalen und effektiven Umweltschutz. Würde das EM-Recyclingsystem überall da, wo Wasser gebraucht wird, eingesetzt – außer für das Trinkwasser –, dann wären wir tatsächlich in der Lage, einen fast unerschöpflichen Wasservorrat zu garantieren. Dann wäre es ein Leichtes, teure Klärwerke auf ein Minimum zu reduzieren und die so eingesparten Gelder für wichtigere Dinge zu verwenden.

Wasser erfüllt eine wichtige Funktion: Es bildet eine Verbindung zwischen dem Leben organischer Substanzen und der Tätigkeit anorganischer Materie. Es fördert Leben in all seinen vielfältigen und unendlichen Formen. Von einzelligen Organismen bis hin zu den höheren Lebewesen sind alle auf Wasser angewiesen. Ohne Wasser würde alles aufhören zu existieren.

Auf der molekularen Ebene besitzt jede gereinigte Materie charakteristische Eigenschaften, die Resonanz auf externe Reize bestimmter Wellenlängen sind. Ein einzelnes Wassermolekül hat einen negativen und einen positiven Pol mit besonderen magnetischen und elektrischen Funktionen. Das bedeutet: Eine der hervorstechenden Eigenschaften des Wassers ist seine extrem starke magnetische Resonanzfähigkeit.

Ich habe schon kurz das Phänomen des Informationstransfers beschrieben, ein Prozess, bei dem Regenwasser auf seinem Weg bis in die Erde hinein die Eigenschaften der ersten aktivierten Substanzen, mit denen es in Kontakt kommt, „imitiert" oder „annimmt", indem es diese zunächst auf sich selbst und dann weiter auf andere Substanzen überträgt. Wenngleich durch konsequentes Filtern Verunreinigungen und schädliche Elemente aus dem Wasser, das mit Substanzen wie Ammoniak, Schwefelwasserstoff oder Methangas kontaminiert ist, entfernt werden kann, ist es immer noch extrem schwierig, seinen hartnäckigen, unangenehmen Geschmack wegzubekommen, will man es überhaupt zu trinkbarem Wasser machen. Der Grund für die Schwierigkeit, Eigenschaften schädlicher Substanzen aus dem Wasser zu entfernen, wenn ihre negativen Informationen erst einmal auf dieses Wasser übertragen wurden, liegt daran, dass diese Informationen elektromagnetisch in das Gedächtnis des Wassers eingebrannt worden sind. Es ist fast wie bei einer Tonbandaufnahme. Die Aufnahme wird dadurch, dass das Magnetband und die aufgenommene Information – in unserem Fall die schädliche Information – eine feste Verbindung eingehen. In ähnlicher Art und Weise gehen Informationen, die von schädlichen Substanzen übertragen werden, eine Verbindung mit Wasser ein. Diese Eigenschaft, die eine solche Verbindung möglich macht, ist sehr stark ausgeprägt. Deshalb ist es äußerst schwierig, auf Wasser übertragene Informationen zu löschen. Selbst mit Wassertemperaturen von mehreren hundert Grad vermögen diese Informationen kaum auszulöschen. Das Auslöschen kann jedoch künstlich durchgeführt werden, z. B. elektromagnetisch, durch Behandlung mit UV- oder Infrarotstrahlen, oder auch durch die Behandlung mit Halbleitern oder Photokatalysatoren. Ein Löschen von Informationen geschieht aber auch auf ganz natürlichem Wege, nämlich durch elektromagnetische Sonnenwellen oder als Ergebnis von Donner oder Ozon, wenn das Wasser als Dampf in die Atmosphäre zurückkehrt.

EM hat jedoch auch die Kraft, auf Wasser übertragene Informationen zu löschen. Es tut dies mit Hilfe der Enzyme, die es produziert, und durch die ihm eigenen, selbst erzeugten Schwingungen oder magnetische Resonanz. Informationstransfer ist eine grundlegende Eigenschaft von Wasser. Darum behaupte ich, dass im Umgang mit Wasser ganz besondere Sorgfalt erforderlich ist, weil es in seiner Fähigkeit als Mittler immer und in jeder Situation agiert.

Die Neigung, gespeicherte Information weiterzugeben, bedeutet aber auch, dass diese negativen wie positiven Aspekte immer auch das beeinflussen, was mit dem Wasser in Berührung kommt. Das schließt die Lebewesen ein, die es trinken, und die Pflanzen, die damit gewässert werden. Die jeweilige Wirkung kann dabei erheblich variieren, je nachdem, welche Information in den Wassermolekülen gespeichert ist. Was die Probleme beim Wasser heutzutage so schwierig macht, ist dies: Es ist nicht mehr eine Frage der Wasserqualität allein, sondern auch der darin eingeschlossenen Information, die jederzeit aufs Neue weitergegeben wird. Die Verschmutzung der Atmosphäre und die Vergiftung des Bodens haben bereits begonnen, ihre ganzen negativen Informationen aufs Wasser zu übertragen. So wirkt es als Bote und infiziert mit seinen schädlichen, negativen Informationen die Umwelt und die menschliche Gesundheit in vielfältiger Weise.

Seit kurzem entscheiden sich mehr und mehr Menschen zum Konsum von Trinkwasser in Flaschen, obwohl es erheblich kostspieliger ist als normales Leitungswasser. Weil jedoch gutes Wasser auf lange Sicht zweifellos eine günstige Wirkung, schlechtes Wasser aber immer eine schädliche auf den menschlichen Körper hat, wäre es ganz unangebracht, dies lediglich als „Extravaganz" abzutun. Ideal wäre es, Wasser zu trinken, das eine gute Mikro-Molekularstruktur hat und mit nützlicher Information ausgestattet ist. In der Vergangenheit bezog sich die Problemforschung beim Wasser hauptsächlich auf seine Inhaltsstoffe, künftig wird es auch um seine mikromolekulare Struktur und um die übertragenen und gespeicherten Informationen gehen müssen.

Beseitigung von chemischen Rückständen in der Landwirtschaft

EM hat die Fähigkeit, synthetische Chemikalien aufzubrechen. Diese Eigenschaft nutzbar zu machen heißt, die Umwelt von Chemie in der Landwirtschaft und anderen chemischen Substanzen zu befreien, die einen wesentlichen Teil der gesamten Umweltverschmutzung verursachen. So schlägt man sich zum Beispiel gegenwärtig in Japan mit dem Problem herum, dass die Umgebung von Golfplätzen durch den massiven Einsatz von Chemikalien verseucht wird. Glücklicherweise stellte sich aber heraus, dass die Rückstände dieser Substanzen schon nach einem Monat des Einsatzes von EM gegen null fielen.

Im Augenblick sind mehr als 80 verschiedene Arten von Mikroorganismen bekannt, die in der Lage sind, Agrarchemikalien aufzubrechen und zu beseitigen. Allerdings weiß man nur sehr ungenau, wie und unter welchen Bedingungen sie dies tun. Eine wissenschaftliche Studie in den USA hat deutlich nachgewiesen, dass in Böden, die ein Jahr lang mit effektiven Mikroorganismen behandelt worden sind, die Restwerte von chemischen Mitteln und Kunstdünger unter die geltenden Grenzwerte sinken können. Je nach methodischem Vorgehen sind Effektive Mikroorganismen fähig, toxische Substanzen dieser Art in recht kurzer Zeit zu vernichten.

Unsere eigenen Studien über die Geschwindigkeit des Zerfalls solcher Substanzen auf Golfplätzen in Japan haben gezeigt, dass die Belastungen schon nach 30 Tagen unter die Grenzwerte fallen. Zwar wissen wir noch nicht ganz genau, welche der Mikroorganismen dafür verantwortlich sind, eines wissen wir aber sicher: dass EM in der Lage ist, chemische Rückstände im Boden, die von chemischen Agrarmitteln und ähnlichen Substanzen stammen, in kürzester Zeit aufzulösen.

Es werden derzeit Studien durchgeführt, um festzustellen, wie EM tatsächlich den Zerfallsprozess beeinflusst. Schon jetzt scheint es gesichert festzustehen, dass seine Tätigkeit im Wesentlichen auf der breiten Palette von organischen und Aminosäuren sowie auf den von ihm produzierten, antioxidant wirkenden Enzymen beruht. Wir haben herausgefunden, dass Metalle, die in ein flüssiges EM-Konzentrat getaucht werden, nicht rosten. Es ist bekannt, dass Metalle im ionisierten Zustand leicht rosten, nicht aber in einem molekularen Zustand.

Das liegt daran, dass Metalle im ionisierten Zustand keine vollständige molekulare Struktur besitzen. Daraus folgt, dass chemische Reaktionen leichter und häufiger stattfinden, wenn sie in diesem Zustand mit anderen Substanzen in Kontakt kommen. Da Metalle leicht rosten, wenn sie sich in einem ionisierten Zustand befinden, müsste man sie von einem ionisierten Zustand in einen molekularen bringen, mit anderen Worten, wenn sie „de-ionisiert" werden könnten und sie ihre molekulare Struktur zurückbekommen, würden sie chemisch viel träger auf andere Substanzen reagieren, d. h. in diesem Fall, viel schwerer rosten. EM scheint die Fähigkeit zu haben, ionisierten Substanzen, etwa Metall, eine vollständige molekulare Struktur zu geben. Daher bleibt Metall, das in dem flüssigen EM-Konzentrat liegt, weitgehend rostfrei.

Ich habe schon an anderer Stelle kurz beschrieben, wie Schwermetalle molekular zerfallen. Wenn man nun bedenkt, dass die weitaus meisten Agrarchemikalien extrem stark oxidierend wirken, müsste deutlich werden, wie leicht ihr Aufbrechen und Zerfallen bewerkstelligt werden kann, wenn große Mengen Antioxidantien produziert werden. Und genau das geschieht beim Einsatz von EM.

Möglicherweise werden manche denken, da EM ja im Grunde nur eine Kombination verschiedener Mikroorganismen sei, könne es nicht stark genug sein, um mit Agrarchemikalien und ähnlichen Substanzen fertig zu werden. Dies ist aber lediglich eine Frage der Quantität und hängt schlichtweg von der absoluten Menge der betreffenden Chemikalien ab. Je mehr chemische Rückstände im Boden sind, desto stärker muss die Konzentration von EM sein, da EM selbst eine organische Substanz ist. Wenn die Bedingungen sorgfältig abgewogen werden und die angemessene Konzentration von EM angewandt wird, kann es innerhalb relativ kurzer Zeit, d. h. in meist weniger als einem Jahr, alle chemischen Rückstände vollständig aus verseuchten Böden tilgen.

EM statt Chlor in Schwimmbädern

Es ist allgemein üblich, in Schwimmbädern Chlor einzusetzen, um die sanitären und hygienischen Erfordernisse aufrechtzuerhalten. Das Wasser in Schwimmbädern wird leicht von verschiedenen Bakterienarten befallen, insbesondere von Kolibakterien (Escherichia coli). Der Einsatz von Chlor im Wasser ist zur gängigen Methode der Sterilisation geworden. Mit EM steht nun ein effektiver Ersatz zur Verfügung, der angenehmer ist und eine größere Wirkkraft besitzt als Chlor. Wenn EM dem Wasser im Pool beigegeben wird, machen sich die verschiedenen Mikroorganismen darin en masse auf, das Wasser zu reinigen, indem sie die unterschiedlichsten Arten von Verschmutzung vertilgen, die von den Benutzern des Bades verursacht werden, u. a. Urin und E. coli. Der vorrangige Grund für den Einsatz von Chlor ist seine effektive Kontrolle von E. coli. EM bewirkt das Gleiche mit noch größerer Effizienz.

Chlor mag seine Aufgabe wie gewünscht erfüllen, es hat aber eine Reihe von Nachteilen. Es ist schädlich für die Augen und tut dem Körper nicht gut, wenn es getrunken wird – und ich kenne niemanden, der beim Schwimmen nicht versehentlich Wasser schluckt, selbst wenn es nur eine geringe Menge ist. Chlor ist ein notwendiges Übel. Da es aber symptomatisch benutzt wird, um Eventualitäten zu verhindern und eher Auswirkungen bekämpft, als dem Übel an die Wurzel zu gehen, halten sich Vorteile und Nachteile die Waage.

Im Gegensatz dazu vernichtet EM nicht nur E. coli radikal, es erhöht auch die Menge der Antioxidantien im Wasser. Dies bedeutet, mit EM behandeltes Wasser ist nicht mehr schädlich für die Augen. Außerdem hat es eine positive Wirkung auf die Haut im Allgemeinen: EM verjüngt sie und hat einen wohltuenden Einfluss auf akute Hautbeschwerden. Alles in allem bringt der Einsatz von EM akkumulative Vorteile, sodass man von einem synergetischen Effekt auf das Wasser ausgehen darf. Betrachtet man es von diesem Standpunkt, wäre es sogar denkbar, mit Hilfe des EM-Systems recyceltes Abwasser für die Benutzung in Schwimmbädern in Betracht zu ziehen.

EM ist tatsächlich in einem Schwimmbad angewandt worden, das zu einer Grundschule in der Stadt Gushikawa gehört. Mein Team konnte den gesamten Prozess beobachten und im Laufe der Zeit jeden einzelnen Aspekt davon bestätigen. Während der Wintermonate, als der Pool nicht benutzt wurde, wurde EM dem Wasser beigegeben. Es wurde so sauber, dass man Fische darin hätte halten können. Als dann im folgenden Jahr das Becken gereinigt und für die Badesaison vorbereitet werden sollte, stellte sich heraus, dass dieser Vorgang nicht wie bisher eine ganze Woche dauerte, sondern an einem Tag erledigt werden konnte!

Die Wasserreinigungsmethode mit EM kann ebenfalls angewandt werden, um andere Wasserbereiche zu reinigen, beispielsweise schlimm verschmutzte Teiche. Dies zeigte sich bei einem Experiment, das ich selbst bei einem kleinen Teich auf einem Golfplatz in der Präfektur Saitama nördlich von Tokio durchführte. Ich setzte die konzentrierte EM-Lösung im Verhältnis von ca. 1 l EM auf 10.000 l Wasser ein. Veränderungen im Teich wurden nach etwa einer Woche sichtbar. Als Erstes fiel uns auf, dass organisches Material, das sich am Grund abgelagert hatte, hochkam und an der Oberfläche sichtbar wurde. Zuerst sah es so aus, als habe EM die Verschmutzung eher erhöht als vermindert. Doch dies war nur ein vorübergehendes Phänomen. Innerhalb kurzer Zeit war der dadurch auftretende Gestank verschwunden, und die vorher trübe Wasseroberfläche klarte zusehens auf und wurde langsam durchsichtig. Als nächstes begannen Algen an der Oberfläche zu wachsen, die ihren typischen Geruch abgaben. Dieses Stadium dauerte ca. 20 Tage, wonach das organische Material, das die ganze Zeit an der Oberfläche getrieben war, sich rapide zu zersetzen begann. Die Algen verhielten sich etwas anders als das organische Material. Sie ballten sich zusammen wie Wolken, bis bei ihnen ebenfalls der Zersetzungsprozess einsetzte. Einen Monat später war das Wasser des Teiches so klar, dass man bis auf den Grund sehen konnte.

EM kann also benutzt werden, um Schlamm zu beseitigen und trübes Wasser in Garten- und Fischteichen zu reinigen. Ich habe von Fällen gehört, in denen die Reinheit des Wassers ohne Einschränkungen bis zu drei Jahren andauerte. Mittlerweile wird EM ebenfalls in Goldfischteichen und tropischen Aquarien eingesetzt.

Die Ergebnisse von Überprüfungen, wie EM in Teichen und Bassins Fische und Schalentiere wie Hummer, Krabben und Krebse beeinflusst, waren ausnahmslos positiv. Kein einziges negatives Ergebnis tauchte dabei auf. Im Gegenteil: EM im Wasser scheint lediglich den Zustand der Tiere darin zu verbessern. Die offensichtlichen Vorteile sind schnelleres Wachstum, weniger Krankheiten und erhöhte Vermehrungsraten. Der exzessive Einsatz von

Antibiotika in der Fischzucht führt zu einer hohen Antibiotika-Konzentrationen in den Tieren. Dieses äußerst bedenkliche Problem kann aber durch den Einsatz von EM leicht behoben werden. Die diesbezügliche Anwendung der EM-Technologie wird gegenwärtig weiter getestet. Bedenkt man die bisherigen beträchtlichen Erfolge, dann sind die Aussichten, die EM für die Lösung der Probleme in diesen Bereichen bietet, durchaus viel versprechend.

Bei Feldversuchen mit EM-Zugaben in Aquarien und Fischzuchtbehältern waren die Resultate so erfolgreich, dass auf die Belüftung oder das periodische Wechseln des Wassers fast ganz verzichtet werden konnte. Ebenso wurde entdeckt, dass EM wirkungsvoll beim Kampf gegen die Meeresverschmutzung eingesetzt werden kann. Indem es über Strände oder die Schnittstellen von Meer und Land gesprüht wird, intensiviert es die Tätigkeit von Mikroorganismen und hilft damit nicht nur die Meere zu reinigen, sondern vermindert auch die Denaturierung der Küsten. Bekanntlich zerstört die Verschmutzung des Wassers auch das Ökosystem der Küsten, indem sie das Leben dort erstickt und die Strände wortwörtlich in Wüsten verwandelt[3].

Ein riesiges Problem der Meeresverschmutzung ist das Auslaufen von Öl bei Tankerhavarien. Auch hier kann EM Hilfe bringen, da Rohöl ein willkommenes Fressen für die winzigen Kreaturen ist, die sich umgehend daranmachen, dieses Festessen zu verzehren. Ich bin wirklich der Meinung, dass ernsthaft darüber nachgedacht werden muss, welche vollständigen und umfassenden Lösungen ein massiver, flächendeckender Einsatz von EM im Kampf gegen die Meeresverschmutzung und bei der Reinigung der Meere bieten kann. Wenn EM mit Nachdruck und konsequent im Kampf gegen die Umweltverschmutzung an Land eingesetzt wird, gelangt im Laufe der Zeit das über die Wassersysteme gereinigte Wasser in die Flüsse und schließlich ins Meer. Aus der Umwandlung von organischem Haushaltsabfall, aus der Landwirtschaft und der Abwasserbehandlung gelangen die Effektiven Mikroorganismen zwangsläufig ins Oberflächenwasser und von dort über die Flüsse bis ins Meer. Wird so eine genügend große Menge EM in der einen oder anderen Form in die Meere geleitet, wird dort ebenfalls ein natürlicher Reinigungsprozess in Gang gesetzt. So könnte dann dort wieder ein reichhaltiges Meeresleben im Überfluss heranwachsen. Bei gemeinsamer Anstrengung würde dies nicht einmal sehr lange dauern.

Wenn man EM über die Strände sprüht, wo die Menschenmassen ihren Müll zurücklassen, verwandeln die Mikroorganismen den zurückgelassenen organischen Müll. Dieser Abfall ist Ursache für manche Verschmutzung, könnte so aber in gute Nahrung (Plankton) für die Meeresbewohner umgewandelt werden, die sich normalerweise von den organischen Rückständen zwischen Felsen und Steinen an der Küste ernähren. Es ist darum wichtig, die Tatsache nicht aus den Augen zu verlieren, dass die Verschmutzung, die wir an Land anstellen, Ursache für die Verschmutzung im Meer ist. Auch hier zeigt EM seine günstigen Eigenschaften, die für die Reinigung der Ozeane neue Möglichkeiten eröffnen.

Da EM hoch resistent ist gegen extreme Hitze, kann es leicht in Keramik einschlossen werden. Wenn es in dieser Form angewandt wird, könnte diese Keramik als Katalysator benutzt werden. Mit EM versetzte Keramik könnte in Filtern zur Anwendung kommen, die Ölflächen reinigen und diesen Prozess auf wenige Tage reduzieren. Gegenwärtig wird z. B. das Frischwasser, das als Ballast in Öltankern mitgeführt wird, von Zeit zu Zeit auf dem Meer entsorgt. Es enthält aber Öl und andere Verunreinigungen, die die Meere belasten. Mit Hilfe der EM-Technologie könnte dieses Wasser bei geringem Aufwand und niedrigen Kosten gereinigt und wiederverwendet werden. Selbst wenn man sich scheute, es als Trinkwasser zu benutzen, käme es doch als Wasser zweiten Grades für eine Menge von Anwendungen infrage, etwa für die Landwirtschaft. Nicht zuletzt aus diesem Grund interessieren sich viele Länder des Nahen Ostens mittlerweile für die EM-Technologie. Sie scheint dort eine viel versprechende Zukunft zu haben, insbesondere für Projekte, die darauf abzielen, städtisches Abwasser zu recyceln und für die Bewässerung und Begrünung der Wüste zu nutzen.[4]

Die lebensnotwendige Rolle der Mikroorganismen in der Natur

In Amerika gibt es im Gebiet von Loveland in Colorado einen Betrieb, der als Kollektiv geführt wird und in erster Linie organischen Landbau betreibt. Da seine Mitglieder daran glauben, dass die menschlichen Exkremente auch ein „Geschenk Gottes" sind, mit allem, was sie mit sich bringen, geriet der Betrieb vor kurzem auf Grund der vielen Hygieneprobleme in ziemliche Schwierigkeiten. Als der Betrieb 1991 begann, EM für sein Abwassersystem zu benutzen, wurden die Geruchsprobleme und die unhygienischen Zustände nahezu sofort beseitigt. Mehr noch: Innerhalb von sechs Monaten wurde der Landstrich auf der Farm, in den die Abwässer führten, so sauber, dass er morgens und abends von Wildenten und anderen Wasservögeln frequentiert wurde. Niemand konnte genau sagen, wann es angefangen hatte, aber schon bald lebte in dem Gewässer eine große Zahl von Fischen. Was vorher ein verseuchtes Drecksloch war, ist heute so klar und sauber, dass man problemlos darin baden kann.

Obwohl die Farm ihre Abwasserprobleme erfolgreich beseitigt hatte, wurde sie weiterhin von anderen Problemen geplagt. Der Boden enthielt eine große Menge metallischer Salze, die in die Trinkwasserquelle der Tiere sickerten. Das Resultat war, dass viele Tiere mit Missbildungen geboren wurden oder im Laufe der Zeit Deformierungen bekamen. Nachdem die Ursache des Übels in der Quelle geortet worden war, gaben die Farmer regelmäßig EM in die Quelle, was zu den erstaunlichsten Ergebnissen führte. Die Probleme von Missbildungen und Krankheiten bei den Tieren hörten vollständig auf. Ich vermute, dass dies nicht nur daran lag, dass die Verschmutzungen in der Quelle beseitigt worden waren, sondern auch daran, dass EM die Bildung von Freien Radialen durch die Metallsalze unterband.

Der Einsatz von EM hat das Schicksal dieses Betriebes um 180° gedreht. Einst berüchtigt wegen aggressiver Gerüche und missgebildeter Tiere, wird die Gegend heute von den Besuchern wegen ihrer frischen, guten Luft geschätzt. Luft, Wasser und Erde sind die drei Elemente, die lebendwichtig sind für das natürliche Ökosystem. Jeder einzelne ist eng mit den beiden anderen verknüpft. Deshalb wird, wenn EM einem dieser drei Bereiche zugeführt wird, das natürliche Ökosystem die Sache selbst regeln, indem es die positiven Auswirkungen in die beiden anderen Bereiche trägt und so die gesamte Umwelt der jeweiligen Gegend regeneriert.

Wie eng die drei Elemente Erde, Luft und Wasser miteinander verbunden sind, zeigte sich in einem Experiment, das in der Wüste Arizonas unternommen wurde. Das Projekt mit dem Namen *Biosphere II* beinhaltete die Schaffung einer Umwelt en miniature, indem eine Glasstruktur gebaut wurde, die einem riesigen Gewächshaus ähnelte. Das Gebäude war vollständig von der Umwelt abgeschlossen. Acht Männer und Frauen sollten darin zwei Jahre lang völlig von der Außenwelt abgeschnitten leben. Über das Projekt wurde ausführlich in den Medien berichtet, sodass Sie wahrscheinlich auch davon erfahren haben. Der Berater des Projekts, ein Professor der Medizinischen Universität New York, bat um ein Treffen mit mir, als er Japan besuchte. Bei dem Treffen erzählte er mir, dass das Projekt „Mini-Erde" zum Scheitern verurteilt schien.

Der Grund für seine hoffnungslose Vorhersage war offenbar eine ernste Fehlkalkulation bei der Entwicklung des Systems, das eine genaue Kopie des natürlichen Ökosystems unseres Planeten sein sollte. Die Wurzel des Problems lag in dem Teil des Systems, das für die Erzeugung von Kohlendioxid (CO_2) verantwortlich war. Weil es nicht mit dem erwarteten Effektivitätsgrad funktionierte, war das Kohlendioxid innerhalb der Biosphäre ständig und unerbittlich soweit angestiegen, dass die in dieser „Mini-Welt" lebenden Menschen über ernste Kopfschmerzen zu klagen begannen. Schließlich wurde es unumgänglich, den Luftvorrat von außen wieder aufzufüllen.

Das Hauptziel des Projekts war es, völlig autark zu sein und sich selbst zu helfen, sodass alle Probleme innerhalb der Biosphäre behandelt und ohne Hilfe von außen gelöst werden sollten. So war sie jedenfalls von Anfang an geplant und gebaut worden. Zu dem Zeitpunkt, als der medizinische Berater mit mir das Problem besprach, dass Luft von außen zugeführt werden musste, war das Projekt genau genommen schon gescheitert, da das Kohlendioxid sich unkontrolliert vermehrte. Wenn man sich die Sache aber etwas genauer überlegt, wird deutlich, dass irgendetwas für die Vermehrung von CO_2 verantwortlich sein musste. Und da der oder die Verursacher nur Mikroorganismen sein konnten, vermutete ich als Ursache des Scheiterns, dass diese winzigen Kreaturen bei der Planung einfach nicht in Betracht gezogen worden waren.

Der Umwandlungsprozess von organischer zurück in anorganische Substanz ist zyklisch und resultiert zwangsläufig in einem Anstieg von Kohlendioxid. Es gibt aber keinen solchen CO_2-Anstieg, wenn Zymogene in den Zyklus eingebunden sind. Diese ermöglichen den Pflanzen organische Ernährung, ohne dass dabei überhaupt CO_2 entsteht. Wären Zymogene von Anfang an in das Projekt eingebunden worden, wären die Probleme der Überproduktion von Kohlendioxid nicht aufgetreten. Es scheint, dass man bei der Planung der Biosphäre für das Projekt „Mini-Erde" dem Zusammenspiel von Luft, Wasser und Pflanzenleben zwar genügend Aufmerksamkeit gewidmet, aber die Rolle der Mikroorganismen in allen drei Bereichen zu wenig beachtet hatte.

Es ist reiner Zufall, dass die amerikanische Produktionsstätte für EM, die seit Oktober 1993 in Betrieb ist, nur 40 Meilen von dem gigantischen „Mini-Erde"-Gewächshaus entfernt liegt. Nach meinen Gesprächen mit dem medizinischen Berater arrangierten wir eine Zusammenarbeit, um die EM-Technologie in das Projekt zu integrieren. Dies erwies sich als äußerst vorteilhaft für beide Seiten. Für uns, mein Forschungsteam und mich, war es eine ausgezeichnete Chance, die Wirkungen von EM auf das Ökosystem der Erde als Ganzes zu studieren, da ja die „Mini-Erde" als genaue Kopie der Biosphäre unseres Planeten entworfen worden war.

Während wir eine ganze Menge über die grundlegenden Wirkungsweisen von Luft, Wasser und Erde wissen und wie sie sich untereinander beeinflussen, haben wir nur wenig Kenntnisse darüber, wie Mikroorganismen – diese winzigen, fürs menschliche Auge unsichtbaren Lebewesen – eigentlich wirken und welche Rolle sie genau spielen. Forschungen über Mikroorganismen haben sich tendenziell eher auf jeweils einen Bereich konzentriert. Es gibt Studien über Mikroorganismen, die für die Entstehung von Krankheiten verantwortlich sind, und wieder andere über Mikroorganismen, die Krankheiten hervorrufende Mikroorganismen in Schach halten. Das ist alles gut und schön, aber ich kann den Eindruck nicht loswerden, dass wir in gewisser Weise die Forschung darüber vernachlässigt haben, wie sich Mikroorganismen insgesamt in der Natur verhalten.

Heute wissen wir so viel: In der Natur gibt es eine Dynamik, besser gesagt ein System oder einen Mechanismus, der alle in der ökologischen Kette über den Mikroorganismen stehenden Lebewesen regenerativ und positiv beeinflussen kann, sobald die unsichtbare Armee dieser Mikroorganismen ihre antioxidative Tätigkeit ausübt. Anders gesagt, wenn die Welt der Mikroorganismen in Ordnung ist, stimmt auch alles andere in der Welt. Der heilsame Einfluss der Mikroorganismen wird auf andere Bereiche übertragen und bringt alles andere – die Landwirtschaft, die Umwelt und die Gesundheit – auf den Weg der Regeneration, Vitalität und Produktivität in einem fortwährenden Zyklus. Gegenwärtig geschieht aber genau das Gegenteil auf unserem Planeten: Nur die degenerativen Arten der Mikroorganismen vermehren sich ständig. Wenn wir nicht ein für alle Mal erkennen und uns klar machen, dass dies tatsächlich im Moment so der Fall ist, und nicht schnell Gegenmaßnahmen ergreifen, besteht die reelle Gefahr, dass die ganze Welt letzten Endes genau das im Großen erfährt, was der „Mini-Erde" des *Biosphäre II*-Projektes zugestoßen ist.

Verhinderung der fortdauernden Zerstörung der Ozonschicht

Was das Problem der Wasserverschmutzung so ernst macht, ist die Tatsache, dass Wasser sowohl im Boden als auch in der Atmosphäre verschmutzt wird. Verschmutzungen, besser: Vergiftungen im Boden und in der Luft sammeln sich durch Regen und Schnee schließlich alle im Wasser an. Da alles Leben vom Wasser abhängt, kann Wasser, je nachdem, ob es gut oder schlecht ist, alles verbessern oder alles verschlimmern.

Genau so wie jeder von der Wichtigkeit des Wassers für unseren Planeten und alles Leben weiß, weiß aber auch jeder, dass der Zustand unseres Wassers immer schlechter wird. Ganz gleich, um welche Art der Verschmutzung es sich handelt, ob in unseren Flüssen, in unseren Böden durch den überhöhten Gehalt von Pestiziden und Kunstdünger, in unserer Luft durch Autoabgase, Emissionen aus Kraftwerken und Fabriken oder aus der Verbrennung organischer Materialien – am Ende findet alles seinen Weg ins Wassersystem. Die stetige Zunahme verschlimmert die Situation immer mehr. Die Verunreinigungen im Wasser werden zunächst von niederen Lebensformen absorbiert, sie sammeln und konzentrieren sich in ihren Körpern. Diese niederen Lebewesen werden Nahrung für die höher stehenden, und so akkumulieren sich die Belastungen und Vergiftungen von Lebewesen zu Lebewesen. Auf diesem Weg konzentrieren sich die Gifte immer mehr, bis schließlich am Ende der Nahrungskette wir Menschen sie konsumieren. In unserem Körper steigt die Konzentration weiter an. Auf diesem Weg gelangt jede Verschmutzung von Wasser schließlich in den menschlichen Körper.

Man muss daher nicht nochmals betonen, dass die Lösung des Problems in der vollständigen Verhinderung der Umweltverschmutzung liegt. Nur geschieht das nicht durch Wunschdenken. Da wir das Problem bisher nicht besonders erfolgreich angegangen sind, ist die Umweltverschmutzung so weit eskaliert, dass wir heute an einem Punkt stehen, wo es ganz global für die Umwelt kritisch geworden ist. Glücklicherweise besitzen wir (mit EM) die Technologie, mit der die Situation korrigiert werden kann. Allerdings müssen wir jetzt handeln und zwar schnell, um ein effektives System aufzubauen, das die Umweltverschmutzung in all ihren Formen und Manifestationen beendet.

Manche sind der Meinung, dass die Verbreitung und Intensivierung der Umweltverschmutzung nicht zu verhindern ist und zwangsläufig fortschreitet im Verhältnis zu unseren ökonomischen Aktivitäten. Wer dies jedoch als gegeben hinnimmt, lässt ein klares Verständnis der Naturgesetze vermissen. Evolutionsgemäß verhält sich die Natur so, dass sie versucht, alles Leben in einem Stadium des perfekten Gleichgewichts zu halten. Demnach hätten wir die heutigen Widersprüche und selbstzerstörerischen Anomalien nicht, wenn der Mensch *mit* der Natur statt *gegen* sie arbeiten würde, und wir alle im Wesentlichen im Einklang mit den Naturrhythmen und -zyklen von Regeneration und Harmonie zu leben und zu arbeiten versuchten.

Man erklärt uns, dass die Ozonschicht zerstört wird und dass die Intensität des ultravioletten Lichts, das die Erdoberfläche erreicht, dadurch stark ansteigen wird. Infolgedessen steige die Häufigkeit von Hautkrebs, und der Alterungsprozess würde beschleunigt. Jeder kennt den Erzfeind, den bösen Buben, der wirklich für die Zerstörung der Ozonschicht verantwortlich ist, nämlich PCB, Treibgas. Es wurde auf die Anklagebank gesetzt, für schuldig befunden, verurteilt und 1995 verboten. Dennoch ist es verfrüht zu denken, unsere Sorgen wären damit aus der Welt geschafft.

In Wirklichkeit sind nämlich nicht die Treibgase allein die Übeltäter. Es gibt eine ganze Reihe anderer (Gase), die ihre Position in dem Spiel „Zerstört die Ozonschicht!" behaupten. Die jüngste Gruppe organisierter Verbrecher sind die Kohlenwasserstoffe, namentlich Methan, Ethylen und Acetylen. Wo kommen sie her? Methan ist ein Gas, das von Reisfeldern, Sumpfgebieten und Müllkippen aufsteigt. Eine ganze Reihe von Kohlenwasserstoffen werden von organischem Material während ihres Zerfallsprozesses an die Luft abgegeben. Viehherden, Stalltiere, im Grunde alle Tiere geben organische Gase ab. Ebenso spielt dabei jede Art der Verbrennung eine Rolle, ob es sich um Abflämmen der Felder oder um Verbrennen von Müll handelt. Die Zerstörung, die von den Treibgasen ausgeht, kann kaum verglichen werden mit den vereinten zerstörerischen Kräften all dieser Gase. Mehr oder weniger deutet dies heutzutage auf die Landwirtschaft als den Hauptschuldigen an der Zerstörung der Ozonschicht hin.

Die EM-Technologie ermöglicht jedoch, diese neu entdeckten Verursacher der Zerstörung nahezu vollständig unter Kontrolle zu halten, weil sie alle, die Kohlenwasserstoffe, Sulfide und Oxide, genau das sind, wovon sich die Effektiven Mikroorganismen ernähren. Die Aktivität von EM verwandelt diese Substanzen in Aminosäuren, organischen Sauerstoff und Zucker, die Dünger für den Boden sind, Nahrung für die Pflanzen bilden und ebenso Plankton als Nahrung für die Meeresbewohner. Was EM nicht macht, ist die Umwandlung in irgendwelche Gase.

EM kann sogar die Antwort auf den sauren Regen geben. Wenn sich EM in ausreichender Menge im Boden befindet, neutralisieren die von EM produzierten Antioxidantien die schädlichen Giftstoffe im sauren Regen und stellen gleichzeitig den Photosynthesebakterien eine Wasserstoffquelle zur Verfügung.

Wir wissen, dass Pestizide und Kunstdünger eine Hauptursache der Umweltverschmutzung sind, aber wie ich schon an anderer Stelle sagte, bietet EM eine einfache Lösung des Problems. Wenn EM zusätzlich auf landwirtschaftlich genutztes Land in höherer Konzentration ausgebracht würde, könnte es die Wasserverschmutzung vom sauren Regen über verseuchte unterirdische Wasserdepots bis hin zu unseren belasteten Flüssen beheben. Während bis heute Maßnahmen gegen die Zerstörung der Ozonschicht und den Anstieg der CO_2-Menge schwer umzusetzen sind, würde bei einem globalen Einsatz von EM weltweit der Anstieg von Kohlendioxid drastisch reduziert.

Zusätzlich würde ein globaler Einsatz von EM in der Landwirtschaft eine Steigerung der Produktion landwirtschaftlicher Güter um ein Vielfaches bedeuten. Dies wäre ein und dasselbe wie Kohlendioxid aus der Atmosphäre in Form von Nahrungsmitteln „ernten". Gleichzeitig müsste man natürlich verschiedene Vorsorgemaßnahmen treffen. Es wäre beispielsweise von größter Wichtigkeit, von den gegenwärtig dominierenden fossilen Brennstoffen auf saubere Energiequellen überzugehen. Allererste Priorität allerdings hat die weltweite Verstärkung der erdeigenen Fähigkeit zur Antioxidation.

Milderung von Hunger und Armut auf dem afrikanischen Kontinent

In Europa hat EM einen vielversprechenden Widerhall gefunden und seine Verbreitung wächst stetig weiter. Mittlerweile wird es in den meisten europäischen Ländern angewandt. Mancherorts wird große Hoffnung in EM gesetzt, beispielsweise dort, wo unterirdische Trinkwasserdepots durch exzessiven Einsatz von Kunstdünger und hochgradige Nitratbelastung durch die großen Mengen von Gülle aus Viehbetrieben verseucht sind.

Nitrate können besonders unangenehm werden, weil sie stark krebserzeugend wirken, wenn sie sich als Nitrosamine mit Proteinen verbinden. EM kann diese Synthese effektiv unterbinden, indem es die Nitrit-Ionen beseitigt, bevor diese sich mit Salzen zu Nitraten verbinden können. Wo EM in der Landwirtschaft angewandt wird, sind Gemüse praktisch völlig nitratfrei geworden und der Grad der Nitrit- und Ammoniakbelastung in verschmutztem Wasser hat dramatisch abgenommen. Diese Wirkungen sind weithin anerkannt, und die EM-Methode in der Landwirtschaft nimmt ständig zu.

Mit der Einführung von EM in Europa hat sich ein unerwarteter Vorteil ergeben. Schon seit einiger Zeit hatten wir uns in unserer Organisation Gedanken darüber gemacht, wie wir auf dem afrikanischen Kontinent Fuß fassen könnten. Für 1995 war in Frankreich eine Internationale Konferenz für natürliche Anbaumethoden in der Landwirtschaft mit EM als Schwerpunkt geplant. In Zusammenarbeit mit Frankreich wurde die nächste Konferenz für 1997 auf afrikanischem Boden ins Auge gefasst. Da dort bekanntermaßen sehr viele Menschen unter Hunger und Armut leiden, war ich besonders darauf bedacht, die EM-Technologie so früh wie irgend möglich dort einzuführen. Bis dahin war sie leider nur in Angola, Südafrika und Tansania bekannt.

Historisch hat Frankreich sehr enge Verbindungen zum afrikanischen Kontinent. Derzeit arbeiten französische Freiwilligenorganisationen sehr aktiv an der Verbreitung der Agrartechniken mit. Einige einflussreiche Mitglieder haben EM schon für Getreide auf einem Gelände von mehr als 500 ha mit erstaunlichen Ergebnissen getestet. Wenn darauf ein günstiges Echo erfolgt, dann besteht die Wahrscheinlichkeit, dass der Gebrauch von EM auch in Afrika anlässlich der für 1997 geplanten Konferenz in Südafrika zum Durchbruch kommt.[5]

Wie können Effektive Mikroorganismen Umweltprobleme lösen?

Wir leben in einer Zeit, in der konventionelle Ideen über Veränderungen nicht länger gelten. Wenn ich sage „konventionelle Ideen über Veränderungen" meine ich die Einstellung, dass das, was in der Vergangenheit funktioniert hat, in Zukunft ebenso gut funktionieren müsste. Dies ist aber nicht der Fall. An einer Sozialstruktur, die große Summen verschleudert, wie es gegenwärtig geschieht, nur um den Status quo zu erhalten, ist irgendetwas grundlegend falsch. Das gilt mit Sicherheit für Japan, aber ich denke, auch für die meisten anderen Staaten der Welt. In meinem eigenen Land belaufen sich z. B. die enormen Summen für das Gesundheitswesen auf mehr als 20 Billionen Yen pro Jahr, das System des Sammelns und Verwertens von Müll belastet die Gemeindebudgets bis aufs Äußerste, und es wird ein Landwirtschaftssystem unterhalten, das so ineffizient und unangemessen auf die tatsächlichen Bedürfnisse eingeht, dass es sich nicht einmal selbst erhält, geschweige denn Profit erwirtschaftet, ganz gleich, wie hart die Beteiligten sich mühen.

Effektive Mikroorganismen müssen sich ausbreiten dürfen, wenn wir die Welt retten wollen

Ich habe über einige der allgemein anerkannten Probleme von Umweltverschmutzung gesprochen, dabei aber noch nicht die Bodenerosion erwähnt. Sie ist vielleicht nicht Umweltverschmutzung per se, sie ist aber ein schwerwiegendes, wenn nicht das schwerwiegendste Hindernis, die Umwelt, so wie wir es möchten, zu erhalten. Kultiviertes und landwirtschaftlich genutztes Land sind besonders anfällig für Bodenerosion. Auf diesem Gebiet hat sich EM als besonders effektiv gezeigt.

Wird EM auf solchen Ländereien angewandt, wirkt es zunächst so, dass es die Erde „krümelig"[6] macht bzw. die Erdkrume aufbricht und die Wasserdurchlässigkeit verbessert. Sobald dies erreicht ist, kann EM einen Gang zulegen und den Boden regenerieren, indem es ihn befähigt, den bestmöglichen Gebrauch vom vorhandenen Wasser zu machen, vor allem, wenn der durchschnittliche Niederschlag pro Tag lediglich ein paar hundert Millimeter beträgt. In Gegenden, wo zu wenig Niederschlag fällt, um Oberflächenwasser zu bilden, gibt es normalerweise genügend Grundwasser. Mit Hilfe von EM wird es möglich, selbst in Wüstengegenden, wo es höchst unregelmäßig regnet, stetige, kontinuierliche Resultate zu erzielen.

EM hat sich außerdem erfolgreich bei Wiederaufforstungen nach Erdrutschen bewährt. Ich arbeite gegenwärtig bei Untersuchungen mit, wie Erdrutsche in Osawa, einer Gegend am Fuße des Fuji, verhindert werden können. Dies ist Teil eines größeren Projektes der Wiederaufforstung der Region um Japans berühmtesten erloschenen Vulkan. Das mit 50 Milliarden Yen an öffentlichen Geldern ausgestattete Projekt hat bisher nicht viel mehr zustande gebracht als ein System für die Katastrophenprävention. Bis heute ist jedoch nicht einmal ansatzweise etwas gegen die Bodenerosion getan worden, die ja eigentlich die Wurzel des Problems ist.

Wenn EM erstmalig in solche Erde kommt, wie sie etwa an den Abhängen des Fuji vorhanden ist, entwickeln die Mikroorganismen zuallererst Hyphen, mikroskopisch kleine Fäden, die sich über die gesamte Fläche ausbreiten und ein natürliches Netz zu bilden. Dies ist die Voraussetzung für den Moosbewuchs an der Oberfläche. Moos selbst ist ein starkes Mittel gegen Bodenerosion und führt zu einem kumulativen Effekt, sobald pflanzliches Leben anfängt, Wurzeln in den Boden zu treiben – was unweigerlich geschieht, wenn diese Vorbedingungen erfüllt sind. Auf diesen Prinzipien fußen unsere Maßnahmen am Fuße des Fuji. Neben EM werden die erodierten Bereiche mit organischem Dünger angereichert. Darüber hinaus sind mehr als zwanzig verschiedene Bergpflanzen angesiedelt worden. Inzwischen ist uns bewusst geworden, dass wir mit dieser Methode bis hinauf auf die Spitze des Berges Bewuchs haben werden. Unsere Arbeit stützt sich momentan weitestgehend auf eine große Zahl von Freiwilligen. Sie bilden die menschliche Komponente, die das Ganze anschiebt. Endziel ist es aber, die der Bergerde innewohnenden Fähigkeiten wiederzuerwecken, also auf ganz natürliche Weise die Bedingungen zu schaffen, solche Erdrutsche überhaupt zu verhindern. Im Grunde unternehmen wir lediglich Schritte, um die Fähigkeit des Berges zur Selbstheilung zu verbessern. Die Natur ist wahrlich wunderbar, weil sie zielsicher alle auftretenden Probleme ohne Widersprüchlichkeiten selbst löst, ohne das natürliche Gleichgewicht zu stören.

Nur der Mensch hat die Möglichkeit, der Natur unnatürliche Veränderungen aufzuzwingen oder sie zu zerstören und die ihr innewohnenden Selbstheilungskräfte unwirksam zu machen. Glücklicherweise kann der Mensch aber auch ebendiese Fähigkeiten in der Natur wiedererwecken, und genau das müssen wir jetzt mit allen uns zur Verfügung stehenden Kräften tun. Nur der Mensch hat die Macht, die Natur in die falsche Richtung zu zwingen. Und in unserer Arroganz haben wir bislang genau das getan. Aus einer anderen Perspektive betrachtet, ist der Mensch auch nur ein Teil der Natur und, ganz gleich wie egozentrisch und eigensinnig wir uns in unserer Eitelkeit entschlossen haben zu handeln, wir vermögen doch kaum mehr als nur winzige und höchstens kurzzeitige Unterbrechungen auf dem unaufhaltsamen Weg der Evolution zu bewirken.

Es gibt viele verschiedene Ansichten, und für manche Leute bedeutet es wenig, wie viel Umweltverschmutzung wir erzeugen oder wie weit wir die Umwelt zerstören. Im Grunde aber ist die Natur kaum gestört. Die Menschheit mag verschwinden als Resultat der Umweltvergiftung, die wir selbst verursachen, aber nach unserem Verschwinden werden irgendwelche Mikroorganismen auftreten, die EM ähneln, und den Dreck, den wir auf diesem Planeten hinterlassen haben, aufräumen. Danach wird die Bühne wieder frei sein für die nächste Phase der Evolution. Mehr wird nicht passieren. Nur wir werden nicht da sein, um das zu erleben! Unter diesem Gesichtspunkt kann man die Effektiven Mikroorganismen ganz offensichtlich als Lösung unserer heutigen Umweltprobleme erkennen.

Meiner Meinung nach ist die Einstellung, wie man an die Aufgabe, die Umweltprobleme zu lösen, herangeht, von großer Wichtigkeit. Es ist unbedingt erforderlich, zunächst zu verstehen, wie die Natur funktioniert. Danach müssen wir sichergehen, dass das, was wir tun, nicht gegen die Natur gerichtet ist und den natürlichen Prozess nicht zerstört. Wir müssen unser Wissen so klug einsetzen, dass wir in Harmonie mit der Natur arbeiten und Resultate erzielen, die das Beste für die Umwelt unseres Planeten sind.

Am Schluss dieses Kapitels möchte ich noch zwei eher ungewöhnliche, erfolgreiche Anwendungen der EM-Technologie erwähnen. Das erste Beispiel kommt aus Brasilien.

130 km flussaufwärts von Belém, einer Stadt an der Mündung des Amazonas, werden auf einer riesigen Fläche Palmen kultiviert. Eine Ölmühle in dieser Gegend kann bis zu 60 t Palmöl pro Tag herstellen. Normalerweise wird Palmöl für die Herstellung von Margarine oder billiger Seife verwendet. Aber hier wird eine völlig neue Anwendung des Öls getestet. In einer Fabrik versucht man nämlich, aus dem Palmöl Dieselkraftstoff herzustellen. Wie man weiß, gilt das übliche Dieselöl in Verbrennungsmotoren als erheblicher Mitverursacher der Luftverschmutzung.

Eine der Hauptschwierigkeiten dieses Projektes liegt in den Kosten. Bei einer durchschnittlichen Produktionsmenge von 18 bis 20 kg (pro Baum) war das Unternehmen nicht rentabel. Da man aber mit dem Einsatz von EM die Produktivität auf ca. 40 kg steigern konnte, war es möglich, einen Profit von ca. 20 Dollar pro Fass (barrel) zu erwirtschaften. In einem äquatorialen Sumpfgelände, wo kaum eine andere profitable Landwirtschaft möglich ist, ist die Kultivierung von Palmen ein durchaus attraktives Vorhaben.

Hier handelt es sich nur um eine einzige Region. In Brasilien gibt es aber mehrere Millionen ha ähnlichen Marschlandes. Wenn nun die Produktivität mittels EM erheblich gesteigert würde, wäre eine beträchtliche Menge von nachwachsendem Brennstoff garantiert, der aus natürlichen, nachwachsenden Materialien besteht und wirkungsvoll herkömmlichen Dieselkraftstoff ersetzen könnte. Brasilien könnte dadurch weltweit der wichtigste Hersteller dieses neuen Brennstoffs werden. Die Chancen dafür stehen nicht schlecht, sobald das Projekt gestartet ist. Bei der Verbrennung von Brennstoff aus Palmöl entsteht lediglich Kohlendioxid und Wasser, wofür ja schon ein funktionierendes Recyclingsystem existiert, da alle Pflanzen beides für ihr Wachstum nutzen.

Dies ist aber noch nicht die einzige günstige Anwendung von EM für die Motorwelt. Tests, die ich vor ein paar Jahren mit meinem Forschungsteam durchführte, ergaben, dass durch Hinzufügung einer bestimmten Menge aus EM gewonnener Antioxidantien der Verbrennungseffekt im Motor um ca. 30 % gesteigert wurde. Dies führte zu einer höheren Kilometerleistung und reduzierte die Kosten. Außerdem ergab sich als Vorteil eine nahezu vollständige Verhinderung von Korrosion innerhalb des Motors und eine drastisch geringere Abnutzung bei anderen Teilen. Ein ganz wesentlicher Punkt war schließlich auch die Reduzierung aller Arten von Oxidantien im Abgas. Mittlerweile haben bereits verschiedene Ölfirmen großes Interesse an den Möglichkeiten dieses Systems gezeigt. Die Produktionskapazitäten für EM haben aber noch nicht das Niveau erreicht, um die Nachfrage von dieser Seite befriedigen zu können.

Die antioxidierende Wirkung von EM verspricht breite Anwendungsmöglichkeiten auf allen Gebieten, die mit Oxidation und Antioxidation zu tun haben, z. B. beim Einsatz als Reinigungsmittel für Präzisionsmaschinen oder als Ersatz für Treibgase bei allgemeinen Reinigungsprozessen, oder eben als Rostschutzmittel sowie zur Prävention von Verschleiß bei allen möglichen Materialien. Dies sind nur einige der Einsatzmöglichkeiten für EM, die einem als Erstes in den Sinn kommen, zusätzlich zu der Fähigkeit von EM, die Lebensdauer und Funktionsfähigkeit von so gut wie jeder Substanz oder jedem Produkt zu verlängern. Was bisher über EM bekannt ist, bescheinigt ihm meines Erachtens fast unbegrenzte Anwendungsmöglichkeiten.

All diese Ergebnisse, die wir gesammelt haben, das gesamte Potenzial, das man bei EM erkennen kann, könnte EM geradezu mit der Aura eines extrem starken Allheilmittels umgeben. Aber wie ich schon häufiger erwähnt habe, ist der Erfolg davon abhängig, dass die dominante Gruppe von Mikroorganismen in EM vom Menschen angemessen und vorschriftsmäßig aktiviert wird. Nur so kann EM seine volle, globale Wirkung entfalten, die mögliche negative Nebenwirkungen ausschließt. Und ich habe absolutes Vertrauen in diese Aussage, dass EM ohne negative Wirkungen verwendet werden kann, da sich nichts Schädliches in seiner Zusammensetzung befindet. EM bringt ausschließlich nützliche Resultate, die für uns und alle anderen höheren Lebensformen nur von Vorteil sind.

Anmerkungen

1 Behandlung des Geruchs in der Tierhaltung, relative Daten: Gerüche in Schweineställen wurden erfolgreich mit fermentierten Mikroorganismen behandelt.

Substanz	vor der Behandlung	nach der Behandlung
Ammoniak	2,100 ppm	0,006 ppm
Schwefelwasserstoff	1,720 ppm	keine Spuren
Methylmercapton	0,014 ppm	keine Spuren
Trimethylamine	0,031 ppm	keine Spuren

Bemerkung: Die Kultur von Mikroorganismen, die in obigem Versuch benutzt wurde, setzte sich zusammen aus Actinomyceten, Milchsäurebakterien, Hefepilzen und Photosynthese-Bakterien. Der geruchshemmende Effekt hält 15 bis 30 Tage nach der Anwendung an. Dieses Experiment wurde 1989 ausgeführt.

2   Belebtschlamm: Wenn Abwasser belüftet wird, findet eine spontane Vermehrung der Mikroorganismen statt, die sich von den Verunreinigungen darin ernähren. Das Resultat ihrer Aktivität ist, dass das Wasser klar wird, aber wegen der erheblichen Zunahme der Organismen hat es eine schlammige Konsistenz. Der Schlamm ist tatsächlich lebendig durch die riesige Menge von darin lebenden Mikroorganismen. Deshalb wird er „Belebtschlamm" genannt. Eine Möglichkeit, den mit dieser Methode hergestellten Schlamm wieder aufzulösen, ist, ihn aerobisch zu behandeln, ein aufwendiger und schwieriger Prozess, der konstante Belüftung erfordert.

3   Das Phänomen der Küstenabtragung: Die Abtragung (Abschwemmung) von Küstenlinien geschieht, wenn das Ökosystem entlang der Küste zerstört ist und die Küste wüstenähnlich wird, da sich ihre Flora und Fauna in einem extrem geschwächten Zustand befindet.

4   Siehe auch das Kapitel 6 über EM-Keramik.

5   Aufgrund der schwierigen politischen Verhältnisse und anderer Probleme ist die EM-Technologie auf dem schwarzen Kontinent noch nicht in allen Ländern eingeführt worden.

6   Krümeln: Boden besteht im Grunde aus Myriaden einzelner zusammengesetzter Erdpartikel. Wenn die Partikel voneinander getrennt werden, verdichtet sich der Boden, die Wasserdurchlässigkeit ist folglich stark reduziert und die Oberfläche heftiger Erosion ausgesetzt. Die Hydra, die mikroskopisch kleinen Fasern, die von EM ausgelegt werden, verändern allgemein den Charakter des Bodens, indem sie die einzelnen Partikel zu Erdklumpen zusammenklumpen lassen, sodass die Erde leichter bearbeitet werden kann und folglich für die Landwirtschaft besser verfügbar ist.

Kapitel 4

Die Wiederverwertung von organischen Küchenabfällen – der erste Schritt zu einer sauberen Umwelt

Aus: *Eine Revolution zur Rettung der Erde II*

Bürger, Behörden und Landwirte arbeiten Hand in Hand

Küchenabfälle, genauer gesagt organische Küchenabfälle, bestehen im Allgemeinen aus den Essensresten und anderem organischen Material, das zum größten Teil in normalen Haushaltsküchen anfällt. Bis vor kurzem war das Recyceln und die Frage, was man mit dem recycelten Zeug anfangen sollte, von A bis Z ein einziges großes Problem. Jetzt jedoch, seit eben diese Abfälle schnell und auf einfache Weise zu Kompost von bester Qualität verarbeitet werden können – nämlich nur durch die Behandlung mit EM –, und seitdem viele davon wissen, haben sich in kurzer Zeit überall in Japan viele aktive Gruppen gebildet, die sich darum kümmern, dass die aufgearbeiteten Abfälle einer sinnvollen Verwendung zugeführt werden.

An anderer Stelle (Kapitel 1) habe ich den Lesern die Stadt Kani in der Präfektur Gifu im Zentrum der Hauptinsel Honshu vorgestellt. Kani war die erste japanische Großstadt, in der eine Recyclingkampagne in Gang gesetzt wurde, weil die kommunalen Behörden und die Bürger mit vereinten Kräften sich dafür eingesetzt hatten. Lassen Sie mich zeigen, was sich inzwischen ereignet hat.

Kani wurde eine zentrale Sammelstelle für Daten über Säuberungsaktionen der Umwelt und erteilt Auskünfte und Informationen über alle damit zusammenhängenden Fragen. Die Verarbeitung der Küchenabfälle mit EM hat sich über das ganze Land verbreitet und ist jetzt in einem Stadium, wo man ziemlich sicher davon ausgehen kann, dass es in Japan niemand bei irgendeiner kommunalen Abfallentsorgung gibt, der noch nichts von EM gehört hat. Einer der vielen aktiven Kreise, die jetzt tätig sind, wurde von Hausfrauen in Abiko ins Leben gerufen, einer Stadt im Norden von Tokio, und zwar auf ganz einfallsreiche Weise. Frau Morita fing an, die Abfälle, die in ihrem Haushalt ihrer Familie anfielen, mit EM zu bearbeiten, nachdem sie davon auf einer Veranstaltung gehört hatte. Als sich die versprochenen Resultate einstellten, war sie davon so beeindruckt, dass sie unbedingt anderen davon erzählen musste. Sie stellte eine große Menge *EM-Bokashi* her und zeigte es auf einer Verbrauchermesse. EM-Bokashi ist der aktive Bestandteil für das Aufarbeiten der Küchenabfälle. (Siehe dazu die Schaubilder am Ende des Kapitels S. 162–169)

Der Einfallsreichtum von Hausfrauen, mit den organischen Küchenabfällen fertigzuwerden, stößt heutzutage fast überall an seine Grenzen. Die Frauen, die den Abiko-Stand besuchten, waren deshalb in hohem Maß angetan von dem, was sie über EM hörten. Sie taten sich zusammen und meinten, das Beste sei, die Informationen weiterzuverbreiten. Daraus entstand die Gruppe EcoPure-Abiko. Das Ergebnis ihrer Bemühungen ist allerbester Kompost, der unter anderem den Haushaltsgärten in der Gegend um Abiko zugutekommt. Wie so oft verbreitete sich das Wissen über EM auch hier nicht über Spezialisten und akademische Fachleute, sondern durch die überzeugende Arbeit von Männern und Frauen, die sich für ihre Möglichkeiten interessierten und begeistern. Es kommt aber auch vor, dass eine solche Bürgeraktion, in welch guter Absicht auch immer, trotzdem scheitert und nicht über die Kerngruppe hinauskommt.

In Abiko jedoch waren sowohl die Bürger als auch die Behörden außergewöhnlich wach gegenüber den Umwelt- und Abfallproblemen. Der Grund dafür mag darin liegen, dass die Stadt keine eigene Müllentsorgungsanlage hatte und in der Nähe des berüchtigten total verschmutzten Teganuma-Sees liegt. Als bekannt wurde, wie Hausfrauen ihre Abfallprobleme in den Griff bekamen und einen Aktionskreis dafür gegründet hatten, zog dies die Aufmerksamkeit von offiziellen Stellen aus dem Rathaus und dem Stadtrat bis hin zum Schulamt auf sich, und es bildete sich schnell eine Organisation zur Unterstützung der Gruppe.

Die Region um Abiko ist immer noch vorwiegend ländlich und von Landwirtschaft dominiert mit einer großen Zahl von Familien, die natürliche Bearbeitungsmethoden bevorzugen. Einer von ihnen ist Zenichi Noguchi, der sechs Jahre zuvor als Erster biologische Landwirtschaft auf seinen Feldern eingeführt hatte, aber mit diesen traditionellen Methoden allein keine befriedigenden Ergebnisse erzielt hatte. Er war sofort begeistert, als er von EM hörte, und integrierte es in seine biologischen Methoden.

Yasunori Tamane, ebenfalls ein eigenständiger Bauer und findiger Kopf, gründete eine Initiative, die er „Freunde des Bodens" nannte. Die Gruppe arbeitet selbständig mit der EM-Technologie und Yasunori Tamane erklärt seinen Kunden, wie sie mit EM-Bokashi ihre Küchenabfälle behandeln. Er liefert ihnen das nötige Fertigbokashi, womit sie selbst aus ihren Abfällen Komposterde machen können, um gutes Obst und Gemüse zu ziehen. Auf diese Weise ist ein höchst erstrebenswertes Recycling-System entstanden, das zeigt, wie solche Bewegungen in Gang kommen und wie sie und viele andere einen starken Einfluss haben, dass EM bekannt und verwendet wird.

Motiviert durch die Hausfrauen, die die EcoPure-Bewegung gegründet hatten, drängte der Stadtrat auf eine rasche Änderung der Küchenabfallbeseitigung. Es wurden Zuschüsse bewilligt, um die einzelnen Haushalte zur Verwendung von EM zu motivieren, und ein Beschluss gefasst, Abiko überall bekannt zu machen als die Stadt, die das EM-Recycling-System anwendet und Küchenabfälle in wertvolle Ressourcen umwandelt.

Diese Aktivitäten können als eine ideale Lösung der Frage angesehen werden, wie Behandlung und Beseitigung von organischem Abfall durch Bürger, kommunale Behörden und Landwirte in einer Region gemeinsam und erfolgreich mit Hilfe von EM gelingt. Als ich davon hörte, wie EM so aktiv und mit Erfolg in der Region zur Anwendung kam, befasste ich mich ernsthaft mit einem Plan zur Säuberung des Teganuma-Sees. Ich hatte das Gefühl, dass wir bei einem solch großen Echo und solchen Ergebnissen tatsächlich ans Werk gehen konnten.

Verarbeitung von Küchenabfällen mit EM in mehr als 1000 Orten in Japan (1994)

Man sagt, das niemand mehr auf die Schultern gelegt bekommt als er/sie tragen kann. Ich bin überzeugt, dass wir für alle Probleme in der Welt um uns herum auch eine Lösung finden können. In Kani erwies sich das als wahr, als es Japans erstes Projekt zur Wiederverwertung der Küchenabfälle ins Leben rief. Der zündende Funke stammte von Yoshikatsu Okamura, dem Fabrikanten eines Gummi verarbeitenden Betriebes, der EM-Bokashi zur Verarbeitung seiner Küchenabfälle zu Kompost für den eigenen Gemüsegarten verwendete.

Dies klingt vielleicht ein wenig provinziell, aber es wuchs aus einer ganz schlichten Situation heraus. Damals waren die Anlagen der Stadt zur Verbrennung der Abfälle total ausgelastet, und Kani sah keinen anderen Ausweg, als eine weitere Verbrennungsanlage zu bauen, um alle anfallenden Abfälle beseitigen zu können. Der Kern der Sache war der, dass der Fabrikant in der Nähe des Gebietes wohnte, wo die neue Verbrennungsanlage voraussichtlich gebaut werden sollte. Natürlich war er gegen diese neue Anlage, suchte aber nach einer praktikablen Lösung, anstatt nur dagegen zu sein – und hatte die Idee, es erst einmal mit EM bei seinen Küchenabfällen zu versuchen.

Da die Abfallmengen ständig zunehmen und die Anlagen zur Beseitigung kaum Schritt halten können, ist die erste Maßnahme sicherlich, insgesamt eine Reduzierung zu versuchen. Die Standardantwort darauf ist meistens: „Ja klar, aber zuallererst müssen unsere Beseitigungskapazitäten vergrößert werden …" In den meisten Fällen bringt die Aufforderung an die Allgemeinheit, weniger Müll zu produzieren, rein gar nichts. Okamura jedoch unterbreitete der städtischen Behörde einen brauchbaren Vorschlag und daraus erwuchs, was in Kani bis heute entstanden ist.

Gleichzeitig muss natürlich den Leuten im Rathaus Anerkennung gezollt werden, dass sie ein offenes Ohr für Okamuras Vorschlag hatten. In den meisten Fällen gehen die Behörden in Opposition und versuchen stattdessen, ihre eigenen Pläne durchzusetzen. Sobald jedoch in Kani der Vorschlag mit EM auf dem Tisch lag, setzten sich Okamura und Mitsuru Asano, damals Direktor der Abteilung für Umweltfragen, zusammen, um die praktischen Fragen zu erörtern. Gemeinsam machten sie die weite Reise nach Okinawa, um sich mit mir persönlich zu beraten. Nur mit einem genauen Voranschlag konnte der Plan realisiert werden. So wie die Sache in Kani lief, ist das nach meiner Meinung das ideale Modell, wie Bürger und Behörden zusammenarbeiten sollten.

Als Vorstadt der Metropole Nagoya in Zentraljapan wächst die Bevölkerung in Kani rapide. Wie Herr Asano sagte, der in der Stadt die treibende Kraft für das Projekt war, würde die Abfallmenge jährlich um 1000 Tonnen steigen. Wenn nichts dagegen unternommen würde, müssten die Entsorgungsanlagen derart vergrößert werden, dass die Kosten zusammen mit denen für die Abfuhr des Mülls inflationäre Ausmaße erreichen würden.

Während jedermann die Nutzlosigkeit solcher Riesensummen nur für die Entsorgung von Müll und Dingen, die wir nicht mehr brauchen, einsieht, kann andererseits niemand etwas anderes tun, als sich damit abzufinden, solange es keine Alternativen gibt. In Kani beliefen sich die Kosten für die Müllentsorgung vor den EM-Recycling-Maßnahmen auf ca. 130 Euro pro Tonne, insgesamt auf etwas mehr als 130.000 Euro pro Jahr. Nach der Einführung des EM-Programms reduzierte sich die Abfallmenge im darauffolgenden Jahr um 1000 Tonnen. Ohne dass mehr Schritte unternommen wurden, als für das EM-Recycling der Küchenabfälle nötig waren, konnte das Jahresvolumen aller Abfälle um 2000 Tonnen gesenkt werden, eine De-facto-Reduzierung, die nicht nur die laufende Zunahme von 1000 Tonnen pro Jahr aufwog, sondern eine effektive Senkung von zusätzlichen 1000 Tonnen bedeutete. Rechnerisch ist das eine Ersparnis von ungefähr 259.000 Euro. Jedoch waren diese beträchtlichen Einsparungen nicht der einzige Positivposten. Die täglichen Küchenabfälle der Haushalte verwandelten sich in den Hausgärten in wohlschmeckendes, selbstgezogenes Gemüse und sie verschönerten Kani. Das EM-Recycling-Projekt hatte in augenfälliger Weise ein Negativum zu einem Positivum gemacht, aus einer Schuld ein Guthaben.

Viele Gemeinden, große und kleinere Städte und Dörfer leiden an derselben Krankheit wie Kani in früheren Jahren. Die Nachrichten von dem Pilotprojekt in Kani verbreiteten sich im restlichen Japan, und bald besuchten zahlreiche Gruppen von Bürgern und Abgeordneten aus dem ganzen Land die Stadt. Nach kurzer Zeit zeigte sich, dass gezielte Aktivitäten städtische Behörden drängten, ernsthaft die Möglichkeiten zu prüfen, dass in ihrer Region ebenfalls ein derartiges Entsorgungssystem eingerichtet wird. Wie eine Welle gewann der Gedanke an Stärke, und soweit ich informiert bin, gibt es heute (1994) mehr als 1000 Gemeinden in Japan, die dieses EM-Abfallentsorgungssystem in der einen oder anderen Form in ihr eigenes System eingegliedert haben.

Selbst angebaute Produkte bester Qualität

Japan produziert derzeit ungefähr 50 Millionen Tonnen Müll pro Jahr. Demgegenüber braucht unser Land jährlich etwas weniger als zehn Millionen Tonnen seines Hauptnahrungsmittels Reis. Dieser Vergleich gibt uns eine Vorstellung von den enormen Müllbergen, die unser Land produziert. Ungefähr 30 % davon, ca. 15 Millionen Tonnen, sind organische Küchenabfälle. Im Allgemeinen finden die Leute gerade den organischen Teil der Abfälle besonders ekelerregend wegen des Geruchs und weil sie schmutzig sind.

Wenn jedoch die EM-Abfallentsorgungsprogramme sich über ganz Japan verbreiten, wäre dies auch ein Weg, um landwirtschaftliche Produkte ganz ohne chemische Mittel und ohne Kunstdünger zu erzeugen, neben der Reinhaltung der Umwelt auch ein Gewinn für die menschliche Gesundheit. Das mag alles zu schön klingen, um wahr zu sein, aber ich sage mit Überzeugung, dass ich die Möglichkeiten, die in EM stecken, nicht übertreibe. EM ist Natur, und in der Welt der Natur laufen und funktionieren die Dinge seit eh und je auf diese Weise. Die Natur ist ein sich immer neu anpassendes, sich stets selbst vervollkommnendes System, alles entwickelt sich zuverlässig bzw. richtet und ordnet sich von selbst wieder in das System ein, so dass im Fall einer Unregelmäßigkeit sofort eine Wiederherstellung erfolgen kann. Die Natur ist so geschaffen, dass nichts innerhalb ihres Systems sich nicht selbst wieder in Ordnung bringen kann. Seitdem die Menschen in dieses System eingegriffen haben, müssten auch sie nach diesen Regeln leben. Sie scheinen jedoch vielerlei Plagen ausgesetzt zu sein, teils von ihnen selbst, teils von der Welt um sie herum verursacht, die sie nicht kontrollieren können und mit denen sie trotz vieler Mühen allem Anschein nach nicht fertig werden. Ein gutes Beispiel dafür ist die Verschmutzung der Umwelt. Offenbar entsteht bei allem, was der Mensch tut, nur Unordnung und Verschmutzung, und dann fehlen ihm die Möglichkeiten, einen Weg zurückzufinden. In geradezu alarmierender Weise verschlechtert sich der Zustand unserer Umwelt. Spricht nicht die derzeitige Art der Entsorgung der organischen Küchenabfälle Bände?

Wenn wir zu unseren natürlichen Grundlagen zurückkehren wollen, müssen wir von den Irrwegen wieder auf den Weg der Natur zurückkehren, d. h. der Spontanität der Natur vertrauen. Mit Blick auf die Landwirtschaft sind Kunstdünger und die angewendeten Chemikalien ein Irrweg. Sie sollten ja die Ernteerträge erhöhen – im Lauf der Zeit müssen sie jedoch in immer größeren Mengen eingesetzt werden, machen die Ackerböden steril und bedeuten eine immer größer werdende Gefahr für die menschliche Gesundheit. Hier wird uns das Paradebeispiel der Selbstzerstörung vor Augen geführt. Jetzt ist aber die Zeit gekommen, mit diesem selbstzerstörerischen Tun aufzuhören: Jetzt erst recht!

Was die Küchenabfälle betrifft, sollte es jedermann einleuchten, dass sie als organisch natürliche Substanzen wieder der Natur zurückgegeben werden müssen. Die Abfälle zu verbrennen oder in große Halden abzukippen, wie es heutzutage praktiziert wird, widerspricht völlig den Gesetzen der Natur und hat schlimme Folgen. Allgemein wird diese Dynamik verstanden. Tatsache ist jedoch, dass bis heute keiner in der Lage ist, die damit verbundenen Schwierigkeiten aus der Welt zu schaffen. Küchenabfall ist ein unvermeidliches Nebenprodukt im Alltag. Ihn einfach im Garten zu verbrennen, kann die Lösung nicht sein, sowohl wegen des Qualms als auch wegen des bei der Verrottung entstehenden Gestanks. Behälter zur Kompostherstellung bietet der Markt zwar an, aber die Investition dafür ist zu hoch, als dass sie für normale Familien in Frage käme. Außerdem ist Kompostierung recht zeitraubend. Man könnte die Abfälle auch zermahlen oder sie trocknen, jedoch sind auch hier weder die Einsatzmöglichkeiten noch die Kosten diskutabel. So ist es nicht verwunderlich, dass die Aufgabe für die Abfuhr und Entsorgung den kommunalen Behörden überlassen wird. Das Müllfahrzeug ist für die Familie das erleichternde Signal, allen Schwierigkeiten Lebewohl sagen zu können und den Dreck los zu sein. In der Realität bedeutet das aber nur, dass jetzt die Kommune dafür sorgen muss. Wie aber wird sie damit fertig? Irgendeine Lösung muss gefunden werden!

Ein Staat wie Japan, der nur in beschränktem Maß über Land verfügt, kann sich große Müllhalden nicht leisten und muss nach Alternativen suchen. Eine Zeit lang wurde der Müll verbrannt oder in Landsenken gekippt. Angesichts der immer weiter zunehmenden Müllmengen werden die kommunalen Behörden aber allmählich ratlos und kommen mit der Situation nicht mehr zurecht, darüber hinaus klagen sie laut über ihre Schwierigkeiten. Und da stehen wir heute!

Trotz aller Nöte sind weder für die Müllentsorgung noch für die Umweltverschmutzung Lösungen in Sicht. Es besteht tatsächlich ein Vakuum: ein Spezialgebiet, für das keine Spezialisten da sind. Es gibt tatsächlich weder einen Experten für die Behandlung aggressiver Gerüche noch einen, der Lösungen für die Behandlung von Gewässerverschmutzung hat.

Zumindest ist mir noch keiner begegnet, was die Behandlung und Entsorgung organischen Abfalls anbelangt. Sollte es solche Experten geben, dann sind es nur Theoretiker und von daher kaum in der Lage, zu praktischen Lösungen beizutragen.

Diese Situation ist einer der Gründe, weshalb es unmöglich ist, die Kosten für Müllabfuhr und Müllentsorgung im Rahmen zu halten. In Japan beläuft sich das Budget für diesen Posten auf über 35 Milliarden Euro, das heißt ca. 2,95 Millionen mehr, als das Ministerium für Bildung und Erziehung überhaupt zugeteilt bekommt! Ist es ein Wunder, dass in dieser fatalen Lage, wo Experten fehlen und man zusehen muss, wie exzessive Geldsummen für die Müllentsorgung aufgewendet werden müssen, die Menschen gierig nach einer Methode greifen, die eine Lösung verspricht? Genau das passiert zurzeit mit EM.

Heute gibt es keine Behörde mehr in Japan, die noch nichts von EM gehört hat. So schnell und umfassend haben sich die Nachrichten seit der Veröffentlichung meines ersten Buches verbreitet. Normale Haushalte, die ihr eigenes Gemüse anbauen, staunen über die gute Qualität, die sie mit ihrem eigenen, mit EM behandelten Küchenabfall produzieren. Wenn so etwas Gutes zur Verfügung steht, warum arbeiten die Landwirte immer noch mit Chemie und schädlichen Substanzen, die für die menschliche Gesundheit so gefährlich sind? Wir müssen den Spieß umdrehen: Die Verbraucher müssen sich jetzt bei den Landwirten für die Anwendung von EM einsetzen. Sie können sich am lautesten und einflussreichsten für EM stark machen.

Früher wollte man den Küchenabfall eben einfach loswerden. Seitdem EM jedoch Einzug in die Küchen gehalten hat, kann er in brauchbares Material umgewandelt werden: Er ist aus dem Weg geräumt, verschönert die Gärten und die öffentlichen Anlagen und verbessert die Situation in der Landwirtschaft. Es entstehen keine Entsorgungs- und keine Verbrennungskosten. Verbrennung verursacht sowieso nur Luftverschmutzung, schafft vielerlei neue Probleme und zusätzliche Kosten. Ein vermehrter, praktische Einsatz von EM würde nicht nur viel Geld freisetzen, sondern auch in den einzelnen Regionen eine Menge Aktivitäten wachrufen, die Umwelt und Zusammenleben verbessern. Zahlreiche Bürger, Behörden und Landwirte haben dies bereits erkannt.[1]

Dramatische Senkung der Kontaminationsrate im Abwasser der privaten Haushalte

Es kommt meiner Ansicht nach nicht darauf an, wie wunderschön eine Technik ist, sie muss im rechten Geist entwickelt und angeboten werden. Dies ist von höchster Bedeutung und man sollte es sich immer vor Augen halten. Mit EM kann man das Küchenabfallproblem effektiv lösen, mit nichts anderem kann man zu ähnlich guten Ergebnissen kommen. Halt! Hier muss ich mich berichtigen: Es gibt Methoden, die allerdings noch nicht vollständig entwickelt und der EM-Technologie unterlegen sind, aber mit einem ziemlich saftigen Preisschild daherkommen.

Über den Preis von EM habe ich schon geschrieben, deshalb verzichte ich hier auf weitere Ausführungen. Es soll genügen, wenn ich sage, dass es mein Wunsch ist, alles, was wirklich gut ist, möglichst allen Menschen und zu einem erschwinglichen Preis zugutekommen zu lassen. Die Mikroorganismen in EM stammen aus der Natur und haben als Teil der Welt um uns herum seit den frühesten Zeiten existiert. Mein Anteil daran ist, dass ich dies entdeckt und es genauer untersucht und entwickelt habe. Aus diesem Grund glaube ich, dass EM allen gehört, es also Allgemeinbesitz ist und möglichst umfassend der ganzen Gesellschaft zugutekommen muss. Es soll deshalb zu einem vernünftigen Preis zur freien Verfügung stehen, so dass es jeder bezahlen und davon Gebrauch machen kann. Noch einmal: Es kommt nicht nur darauf an, wie gut etwas ist. Wenn es zu teuer ist, denken die Leute zweimal darüber nach, ob sie es kaufen sollen. Wenn möglichst viele Leute etwas in Gebrauch nehmen sollen, muss es auch für jeden erschwinglich sein.

In unserer Gesellschaft leben leider auch ein paar ziemlich sorg- und gedankenlose Leute. Mit ihnen meine ich diejenigen, die leere Dosen aus dem Autofenster werfen oder ihre Zigarettenstummel einfach auf die Straße fallen lassen. Sie scheinen die „Keine Abfälle wegwerfen!"-Tafeln misszuverstehen, als ob darauf stünde: „Lass deinen Abfall einfach hier liegen!" Hier kann EM die Haltung der Menschen verändern, weil aus dem aufgearbeiteten Küchenabfall wertvoller Kompost gemacht werden kann, der die Pflanzen zum Blühen bringt und unsere Straßen in ein Blütenmeer verwandelt – und Abfälle in herrlich blühende Blumenbeete zu werfen, bringen dann doch nur wenige Leute über sich. Sie schmeißen ihre leeren Dosen dann doch eher auf Brachland, das von Unkraut überwachsen ist.

Mit dem mittels EM aus Küchenabfällen hergestellten Kompost, den ich von jetzt an nur als „EM-Kompost" bezeichnen möchte, kann man ja auch herrliches Gemüse ziehen. Mir wurde von einem jungen Mädchen erzählt, das in der Küche wunderschöne Möhren liegen sah und nicht glauben wollte, dass sie aus dem eigenen Garten stammten, weil sie so eine prächtige Farbe hatten. Es sah zum ersten Mal in seinem Leben biologisch gezogene Möhren und war überrascht über ihre stark rötliche Farbe gegenüber den blassgelben aus dem Geschäft.

Die Hausfrauen von Kani, eigentlich echte Großstädterinnen, ziehen jetzt mit Vergnügen ihr eigenes Gemüse. Viele von ihnen hatten selbst noch nie Blumen gepflanzt und empfinden jetzt dabei eine tiefe Befriedigung. „Ich habe nie gewusst, wie schön und geradezu aufregend es ist, wenn man Knospen entdeckt an Blumen, die man selbst gepflanzt hat", sagte mir eine Hausfrau. Für eine andere, die in ihrem kleinen Garten Gemüse anpflanzt, ist es eine Wonne, morgens früh aufzustehen und als Erstes ihre Pflanzen zu begrüßen. Die Frauen entdecken ganz neue, nie gekannte Freuden.

Angesichts der bedrohlichen, immer noch größer werdenden Müllprobleme haben die Behörden keine andere Möglichkeit, als streng auf die Einhaltung der Vorschriften für Abfuhr und Entsorgung zu drängen. Ganz besonders müssen die Vorschriften für die Mülltrennung beachtet werden. EM hat in die ganze Angelegenheit eine Wendung gebracht.

Jetzt macht Mülltrennung Spaß – Blumen und wohlschmeckendes Gemüse als Lohn

Wir können zwar versuchen, für die Problematik der Müllhalden, der überteuerten Endlagerung und der fehlenden Alternativen mit allem, was dazugehört, Verständnis zu wecken. Es bleibt aber dabei, dass die menschliche Natur sich nicht ändern lässt. Die Behörden können noch so viel reden, über ein bestimmtes Maß hinaus werden sich die Menschen nicht anstrengen. Wenn sie jedoch merken, wie viel einfacher es ist, Blumen und Gemüse zu pflanzen, schlechte Gerüche in der Küche, im Badezimmer und der Toilette zu vermeiden, dann ändern sie vermutlich ihre Meinung. Es wird ihnen plötzlich klar, wie viel Positives und Wertvolles in ihren Abfällen steckt, viel zu schade, um weggeworfen zu werden.

Wenn jede Hausfrau überzeugt werden würde, ihre Küchenabfälle mit EM zu versorgen, könnte auf diese Weise auch das Abwasser gereinigt werden. Das wäre ein nicht zu unterschätzender Faktor für die Reinigung unserer Flüsse. Nachdem das Recycling-System mit EM in Kani jetzt funktioniert, richtet sich die Aufmerksamkeit nun auf das Abwassersystem. Es wurde bereits damit begonnen, kleine Plastiknetze, wie sie zum Beispiel für die Verpackung von Zwiebeln verwendet werden, mit EM-Keramikteilchen zu füllen und in die verunreinigten Flüsse zu legen. Dieses Wasser enthält sehr viel Stickstoff und Phosphor aus den privaten Haushalten. Durch monatliche Überprüfungen wird nun der Reinigungserfolg dieser Maßnahme für das Abwasser festgestellt, das zurzeit eine Reduzierung der Schadstoffe um 40 % in den Flüssen und Bächen der Umgebung erzielt.

Geht die Verbreitung von EM so gut weiter und schließen sich noch mehr Haushalte in der Region an, werden wir eine dramatische Senkung der Verschmutzung des Abwassers erleben und damit der Flüsse in der ganzen Region. Elf von fünfzehn Realschulen in Kani haben ein EM-Programm für die Entsorgung der Reste aus den Schulmahlzeiten erarbeitet und sich damit in das allgemeine EM-Entsorgungsprogramm eingegliedert. Der entstehende Kompost kommt den Blumen- und Gemüsegärten der einzelnen Schulen zugute. Die Erzeugnisse, besonders das Gemüse, wird wieder für die Schulmahlzeiten verwendet. Brauchbare Anbauflächen werden von den gut arbeitenden örtlichen Schulbehörden zur Verfügung gestellt.

Früher gingen die Essensreste in die allgemeinen Abfalleimer, heute werden sie in Kompost verwandelt und entsprechend dem Schulprogramm in den Schulgärten eingesetzt. Lehrer und Schüler haben Spaß daran. Dabei waren Schulgärten seit dem letzten Krieg völlig aus Japan verschwunden, und es ist schon lange her, dass Schüler und Lehrer in dieser Weise zusammenarbeiten. Nach meinem Gefühl haben solche Schulprogramme einen unglaublich guten Einfluss auf die Erziehung und Bildung der Kinder, was besonders heutzutage zählt, wo die Erziehung so viele Probleme bereitet.

In Tokio und anderen großstädtischen Gebieten wurde jetzt damit begonnen, Einrichtungen für die EM-Entsorgung der Küchenabfälle zu schaffen, und zwar durch einige größere fabrikähnliche Unternehmen. Dabei zeigte sich ein interessantes Phänomen: Seitdem die Einrichtungen bestehen, essen die Schüler offensichtlich mehr und lassen weniger übrig. Könnte es sein, dass die Schüler den Wert ihres Essens besser verstehen lernen und Achtung vor den Gaben der Natur bekommen? Der anfallende Kompost wird an die Schulgärten geliefert und bei Bedarf auch an die Bewohner der Stadt abgegeben.

Japan mit Blumen für die Seele bereichern

Als die EM-Programme für die Entsorgung der Küchenabfälle allmählich überall aus dem Boden sprossen, führte dies zu einer ganz neuen und unerwarteten Entwicklung: Zuerst verschwanden die Abfalleimer von den Straßen. Dann aber wurde eine derart große Menge Kompost produziert, dass die einzelnen Haushalte nicht mehr wussten, wohin damit. Neue Möglichkeiten außerhalb der Privatgärten mussten gefunden werden: ein Hand-in-Hand-System zwischen den Haushalten und in der Nähe liegenden Landwirtschaftsbetrieben. Hier und da sind schon zentrale Sammelstellen entstanden, wo der EM-Kompost getrocknet und zermahlen wird, bevor er in landwirtschaftliche Gebiete transportiert wird. Ein derartiges System müsste auch für die Großstädte eingerichtet werden. Dort könnten dann die öffentlichen Grünflächen und Blumenbeete versorgt werden. Die Kosten gegenüber Kunstdünger und Chemikalien wären gering und es entstünde keine Umweltverschmutzung. Wird EM-Kompost einem Trocknungs- und Zerkleinerungsprozess unterworfen, kann daraus sogar ausgezeichnetes Viehfutter entstehen, das anders als heutiges Tierfutter sehr gut über längere Zeit gelagert werden könnte, ohne zu verderben. Es würden auch keine antibiotischen Zusätze gebraucht, weil es eine sehr gute Qualität hat. Und es müsste kaum mehr Viehfutter importiert werden, was derzeit noch zu 90 % geschieht. Die Landwirtschaft in Japan ist zurzeit in einer fatalen wirtschaftlichen Lage und stark von Subventionen durch den Staat abhängig. Durch EM könnte sich auch hier eine Änderung anbahnen: Schweine- und Geflügelfleisch würden qualitativ besser, der Dung aus den Ställen wäre frei von Gestank und könnte wieder zu einer exzellenten Düngung eingesetzt werden.

Ein weiterer problematischer Abfallbereich tut sich mit den riesigen Mengen an minderwertigem Papier auf, das nicht mehr wiederverwertet werden kann. Bis jetzt schien die Verbrennung der einzig gangbare Weg für die Entsorgung zu sein. Wird dieses Papier jedoch geschreddert, kann es unter EM-Kompost und Gülle gemischt und so zu hochwertigem Dünger werden. Die Behandlung mit EM verändert nämlich automatisch die Molekularstruktur der Schwermetallverbindungen in der Druckerfarbe, so dass auch bedrucktes Papier bei Kompostierung mit EM keine Gefahr mehr darstellt.

Grasschnitt und der Schnitt von Büschen und Bäumen in den öffentlichen Parks, der in riesigen Mengen anfällt, ergibt geschreddert ebenfalls einen qualitativ guten Dünger, wenn er mit EM-Kompost vermischt wird. Er kann nach dem Mähen als Kompost auf die Rasenflächen der Parks und um die Wurzeln der Bäume verteilt werden und so das Unkraut zurückhalten und der Bodenverbesserung dienen. Genau den gleichen Effekt hat natürlich das Ausbringen in den Obstgärten und auf den Anbauflächen von anderem Obst. Neben meinem Amt als technischer Berater der Blumenzüchter in Japan habe ich auch den Vorsitz des Komitees für die Blumenanlagen in den Großstädten, das vom Ministerium für Landwirtschaft und Fischerei und vom Bauministerium eingerichtet wurde. Unser Slogan lautet: Bäume und

Blumen für Japan!² Durch den letzten Krieg waren viele Gebiete Japans verwüstet, so dass ein großes Aufforstungsprogramm in Gang gesetzt wurde. Heute ist Japan wieder grün und auch wirtschaftlich wieder erfolgreich. Aber meiner Ansicht nach genügen Bäume allein nicht. Wir müssen dafür sorgen, dass auf jedem Fleckchen Erde unseres Inselreiches Blumen blühen. Warum setze ich mich dafür ein? Warum blühen eigentlich Blumen?

Die Blüten können bestimmte Gene aufnehmen und in ihr eigenes genetisches System einbauen, was ihnen zu einer erhöhten Anpassungsfähigkeit in einer sich verändernden Umwelt verhilft. Dies geschieht durch das Anlocken der Insekten, und dafür setzen die Blumen ihr ganzes Potenzial ein. Durch die Insekten kommen sie sozusagen mit einer anderen Dimension, einem anderen Lebensbereich in Verbindung. Diese Verbindungen geschehen durch elektromagnetische Resonanz. Bei den Blumen kann man diese Resonanz so verstehen, dass zwischen ihnen und den Insekten eine starke Anziehungskraft entsteht.

Blumen gehören in vielfacher Weise zu unserem Leben, zu den freudigen und den traurigen Ereignissen. Jeder Einzelne mag ihnen eine eigene Bedeutung geben, doch jeder schätzt ihre Schönheit, ihre leuchtenden Farben, ihre Formen und ihre Harmonie. Auch hier wirkt die elektromagnetische Resonanz in dem Sinne, dass eine starke emotionale Beziehung geweckt wird, ohne dass wir uns dessen bewusst werden. In unserer Zeit der Ausbeutung, Falschheit und Gefühlsarmut haben wir solche Gefühlsimpulse bitter nötig.

Wenn wir also schrittweise die einzelnen EM-Wiederaufarbeitungs-Programme in Angriff nehmen, angefangen bei der Behandlung von Küchenabfällen bis hin zu den landwirtschaftlichen Methoden, werden wir alles in Richtung Gesundheit der Umwelt und Gesundheit gerade auch von uns Menschen lenken. Haben wir das einmal geschafft, wird unser Leben reicher und schöner und ehrlicher werden können.

Bürgerinitiativen zugunsten der Umwelt werden immer wichtiger

Vielerorts haben sich in Japan Bürgerinitiativen gebildet und z. T. mit behördlicher Unterstützung EM-Programme aufgebaut. Für manche besonderen Probleme wurden Lösungen gesucht und gefunden. Müllverbrennung sollte gar nicht mehr in Frage kommen. Die unsichtbaren Abgase, insbesondere auch von Polystyrolschaum und von Vinyl verschmutzen die Atmosphäre stark. Die Asche ist hoch toxisch. Wo immer sie abgelagert wird, verseucht sie den Boden und kann tödlich wirken, wenn sie ins Grundwasser gelangt. Es ist also oberstes Gebot, dass diese Rückstände in Zukunft aus den Hochtemperaturöfen einer besonderen Behandlung unterzogen werden, um sie unschädlich zu machen. Bisher kosteten Anlagen hierfür die öffentlichen Haushalte Unsummen.

In diesem Kapitel wurden Probleme der Abfallbehandlung ausgehend von organischen Abfällen im Haus erörtert. Noch dramatischer sind diese Probleme in bestimmten Gegenden. Ich denke da an Küstendörfer, in denen sich eine Industrie um Fischfang, -verarbeitung und -vermarktung konzentriert hat. Das Städtchen Hiwase in der Präfektur Tokushima auf Shikoku ist berühmt für seine Meeresschildkröteneier, wurde aber berüchtigt aus weniger angenehmen Gründen. Bei lediglich zwei Müllabfuhren pro Woche war der Ort an den Tagen dazwischen eingenebelt in Fisch-Verwesungsgestank. Darüber hinaus wurden ganz offensichtlich organische Abfälle in Flüssen und im Meer illegal entsorgt. Die Situation war so weit ausgeufert, dass eine massive Umweltreinigung zum Hauptthema in der Region wurde.

Die Frauengruppe der örtlichen Fischervereinigung regte eine Abfallbehandlung mit EM an. Das Ergebnis war nicht nur ein deutliches Eindämmen des Gestanks, es meldeten sich auch Bauern aus der Umgebung, die Interesse an dem entstandenen Kompost hatten. Daraufhin beteiligte sich der ganze Ort an der Herstellung dieses Komposts. Dies führte sogar zu einem Artikel in Japans führender Tageszeitung *Asahi Shimbun*. Die Lokalpolitiker meinten stolz: „Dies Programm ist für einen Fischereiort wie unseren, in dem Land sehr wertvoll ist, genau richtig. Weniger Leute schmeißen die Abfälle in Flüsse und Seen, und durch den reduzierten Abfall ist die Müllabfuhr entlastet. Außerdem bekommen unsere Landwirte guten Kompost." Aus den Innereien und den Gräten kann über einen Fermentationsprozess mit EM zusätzlich gutes Fischfutter hergestellt werden, sodass das Wegwerfen dieser Abfälle nun eine richtiggehende Verschwendung geworden ist.

Auch die Bauern sind mit dieser Entwicklung zufrieden. Nur klagen sie darüber, dass sie mehr Maulwürfe haben als vorher. Das weist aber darauf hin, dass sich der Boden erholt und in seinen natürlichen Zustand zurückkehrt.

Solche Wiederverwertungsprogramme, die Schwierigkeiten in der Landwirtschaft, bei der Wiederherstellung einer gesunden Umwelt und der Gesundheit der Menschen gleichzeitig angehen können, beginnen mit EM und der Behandlung von organischen Abfällen aus ganz normalen Haushalten.

Anmerkungen

1 Das Müllentsorgungskonzept der 90er Jahre des vorigen Jahrhunderts in Japan kann natürlich nicht mit dem mitteleuropäischen von heute verglichen werden. Unsere Mülltrennung und -behandlung gilt auch in Japan in mancher Hinsicht als vorbildlich.

2 Der Slogan hieß genau: „Bäume für Showa, Blumen für Heisei!" Im japanischen Kalender bezeichnet „Showa" die Regierungszeit von Kaiser Hirohito (1925–1988), der nach seinem Tod den Namen „Kaiser Showa" erhielt. „Heisei" bezeichnet entsprechend die Regierungszeit des gegenwärtigen Kaisers Akihito. In den Jahren des Wiederaufbaus nach dem Zweiten Weltkrieg stand die Wiederaufforstung im Vordergrund, danach sollte der Schwerpunkt auf die Verschönerung von Stadt und Land mit Blumen gelegt werden.

Kompostierung von Küchenabfällen mit EM

Den Prozess der Kompostierung von Küchenabfällen mit Hilfe von EM läßt sich am besten mit einem Diagramm erklären. Das Basismaterial für die Umwandlung von Küchenabfällen zu Kompost ist EM-Bokashi. EM-Bokashi wird aus einer Mischung von flüssigem EM und Melasse mit verschiedenen organischen Materialien hergestellt, u.a. Weizen- oder Reiskleie. Das Endprodukt ist ein grobkörniges Material mit der Eigenschaft, die Vermehrung der Effektiven Mikroorganismen zu steigern. In der Landwirtschaft wird Bokashi zur Verbesserung von Böden, als Dünger und Tierfutter verwandt. Der erste Schritt bei dem Prozess der Umwandlung von Küchenabfällen in hochwertigen organischen Dünger ist, EM-Bokashi über die Abfälle zu streuen. (Alternativ kann auch verdünntes EM gesprüht werden.) Das nachfolgende Diagramm beschreibt alle notwendigen Schritte.

Was brauche ich an Grundausstattung?

1 Zwei oder drei Plastikbehälter, die sich luftdicht verschließen lassen (z. B. Tupperware). Ein einfacher Eimer mit Deckel reicht nicht, da er nicht völlig luftdicht verschlossen werden kann. Am besten sind 1–2 Behälter für die Tagesmenge und ein größerer für die Fermentations- und Lagerphase. Der EM-Handel bietet funktionsgerechte Eimer an.

2 Nehmen Sie nur organische Materialien, die für Kompost geeignet sind und sammeln Sie diese in einem Behälter, der möglichst viel überschüssige Flüssigkeit abfließen läßt. (Je trockener der Abfall ist, desto besser.) Teebeutel, Zigarettenreste, Plastik, Cellophan, Styropor, Aluminium, Altpapier u. ä. aussondern.

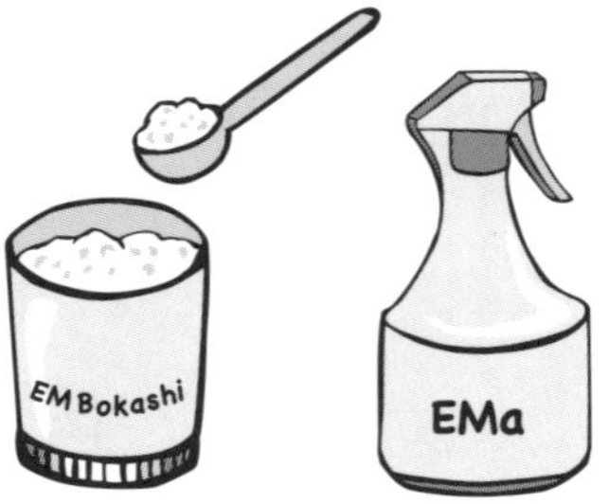

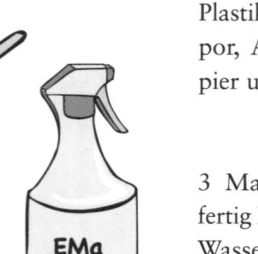

3 Man kann EM-Bokashi selbst herstellen oder fertig kaufen. Alternativ kann man auch eine EM-Wasserlösung sprühen.

Kompostherstellung

1 So weit möglich sollte man die Abfälle frisch verarbeiten, jedenfalls bevor sie verderben. Überschüssiges Wasser abgießen und den Behälter luftdicht verschließen. Größere Teile zerkleinern (je kleiner desto besser), Eierschalen und Panzer von Schalentieren zerstoßen.

2 Wenn der Behälter in der Küche voll ist, in den Vorratsbehälter füllen und eine Schicht Bokashi darüber streuen (ca. 1 Messlöffel voll EM-Bokashi pro Kilo Abfälle). Alternativ mehrere Stöße EM-Lösung aus der Sprühflasche.

3 Diesen Vorgang wiederholen bis der Eimer voll ist. Darauf achten, dass jedes Mal der Deckel luftdicht schließt. Um den Abfall in dem Eimer luftdicht zu verschließen, ist ein Innendeckel günstig. Gegebenenfalls kann auch eine stabile Plastiktüte mit Sand oder Wasser diese Aufgabe erfüllen.

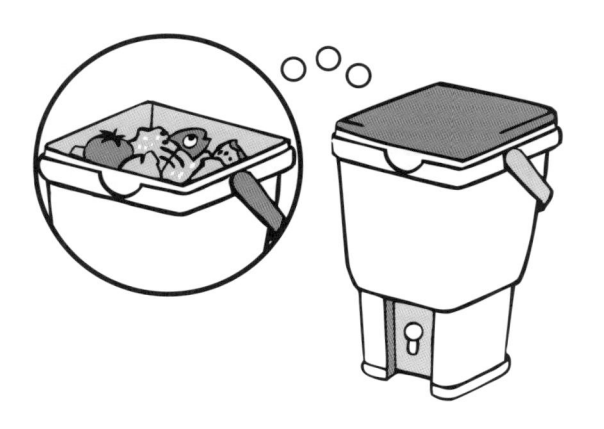

Vorsicht!

Sollte der Abfall im Eimer anfangen zu stinken oder unangenehm zu riechen, muss mehr EM-Bokashi zugegeben werden (oder mehr EM gesprüht werden), eventuell auch ruhig das Vielfache der normalen Menge.

Wenn der Eimer mehrere Tage fest verschlossen bleibt, können sich Gase bilden, die sie aufblähen oder den Deckel heben. In dem Fall genügt es, den Deckel kurz zu lüften.

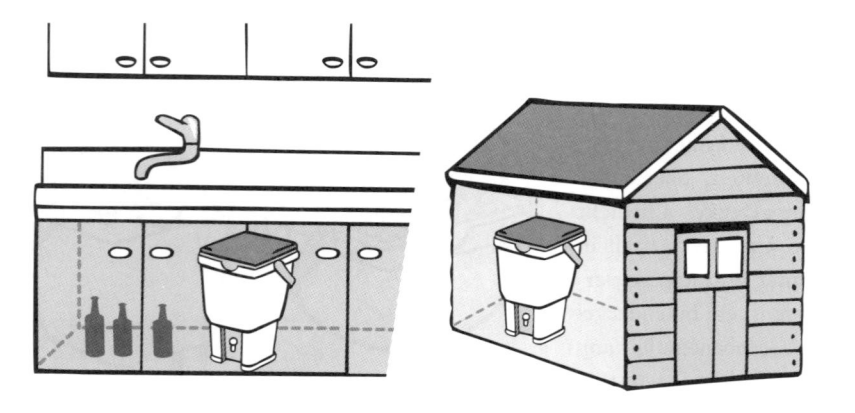

Der Eimer sollte nicht im direkten Sonnenlicht stehen, gut ist ein Platz etwa unter der Spüle, in der Garage, in Keller oder Schuppen.

Kapitel 4 · Die Wiederverwertung von organischen Küchenabfällen

Reifeprozess

Der Reifeprozess (Fermentation) sollte an einem kühlen, dunklen Ort stattfinden. Ein voller Behälter braucht in der warmen Jahreszeit etwa eine Woche, in der kalten etwa zwei Wochen bis zur endgültigen Reife.

Nach ein bis zwei Wochen öffnen. Ein süß-säuerlicher Geruch zeigt eine erfolgreich Reife an.
Nun kann der Kompost in die Erde eingearbeitet werden.

Wie benutze ich diesen organischen EM-Kompost?

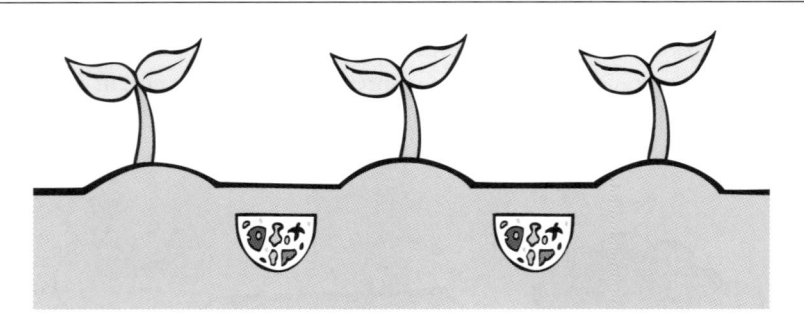

Gemüsebeet u. ä.
Den Kompost in die Furchen zwischen den Saat- oder Pflanzreihen vergraben, mit mehreren Zentimetern Erde bedecken. (Tiere wie Hunde, Füchse etc. sollten es nicht riechen könne, da sie es sonst ausgraben.)

Bäume/Büsche
Mehrere Löcher um die Bäume/Büsche graben, den Kompost in ca. 30 cm Tiefe vergraben und mit Erde abschließen. Der Kompost sollte nicht direkt auf die Wurzeln gegeben werden.

Pflanzbehälter
Zu unterst 1/3 Erde einfüllen, dann 1/3 EM-Kompost und schließlich 1/3 Erde. Eine Woche mit Wässern und Pflanzen warten.

Vorsicht!
Frischer organischer Kompost ist sauer. In der ersten Woche sollte er nicht direkte Berührung mit Pflanzen oder Wurzeln haben. Nach einer Woche im Boden ist die Säure jedoch neutralisiert, und keine negativen Nebenwirkungen sind zu erwarten.

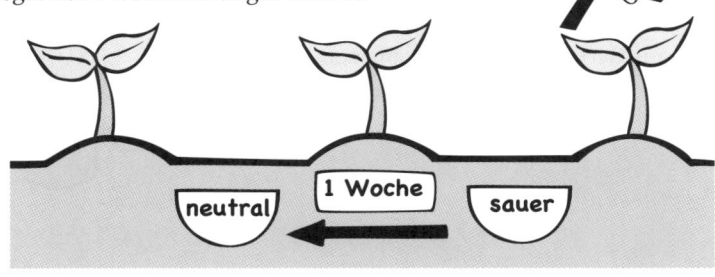

Bei warmem Wetter wird organischer Kompost in ca. zehn Tagen zu Erde, bei kaltem Wetter in etwa 30 Tagen.

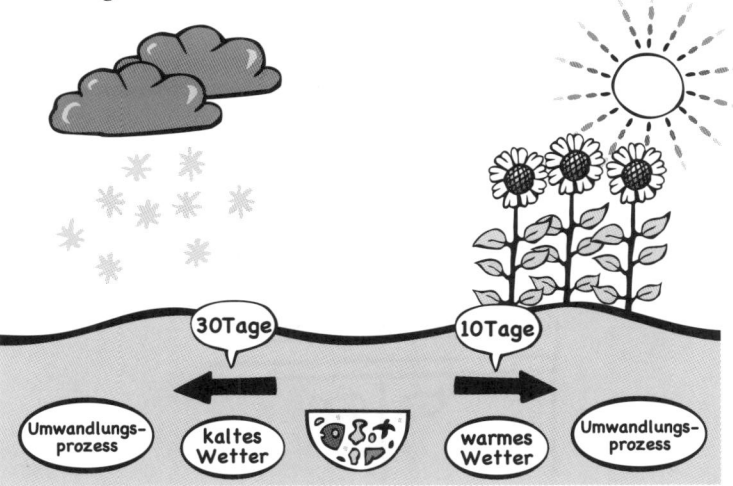

Bei wiederholtem Verwenden von EM Kompost wird die Erde schwarz und locker und Regenwürmer vermehren sich gut – ein sicheres Zeichen für gesunde Erde.

Flüssigdünger

Am Boden des Behälters, in dem sich die Bioabfälle befinden, bildet sich Flüssigkeit. Diese ist ausgezeichneter Flüssigdünger. Außerdem kann sie zur Geruchsbekämpfung und zum Reinigen von Abflüssen und Drainagen genutzt werden.

Vermischt mit ca. 10 Teilen Wasser in Abflüsse geben, auch in Toiletten und Klärgruben. Für Trockentoilettensysteme nimmt man die Flüssigkeit unverdünnt.

Kapitel 4 · Die Wiederverwertung von organischen Küchenabfällen

Aquarien. Alle 2 Monate im Verhältnis 1:5000 (Flüssigdünger:Wasser) ins Becken geben.

Pflanzen in Blumentöpfen und Balkonkästen alle 3–4 Wochen damit gießen. Das Mischverhältnis von Flüssigdünger und Wasser sollte 1:1000-2000 betragen.

Achtung!

Diese Flüssigkeit verdirbt schnell. Sie sollte möglichst gleich verbraucht werden.

Kapitel 5

Ein neuer Ansatz zur Reinigung verschmutzter Gewässer durch EM

Aus: *Eine Revolution zur Rettung der Erde II*

Verschmutzte Gewässer – EM wird durch ein neuartiges Verfahren damit fertig

Die Bibliothek der Stadt Gushikawa auf Okinawa war das erste Gebäude der Welt überhaupt, wo das eigene Abwasser mit Hilfe der EM-Abwasserreinigungsmethode erfolgreich gereinigt und getestet wurde und dabei beträchtliche Gelder für die Bibliothek eingespart wurden. Der Bau einer solchen Anlage in konventioneller Technik hätte die Bibliothek pro Jahr 10.000 US-Dollar an Wassergeld gekostet, die EM-Anlage kostete nur ein Zwanzigstel davon. Die finanziellen Einsparungen sind sogar noch größer, wenn die beträchtliche Reduzierung der Stromkosten durch die EM-Methode in die Rechnung hineingenommen wird. Bei konventioneller Technik muss die Belüftung 24 Stunden in Betrieb sein. Sie wird elektrisch betrieben und stellt sicher, dass das gesamte Abwasser ständig belüftet wird, indem es ununterbrochen in Bewegung bleibt. Bei der EM-Methode wird nur hin und wieder belüftet, insgesamt nicht mehr als zwei bis drei Stunden pro Tag, um die Schlammbildung ganz auszuschalten. Dadurch erklärt sich die dramatische Senkung der Stromkosten.

Wie effektiv das System ist, zeigt sich dadurch, dass EM-behandeltes Wasser rein genug ist, um als Trinkwasser zu gelten, was durch die Kontrolle der Wasserqualität belegt ist, die maximal fünf ppm und manchmal sogar weniger ergab – ein Beweis dafür, dass sein Reinheitsgrad sogar höher ist als der des Wassers aus dem Wasserhahn. Durch die derzeitigen Vorschriften in Japan ist es jedoch verboten, recyceltes Abwasser als Trinkwasser zu verwenden. Stattdessen wird es etwa für die Bewässerung von Blumenbeeten und Gärten, für Reinigungsarbeiten und die Autowäsche genutzt. Einer Gegend wie Okinawa, die ständig unter Wassermangel leidet, bietet die EM-Abwasserreinigungsmethode eine einmalig günstige Lösung für gleich zwei Probleme, erstens für die Abwasserklärung und zweitens gegen den Wassermangel.

Die EM-Methode ist eine völlig neuartige Technologie der Wasserbehandlung und -reinigung, die es vorher auf der Welt nicht gab. Wenn eine neue Technologie erscheint, ist es ganz normal, dass die Installationskosten weit über das hinausgehen, was das alte System kostete. Bei EM ist das nicht der Fall! Da bei der EM-Methode das alte Klärkammersystem so wie es ist beibehalten werden kann, entstehen bei der Neueinrichtung keine erhöhten Kosten. Da im Gegenteil keine Einrichtungskosten entstehen und die Betriebskosten sich auf ein Minimum belaufen, ergeben sich auf längere Sicht ansehnliche Einsparungen. Auch von den anderen EM-Einsatzgebieten gibt es gute und anschauliche Beispiele, wie viel wirtschaftlicher sich mit der EM-Methode arbeiten lässt.

Die Finanzierung der Müllentsorgung und der Müllhalden ist für jede Kommune eine Riesenbürde und wohl bekannt. Die Entscheidung für die EM-Methode erlaubt aber die Beibehaltung der vorhandenen Einrichtungen und erhöht dramatisch ihre Effizienz.

Sie kann für jede Art von Wasserverunreinigung genutzt werden, auch für Kläranlagen in Privathäusern, für die allgemeine Wasserversorgung und die Abwässer; für Projekte zur Säuberung von Flüssen, Seen und Sumpfgebieten. Es folgt daraus, dass sie bei allgemeiner Akzeptanz für die Abwasserklärung erstaunliche Ergebnisse in nahezu allen Verunreinigungsfällen erbringen würde. Um diesen Anspruch zu untermauern und zu zeigen, was damit möglich ist, möchte ich ein paar Beispiele anführen.

Erfolgreicher EM-Versuch in der Kläranlage eines Privathauses

Die öffentliche Bücherei in Gushikawa (Okinawa) ist das erste Beispiel, wo die EM-Methode in einem öffentlichen System integriert wurde. Die Bücherei ist noch ein ziemlich neues Gebäude, und der Entschluss für die EM-Methode wurde gleich zu Baubeginn gefasst, wobei im Voraus zwei Tests durchgeführt wurden. Im ersten Test wurde geprüft, ob die EM-Methode die menschlichen Exkremente in der Kläranlage eines Privathauses abbauen könnte, im zweiten, ob die Installation ohne Schaden in das schon bestehende Klärsystem eines großen Gebäudes möglich wäre. Der erste Test wurde im Haus von Nobumasa Chinen, dem derzeitigen Direktor der Bücherei durchgeführt, der zweite im Rathaus von Gushikawa.

Die EM-Methode war zu der Zeit noch völlig unbekannt, und natürlich geschah allerhand Unerwartetes vor ihrer Anwendung. Die Idee, das Rathaus als Testobjekt zu nutzen, stieß auf erheblichen Widerstand, da seine Systeme ja tagein, tagaus gebraucht wurden und es allen große Unannehmlichkeiten gebracht hätte, wenn die Einbringung von EM zum Zusammenbruch geführt oder es in anderer Weise zu Ausfällen gekommen wäre.

Da ich ähnliche Projekte landesweit ins Visier nehme, wenn die EM-Methode anerkannt wird, habe ich die Vorgänge festgehalten, die sich nach Chinens Bericht an mich ereigneten, in dem er die verschiedenen Schwierigkeiten und auch den glücklichen Ausgang des Projekts beschrieb. Chinen war zu der Zeit als Abteilungsleiter für die öffentlichen Bauten Gushikawas verantwortlich. Im Folgenden sein Bericht über den gesamten Prozess:

„Im Frühjahr 1990 war die Entscheidung für den Bau einer neuen öffentlichen Bücherei gefallen, und ich stellte an meine übergeordneten Stellen den Antrag, mir die Durchführung von bestimmten Tests an den Einrichtungen im Rathaus zu erlauben mit dem Ziel, im Klärsystem die EM-Methode zu installieren. Mein Antrag kam prompt zurück mit der Begründung, dass niemand die Verantwortung übernehmen könne für den Fall, dass das derzeitige Abwassersystem kaputtgehen oder anderweitig ausfallen würde, wenn fremde Mikroorganismen oder etwas Ähnliches eingebracht würden.

Ich betrachte diese Antwort nicht als außergewöhnlich, wenn ich bedenke, dass wir als EM-Erfahrene sehr wohl die vorauszusehenden Erfolge kannten, während unsere Vorgesetzten darüber nichts wussten. Ich beschloss, nicht mit ihnen zu diskutieren, sondern meine ganze Energie darauf zu konzentrieren, die nötigen Daten zusammenzutragen, die sie überzeugen würden. So fasste ich den Entschluss, den Anfangstest in der Kläranlage meines eigenen Hauses durchzuführen. Genau das tat ich dann in Zusammenarbeit mit den Herstellern von EM, der Installateurfirma, die das Abwassersystem in der Bücherei einbauen sollte, und mit Mitarbeitern eines Unternehmens für sanitäre Anlagen und Wasserkontrolle.

Ich startete das Experiment damit, dass ich insgesamt 2,8 l EM in mein Tanksystem einfüllte. Eine Woche lang sollte es so bleiben und dann wollte ich die Verhältnisse im Belüftungstank prüfen. Den Strom für das Belüftungssystem hatte ich schon abgeschaltet, da Dr. Higa mir gesagt hatte, die EM-Methode könne ohne Belüftung arbeiten. Eine Woche ohne Belüftung – genau genommen hätte es so gewaltig stinken müssen, dass man überhaupt nicht in die Nähe des Tanks hätte gehen können. Von außen konnte ich aber keinerlei Geruch feststellen. Immer noch ängstlich, was ich wohl vorfinden würde, machte ich den Deckel auf und schaute hinein. Was ich sah, war eine Schaumschicht, die die gesamte Oberfläche des Tankinhalts bedeckte. Was ich mit „Schaum" bezeichne, war wie eine Haut, und zwar aus Schlamm, der im Verlauf des Zerfallsprozesses, den die Mikroorganismen von EM in Gang gesetzt hatten, an die Oberfläche gestiegen war. Entgegen meinen Erwartungen roch es fast überhaupt nicht. Ich nahm dies als Zeichen, dass EM aktiv war.

Als ich am Ende der zweiten Woche den Tank wieder öffnete, bemerkte ich, dass sich die Schaumschicht verdoppelt hatte. Sie war stellenweise von unten nach oben geschoben worden, so dass die Oberfläche schon in einer Art von Kruste getrocknet war. Es war praktisch kein Geruch festzustellen. Das System war jetzt schon zwei Wochen unbelüftet geblieben, fauliger Gestank wäre also nichts Außergewöhnliches gewesen. Obwohl auch regelmäßig weiter Exkremente in das System liefen, waren keine Gerüche im Belüftungstank vorhanden. Die dritte Woche des Experiments war jetzt zu Ende. Ich öffnete den Tank – die Schimmelschicht war vollständig verschwunden! Am Rand hatte sich ein Ring abgezeichnet, der die erreichte Höhe und Dicke markierte. Sofort testete ich die Qualität des Wassers: Der Feststoffgehalt betrug 80 ppm.

In meinem eigenen Haus habe ich nur ein Zwei-Kammer-Klärsystem, für dessen Wasserqualität der kritische Standard auf 90 ppm festgesetzt war. Die Werte lagen also innerhalb des Limits! Es gab kein Vertun, das Experiment hatte die Brauchbarkeit der EM-Methode für die Erreichung der erforderlichen Qualitätswerte bewiesen. Deshalb reichte ich zum zweiten Mal meinen Antrag ein, um den Test im Rathaus auf der Grundlage der gesammelten Daten durchführen zu können. Wieder bekam ich nicht sofort den zustimmenden Bescheid. Dieser wurde erst erteilt, als ich bereit war, die volle Verantwortung dafür zu übernehmen, wenn während der Durchführung des Experiments irgendetwas im bestehenden System schieflaufen würde.

Rathäuser sind bei Fragen der Verantwortungsübernahme empfindlich und handeln sehr schleppend, besonders wenn keine Präzedenzfälle vorliegen. Als aber die Verantwortungsfrage für alle Schwierigkeiten geklärt war, liefen, wie so oft, die Dinge glatt. Ich hatte nun die notwendige Erlaubnis für die Durchführung des Tests für das Klärsystem im Rathaus, einem doch recht großen Gebäude, in Händen, und die Verantwortung.

Unsere Ergebnisse waren ausgezeichnet. Hatten wir früher kontinuierlich über 24 Stunden belüftet, so genügten jetzt sechs Stunden, und nach drei Monaten waren die Werte bei der Messung der Feststoffe auf 5 ppm gefallen. Außerdem musste der Schlamm nicht wie früher einmal pro Monat, sondern nur noch alle sechs Monate herausgeholt werden.

Das Klärsystem des Rathauses war der normale Standard für die gemischten Abwässer eines Hauses: aus den Toiletten, Duschen und dem Restaurant im Untergeschoss des Gebäudes. Insgesamt waren die Testbedingungen für die EM-Methode härter als die zu erwartenden in der neuen Bibliothek. Andererseits war es in ein schon bestehendes System integriert worden, wogegen das in der Bibliothek neu zu installieren war. Vorgeschrieben waren hier Werte von 50 ppm Feststoff und ein biologischer Sauerstoffbedarf (BOD) von 20 ppm. Sollte die EM-Methode die Werte auf 5 bis 6 ppm Feststoff und einen BOD von 3 ppm erreichen – Werte eines sehr sauberen, schnell fließenden Flusses oder Baches, also gutes Trinkwasser –, dann wäre das im Bezug auf die Wasserqualität ein wahrlich revolutionäres Ergebnis. Vor allem, wenn man es mit dem bestehenden System im Rathaus vergleicht.

Alle Vergleiche zwischen Rathaus und den Plänen für die neue Bibliothek bestärkten uns in unserer Überzeugung, dass die EM-Methode alle Anforderungen voll erfüllen würde. Bald wurde die Installation dieser Anlage offiziell in Auftrag gegeben."

Keine Klärschlamm-Beseitigung bei der EM-Methode

Nobumasa Chinen schildert noch weitere Details der Anlage: „Die Idee hinter dem Einbau des EM-Systems in der Bibliothek war von vornherein, das Wasser zu recyceln und wiederzuverwenden. Aus diesem Grund unterschied es sich etwas von dem im Rathaus, aber im Grunde wurde die für ein Drei-Kammer-Klärsystem übliche Konstruktion gewählt, die auf der Basis des Belebtschlammverfahrens beruht. Die Wasserversorgung für die Bibliothek sollte aus Regenwasser aus einem 250-Tonnen-Vorratstank im Untergeschoss und regulärem Leitungs- bzw. Trinkwasser aus der öffentlichen Wasserversorgung kommen. Drei Wochen nach Baubeendigung sollte EM in das System eingeleitet werden. Das Drei-Wochen-Intervall wurde vorsorglich festgesetzt, weil sich in dem neuen System ja noch keine Abfälle als Nahrungsgrundlage für die Mikroorganismen befanden und es möglicherweise nicht ganz zufriedenstellend gearbeitet hätte.

Das Klärsystem entsprach dem Standardtyp für Haushalte, nämlich für gemischte Abwässer verschiedenen Ursprungs, einschließlich menschliche Exkremente, wofür anhaltende Belüftung und Aktivierung des Schlamms vorgesehen war. Auch die Kontrollen der Wasserqualität waren dieselben. Die erste Problem für mich war die einzubringende Menge an EM. Da ich keine Vorstellung hatte, nahm ich dasselbe Verhältnis, das ich für mein eigenes Haus errechnet hatte, hier 14 l EM1. Einmal pro Woche wollte ich eine Probe entnehmen, um eine eventuell notwendige Anpassung vorzunehmen, aber zu meinem Erstaunen lagen die Feststoffwerte gerade einmal bei 1 ppm! Diese grandiosen Werte hielten sich, wir konnten uns kein besseres Ergebnis wünschen. Auch die Frage der Belüftung, nämlich wie oft und wie lange, musste beantwortet werden. Im ersten Betriebsjahr wurde täglich drei Stunden belüftet, inzwischen haben wir es aber auf sechs Mal 20 Minuten, also zwei Stunden täglich reduziert. Da der größte Teil der Mikroorganismen Anaerobier sind, hielten wir zwei Stunden täglich für angemessen. Was die allem anderen voranstehende Frage der Kosten anbelangt, so stellte sich das ganze Projekt als überwältigender Erfolg heraus.

Unter normalen Bedingungen belaufen sich die Wasserkosten für eine Anlage in der Größe der Bibliothek auf ca. 833 US-Dollar im Monat. Wir kamen auf ca. 42 US-Dollar pro Monat und in keinem Jahr höher als 500 US-Dollar. Die Installation des EM-Systems in der Bücherei bedeutete also eine Reduzierung der Wasserkosten auf ein Zwanzigstel. Dadurch dass die Belüftung nur zwei Stunden am Tag lief, ergaben sich auch beträchtliche Einsparungen bei den Stromkosten. Es war schwierig, die Kosten für die Belüftung von den Gesamtstromkosten zu trennen, aber eine grobe Schätzung ergibt eine Ersparnis von 4170 US-Dollar jährlich.

Die EM-Methode erlaubt noch weitere Ersparnisse dadurch, dass der Schlamm nicht entfernt werden muss. Beim alten System häuft sich der Schlamm an und muss in gewissen Abständen von Spezialfahrzeugen abtransportiert werden. Das kostet natürlich auch Geld. Da aber mit EM keine Schlammbildung mehr stattfindet, erübrigen sich diese Kosten ebenfalls.

Die jetzt zur Verfügung stehende enorme Menge an recyceltem Wasser findet Verwendung bei der Bewässerung der Gärten, Säuberung anderer Anlagen im Gebäude und für die Autowäsche, ebenso für die Reinigung der Toiletten, Räume und Fenster. Nach Aussage der Reinigungskräfte geht ihre Arbeit leichter, weil Schmutz und Fett sich besser ablösen. Die Fenster, Fliesen und das Porzellan der Toiletten haben immer noch ihren Glanz, obwohl die Bibliothek schon sieben Jahre besteht.

Das recycelte Wasser wird für alles verwendet außer zum Händewaschen oder zum Trinken. Obwohl seine Kontrollwerte es absolut als Trinkwasser geeignet machen würden, wird dies aus psychologischen Gründen vermieden. Es gibt aber Leute, die es trotz allem trinken, denn – so betont Dr. Higa aufgrund seiner Daten – es ist weit besser als das Wasser aus dem Wasserhahn.

In der Folgezeit wurde viermal pro Jahr EM ins System gegeben, und zwar etwa ein Fünftel der Anfangsmenge. So ergaben sich Kosten von etwas weniger als 250 US-Dollar pro Jahr. Ich kenne kein anderes Verfahren für die Abwasserklärung, das ökonomischer ist als die EM-Methode, noch weiß ich von einem, das Wasser von solch guter Qualität produziert.

Lassen Sie mich noch einen Vorfall aus der Zeit erzählen, als wir unsere ersten Tests im Rathaus durchführten. Ein Stadtrat stellte im Finanzbüro einem Beamten eine Anzahl Fangfragen, wie denn eine Kläranlage für Mikroorganismen konstruiert sein müsse. Er nahm an, dass der Beamte eine lange Klage anstimmen würde, stattdessen ließ der mich schnell holen, damit ich bei der Diskussion dabei sein konnte. Ich verstand nicht genau, was der Besucher wirklich wollte, aber ich zeigte ihm die Erlaubnis des Bürgermeisters mit Brief und Siegel für die Durchführung des Experiments im Rathaus, woraufhin er schnell verschwand. Später fanden wir heraus, dass er von einem Unternehmen für die konventionelle Klärmethode darum gebeten worden war, weil dieses in letzter Zeit keine Aufträge vom Rathaus für die Schlammabfuhr mehr bekommen hatte. Nun sollte der Stadtrat herausfinden, was los war."

Enorme Einsparungen an Strom und Wasser

Chinen berichtet weiter: „Wenn man die bemerkenswerten Ergebnisse in der Bibliothek betrachtet, dürfte man wohl annehmen, dass die EM-Methode von nun an in allen neuen Gebäuden eingeführt würde, und dass andere öffentliche Gebäude auf EM umgestellt würden. Unseligerweise war das leider nicht der Fall. Selbst in Okinawa, wo EM entdeckt und entwickelt worden war, wo man erwarten konnte, dass es günstig aufgenommen würde, wurde es in keinem neuen Gebäude installiert, und es wurden viele gebaut. Alle wurden mit dem konventionellen System ausgerüstet. Auch als der Bürgermeister seine Zustimmung für den Einbau in einem städtischen Gebäude signalisiert hatte, schien sein Votum total in Vergessenheit geraten zu sein, als das Bauvorhaben realisiert wurde. Die Bauunternehmer und die örtlichen Behörden verfolgten anfänglich wohl die Installation des EM-Systems, aber als es später an die Bauausführung ging, waren sie nicht mehr willens, die Dinge entsprechend auszuführen. Der Bürgermeister hatte erfahren, was Dr. Higa dazu sagte, und wollte das Bestmögliche tun, um die EM-Installation doch noch zu sichern. Aber das Wort des Bürgermeisters genügt nicht, um eine Sache durchzuboxen, so sehr er seine Autorität in die Waagschale wirft. Die bürgermeisterliche Autorität verblasste allmählich, und trotz unserer größten Anstrengungen vergaß man die EM-Methode. Ich selbst und andere Gleichgesinnte, die so klar die Vorteile von EM erkennen, wurden zum Schweigen gebracht, aber wir konnten uns mit diesem seltsamen Lauf der Dinge in unserer modernen Gesellschaft nicht abfinden. Mit dem Gedanken „Gut Ding will Weile haben", aber keinesfalls willens, uns mit dem jetzigen Zustand zufrieden zu geben, beschlossen wir, erst einmal alles nach den Vorschriften zu halten und unsere Zeit abzuwarten.

Ich glaube, es ist in jeder Verwaltung dasselbe: Wenn das Budget einmal verabschiedet ist, will es niemand mehr kürzen, auch nicht aus Sparsamkeitsgründen. Jeder nimmt wohl an, dass solche größeren Einsparungen an Strom und Wasser ihn in seinem eigenen Portemonnaie ebenso treffen könnten. Man kann auch der Meinung sein, dass Privatunternehmen Einbußen erleiden könnten, wenn die Abfuhr des Schlamms durch die Spezialfahrzeuge nicht mehr erforderlich ist. Man möchte eben am liebsten den Status quo beibehalten. In der Zwischenzeit will ich mit meinen gleichgesinnten Freunden versuchen, bei öffentlichen Einrichtungen wie z. B. Schulen das Interesse zu wecken und sie zu überzeugen, dass in der Einrichtung von EM-Kläranlagen für sie garantiert Einsparmöglichkeiten liegen.

Wir machen die EM-Kläranlagen z. B. in Kliniken und Altenheimen bekannt. Außerdem werden Privatleute, die den Wert von EM erkennen, das System in ihren Häusern einbauen, einerseits, um alles völlig geruchsfrei zu bekommen, andererseits, weil es sparsam ist. In zunehmender Zahl kommen Besucher vom japanischen Festland auf Studienreisen zur Besichtigung zu uns. Ein Fabrikant von Kläranlagen aus der Präfektur Chiba studierte die Anlage sehr genau und machte dann in seinem eigenen Haus, genau wie ich, den Startversuch. Die Ergebnisse begeisterten ihn derart, dass er jetzt die Produktion von ganz großen EM-Tanks im Hundert-Tonnen-Bereich und mehr begonnen hat.

Kläranlagen für große städtische Gebiete und für Metropolen sind Riesenunternehmen, aber wenn das EM-Verfahren dort erfolgreich zum Einsatz käme, würde es das Abwasser-

und Klärsystem völlig umkrempeln und zu einer Quelle von qualitativ gutem Recyclingwasser machen. Die bisherige Belastung würde zum Gewinn. Die interessierten Besucher kommen nicht nur aus dem Abwassersektor, sondern aus verschiedenen Bereichen und Berufen, von Behörden und Stadträten, aus der Industrie, von Universitäten und anderen Lehranstalten und von medizinischen Einrichtungen. Jetzt, da EM einen solchen Bekanntheitsgrad erreicht hat, glaube ich sicher, dass auch ohne mein besonderes Zutun sein Ruf und seine Beliebtheit weiter wachsen werden.

Ich bin in der glücklichen Lage, Mitglied der öffentlichen Verwaltung und von Beratungsgremien zu sein und das erste Experiment durchgeführt zu haben. Aber die Behörden bestimmen eben über das Geld; sollten sie sich für EM entscheiden, dann wäre das das Beste, was passieren könnte. Das Potenzial von EM ist ja nicht nur auf erfolgreiche Abwasserklärung beschränkt, man kann damit ja viel, viel mehr machen! Bedenkt man aber die aktuelle Situation in der Welt, muss man sich sagen, dass nicht immer der schnellste, sondern manchmal auch der langsamere und sicherere Weg der bessere ist. In gewisser Weise müssen wir die Zeit für uns arbeiten lassen und nichts übereilen. Ich bin jetzt 46 Jahre alt, in zehn Jahren werde ich in einer Position sein, in der meine Meinung noch mehr zählt und ich in größerem Maß meine Überzeugungen und meinen Einfluss geltend machen kann, weil in meiner Arbeit sich meine Erfahrungen widerspiegeln. Meine Kollegen teilen diese Ansicht. Der Tag wird kommen, wo wir in unserer Position auch die volle Verantwortung für das in unserem Einflussbereich Liegende übernehmen und hoffentlich manches noch positiver gestalten können. Das ist wohl die beste Einstellung: Wir sparen unsere Kraft, bleiben aber wachsam, damit wir mit geschärftem Wissen bereitstehen, wenn die Zeit da ist. Sicher nicht umsonst! Im Gegenteil, es ist der beste Weg, zur rechten Zeit das tun zu können, was wir uns von Anfang an vorgenommen haben."

Recycling-Wasser in guter Qualität für Landwirtschaft und Industrie

Mein Bericht über die Abwasserklärmethode mit EM in Gushikawa ist etwas lang und ausführlich geraten, aber es ist Nobumasa Chinens Rechenschaftsbericht über das ganze Verfahren. Die Leser haben so eine gewisse Vorstellung davon bekommen, wie EM auf Okinawa eingeführt wurde und welche Probleme insbesondere mit der Abwasserklärung verbunden waren.

Ich möchte noch eine Ergänzung zu Chinens Ausführungen über das System in der Bibliothek anfügen. Wie gesagt, wurde die Anlage in einem Drei-Kammer-Klärsystem installiert, das normalerweise für Abwasser im Haushalt eingebaut wird. Es wurde also in keiner Weise verändert und entspricht genau dem im Rathaus – mit einer Ausnahme: In der Bibliothek wurden zusätzlich ein Vorratstank eingebaut, ein Sandfilter und ein Filter, der das eingeleitete Wasser klären soll. Das im Vorratstank gesammelte Wasser durchläuft einen einfachen Filtrationsprozess, bevor es in das eigentliche System läuft. Diese einfache Zusatzanlage hat nun unglücklicherweise bei einigen Leuten zu der Meinung geführt, dass die EM-Methode nicht hundertprozentig effektiv sei. Anders gesagt, diese Leute meinen, dass die Qualität des recycelten Wassers a) dadurch erreicht würde, dass das Abwasser mit Regenwasser vermischt wird, und b) dadurch die Effizenz der Sandfilters demonstriert würde, und dass bei der ganzen Anlage nichts auf die Aktivität der Effektiven Mikroorganismen zurückzuführen sei. Um diese Zweifel auszuräumen, führten mein Forschungsstab und ich einige Härtetests durch.

Im ersten Test wurde das Wasser in der Kläranlage, also nachdem es bereits die EM-Behandlung durchlaufen hatte, aber noch nicht mit Regenwasser vermischt war, mit Regenwasser verglichen, das nur einer einfachen Filterung unterworfen worden war. Das Ergebnis ergab keine entscheidenden Unterschiede in den Werten. Dieses Vergleichsresultat zwischen EM-Abwasser aus einem Toilettensystem und Regenwasser ist aber ein wirklich aussagekräftiger und bemerkenswerter Test für die Wirksamkeit des EM-Verfahrens.

In den folgenden Untersuchungen zeigte sich, dass sich die Qualität im Vorratstank nach heftigem Regen schnell verschlechterte. Dies ist nicht nur ein Beweis, dass Regenwasser offensichtlich auch schon in gewissem Grad verschmutzt ist, sondern dass das EM-behandelte Abwasser einen höheren Reinheitsgrad hat, bevor es mit Regenwasser vermischt wurde. Diese Testergebnisse sollten wahrlich genügen, um die oben genannten Meinungen zu widerlegen.

Durch die Installation des EM-Systems in der Bibliothek erwies sich ganz klar, dass infolge des psychologischen Widerstands der Bevölkerung gegen recyceltes Wasser dieses nicht in die allgemeine Wasserversorgung eingeleitet werden kann, dafür aber in vollstem Maß Brauchwasser für Landwirtschaft und Industrie ist. Was Stickstoff und Phosphorsäure anbelangt, die beide zur Eutrophie der Gewässer beitragen, so wird Stickstoff zu fast 80 % und Phosphorsäure zu 75 % von EM-geklärtem Wasser eliminiert. Mit EM behandeltes Wasser hat demnach eine starke Fähigkeit zur Antioxidation, weshalb es sich vorzüglich für die Autowäsche eignet und dazu noch antikorrosive Eigenschaften hat, d. h. gegen Rost schützt.

Die Qualität des EM-behandelten, als Brauchwasser eingesetzten Wassers ist extrem gut. Die Werte zeigen, dass es in Bezug auf seine Reinheit Leitungswasser überlegen ist, obwohl die derzeitigen Bestimmungen in Japan eine Verwendung von Recycling-Wasser als Trinkwasser verbieten. Selbst wenn man für dieses Wasser keine andere Verwendung fände, als es in Flüsse, Seen und Sumpfgebiete einzuleiten, wäre das ein entscheidender Schritt zur Verbesserung der allgemeinen Gewässerverschmutzung, und es wären dafür nur geringfügige Veränderungen notwendig. Ein weiterer wichtiger Vorteil des EM-Verfahrens ist sein einfacher Einbau in die normalen Haushaltssysteme, aber auch in große Kläranlagen. Es könnte im Gegenteil die Verfahren vereinfachen. Würden Privathaushalte und große Gebäude die EM-Methode übernehmen, wenn auch nicht für Trinkwasser, hätte das einen dramatisch positiven Effekt auf die Gewässerverschmutzung zugunsten unserer Wasserreserven. Würde es gar noch als Trinkwasser genutzt, würde sich dies in enormen Ersparnissen für Wasser und Strom niederschlagen.

Die Abwässer aus den Privathäusern sind zurzeit die größte Verschmutzungsquelle für Wasser, aber auch hier wären nur kleine Veränderungen zur Anpassung nötig, um das geklärte Wasser für Wäsche, Dusche, Bad und für allgemeine Haushaltzwecke einzusetzen. Dies würde eine radikale Lösung für unsere Abwasser- und Verschmutzungsprobleme und unsere Wasserreserven bedeuten.

EM hat das Potenzial zur Reinigung von schwer verunreinigten Gewässern

Aska Planning K.K. ist ein Nahrungsmittelhersteller in Asahikawa (Hokkaido). Seit der Installation des EM-Verfahrens für die Reinigung des abgeleiteten Abwassers, braucht das Unternehmen sich nicht mehr um die Verschmutzung zu sorgen. Die Menge des Abwassers beläuft sich auf 10 bis 20 t pro Tag, aber dank EM verbreitet das Wasser jetzt einen angenehmen Fermentationsgeruch anstatt des früheren Fäulnisgestanks, Bienen summen um die Kläranlage anstelle der bisherigen Fliegenschwärme. Das ist wahrlich ein bemerkenswertes Phänomen bei einer Nahrungsmittelfabrik! EM wurde auf sehr einfache Weise in das System der Firma eingebaut. Behälter mit EM-Bokashi werden in jeden Tank gehängt, also in den Einleitungs-, den Belüftungs-, den Klär- und den Ausleitungstank. Zusätzlich werden 100 cm^3 EM1 pro Tag zugegeben. Dadurch fallen nur noch 10 % des Klärschlamms an. Die Behandlung des Abwassers braucht 50 kg Bokashi pro Monat. Da EM-Bokashi fest ist und in Ballen angeliefert wird, eignet es sich vorzüglich für stark verschmutztes Wasser.

Yasoba ist ein Stadtteil von Sakaide in der Präfektur Kagawa auf der Insel Shikoku. Yasoba ist bekannt für seine herrliche natürliche Quelle, deren Wasserqualität vor dem Krieg so berühmt war, dass es für die Teezeremonie benutzt wurde. Dieses Quellwasser ist jedoch so schlecht geworden, dass es heute als nicht trinkbar gilt. Anwohner wollen nun Schritte unternehmen, um Yasoba-Wasser wieder zur alten Qualität zu verhelfen, und haben jetzt mit EM angefangen. Sie begannen damit, 200 kg EM-Bokashi herzustellen und es in und um Nosawai, den Bereichen oberhalb der Quelle, auszustreuen und verdünntes EM in den Wasserzulauf an der Quelle zu gießen. Später ergaben die Untersuchungen tatsächlich, dass die Wasserqualität besser geworden war, was auch in der Presse berichtet wurde.

Ich bin sehr gespannt auf die Ergebnisse in einem anderen EM-Projekt, nämlich in der Kläranlage Utoshi in der Präfektur Kumamoto auf der südlichen Hauptinsel Kyushu. Utoshi ist eine kleine Gemeinde mit etwa 34.000 Einwohnern zwischen Kumamoto und Yatsushiro. In dieser Anlage landen die nicht fertig geklärten Abwasser aus anderen vorgeschalteten Anlagen. Jetzt hat man dort mit der EM-Klärmethode begonnen. Anlass dazu waren die hohen Kosten der bisherigen Verfahren und die enorm ansteigende Menge von Schlamm, die im Laufe des Klärprozesses anfiel.

Behandlung und Entsorgung von Klärschlamm ist zu einem Stachel im Fleisch jeder Gemeinde in Japan geworden. Warum? Weil grundsätzlich das bisherige System zusammenbricht. Früher transportierten private Unternehmen gegen Bezahlung den Schlamm in Anlagen, wo er zu Kompost verarbeitet wurde. Der hohe Wassergehalt und die Schadstoffkontaminierung des Schlamms verursachen jedoch Probleme. Die Unternehmer verloren das Interesse an dem Geschäft, nicht aus finanziellen Gründen, wie sie betonten. Angesichts der Notwendigkeit, irgendwie das Schlammvolumen zu reduzieren, entschloss man sich in Utoshi, mit EM zu arbeiten. Es ist noch zu früh, im Einzelnen über die Ergebnisse zu berichten, aber die Methode ist im Grunde die gleiche wie in Gushikawa, außer dass in Utoshi zusätzlich noch EM-Keramik eingesetzt wird.

Kleinere Gewässerreinigungsprojekte sind schon vielfach durchgeführt worden. In allen Fällen waren die Ergebnisse ausgezeichnet; als nächsten Schritt planen wir jetzt mit derselben Technik die Reinigung von größeren Seen und Gewässern.

1994 wurde das Projekt, den Wasserlauf bei Teganuma zu reinigen, in Angriff genommen, wovon ich früher berichtet habe. Innerhalb von drei Jahren können wir sichtbare Ergebnisse erwarten. Es sieht so aus, dass in den furchtbar verschmutzten Biwa-Seen in der Region Kansai EM ebenfalls zum Einsatz kommen könnte. Außerdem in Nakanokai, im Shinji-See, im Suwa-See, im Marschland von Inbamuma und in Kasumigaura, vorausgesetzt, wir können den Anwohnern den Ernst der Lage klar machen und sie für die Mitarbeit gewinnen. Wir brauchten ihre aktive Mithilfe, damit etwas gegen das problematische Abwasser aus den Privathäusern unternommen und gleichzeitig das EM-Küchenabfall-Programm forciert werden kann. Bedenkt man, wie EM funktioniert und die Einzeleffekte sich akkumulieren, dann werden wir sicherlich bald in eine Situation kommen, dass wir die Reinigung aller Wassersysteme in Japan in Angriff nehmen können.

Bei der Hauptquelle der Verschmutzung beginnen: den Abwässern aus den Haushalten

Schon früher habe ich betont, dass bei einem ausreichend breiten EM-Einsatz die Quelle der Verschmutzung zum Ausgangspunkt der Reinigung würde. Da die Hauptursache der Wasserverschmutzung eben die Abwässer aus den Privathaushalten bilden, so folgt daraus, dass hier mit der Reinigung und der Verbesserung der Wasserqualität begonnen werden muss. Die Verwendung von EM muss hier zur Selbstverständlichkeit werden. In dieser Hinsicht kann die Schnellkompostierung der Küchenabfälle (zu Bokashi) mit Hilfe von EM ein wichtiger Faktor für die Akzeptanz von EM in Haushalten werden. Ohne Zweifel ist es einsichtig für die Leser, dass das Recyceln der Küchenabfälle mit EM nicht die einzige Möglichkeit ist, EM einzusetzen: Ich würde mir sehr wünschen, das es für jeden zur Normalität würde, EM zusätzlich in den Toiletten sowie bei jedem Wassergebrauch zu benutzen. Deshalb gebe ich nochmals eine kurze Übersicht über die wichtigsten Einsatzmöglichkeiten in den Privathaushalten.

EM in privaten Mehrkammer-Klärsystemen

EM wird auf der Basis der anfallenden Menge des Abwassers kalkuliert, und zwar im Verhältnis 1:1000 EM und 1:500 Zuckerrohrmelasse. So wären z. B. bei einer Tankkapazität von 1 t Abwasser 1 l EM1 und 2 l Zuckerrohrmelasse erforderlich. Diese werden wie folgt eingebracht: Ein 20-l-Behälter wird zur Hälfte mit normalem Wasser gefüllt, das EM1 und die Melasse dazugegeben und gut verrührt, mehrere Tage nicht zu kühl stehen gelassen und dann direkt in das System eingefüllt. Problemlos kann die Mischung direkt in die Toilettenschüssel geschüttet werden. Das ist jederzeit möglich, funktioniert aber am besten bei wärmeren Temperaturen, weil die Mikroorganismen in EM dann aktiver sind; deshalb ist EM auch so wirkungsvoll gegen schlechte Gerüche in den warmen Sommermonaten. Während der ersten drei Monate sollte diese EM-Mischung einmal pro Monat eingebracht werden. Wenn sich die Erfolge zeigen, kann diese Gabe auf alle zwei oder drei Monate reduziert werden. Wenn nach einer gewissen Zeit noch Gerüche auftreten, muss die Häufigkeit der Zugabe erhöht werden. Wenn aber der Prozess richtig in Gang gekommen ist und sich stabilisiert hat, genügen ein paar Gaben pro Jahr.

Fisch-Teiche im Garten

Für den EM-Einsatz in Fischteichen im Garten genügt ein Verhältnis von 1:10.000, kalkuliert nach der Wassermenge im Teich, und sollte alle zwei Monate wiederholt werden. Danach müsste das Wasser im Teich klar sein. Gleichzeitig sollte auch der gute Gesundheitszustand der Fische erkennbar sein. Im Wesentlichen gilt das Verfahren ebenso für Fische in heimischen Aquarien, die Konzentration muss allerdings etwas höher sein, wenn sie für Brutteiche gebraucht wird, etwa 1:5000.

Es ist vorgekommen, dass Fische beim Gebrauch von EM in Teichen gestorben sind, aber in den meisten Fällen wurde altes EM verwendet. EM ist nicht mehr für den Gebrauch geeignet, wenn es schwarz geworden ist und nicht mehr gut riecht. Die Haltbarkeit des Konzentrats beträgt ein Jahr. Dies Datum sollte beachtet werden. Man kann EM jedoch länger verwenden, wenn die Farbe nicht verändert ist und sich kein schlechter Geruch zeigt. Im Prinzip kann es bei einer Temperatur von 20° C aufbewahrt werden, vorausgesetzt, die genannten Veränderungen stellen sich nicht ein.

Reinigung und Geruchsbindung im Haus

Weiter oben sprach ich über die Behandlung von Küchenabfällen mit EM-Bokashi und führte aus, dass die Flüssigkeit, die bei dem Prozess entsteht, sehr gut in den Abfluss in der Küche, im Badezimmer, in der Dusche und in die Toilette gegeben werden kann. Dies kann mit einer verdünnten EM1-Lösung genauso gemacht werden. Mit einer Sprühflasche versprüht man eine 50- bis 100-mal verdünnte EM1-Lösung, nicht nur in Bad und Toilette, sondern auch im Eingangsbereich der Wohnung und in anderen Räumen zur Geruchsverbesserung. Überall, wo Gerüche entstehen, kommt es zum Einsatz.

Küchenabfälle – kein Problem

Gartenabfälle aus Grasschnitt, Zweigen und kleinen Ästen können in kürzester Zeit zu Kompost gemacht werden, wenn sie großzügig mit EM übergossen oder besprüht werden – ein einfaches Verfahren, wodurch gleichzeitig auch die Menge des Abfalls verringert wird.

Ich kenne einen Golfplatz, wo durch einen Taifun der ganze Platz mit Haufen von abgerissenen Tannenästen übersät war. Obwohl das Platzpersonal alles beiseitegeräumt hatte, so dass der Platz bespielbar war, bot er keinen sehr schönen Anblick. Man hätte alles verbrennen können, aber bei einem Golfplatz verbot sich dies. Es wegzutransportieren hätte zu hohe Transportkosten verursacht. Der Mann, der mir davon erzählte, schilderte, wie er angesichts dieses Problems am Ende seines Lateins war, und dass er dann durch Zufall von EM hörte und sofort eine verdünnte Lösung über das Gehölz sprühte. Am nächsten Tag regnete es und von den Holzstapeln stiegen dichte weiße Rauchwolken auf, so dass man einen spontanen Brand befürchtete. Aber es brannte nicht. Tatsächlich war der weiße Rauch Wasserdampf, der durch den Regen entstanden war, der auf das durch die zymogene Aktivität der Mikroorganismen erwärmte Holz gefallen war. Diese fermentative Tätigkeit von EM ist in der Lage, große Mengen von grobem Gut immer recht schnell erheblich zu reduzieren.

Weitere Anwendungsmöglichkeiten rund ums Haus

All die vielen Einsatzmöglichkeiten sind auf die starke Antioxidationsfähigkeit von EM zurückzuführen. Zehn davon zähle ich auf, aber es sind eigentlich sehr viel mehr.
1. Eine kleine Menge EM ins Wasser der Waschmaschine gegeben, erhöht die Waschkraft und vermindert die Abnützung der Wäsche.
2. Da EM antikorrosiv wirkt, verhindert es Rost, wo er auch immer auftritt. Die Gegenstände müssen nur mit EM abgewischt und eine Weile so belassen werden.
3. EM erleichtert das Einlegen von „Pickles" auf japanische Art.
4. Es verbessert die Qualität von Backwaren, wenn man EM dem Teig zugibt.
5. Ein Schuss ins Spülwasser macht das Spülen leichter und das Geschirr glänzend.
6. Ein Sprühstoß über übriggebliebenes Essen verhindert das Schlechtwerden.
7. Ein paar Tropfen ins Trinkwasser verbessern den Geschmack.
8. Ein paar Tropfen im Whiskey verbessern den Geschmack derart, dass man ihn für eine bessere Sorte hält.
9. Ein paar Tropfen zum Reis beim Kochen erhöht den Geschmack.
10. Mit EM lassen sich Schimmelbeläge oder Ähnliches im Badezimmer, in der Dusche und an den Fliesen in der Küche leichter entfernen.

All das und eigentlich alles, wo und wann EM angewendet wird, lässt sich auf seine große Antioxidationsfähigkeit zurückführen.

Warum wird kostengünstige, qualitativ hochwertige Technik nur zögerlich angenommen?

Bei der Abwasserproblematik konzentriert man sich gegenwärtig darauf, alles an einem Ort zu sammeln und dort zu behandeln. Diese Methode ist wegen der erforderlichen Investitionen sehr teuer, aber es ist die gegenwärtig von den Verantwortlichen akzeptierte Methode. Es scheint, dass das *Behandeln* und *Entsorgen* von Abwasser die akzeptierte Art und Weise ist, mit diesem Aspekt des Lebens umzugehen: Alle scheinen der gleichen Meinung zu sein, niemand dagegen. Ganz im Gegenteil: Der kontinuierliche Anstieg der Kosten hat für bestimmte Mitglieder der Gesellschaft die Möglichkeit eröffnet, die Fortführung dieser Situation als ihr verbrieftes Recht anzusehen. Das hat dazu geführt, dass auf lange Sicht das Eliminieren der Ursache für verschmutztes Abwasser nicht mehr für wichtig erachtet bzw. als zwecklos angesehen wird. Ja, momentan scheint der Status quo für alle so günstiger zu sein. Ein ähnlicher Trend ist bei der Behandlung von festem Abfall zu beobachten.

Mir erscheint es als der höchste Grad von Dummheit, mit den Geldern der Steuerzahler an Verfahren festzuhalten, die nur den gegenwärtigen Zustand verlängern und die Verschmutzung verschärfen, anstatt Wege einzuschlagen, die effektiv eine Reinigung bewirken und die Umwelt verbessern. Diese Haltung ist jedoch typisch: Jedermann ist der Meinung, dass man gute Lösungen finden müsse, aber keiner unternimmt wirkungsvolle Schritte zur Abhilfe. Und das ist weltweit so.

Alle gegenwärtig verfügbaren Techniken gegen die Umweltverschmutzung haben Schwachstellen. Dagegen ist EM eine Technologie, die in jeder Hinsicht diese Schwachstellen beherrschen kann. Allein die EM-Abwasser-Klärmethode ist ein wirklich effektives Verfahren gegen die heutige Gewässerverschmutzung.

Die EM-Methode kann inzwischen bemerkenswerte Erfolge aufweisen, so dass in letzter Zeit mehrere Baufirmen dafür Interesse zeigen. Keine davon ist ein industrielles Großunternehmen, aber sie möchten Anlagen, ähnlich dem Abwasserprojekt der Bücherei von Gushikawa, in größeren Häuser- und gehobenen Apartmentkomplexen installieren. Auch einige Architekten erwägen, das Verfahren für die Sanitäranlagen von Privathäusern zu übernehmen. Wenn diese Pläne Früchte tragen, können wir den Ursachen für die Wasserverschmutzung wirkliche Lösungsmöglichkeiten entgegenstellen, was dann auch landesweit der Startschuss für große Projekte wie in Teganuma sein könnte. Projekte dieser Art würden keine riesigen Geldsummen verschlingen, aber wenn sie in sinnvoller Weise errichtet werden, könnte Japan mit all seinen Flüssen, Seen und anderen Wassergebieten in erstaunlich kurzer Zeit sauber werden.

Diese Fragen habe ich mit mehreren größeren Baufirmen bei verschiedenen Anlässen diskutiert, doch scheinen sie nur an Projekten interessiert zu sein, die den Einsatz von Mitteln in großem Stil verlangen. – Rede mit ihnen über den Bau eines Staudamms und du siehst ihre Augen leuchten wie eine Neonreklame! Erkläre ihnen dagegen eine kostengünstige, qualitativ hochwertige Technik wie EM, so zeigen sie sich vielleicht interessiert, aber damit hat es sich. Sie fühlen sich überhaupt nicht weiter motiviert. Hier wird Hand in Hand gearbeitet, und die Haltung der Bauunternehmer ist eng mit den Reglements der Behörden verknüpft.

Es ist einfach nötig, eine starke Nachfrage nach neuen Technologien zu schaffen. Ich betone, „Nachfrage" bzw. einen Markt für sich zu schaffen, das ist es, worauf die großen Unternehmen aus sind. Aber stattdessen verharren sie lieber in ihren gewohnten Bereichen, in denen sie ihre Gewohnheitsrechte haben und sicher sind, ihre Gewinne zu machen. Doch die Zeit schreitet unerbittlich fort, und entweder geht man mit ihr oder man geht unter, denn Zeit wartet nicht und erlaubt auch keinen Weg zurück. Wenn diese Großunternehmen sich an ihre alten Konzepte klammern, wird nicht nur ihr Glück zu sinken beginnen, sondern ihre gegenwärtige Größe wird schwinden und letztlich im Zusammenbruch enden. Doch vorerst werden sie sich wohl nicht zu einer Sinnesänderung aufraffen. Leider bin ich zu dieser Überzeugung gekommen.

Was persönliche Interessen anbelangt, so ist dies ein weiteres Gebiet, das das Establishment in Form von Behörden fest im Griff hat, wodurch aber Zukunftsplanung und Fortschritt zum Wohl der Gesellschaft entscheidend behindert werden. Zurzeit sind Regularien und Verordnungen ihre Waffen, doch wenn Zeiten kommen, in denen die Regularien gelockert werden, müssen die Behörden ihr Verhalten ändern, denn auch hier lassen sich die Uhren nicht zurückstellen.

In vielen Bereichen zeigt sich, wie lächerlich neue oder verlängerte Regulierungen infolge von bestehenden Interessen sind. Ein gutes Beispiel hierfür sind die Bestimmungen über die Chlorierung des Wassers in Schwimmbädern. Unter der gegenwärtigen Regelung darf einzig und allein Chlor zur hygienischen Sauberhaltung verwendet werden. Dies macht vielen Kindern den Besuch des Schwimmbades unmöglich, wogegen sie in EM-Schwimmbädern ohne Schaden schwimmen könnten! Der Einsatz von Chlor wird verlangt, um das Wasser hygienisch sauber genug zu bekommen. Dieses Ziel könnte aber auch mit anderen Methoden erreicht werden. Irgendwie wurden aber Methode und Ziel durcheinandergebracht, und so blieb es bei der Chlorierung. Eine gleichwertige Beurteilung wäre hier wirklich wünschenswert, damit flexibler vorgegangen werden könnte. Neben der Chlorierung könnten andere Methoden angewandt werden, so lange sichergestellt ist, dass keine Escherichia coli im Wasser auftreten (ein virulenter Keim).

Wie kann ich es wagen, solch einen Vorschlag zu machen? Deshalb, weil Chlor für den Menschen schädlich ist. Nach kurzem Aufenthalt im Chlorwasser eines Schwimmbades haben die Schwimmer unausweichlich rot unterlaufene Augen. Mit Sicherheit haben sie auch eine gewisse Menge Chlorwasser geschluckt. Man erinnere sich, dass im Schwimmbad der Chlorgehalt des Wassers wesentlich höher ist als in normalem Leitungswasser. EM-Wasser dagegen ist nicht nur außerordentlich hygienisch, es ist auch, wenn es geschluckt wird, total harmlos. EM-Wasser hat sich auch als gesundheitsförderlich bei einer ganzen Reihe von Fällen von Hautkrankheiten gezeigt, z. B. atopische Dermatitis, die sich nach dem Besuch in einem EM-Schwimmbad gebessert hat.

Aus Thailand habe ich Berichte erhalten, wonach Kinder frei von Läusen wurden, nachdem sie in Wasser gebadet oder geschwommen haben, das nach der EM-Methode recycelt war. Ebenso sind dort viele Besserungen bei Kindern aufgetreten, die an hartnäckiger Dermatitis oder anderen Hautkrankheiten litten. Wäre der Einsatz von EM als Alternative zu Chlor sträflich teuer, käme es natürlich nicht in Frage, aber das ist ja nicht der Fall. Die Kosten des EM-Verfahrens sind sehr moderat. Ich hoffe, dass meine Leser klar verstehen, dass ich nicht auf der EM-Methode als der allerbesten für Schwimmbäder bestehe. Mein Anliegen ist es, dass die gegenwärtigen Bestimmungen gelockert werden müssen zugunsten anderer Verfahren ohne Chlor, damit auch Kinder ohne Schaden die Schwimmbäder besuchen können.

An anderer Stelle habe ich genau dargelegt, dass die Wasserverschmutzung weit folgenschwerer ist, als dass lediglich Wasser einen schlechten Geschmack hat. Wasser ist die vermittelnde und verbindende Kraft zwischen allem, und mit „allem" meine ich alles, angefangen vom natürlichen Ökosystem bis zu den Lebensfunktionen als solchen, das menschliche

Leben eingeschlossen. Wenn also die Wasserqualität schlechter wird, ist die ganze natürliche Umwelt global bedroht und dadurch wiederum alles Leben auf dem Planeten.

Wie bereits erwähnt, wird in das System der Bücherei in Gushikawa auch Regenwasser eingeleitet. Ich sagte aber auch, dass sich die Wasserqualität nach einem heftigen Regen sofort verschlechtert. Schon die Tatsache, dass Wasser aus dem Sanitärbereich, mit EM behandelt und dann recycelt, einen höheren Reinheitsgrad hat als Regenwasser, beweist die Effektivität der EM-Methode, aber gleichzeitig wird mit erschreckender Klarheit deutlich, wie verschmutzt Regenwasser auf unserem Planeten heutzutage ist.

Da wir unmöglich das Wasser, das wir brauchen, vom Wasser in der übrigen Natur trennen können, können wir auch unser benötigtes Wasser nicht getrennt reinigen. Die Niederschläge, in welcher Form auch immer, haben einen Einfluss auf die Pflanzen und Tiere. Wer hat denn die Wasserverschmutzung auf unserem Planeten verursacht? Wir Menschen! Und zwar jeder Einzelne von uns!

Vielfach mag die Verschmutzung einfach unvermeidlich sein angesichts der heutigen Lebensverhältnisse. Es muss aber auch gesagt werden, dass es niemals eine wirklich effektive, narrensichere Methode für den Einzelnen gegeben hat, selber für die Reinhaltung des Wassers zu sorgen. Zum ersten Mal überhaupt kann jetzt jeder Einzelne tagtäglich seinen Beitrag zur Wiedergewinnung von sauberem Wasser leisten, und zwar in jedem Lebensbereich.

Einer der großen Vorzüge des EM-Verfahrens ist es doch, dass es mit demselben Effekt in Privathäusern und in großen Anlagen und ebenso bei der Müllentsorgung allgemein eingesetzt werden kann. Genauer gesagt, braucht es keine Verbesserungen oder zusätzlichen Einrichtungen bei den bestehenden Anlagen. Im Gegenteil, es kann sie bis zu 50 % vereinfachen, und ganz gewiss braucht es keine neuen Vorrichtungen. EM ist zweifellos eine sehr sichere Technik, nicht zuletzt weil sie je nach dem Grad der Verschmutzung aktiv ist und ihre Aktivität beendet, sobald das Wasser sauber ist und sich nicht mehr in einem anaeroben Stadium befindet. Ehrlich, gibt es ein besseres auf die menschlichen Bedürfnisse zugeschnittenes System?

Fischzucht ohne Antibiotika

Auch unsere Meere und Ozeane sind von der Wasserverschmutzung betroffen: Auch sie sind betroffen von einer „Wüstenbildung"; sie sind praktisch steril und zu Meereswüsten geworden. EM hat nun aber das Potenzial, diesen Zustand zu beenden und die Gewässer so sauber zu machen, dass sich die Lebewesen wieder in Fülle entwickeln können und – gesund sind. Demgegenüber befördert das jetzige System nur die Schmutzstoffe vom Land in die Meere. Und nicht nur das; die Riesenmengen von Antibiotika, die in der Fischzucht nötig sind, stellen ganz unerwartet eine ernsthafte Bedrohung dar.

Mit EM kann man jetzt diese Übelstände bekämpfen. Ganz besonders erweist sich seine Wirksamkeit bei der Beseitigung der Schadstoffe, die von der Fischzucht herrühren. Besorgniserregend ist die Schlammbildung, die aus den Überresten von Fischfutter und Fischexkrementen entsteht. Dieser Schlamm baut sich nur sehr schwer ab und seine Entfernung ist extrem kostspielig. Wird er entfernt, erhebt sich die Frage: Wohin damit? Wenn nichts unternommen wird, wird der Schlamm zum Ausgangspunkt für die Verbreitung der gefürchteten Algenpest „Red Tide" und macht Fische und bestimmte Krebsarten krank. Dieser Schlamm ist also nichts als ein Riesenhaufen Probleme. Also nochmals: EM hat das Potenzial, auch dieses Problem einfach und effizient zu lösen, wenn man es richtig und in vollem Umfang einsetzt. Für die Fischzucht stellt man eine 500- bis 1000-fach verdünnte Lösung von EM mit derselben Menge Zuckerrohrmelasse her und mischt es unter das Fischfutter. Bei den Krebsen wird zusätzlich zum Futter EM über den Sand gesprüht. Bei jeder Verschmutzung und bei geringeren Erträgen wird EM seine Wirkung genau so zeigen wie auch auf dem Land bei der Verbesserung der Böden.

Amakusa ist eine Inselgruppe im Südwesten von Kyushu. 1993 dezimierte ein Virus die Krabbenpopulationen. Mit EM konnte die Krankheit erfolgreich unter Kontrolle gebracht werden und die Krebse entwickelten sich größer und zahlreicher als in normalen Jahren. In anderen Fischzuchtgebieten wurden ebenfalls bei den verschiedensten Fischarten spektakuläre Ergebnisse erzielt, ebenso bei der Perlmuttkultivation. Auch in der Süßwasserzucht, bei Aalen, Karpfen und Goldfischen zeigen sich beste Resultate. Wenn das EM-Verhältnis im Wasser als Ganzem zunimmt, gesundet die gesamte Umgebung, also auch die Fische, so dass sich die Antibiotikagaben erübrigen. Auf einfache Weise kann mit EM in den Züchtereien ein Kreislauf-Futterzyklus eingerichtet werden: Werden die Fischabfälle einschließlich der knöchernen Teile und der Innereien mit EM behandelt und Sojamehl beigegeben, lassen sich daraus Bällchen formen, die ein exzellentes Fischfutter sind.

Ich habe auch schon erwähnt, dass es verhältnismäßig einfach ist, die organischen Rückstände in Industrieabwässern, z. B. aus der Lebensmittelindustrie, mit EM zu behandeln. Es ist sogar möglich, EM einzusetzen, wenn Öl und Schwermetallrückstände enthalten sind, obwohl der Prozess dann etwas komplexer sein muss, indem bei der Filterung zusätzlich EM-Keramik eingesetzt wird. Eventuell muss auch ein Tank für die Rückstände von Schwermetallen integriert werden, aber die starke Antioxidationskapazität von EM wird buchstäblich mit jedem Problem fertig.

Es ist klar, dass überall ständig neue Versuche durchgeführt werden. So hoffe ich, dass ich bald weitere Techniken für spezielle Einsatzmöglichkeiten vorstellen kann.

Kapitel 6

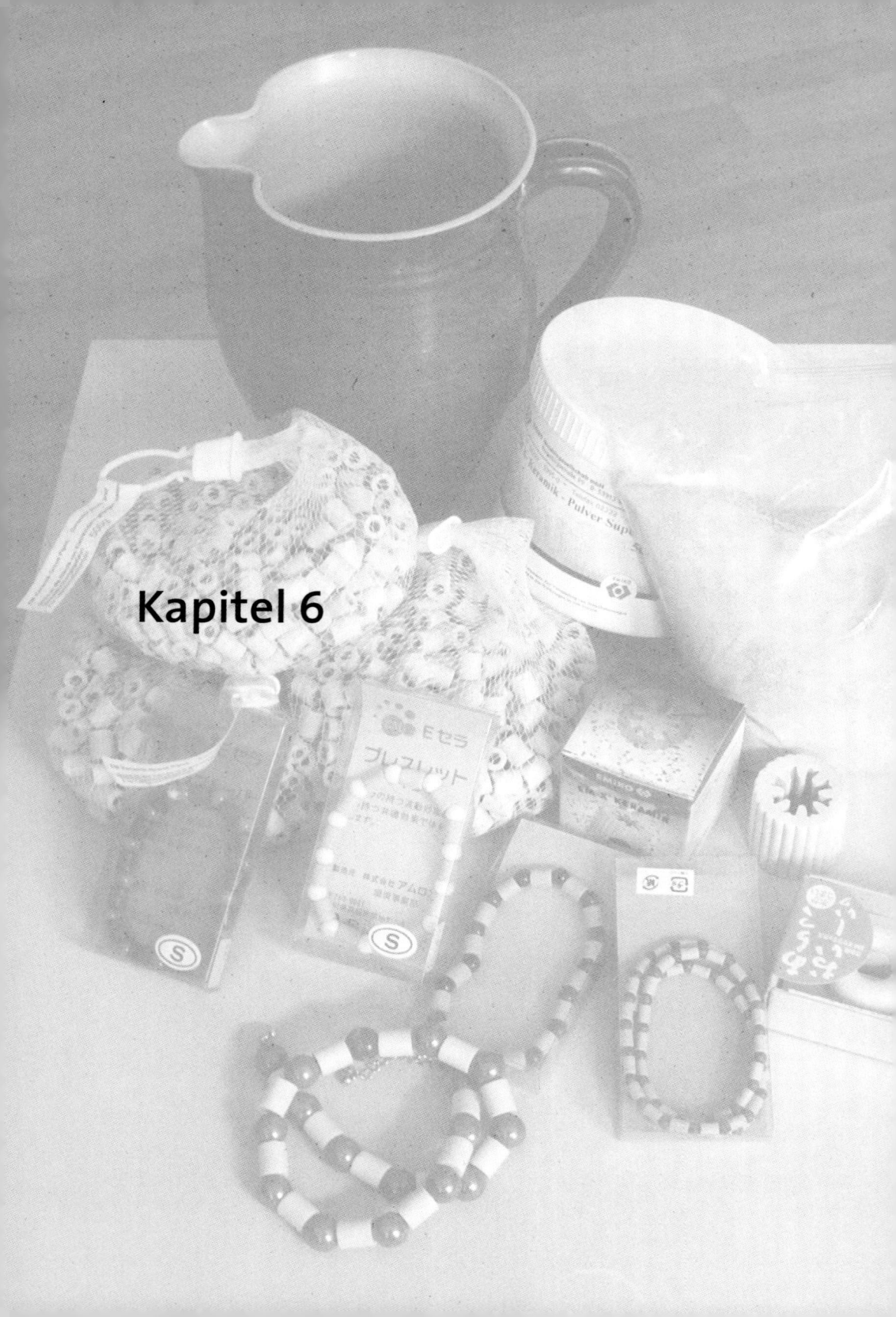

EM-Keramik – Eine neue revolutionäre Technologie

Aus: *Eine Revolution zur Rettung der Erde II*

Mikroorganismen können bei Temperaturen über 700 Grad Celsius überleben

Dieses Kapitel befasst sich mit EM-Keramik, die sicherlich eine wichtige Rolle bei zukünftigen technologischen Innovationen spielen wird. Ursprünglich hatte ich vor, diese Forschungserkenntnisse über Keramiktechnologie bis zum Beginn des neuen Jahrtausends zurückzuhalten. EM hat jedoch in Japan und international schon einen so hohen Bekanntheits- und Anwendungsumfang erreicht, dass ich mich entschlossen habe, die einmaligen Eigenschaften von EM-Keramik für die Nahrungsproduktion und -versorgung, für die Probleme der Umwelt und für Gesundheit und Medizin jetzt schon an die Öffentlichkeit zu bringen.

In einer früheren Veröffentlichung machte ich eine Feststellung, die sofort ein starkes Echo hervorrief. Ich hatte ausgeführt, dass bestimmte Mikrobenstämme die Fähigkeit haben, bei sehr hohen Temperaturen zu überleben. Ich zitiere: Unter den Photosynthesebakterien, die in EM eine zentrale Rolle spielen, sind auch solche, die extrem hohe Temperaturen aushalten, in manchen Fällen sogar über 700° C, dies jedoch nur unter Abwesenheit von Sauerstoff, wobei dann auch ihre ursprüngliche Information intakt erhalten bleibt. Die sofortige Reaktion meiner Kritiker lautete, dass es keine Bakterien gebe, die eine Temperatur von über 100° C überleben könnten.

Ich möchte nun im Folgenden darlegen, was ich für eine Tatsache halte, dass nämlich eine große Anzahl von Bakterien Temperaturen von 100° C und mehr überleben können. Darüber hinaus möchte ich die Hintergründe dafür aufzeigen, warum bestimmte Bakterienarten bei Temperaturen von 700° C leben und funktionieren, also weder ihre Lebenskraft verlieren noch sterben. Ich bezwecke damit zweierlei: Erstens möchte ich die Leser mit meinen Erkenntnissen bekanntmachen und zweitens die Zweifel und Gegenargumente der Kritiker, dass derartige Bakterien nicht existieren, widerlegen.

Ich beginne mit einer Tatsache, die erst 1993 bekannt wurde. Sie bezieht sich auf einen Vorfall, der sich ereignete, als die amerikanische Raumfahrtbehörde NASA eine Kamera vom Mond zurückholte, die für Beobachtungszwecke zwei Jahre lang auf dem Mond belassen worden war. Zu ihrer Überraschung fanden Wissenschaftler hinter der Linse im Inneren der Kamera Streptococcus-mitis-Bakterien, also gewöhnliche Milchsäurebakterien, die auch im Mund des Menschen vorkommen. Da die Bakterien im Inneren des Linsengehäuses und nicht außen waren, konnten sie unmöglich vom Mond stammen. Sie mussten sich im Inneren der Kamera noch auf der Erde eingenistet haben und die Reise zum Mond und zurück und einen zweijährigen Aufenthalt dort überlebt haben. Als die NASA-Forscher einen Kultivierungsversuch mit den Bakterien machten, vermehrten sich die Bakterien ganz normal.

Nun unterscheiden sich die Verhältnisse auf der Mondoberfläche sehr stark von denen auf der Erde: Es gibt dort praktisch keinen Sauerstoff und die Temperaturen zwischen Tag und Nacht schwanken in einem Bereich von mehr als 200° C, ein dramatischer, auf der Erde nicht vorstellbarer Unterschied. Trotzdem scheinen diese Bedingungen die Bakterien in der Beobachtungskamera nicht im Geringsten beeinträchtigt zu haben, obwohl sie zwei Jahre zu überstehen hatten. Diese Entdeckung war zwar schon im Jahr 1976 gemacht worden, wurde aber erst 1993 nach Ablauf der Informationssperre veröffentlicht. Dies ist der Hintergrund für meine spezifischeren Forschungen. Meine Arbeit mit EM war voller Überraschungen und hat mich mit einer Anzahl von erstaunlichen, anfangs unglaublichen Phänomenen konfrontiert. Zum Beispiel, dass die Eigenschaften von EM immer noch vorhanden waren trotz verschiedener Reinigungstechniken: Sogar nach dem Spülen zeigten die Gefäße, die für die Experimente mit EM gebraucht worden waren, immer noch Eigenschaften von EM, es schien also, als ob auf irgendeine Weise die Gefäße mit EM imprägniert worden seien. Dieses Phänomen erhielt sich, selbst als die Gefäße nochmals skrupulösesten Reinigungsvorgängen unterworfen worden waren. Das Ausmaß hing zwar entscheidend von ihrer Versorgung mit Nahrung ab, aber bei einigen Gefäßen erhielten sich die EM-Eigenschaften über mehr als sechs Monate nach dem Gebrauch.

Ungefähr zur selben Zeit machte ich verschiedene Experimente mit Ton und Keramik. Bei einem Experiment wurde normale, also nicht mit EM vorher behandelte Keramik in eine EM-Lösung zum Vollsaugen eingelegt, um zu testen, ob diese Methode für die Reinigung von Wasser brauchbar wäre. Wie immer reinigte ich nach Beendigung des Experiments die gebrauchten Gefäße sehr sorgfältig und ließ sie trocknen. Ich dachte, gründliche Lufttrocknung würde genügen, um alle Spuren meiner früheren Versuche zu beseitigen.

Es zeigte sich jedoch, dass ich die Gefäße spülen, lüften und trocknen konnte, so viel ich wollte, aber nichts die Wirkungen von EM beseitigen konnte. Da mir das merkwürdig vorkam, legte ich die Gefäße in einen Autoklaven, einen Apparat, der mit Wasserdampf und Druck sterilisiert. 15 Minuten bei einer Temperatur von 135° C hielt ich für ausreichend. Als ich jedoch die Keramikgefäße in eine Kulturlösung legte, war die Anwesenheit von EM ganz offensichtlich und unbestreitbar. Völlig überzeugt, dass etwas schiefgegangen oder mir ein Fehler unterlaufen war, wiederholte ich den Sterilisationsprozess.

Ich stellte die Gefäße noch dreimal in den Autoklaven, und immer noch war die Anwesenheit von EM deutlich nachweisbar. Als ich eine Trockensterilisation bei hoher Temperatur durchführte und immer noch EM vorfand, erhöhte ich die Temperatur auf 700° C in voller Überzeugung, dass dies sicher eine Radikalkur wäre. Bei einer Temperatur von 700° C beginnt Eisen zu schmelzen, doch ich fand Anzeichen, dass die Mikroben sogar diese hohe Temperatur überlebten. Jetzt endlich war ich überzeugt, dass ich über etwas von weitreichender Bedeutung gestolpert war.

Das Bedeutsame bei meiner Entdeckung war, dass bestimmte Bakterien bei hohen Temperaturen offensichtlich vollständig ausgemerzt werden, wenn die Erhitzung unter atmosphärischen Bedingungen, d. h. bei Vorhandensein von Sauerstoff geschieht, dass sie aber bei hohen Temperaturen unter anaeroben Bedingungen, d. h. wenn kein Sauerstoff vorhanden ist, n i c h t absterben. Das bedeutet mit anderen Worten, dass es Bakterienstämme gibt, die bei Anwesenheit von Sauerstoff geschädigt und vernichtet werden, die jedoch ohne jede Schwierigkeit bei beträchtlich hohen Temperaturen überleben können, so lange kein Sauerstoff da ist. Das heißt, sie überleben glücklich und zufrieden unter anaeroben Bedingungen – und genau das sind die Bedingungen, die auf dem Mond herrschen.

Die ersten Mikroben, bei denen ich diese Fähigkeit feststellte, waren Photosynthesebakterien. Später fand ich dieselben Eigenschaften noch bei vielen anderen Arten. Gewisse Nattobakterien und einige Milchsäurebakterien zeigen ein ähnliches Verhalten. Ich führte gründliche Untersuchungen durch und entdeckte viele Stämme von Mikroorganismen, die Antioxidantien produzieren und in der Lage sind, die beschriebenen anaeroben Bedingungen unter hohen Temperaturen zu überstehen.

Glücklicherweise können wir über eines sicher sein: Diese hoch widerstandsfähigen Bakterienstämme gehören nicht zu der Gruppe von Mikroben, die für uns Menschen schädlich sind. Tatsächlich werden alle „Keime", das heißt Mikroorganismen, die für den Menschen bedrohlich sein können, bei Temperaturen von 60° C in einem Zeitraum von einer Stunde zerstört. Es sind also nur ganz bestimmte, besondere Stämme, die bei Temperaturen von 100° C und höher überleben können.

Früher glaubte man jedoch, dass einfache Hitzeeinwirkung genügen würde, um etwas bakterienfrei zu machen. Später glaubte man, dass man eine Substanz sicher, d. h. steril machen kann, wenn man sie hohen Temperaturen aussetzt. Daraus könnte man folgern, dass Mikroben einfach durch längeres Kochen vernichtet werden. Das stimmt aber nicht. Wie ich schon sagte, kann glücklicherweise bei schädlichen Mikroben in dieser Weise verfahren werden, aber das heißt nicht, dass a l l e Mikroben sich dieser Behandlung fügen: Es gibt noch viele, die dabei überleben. Es ist nur so, dass diese auf den Menschen keinen schädigenden Einfluss haben. So gesehen ist die Fähigkeit bestimmter Mikroben, bei hohen Temperaturen unter anaeroben Bedingungen zu überleben, ein Beweis für die Theorie, dass solche Mikroorganismen schon in früheren Erdzeitaltern auf der Erde existierten, als hohe Temperaturen ohne Anwesenheit von Sauerstoff herrschten.

Unendliche Möglichkeiten und praktisch zahllose Anwendungsgebiete für EM-Keramik

Unter den vielen Arten der Photosynthesebakterien gibt es ein paar Stämme, die weder vollständig noch teilweise noch bei abgeschwächter Vitalität die in ihnen kodierte Information verlieren, selbst nicht bei Temperaturen von 1000° C und höher. Es kann deshalb vermutet werden, dass diese Mikroorganismen auf unserem Planeten seit der Zeit existiert haben, als die Temperatur auf der Erde noch ungefähr 1000° C betrug. Die Mikroorganismen dieser Gruppe zeigen eine ausgeprägte Vorliebe für Kohlendioxid und Methangas, ebenso für Schwefelwasserstoff und Ammoniak. In den frühesten Entwicklungsstadien der Erde bestand die Atmosphäre vermutlich in der Hauptsache aus Kohlendioxid, Ammoniak, Methan und Schwefelwasserstoff. Diese Substanzen waren Leckerbissen für die Mikroorganismen, die den Planeten damals bei extremer Hitze und hoher Feuchtigkeit bewohnten, und sie schwelgten sozusagen darin. Das Ergebnis dieses Schlaraffenlebens war, dass diese Mikroorganismen sich enorm vermehrten. Ihre Vermehrungsrate war so hoch, dass eben diese Mikroorganismen damit einen Zustand herbeiführten, bei dem Kohlendioxid gebunden wurde und sich riesige Mengen von Stickstoff, Sauerstoff und Wasser bildeten. So erklärt man sich die Ausbildung der Erdatmosphäre, wie wir sie heute kennen. Unterzieht man diese Vorstellung jedoch einer logischen Überlegung, entdeckt man eine ganze Anzahl von Anomalien.

Damit es auf der Erde regnen konnte, hätten die Temperaturen mindestens unter 100° C fallen müssen – eine notwendige Bedingungen dafür, dass Wasserdampf kondensieren und dann abregnen kann. Es ist bekannt, dass in früherer Zeit die Temperatur auf der Erde 100 und mehr Grad Celsius betrug, und man nimmt an, dass, wenn alles gegenwärtig auf der Erde existierende Kohlendioxid freigesetzt würde, sofort ein Treibhauseffekt entstehen und die Temperatur auf 200° bis 300° steigen würde. In der Zeit, von der wir sprechen, nämlich die Zeit der Erdentstehung, als sich die Atmosphäre des Planeten bildete, musste jedoch die Erdtemperatur mindestens so hoch, wenn nicht höher gewesen sein.

Die Erde hätte sich abkühlen und eine Verringerung des Treibhauseffekts hätte eintreten müssen, damit es regnen konnte. Eine exakte Klärung und Darstellung der damals herrschenden Bedingungen liegt jedoch nicht vor. Ich selbst kam aber durch meine Arbeiten mit EM zu der Schlussfolgerung, dass meine Auswahl von Mikroben für EM einige Stämme enthält, die mit den Mikroorganismen verwandt sind, die auf der Erde existierten, als sie noch jung war. Ich erwähne das, weil in der Gruppe von Mikroorganismen, die EM ausmachen, bestimmte Stämme Kohlendioxid geradezu lieben, ebenso Methangas, Schwefelwasserstoff und Ammoniak, und diese genüsslich verzehren. Meiner Meinung nach kann daraus nur eine mögliche Schlussfolgerung gezogen werden, nämlich die, dass die Vorfahren dieser Mikroorganismen schon in frühen Erdzeitaltern existierten und sich in einem solchen Ausmaß und mit solcher Intensität vermehrten, dass dadurch die Menge des Kohlendioxids in der Atmosphäre entscheidend verringert und dem Treibhauseffekt ein Ende bereitet wurde, sodass im Endergebnis die Temperaturen unter 100° C fielen. Die sinkende Temperatur führte zu Niederschlägen, also zu Regen auf der Erde. Mit dieser Betrachtungsweise lässt sich das Geheimnis der Entstehung der Erde und der Atmosphäre erklären.

Normales Eiweiß erfüllt seine Funktionen nur bei Temperaturen unter 100° C. Gewisse Mikroorganismen in EM können ihre Funktionen jedoch gelassen bei höheren Temperaturen erfüllen. Man kann deshalb die Hypothese aufstellen, dass es, wenn es sich um eine katalytische Molekularfunktion auf niedrigem Niveau handelt, für ein und dieselben Mikroorganismen möglich ist, bei beträchtlich höheren Temperaturen zu existieren und – bestimmte Bedingungen vorausgesetzt – nicht abzusterben oder zu atrophieren, sodass sie also weder ihre Lebenskraft verlieren noch ihre Existenz aufs Spiel setzen. Akzeptieren wir diese Hypothese, dann sollte es möglich sein, die Funktion dieser Mikroorganismen noch festzustellen und wahrzunehmen, auch wenn ein Informationstransfer schon stattgefunden hat und die in ihnen kodierte Information auf Ton übertragen und dieser Ton zu Keramik gebrannt worden ist.

Es ergeben sich gewisse größere Schwierigkeiten, wenn man versucht, EM in andere Materialien einzuschließen. Bei hochporösen Materialien wie beispielsweise Holzkohle besteht die Gefahr, dass EM sich daraus wieder löst, da das Material an sich den Mikroorganismen die Freiheit bietet, dieses zu verlassen – zumal die Umgebung für sie eher unwirtlich ist. So ist, mit anderen Worten, weder Holzkohle noch Zeolith ein geeignetes Medium für EM, denn tränkt man diese Substanzen mit EM, verliert es einen Teil seiner Wirkung. Wird EM jedoch in Keramik eingebrannt und damit fest eingeschlossen, kann es sich nicht mehr verflüchtigen.

Einfach erklärt: Wird EM in Ton eingebrannt, können die Mikroben mit der Lage von Gefangenen verglichen werden, die zwar leben und im Vollbesitz all ihrer Funktionen sind, aber doch in einem Gefängnis eingekerkert sind, aus dem sie nicht fliehen können. Genau so werden die EM-Mikroben an einer Stelle festgesetzt, und wenn sie immer gut mit Nahrung versorgt werden, können sie sich vermehren. Hat die Vermehrung einmal begonnen, werden ihre Nachkommen nicht in dem Keramikgefängnis immobil festgehalten, sondern sie können sich frei bewegen und sind in der Lage, ihre natürlichen Funktionen zu erfüllen. Diese Feststellung lässt sich dadurch beweisen, dass Reiskleie, die in einem Gefäß aus EM-Keramik aufbewahrt wird, sich in EM-Bokashi verwandelt. Diese Beobachtung brachte mich dazu, das Einbrennen von EM in Ton ernsthaft zu erwägen.

Soweit ich es überblicken kann, hat niemand vorher darüber Versuche angestellt, ob Mikroorganismen ihre normale Funktion beibehalten würden, wenn sie in ein Material wie z. B. Ton eingebunden werden, d. h. wenn sie mit Ton vermischt in einem anaeroben, sauerstofffreien Zustand verbleiben und eingebrannt werden. Zwar wurden schon Mikroorganismen in Ton eingebunden und als Biokatalysatoren verwendet. Der Nachteil dieser Methode war jedoch, dass in den meisten Fällen die biokatalytischen Wirkungen nicht erhalten blieben, weil auf irgendeine Weise die Mikroorganismen aus ihrem Tongefängnis entfliehen konnten. In EM-Keramik werden die Mikroorganismen fest in dem Tonmaterial gefangen gehalten und haben keine Fluchtmöglichkeit, sodass sich ihre Wirkungen über eine längere Zeit erhalten. Diese Entdeckung bedeutete für mich, dass ich jetzt einen der größten Nachteile von EM überwinden konnte: Während ich vorher wenig Kontrolle über die Aktivitäten der Mikroorganismen und – was noch wichtiger war – über ihre Beweglichkeit hatte, war ich nun in der Lage, ihren Aufenthaltsort, ihre Konzentration und die Intensität ihrer Wirkung zu lenken und zu kontrollieren. In flüssiger Form konnte EM nicht an einer spezifischen Stelle festgehalten werden und sich deshalb unkontrolliert ausbreiten. Infolge dieser Ausbreitung schwächte sich im Laufe der Zeit die Wirksamkeit ab. Nun war es aber mit EM-Keramik möglich, das ständige Verbleiben von EM an einer bestimmten Stelle sicherzustellen und dadurch seine kontinuierliche Wirksamkeit zu gewährleisten.

Ich benötigte die Jahre 1989 und 1990, um ein für alle Mal und zu meiner völligen Zufriedenheit die sichere Bestätigung all dieser Fakten zu bekommen. Danach führte ich auf mehreren Gebieten verschiedene Versuche durch, um herauszufinden, wo EM-Keramik möglicherweise mit gutem Erfolg eingesetzt werden könnte. Im Folgenden werde ich einige Beispiele für Anwendungsmöglichkeiten von EM-Keramik aufzeigen, die ich bisher herausgefunden habe.

Die ersten Anwendungsgebiete, die einem in den Sinn kommen, liegen im industriellen Bereich, ganz besonders in der Automobilproduktion und als Baumaterialien in der Bauindustrie. Auf beide Bereiche werde ich später noch näher eingehen.

Wasser und alles, was im weiteren Sinne damit zu tun hat, ist ebenso ein umfangreicher Anwendungsbereich, für den sich EM-Keramik anbietet. Wenn Wasser einen bestimmten

Reinheitsgrad erreicht hat, ist es möglich, diesen weiter anzuheben, sogar so weit, dass das Wasser als Trinkwasser verwendet werden kann, indem man es durch EM-Keramikfilter leitet. EM-Keramik kann auch in Wasserreinigungsanlagen eingesetzt werden. Während die Poren der normalen Reinigungsbatterien nach einer gewissen Zeit verstopfen, müssen EM-Keramik-Batterien praktisch nie gereinigt werden, denn EM frisst selbst alle organischen Stoffe in seiner Umgebung auf. Da die EM-Keramikfilter so funktionieren, solange die Oberfläche der EM-Batterie selbst nicht verschmutzt ist, müssten sie theoretisch eine beinahe unendlich lange Lebensdauer haben.

EM-Keramik kann auch in Bereichen und Situationen eingesetzt werden, wo früher EM als flüssiges Konzentrat oder als Bokashi zur Anwendung kam, z. B. zur Geruchsbeseitigung in Rinderställen, wie ich es in einem früheren Kapitel dargestellt habe. Die antioxidierende Wirkung einer 100- bis 500-mal verdünnten EM-Lösung zum Aussprühen von Tierställen wird jeden Gestank tilgen und ebenso die Abnutzung der in den Ställen verwendeten Materialien verhindern. Auf diese Weise wurde EM früher genutzt, um derartige Probleme zu lösen. Nach dem Aussprühen mit flüssigem EM kann eine Schicht von pulverisierter EM-Keramik im Verhältnis von 1 kg pro 15 bis 20 m² auf den Boden der Tierställe gestreut werden. Das führt mit den Mikroorganismen im flüssigen EM zu einem Synergieeffekt und intensiviert die Antioxidationskraft beider Substanzen.

Wird EM-Keramik in den Viehställen unter der Streu verteilt, bilden sich darin zymogene Bakterien, wodurch sich wiederum die allgemeine Antioxidationswirkung der Streu erhöht. In den Trinkwassertanks verbessert EM-Keramik nicht nur die Wasserreinheit und damit die Gesundheit der Tiere, sondern verhindert auch die Verschlammung der Wassertröge, die entsteht, wenn die Tiere beim Trinken Futter hineinfallen lassen; ebenso verhindert es das Rosten von Metallteilen im Wasser. Die Materialien zur Herstellung von EM-Keramik sind nicht teuer, man braucht dazu nur EM und Ton vom Feinheitsgrad 2, den man auch für Dachziegel verwendet. Unterschiedliche EM-Keramik ist bereits auf dem Markt.

EM-Keramik unterscheidet sich von anderen EM-Arten. Während die Letzteren bis jetzt in Verbindung mit organischen Materialien eingesetzt wurden, ist das Charakteristikum der Keramik, dass sie die Funktionen von anorganischem Material (also Ton) mit denen von EM vereint. Diese Kombination bewirkt eine Beschleunigung des früher etwas verzögerten Ionenaustauschs und stabilisiert die Wirkung von EM bei der Bodenverbesserung in organisch verarmten Böden. Es verhindert außerdem Materialermüdung und ist hochwirksam bei der Wasserreinigung. EM-Keramik beweist auf all diesen Gebieten beachtliche Wirkung und wird in Zukunft nicht nur in großem Umfang auf landwirtschaftlichem Gebiet und dem der Umweltgesundung eingesetzt werden können, sondern wird auch im medizinischen Bereich in einmaliger Weise Anwendung finden. Gegenwärtig steht EM-Keramik für drei Anwendungsgebiete zur Verfügung: Wasserreinigung und -verbesserung, Bodenverbesserung und Umweltgesundung. Ich möchte kurz das Besondere von EM-Keramik auf diesen Gebieten beleuchten.

Bei der Wasserreinigung schafft die anorganische Energie der Keramik (nämlich elektromagnetische Wellen und langwellige Infrarotstrahlung) einen Synergieeffekt mit dem EM, das in ihm enthalten ist, und zwar dahingehend, dass das Wasser nicht nur sauber und sicher ist, sondern auch gut schmeckt und gesundheitsfördernd wirkt. Dies wird dadurch erreicht, dass EM die molekularen Cluster im Wasser auseinanderbricht und sie aktiviert, gleichzeitig bewirkt es den Zerfall von organischem Material und anderen schädlichen Substanzen und produziert daraus Antioxidantien, die an ihre Stelle treten.

Zur Bodenverbesserung kann EM-Keramik in den Boden eingebracht werden. Dadurch dass die effektiven Mikroorganismen in ihrem Keramikgefängnis festgehalten werden, bleiben sie konzentriert an einem bestimmten Ort, wodurch auch ihre Vermehrung auf diese Stelle fixiert und konzentriert wird. Dies bringt nicht nur eine Bodenveränderung in Richtung eines zymogen-synthetisierenden Bodentyps, sondern fördert auch die Entstehung von verschiedenen Enzymen und physiologisch aktiven Stoffen, die für das Pflanzenwachstum nötig sind. Gleichzeitig werden die physikalisch-chemische Beschaffenheit und die biologische Kraft des Bodens verbessert. Die einmalige magnetische Resonanz von EM-Keramik befähigt den Boden außerdem, Energie von außen aufzunehmen, die direkt und indirekt einen positiven Einfluss auf das Pflanzenwachstum hat. Einige betrachten dies als das Phänomen der Aufnahme kosmischer Energie.

Auf dem Gebiet der Umweltgesundung kann EM-Keramik zur Herstellung von EM-Kompost aus organischen Küchenabfällen eingesetzt werden, alternativ zu EM-Bokashi oder als Ersatz dafür. Für EM-Keramik gibt es im Haus viele Anwendungsmöglichkeiten; es kann z. B. ins Badewasser gegeben werden oder zur Geruchstilgung in den Kühlschrank. Es gibt die EM-Keramik in verschiedenen Formen: als Granulat, als Röhrchen, Ringe oder Pulver, passend für jede Anwendungsart. Ihre feste Form ist ein großer Vorteil, denn das bedeutet, dass sie dauerhaft sind und ihre Wirkung praktisch unbegrenzt ist.

EM besitzt eine regenerative magnetische Resonanz, die die Lebenskraft fördert

Wasser ist das Medium, durch das die sogenannte Lebensinformation weitergegeben wird. Die Weitergabe der Information geschieht dadurch, dass jedes Wassermolekül bipolar ist, also in sich einen positiven und einen negativen Pol hat und ähnlich wie ein magnetisches Tonband funktioniert. Jede Lebensinformation besitzt ihre eigene besondere magnetische Resonanz, und eben diese wird in den Wassermolekülen magnetisch aufgezeichnet. Es ist bekannt, dass alle Materie eine solche einmalige individuelle magnetische Resonanz besitzt. Magnetische Resonanz wird am wirkungsvollsten ausgesandt, wenn die Substanz, von der sie ausgeht, in reinem Zustand ist. Wasser absorbiert magnetische Resonanz von den Substanzen, mit denen es in Berührung kommt, und überträgt sie wieder auf andere Substanzen.

Es gibt zwei Arten von magnetischer Resonanz: magnetische Resonanz mit positiven und nützlichen Wirkungen auf das Leben, und magnetische Resonanz, die diese Eigenschaften nicht hat. Aber dies ist nicht der einzige Wirkfaktor. Selbst wenn die magnetische Resonanz einer Substanz natürlicherweise positiv und nützlich ist, besteht die Möglichkeit, dass sie nicht genau übertragen wird, wenn irgendetwas sie daran hindert. Diese Behinderung kann einfach oder doppelt sein: Einmal kann die Substanz selbst die korrekte Übertragung behindern, und/oder das Übertragungsmedium, nämlich das Wasser, ist verunreinigt.

Radioaktivität muss hier erwähnt werden als klassisches Beispiel für die Behinderung einer korrekten Informationsübertragung. Wenn die Atomstruktur einer Substanz künstlich zertrümmert wird, was im Fall der Kernspaltung passiert, dann ist ihre magnetische Resonanz verzerrt. Durch Substanzen in diesem Zustand werden große Mengen von aktiviertem Sauerstoff, d. h. von freien Radikalen, freigesetzt, und diese besitzen Eigenschaften, die denen von ultravioletten Strahlen ähnlich sind. Freie Radikale sind an sich absolut unentbehrlich für alles Lebendige, wie ich früher schon ausführte, aber wenn sie in übergroßer Menge vorkommen, sind sie Grund und Ursache für jede Art von Krankheit. Die häufigste Behinderung für normale magnetische Resonanz in der Materie ist die Oxidation. Ein totaler Verlust von richtiger und genauer magnetischer Resonanz tritt bei einem Stoff dann ein, wenn er in lauter oxidierte Stoffe zerfällt. Eine Substanz kann nur dann die ihr eigene gute magnetische Resonanz ausstrahlen, wenn sie in reinem Zustand ist. Der Grund, weshalb Materialien wie Silikon in Halbleitern verwendet werden, ist der, dass damit Unterschiede in Qualität und Dauerhaftigkeit in anderen Substanzen erkannt werden können, die auf deren Oxidationsgrad zurückzuführen sind. Wollen wir also die wesentlichen Eigenschaften von Lebendigem und von Materie kennzeichnen und erhalten, müssen wir ihre Fähigkeit, einer Oxidation zu widerstehen, stärken und vervollkommnen.

Wasser ist das Medium, das die magnetische Resonanz von Materie aufnimmt und weitergibt, es braucht dafür jedoch nicht seine flüssige Form. Es erfüllt diese Funktion genauso gut als Wasserdampf. Im Zustand der Feuchtigkeit, wie auch immer, absorbiert Wasser magnetische Resonanz. Man kann letzten Endes sagen, dass Wasser wie ein Tonband die magnetische Resonanz anderer Substanzen aufzeichnet und auf diese Weise die Eigenschaften anderer Substanzen absorbiert, sie selbst annimmt, sozusagen „nachäfft" und sie als die eigenen ausgibt. Auch verunreinigtes Wasser durchläuft einen Transformationsprozess und hat einen bitteren Geschmack, auch wenn es destilliert, d. h. verdampft und danach unter speziellen Bedingungen wieder kondensiert worden ist und noch einige Zeit stehen gelassen wurde. Dies erklärt sich dadurch, dass Wasser die Information der verunreinigenden Stoffe in seiner Molekularstruktur festhält, sodass sich deren Eigenschaften immer noch einmal zeigen, selbst wenn das Wasser mehrmals seine Form geändert hat.

Mit Hilfe einer Reihe von Prozessen kann Wasser von diesen verfälschenden und verunreinigenden Informationen befreit werden, z. B. durch Behandlung unter hoher Spannung und Bestrahlung mit langwelligen Infrarotstrahlen, durch intensive Behandlung im Magnetfeld oder durch Ionisierung durch Elektrolyse. Unfehlbar verliert das Wasser auf natürliche Weise die Falschinformation durch Hochsteigen in die oberen atmosphärischen Schichten als Wasserdampf, wo es durch das Sonnenlicht gereinigt wird. Diese Feststellung braucht jedoch eine Ergänzung. Die Verunreinigung in der Atmosphäre hat in den höheren Schichten bereits derartige Ausmaße angenommen, dass häufig reines, nicht kontaminiertes Wasser durch Hochsteigen in die Atmosphäre dort schädliche Information absorbiert und in diesem Zustand als Regen zur Erde zurückkommt, also die dort bereits existierende Verunreinigung beweist. Weil die auf der Erde entstehende Verunreinigung noch durch die Verunreinigung in den höheren atmosphärischen Schichten verschärft wird, ist das Problem der Wasserverunreinigung heute so bitter ernst.

EM-Keramik jedoch besitzt die außergewöhnliche Fähigkeit, jede Art von Information aus dem Wasser zu entfernen. Keramik besitzt die natürliche Eigenschaft, einen Ionenaustausch und langwellige Infrarotstrahlung zu bewirken, die Information in den Wassermolekülen zu tilgen und den reinen Originalzustand wiederherzustellen. EM wiederum besitzt die außergewöhnliche Fähigkeit zur Antioxidation, d. h. es kann nicht nur Oxidation verhindern, sondern bereits erfolgte Oxidation rückgängig machen. Gleichzeitig ist es in der Lage, die ursprüngliche gute magnetische Resonanz der Stoffe wiederherzustellen, also eine Regeneration herbeizuführen. In der Kombination kann also EM-Keramik die Lebensprozesse und jede Materie in Richtung Regeneration lenken.

EM-Keramik stellt das Medium dar, mit dem die EM-Information, die in den Ton eingebrannt wurde, auf das Wasser übertragen wird. Durch das Einbrennen wird die Information nicht geschädigt. Der Beweis dafür ist die Tatsache, dass schädliche Mikroorganismen – schädlich dadurch, dass sie die Fähigkeit zur Oxidation besitzen – den Brennprozess bei hoher Temperatur nicht überstehen. Demzufolge garantiert das Brennen, dass nur die Mikroorganismen, die für den Menschen und die höheren Tierformen nützlich sind, am Leben bleiben. So ergibt sich, dass die von EM-Keramik ausgehende magnetische Resonanz für die Natur nur segensreich sein kann.

Die Antioxidation frischt zu lange gelagerte Nahrungsmittel und alte Gegenstände wieder auf

Was geht genau beim Einbrennen der EM-Information in den Ton vor sich? Ton ist ein Kolloid mit elektrischer Ladung, das bei Verdichtung seiner elektrischen Eigenschaften die Informationen der Mikroorganismen wie eine Schablone duplizieren kann. Die Theorie, dass Leben aus Ton entstanden ist, hat möglicherweise ihren Ursprung darin, dass Ton tatsächlich die Eigenschaft hat, vielfältige elektronische Informationen aufzunehmen, zu fixieren und zu binden. Daraus folgt, dass EM-Keramik als Schablone für die EM-Information betrachtet werden kann.

Wenn es stimmt, dass EM-Keramik die Schablone für die EM-Information ist, dann muss man den Schluss ziehen, dass es schwierig wäre, EM zu identifizieren, wenn man die Keramik einer Analyse unterziehen würde. Wenn man sie jedoch mit Wasser in Verbindung bringt, wird es möglich, eben diese Information (= EM-Information) aus der Schablone herauszuziehen. Außerdem kann innerhalb eines gewissen Zeitraums EM verschiedenartige organische Materie aktivieren und zur Vermehrung anregen. Das ist bis jetzt noch Theorie, aber es gibt schon viele Beispiele, die bestätigen, dass es so sein muss.

Ich gebe ein hypothetisches Beispiel: Wenn eine durch Krankheit verzerrte Information auf Wasser übertragen wird und Tieren nur dieses Wasser und kein anderes zu trinken gegeben wird, dann werden die Tiere, obwohl dieses Wasser an sich kein Gift enthält, so reagieren, als ob sie giftiges Wasser getrunken hätten, und immer schwächer werden. Das ist ein häufig zu beobachtendes Phänomen. Der Grund dafür liegt darin, dass die magnetische Resonanz des Körpers gänzlich verzerrt wird aufgrund der verfälschten, unreinen Information, die auf ihn über das Medium Wasser übertragen worden ist. Obwohl dies für einen Körper mit starker Antioxidationskapazität kein besonderes Problem darstellt, könnte die Sache fatal enden, wenn diese Fähigkeit schwächer würde. Anzeichen für eine solche Schwächung gibt es heute schon weltweit. Man kann sagen, dass durch die Übertragung der verzerrten Informationen infolge der Wasserverunreinigung auf alle Gewässer unseres Planeten auf dem Wege über Bäche, Flüsse, Seen, Marschen und andere Feuchtgebiete, letztendlich auch auf die Meere und Ozeane und das Grundwassersystem weitergegeben wird wie in einem Teufelskreis. Da bis jetzt nichts getan wurde, um der Wasserverunreinigung entgegenzuwirken, sie zu verhindern oder die Situation zu verbessern, nimmt die wechselseitige Informationsverzerrung weiter ihren Lauf, da sie sich ständig wiederholt, sodass letztlich alles betroffen ist in einem fortlaufenden Prozess. Die Auslöschung der Information kann dann erfolgen, wenn Wasser verdampft, d. h. wenn es als Wasserdampf in die Atmosphäre hochsteigt. Da nun aber der Ausgleich zwischen Verunreinigung und Reinigung nicht mehr funktioniert, muss dringlichst etwas unternommen werden, um die Informationsverzerrung zu korrigieren und den Ausgleich wiederherzustellen – und genau das ist der Grund, weshalb ich EM in weltweitem Maßstab zum Einsatz bringen möchte.

Im Lauf meiner Forschungsarbeiten mit EM-Keramik begann ich die Existenz einer wahrhaft unglaublichen Welt zu ahnen. Ich begann zu ahnen, was Mokichi Okada, der Gründer der Sekai Kyusei Kyo-Gesellschaft, mit dem X-Faktor bezeichnete, jenes bislang unbekannte und unidentifizierte Reaktionssystem im Zentrum der ganzen Schöpfung, der Evolution und der Entwicklung des Lebens in seiner unermesslichen Vielfalt.

Alles auf dieser Erde, ob lebendig oder nicht, bewegt sich als Ergebnis des Oxidationsprozesses auf Disintegration, Zusammenbruch und Kollaps zu. Wissenschaftlich ausgedrückt ist das die Oxidations-Reduktions-Reaktion. Mit anderen Worten ist es die Zerfallsreaktion, die in Übereinstimmung mit dem Entropiegesetz stattfindet. Eben dieses Reaktionssystem verlangt riesige Mengen von Energie zur Erzeugung von hohem Druck, hohen Temperaturen oder Dekompression zur Synthetisierung von Material. Auf dem Gebiet der Katalysetechnologien werden gegenwärtig große Fortschritte gemacht in Richtung Niedrigenergie-Synthetisierung, aber diese Art von katalytischer Reaktion gehört in eine Kategorie, die sich von der Oxidations-Reduktions-Reaktion deutlich unterscheidet.

Wenn wir die Idee der Katalysereaktion weiterverfolgen, kommen wir letztendlich zur Oxidations-Antioxidations-Reaktion. Man glaubte früher, dass die Oxidations-Antioxidations-Reaktion nur im Körper vorkomme, und sie wurde medizinisch erklärt als Beziehung zwischen aktiviertem Sauerstoff (freien Radikalen) und Superoxiddismutase (SOD), die Fähigkeit zur Beseitigung der freien Radikalen aus dem Körper.

Wie ich schon vorher ausführte, hängt bei den höheren Tierarten und beim Menschen die Erhaltung einer guten körperlichen Gesundheit von der Fähigkeit ab, übermäßige Oxidation zu verhindern. In der Medizin nennt man diese Funktion die SOD-Aktivität. Genau diese Antioxidation hervorrufende Aktivität von EM existiert – grob gesagt – als Antioxidationsphänomen in jeder organischen und anorganischen Materie. Genau über diese Oxidations-Antioxidations-Reaktion spreche ich hier. Wenn das Niveau der von EM in Gang gesetzten Antioxidation im Wasser gehoben werden kann, dann wird tatsächlich jede Oxidations-

Reduktions-Reaktion, die vorher abgelaufen ist, gestoppt. Die ursprüngliche Molekularstruktur wird wiederhergestellt und es tritt eine Situation ein, wo keine Ionisation mehr stattfindet, wodurch Oxidation und Reduktion verhindert wird. Aktivierte Schwermetalle werden z. B. in antioxidiertem Zustand Ionen verlieren und vollkommen in ihren harmlosen Molekularzustand zurückkehren. Unter solchen Umständen kann es praktisch zu keiner schädlichen Reaktion mehr kommen.

Mischt man beispielsweise Antioxidantien, die von den Effektiven Mikroorganismen erzeugt werden, unter Maschinenöl, hat das Öl hinterher eine ausgesprochen antikorrosive Wirkung. Verfaulte organische Materie, mit EM behandelt, ist in kurzer Zeit wieder genießbar. Zu lange gelagerte Nahrungsmittel und Gegenstände aller Art machen einen Verwandlungsprozess durch und werden im Laufe der Zeit wieder frisch und neu. Korrodierte Metalle werden glänzend und neu. Altes Speiseöl wird in kürzester Zeit wieder frisch. Bei der Wiederaufarbeitung von Papier und Plastik lässt EM die in ihnen enthaltenen oxidierten Bestandteile verschwinden und macht aus ihnen wieder vollständig neuwertiges Material.

Wir können sagen, dass alle Regenerationsphänomene, für die wir bisher nach herkömmlichem Verständnis keine Erklärung hatten, jetzt in praktisch allen Fällen als Antioxidation erklärt werden können. Diese Antioxidationsreaktion kann auf jedem Gebiet Anwendung finden, z. B. um Abnutzung, Verschleiß und Zerfall von Materialien verschiedenster Art zu verhindern, um die menschliche Gesundheit zu erhalten, schädliche Substanzen unter Kontrolle zu halten und um die Produktivität zu erhöhen.

Die Umweltprobleme erfordern in meinen Augen als erste die Anwendung von EM-Keramik. Vor Entwicklung der EM-Keramik war die Verschlammung von tiefen Flüssen und Marschen, die Reinhaltung des Wassers in Fischzuchtgebieten und in anderen Gewässerkulturen ein Problem, das EM nicht in befriedigender Weise zu lösen imstande war. In diesen Fällen erwies sich das Sprühen mit EM als wenig erfolgreich, weil EM nie das Flussbett erreichte oder in den Gewässern dahin gelangte, wo es nötig war. Selbst wenn mit EM imprägnierte Holzkohle und Zeolith über diese Gebiete verteilt wurden, dauerte es geraume Zeit, bis sich ein positives Ergebnis zeigte. Die EM-Mikroben liebten auch die Lebensbedingungen in Holzkohle und Zeolith nicht besonders und flüchteten so schnell wie möglich aus diesem Gefängnis. Das ist der Grund, weshalb ich zuerst auf diesen Gebieten die Anwendung von EM-Keramik in Gang setzen möchte. Schon weiter oben habe ich ja erklärt, dass EM, in Ton eingeschlossen, an einer bestimmten fixierten Stelle über längere Zeit seine Wirkung entfalten kann.

Es ist offensichtlich, dass die Anwendung von EM-Keramik auch in der Landwirtschaft möglich ist. Es ergeben sich Schwierigkeiten bei der bisherigen Anwendung von EM z. B. in Ackerböden, wo der organische Anteil so gering ist, dass die EM-Bakterien sich darin nicht halten. Sind sie jedoch in einer Art Schablone fixiert und werden als EM-Keramik in die Böden verbracht, dann können sie ihren Aufenthaltsort und ihre Nahrung nicht verändern. Aus diesem Grund wird die Einwirkung von EM über längere Zeit aufrechterhalten. Theoretisch könnte man die Wirkungen von EM-Keramik als semipermanent beschreiben. Doch dieser Aspekt muss noch weiter erforscht werden. Genauer gesagt: Mit EM-Keramik könnte das höchste angestrebte Ziel in der Landwirtschaft noch leichter erreicht werden, nämlich die Erarbeitung eines Systems, das Pflügen und andere Bodenbearbeitungsmethoden unnötig macht und Chemikalien und Kunstdünger erübrigt.

Beim Reisanbau etwa müsste EM-Bokashi in ein Reisfeld eingebracht werden, auf dem in der vorhergehenden Saison Reis angebaut und geerntet und daraufhin das Feld geflutet worden ist. Dadurch wird der Boden locker und Graswuchs verhindert, außerdem wären Pflügen und Vorbereitung des Bodens unnötig, und es könnte sofort wieder gepflanzt werden. Bei Untersuchungen dieser Felder zeigen sich in verschiedenen Wassertiefen klar unterscheidbare mikroorganische Phasen.

Die aerobischen Mikroorganismen befinden sich näher an der Oberfläche des Bodens, während die anaerobischen vorzugsweise in größerer Tiefe arbeiten. Pflügen zerstört jedoch die Mikroflora und die Kleinstlebewesen im Boden. Das bedeutet, dass die Wirkung organischer Materie und vor allem auch Regen die Stabilisierung und Fixierung der im Boden befindlichen Mikroorganismen erschweren, wenn EM nur in flüssiger Form angewendet wird. Die Anwendung von EM-Keramik indessen verhindert solche Fluktuationen, bevor sie entstehen.

EM-Keramik bedeutet besseres Trinkwasser und wirksamere Wasserklärung

EM-Keramik bewirkt effektiv die Zersetzung von organischer Materie und von Chemikalien, die sich in unserem Trinkwasser befinden. Wird EM-Keramik in einem Netz in die Wasservorratstanks in Apartmenthäusern gehängt, löst es das drängende Problem verunreinigten Trinkwassers. Obwohl die städtischen Institutionen große Summen für die Abwasserklärung aufwenden, sind die erforderliche Desinfektion des Wassers durch den Zusatz von Chlor und die trotzdem nicht zu verhindernde Verschlammung Ursachen für sekundäre Verunreinigung. EM-Keramik bietet auch hier wiederum eine kostengünstige Möglichkeit einer Wasserreinigung, die nicht zur Verschlammung führt, die Anwendung von Chlor unnötig macht und keine weitere Verschmutzung verursacht.

Ein Durchschnittshaushalt verbraucht gegenwärtig eine enorme Menge Wasser, schätzungsweise 250 l pro Tag und pro Person. Bei der Aufschlüsselung zeigt sich, dass für Kochen und Waschen 50 %, für Toilette, Baden und Duschen 42 % des Wasserverbrauchs angesetzt werden müssen. Das bedeutet, dass mehr als 90 % des Wasserverbrauchs für andere Zwecke als für Trinkwasser eingesetzt werden, der Trinkwasserverbrauch also weniger als 10 % der Gesamtmenge ausmacht. Das Beispiel der öffentlichen Bücherei von Gushikawa, wo EM und EM-Keramik für die Wasserklärung eingesetzt werden, hat klar gezeigt, dass das Wasser dadurch eine Qualität bekommt, die für die meisten der obengenannten Zwecke, also Wäsche, Toilette, Bad und Dusche, vollauf genügt.

Wenn man überlegt, dass von den drei hauptsächlichen Verursachern von Abwasser, nämlich Industrie, Landwirtschaft und Haushalt, der letztgenannte die größte Wasserverschmutzung bringt, ließen sich der Idee der Wasserreinigung innerhalb des Hauses einige praktische Gesichtspunkte abgewinnen. Bis heute scheiterten Pläne für die mehrfache Reinigung und Wiederverwendung von verschmutztem Wasser an den hohen Kosten, aber jetzt können die

Behauptung und der Anspruch, dass mithilfe von EM und EM-Keramik ein Ausweg möglich ist, zu Recht erhoben werden.

Die Kosten für Bau, Wartung und Instandhaltung von Kläranlagen sind ein wunder Punkt für die kommunalen Behörden. Es ist auch widersinnig, Anlagen dieser Art zu bauen, dabei massive Schulden zu machen, die unsere Nachkommen erben und damit fertig werden müssen, und das alles nur für die Reinigung von verunreinigtem Wasser. Der erste Schritt, bevor solche Anlagen gebaut werden, müsste nach meiner Meinung der sein, in der Öffentlichkeit eine positive Aktion zu starten, die die Notwendigkeit einer solchen Anlage widerlegt, indem Abwasser aus Haushalten und öffentlichen Einrichtungen geklärt und durch Recycling wiederverwendet wird und so ein Minimum an Abwasser entsteht. Vorhandenes Kapital könnte besser zur unterirdischen Verlegung der elektrischen Kabel und Telefonleitungen eingesetzt werden, für die Versorgung der Kommunen mit sauberem Wasser, für ihre Begrünung durch das Pflanzen von Bäumen und Blumen jeder Art und Farbe. So sollten die Gelder eingesetzt werden, nicht zum Bau von immer noch mehr Kläranlagen. Wenn wir eine gesündere natürliche Umwelt schaffen, würde sich der Stress, dem heute so viele Menschen ausgesetzt sind, vermindern und auch die Einstellung der Bürger ihrer Umwelt gegenüber würde sich verbessern.

Ein Bericht der Umweltbehörde der japanischen Regierung über die Qualitätsstandards der Gewässer weist aus, dass die Wasserqualität in Meeresgebieten zu 80,2 %, in den Flüssen zu 75,4 %, dagegen in Seen und Marschen nur zu 42,3 % den Standards entspricht. Immer sind die Seen und Marschen bei weitem die meistverschmutzten Gewässer dieser drei Kategorien.

Wie gesagt, sind die privaten Haushalte die größten Verursacher der Gewässerverschmutzung. Sie beläuft sich auf 55 % der Gesamtverschmutzung. Allein der Wasserverbrauch für Toiletten macht 60 % des unbehandelten Abwassers aus, das in Japans Flüsse fließt.

Die herkömmliche Lösung für dieses Problem sieht man immer noch in der Erhöhung von Zahl und Kapazität der Kläranlagen, doch bei Beibehaltung dieses Klärsystems ergibt sich keinesfalls eine Verringerung der Wasserverschmutzung. Erforderlich ist, dass man beginnt, die Verschmutzung überhaupt und überall zu verringern: in den Häusern, in den Kläranlagen, in den Anlagen der Endklärung, in der Bearbeitung des Klärschlamms. Da die Abwässer aus den Privathaushalten das größte Problem darstellen, müsste in jedem Haushalt eine einfache Drei-Stufen-Kläranlage installiert und EM zusammen mit EM-Keramik für die Reinigung und das Recycling von Abwasser eingesetzt werden.

In Gebieten mit heißen Quellen geht man einen eher ungewöhnlichen Weg der Wasserreinigung. In jüngster Zeit ist man zu einer Rezirkulation des heißen Quellwassers übergegangen, was jedoch zu mancherlei Problemen bei der Hygiene geführt hat und ebenso zu Fragen der Vorgehensweise wegen der dabei entstehenden Kosten. Es braucht ja nicht extra erwähnt zu werden, dass das heiße Quellwasser verunreinigt wird, wenn darin gebadet wird, doch ist es sehr kostspielig, es vollständig zu reinigen, und der Recyclingprozess ist gleichermaßen schwierig. Mit einer Kombination von EM und EM-Keramik ist es möglich, das Wasser in einem Filtrierungsprozess nicht nur wunderbar zu klären, sondern auch zu einer Qualität von hohem gesundheitlichen Wert zu bringen. In einem berühmten und beliebten Kurort mit heißen Quellen werden bereits Versuche in dieser Richtung gemacht. Die hervorragenden Ergebnisse zeigen, dass nach der Behandlung des heißen Quellwassers seine Qualität höher ist, als sie ursprünglich war.

Zur Problematik der Verschmutzung unserer Flüsse, Seen und Marschen möchte ich noch einmal wiederholen, was ich weiter oben schon in Bezug auf das Reinigungsprojekt von Teganuma gesagt habe, dazu ergänzend auf das bereits Erreichte hinweisen und betonen, dass wir zusätzlich EM-Keramik einsetzen wollen, wenn eine Kostenschätzung vorgenommen worden ist. Versuche mit EM-Keramik laufen außerdem in den Fischzuchtgebieten in der Bucht von Ise und in der Gegend von Shikoku, wo die starke Verschlammung Probleme bereitet. Außerdem wurden wir gebeten, Versuche mit EM-Keramik in Zuchtgebieten für Aale durchzuführen sowie in einer ganzen Anzahl von Fischteichen, die ständig verschlammen.

EM-Keramik bewirkt bei industriell hergestellten Materialien eine längere Lebensdauer

EM-Keramik wird auch auf industriellem Gebiet vielfache und verschiedenartige Anwendung finden. In einem der vorhergehenden Kapitel erwähnte ich kurz die Anwendung der EM-Technologie bei der Automobilherstellung. Es scheint, dass die EM-Keramik-Technologie auch auf diesem Gebiet eingesetzt werden kann. So leuchten z. B. die Vorteile für den Auspuff bei der Verwendung von EM-Keramik sofort ein. Auch bei anderen Autoteilen wäre der Einsatz zweifellos günstig, aber die größten finanziellen Vorteile kann man vermutlich beim Benzinverbrauch erwarten. Und zwar aus folgendem Grund: In den Autoteilen, in denen die Verbrennung stattfindet, und auf der Innenseite des Benzintanks würde EM-Keramik den Wirkungsgrad der Verbrennung entscheidend erhöhen und gleichzeitig die Auspuffgase reinigen.

Versuche in dieser Richtung haben bereits ergeben, dass EM-Keramik den Verbrennungsgrad von Benzin um 30 % oder mehr erhöhen kann, bei Dieselöl liegt er sogar noch höher. Erklärt werden kann das dadurch, dass EM-Keramik die Benzinmoleküle in allerkleinste Teilchen aufspaltet, sodass Alkohol und Wasser sich besser verteilen können. EM-Keramik scheint also eine Revolution für eine bessere Verbrennungsleistung herbeiführen zu können.

Es ist die allgemeine Überzeugung, dass Benzin und Wasser sich nicht vermischen. Da jedoch EM-Keramik auch bei Wasser eine ausgesprochene Antioxidationswirkung hat, kann die Temperatur dramatisch erhöht werden, ohne dass die Gefahr besteht, dass Teile rosten. Der technische Weg dahin ist, dass Benzin und Wasser mit Hilfe von Ultraschallwellen zusammengemischt werden. Indem diese Mischung immer wieder durch EM-Keramik geleitet wird, werden die Benzinmoleküle gleichmäßig verteilt und die Antioxidationsfähigkeit des Wassers weiter verbessert, sodass die Verbrennung des Benzins leichter vonstatten geht.

Die Forschung ist gegenwärtig auf der Suche nach möglichen Alternativen für fossile Brennstoffe angesichts der Gefahr, dass die Vorräte bald erschöpft sein werden. Es ist jedoch denkbar, dass durch den Einsatz von EM-Keramik eine beachtliche Erhöhung des Verbrennungsgrades bei fossilen Brennstoffen erreicht werden kann, solange wir noch auf sie angewiesen sind.

Eine weitere erstaunliche Tatsache ist, dass der Zusatz einer kleinen Menge EM-X (seit 2008 EM-X Gold) in eine Substanz, in diesem Fall Benzin, deren natürliche Eigenschaften noch weiter verbessert. Dies rührt daher, dass EM-X die Antioxidationsfähigkeit noch weiter steigert und dadurch eine größere molekulare Reinheit bewirkt, wodurch wiederum das Benzin vollständig verbrennt. Vollständige Verbrennung bedeutet, dass keine Stick- oder Schwefeloxide entstehen. Die doch noch entstehenden Auspuffgase sind einfach Kohlendioxid und Wasser. Da das Wasser in den Auspuffgasen als Wasserdampf in seinen Originalzustand zurückkehrt, wodurch sich der Grad der Energiegewinnung erhöht, ist es theoretisch denkbar, dass man ohne Elektrolyse für die Trennung von Sauerstoff und Wasserstoff auskommt und einfach Wasser erhitzt und es als Treibstoff verwendet.

Als ich mit den Entwicklungsarbeiten der EM-Technologie begann, schenkte ich den Energieproblemen noch wenig Aufmerksamkeit. Erst als ich die Steigerung der Kokosnussproduktion in Brasilien sah, erkannte ich das Potenzial von EM auf diesem Gebiet. Neben der eher konventionellen Anwendung bei der Herstellung von Margarine und Seife werden Kokosnüsse in Brasilien als Ausgangsmaterial für Kokosöl verwendet, das als Kraftstoff alternativ zum Dieselöl zum Einsatz kommt.

Nachdem ich jedoch das Prinzip der Antioxidation begriffen und daraus das Verständnis für die Wirkung von EM-Keramik entwickelt hatte, war ich mir sicher, dass darin wirklich das Potenzial für Problemlösungen auf dem Energiesektor steckt. Die jetzt vollständig vorliegenden Testergebnisse zeigen, dass der Zusatz von EM zu Benzin die Verbrennungsleistung erhöht, und es sind auch bereits Ölraffinerie-Gesellschaften an mich herangetreten, die von diesen besonderen EM-Eigenschaften, besonders in der Form von EM-Keramik, Gebrauch machen wollen.

Nicht nur auf dem Automobilsektor, sondern vor allem auch bei der Alterung, der Abnutzung und dem Zerfall verschiedenster Materialarten zeigt EM-Keramik umfangreiche Einsatzmöglichkeiten. Die günstigen Eigenschaften von EM-Keramik bei der Verhütung von Alterungsprozessen bei Beton, Gips und Plastik, wenn sie bei der Herstellung beigemischt werden, zeigen sich außerdem als gesundheitsfördernd für alle, die mit diesen Materialien in Kontakt kommen, sei es in den Gebäuden oder den daraus hergestellten Produkten. Noch wirkungsvollere Ergebnisse werden erreicht, wenn EM-Keramik und EM-X zusammen verwendet werden.

Mit EM-Keramik und EM-X laufen derzeit auch verheißungsvolle Versuche bei der Reinigung von Elektronikteilen als Alternative zu Freongas. Diese EM-Reinigungsflüssigkeit hat eine beinahe unendliche Wirkungsdauer, wenn sie nach Gebrauch durch einen EM-Mikrofilter geführt wird. Auch bei der Herstellung einer speziellen Vinylart, die sich sofort im Boden zersetzt, kann EM-Keramik eingesetzt werden. Dies sind nur einige wenige der vermutlich unzähligen Anwendungsgebiete von EM-Keramik.

In Anbetracht des Potenzials, das in der Oxidation-Antioxidations-Reaktion liegt, sehe ich den Beginn einer neuen industriellen Revolution, wenn die EM-Technologie auf industriellem Gebiet in großem Maßstab zum Einsatz kommt.

Kapitel 6 · EM-Keramik – Eine neue revolutionäre Technologie

Alle sollen an den Vorteilen von EM teilhaben

Ebenso ungeduldig erwarte ich neue Entwicklungen auf medizinischem Gebiet und dem der Gesundheitsvorsorge mit Hilfe von EM-Keramik. Beginnen wir mit einigen Ideen für Gebiete, die jedermann vertraut sind: Man mischt EM-Keramik in die Glasur der Kacheln für das Badezimmer und verwendet es in der Umwälzung des Badewassers. Wie weiter oben erwähnt, wird es schon bei der Umwälzung von heißem Quellwasser eingesetzt. Dort fand man heraus, dass dieses recycelte Wasser gesünder war als das natürliche, unbehandelte Wasser. Dies brachte mich auf den Gedanken, dass eine Umwälzung des Badewassers in Privathaushalten mithilfe der EM-Keramik eine gute Sache wäre[1].

Ich erwähnte die Verwendung von EM-X auf medizinischem Gebiet und führte aus, wie seine Fähigkeit, Antioxidantien zu produzieren, die natürlichen Heilkräfte des Körpers stärkt und bei Krankheit seine Regeneration und Gesundheit fördert. Was EM-Keramik anbetrifft, so nehme ich an, dass dadurch die magnetische Resonanz verstärkt wird, die im Körper die Regenerationskräfte anregt.

Die Forschung im Bereich der EM-Technologie hat sich auf die Medizin ausgedehnt, und ich freue mich, zu sehen, in welchem Umfang und mit welch erstaunlichen Ergebnissen sich nicht nur EM-Keramik, sondern auch EM-X anwenden lässt. Experten auf unterschiedlichen Gebieten, z. B. der Forschung über die freien Radikale, sind beteiligt, ebenso einige der bedeutenden japanischen Autoritäten für die Krebsbehandlung. Der Gedankenaustausch mit vielen kompetenten Wissenschaftlern war für mich von großem Nutzen. Sie haben meine Gedanken dazu angehört und mir bestätigt, dass ich in meinen Vorstellungen nicht ganz falsch liege, ja dass es ein großer Fortschritt wäre, wenn sich die erwarteten Versprechungen tatsächlich in der Praxis realisieren ließen. Sie arbeiten deshalb konzentriert an der medizinischen Bestätigung. Es sind gewissenhafte Ärzte, die überzeugt sind, dass für die Therapie bisher nicht behandelbarer Erkrankungen Wege gefunden werden müssen. Da sie jeder sich bietenden Lösungsmöglichkeit bei ihrer Suche nach dem fehlenden Verbindungsglied („missing link") nachgehen, um den Durchbruch zu entdecken, habe auch ich alles in meinen Möglichkeiten Liegende getan und ihnen alle meine derzeitigen Informationen und mein Wissen zur Verfügung gestellt, das auf diesem Gebiet von Nutzen sein könnte.

An dieser Stelle muss ich sagen, dass die schnell wachsende Akzeptanz von EM und seine umfangreichen Anwendungsmöglichkeiten für bestimmte private Firmen und für Einzelpersonen Schwierigkeiten mit sich bringen, weil sie mit Produkten gearbeitet haben, die durch EM verdrängt werden. Gleichzeitig möchte ich aber betonen, dass es für diese Firmen oder Personen von großer Wichtigkeit sein muss, umzudenken und sich neu zu orientieren. Die Organisationen, die sich gegenwärtig in solchen Schwierigkeiten befinden und die mir persönlich sehr wohl bekannt sind, sind Firmen, die sich mit landwirtschaftlichen Chemikalien und Kunstdünger befassen. Einige von ihnen haben jedoch die langjährige Produktion von Kunstdünger aufgegeben und verfolgen jetzt eine andere Richtung: Sie stellen guten, leicht handhabbaren organischen Dünger her, indem sie Reiskleie, Ölkuchen und andere Abfallsubstanzen mit EM behandeln.

Organische Rückstände aus Kampo-Yaku (eine chinesische Kräutermedizin) werden – nach erfolgtem Auszug der Inhaltsstoffe – mit EM-Bokashi vermischt und über den Acker verteilt zur wirksamen Verhütung von Insektenbefall und anderen Krankheiten. Normalerweise kann nur einmal ein Pflanzenauszug für Kampo-Yaku gemacht werden. Nach Behandlung der Rückstände mit EM ist es jedoch möglich, eine wesentlich größere Menge Extrakt zu gewinnen. In konzentrierter Form ist diese Flüssigkeit weit wirksamer als landwirtschaftliche Chemieprodukte. Dies ist nur ein Beispiel, welche Möglichkeiten sich für Hersteller chemischer Agrarprodukte ergeben, wenn sie neue Wege mit neuen Produkten gehen, die für die Umwelt nützlich und segensreich sind.

Es ist nicht meine Absicht, irgendjemandem zu schaden. Mein Wunsch ist es, zukunftsorientiert zu denken und, soweit es in meinen Kräften steht, daran zu arbeiten, dass unsere Welt uns wieder bessere und schönere Lebensmöglichkeiten bietet. Um noch einmal auf die Technologien für die Verbesserung des Verbrennungsgrades bei Benzin und die Alternativmethoden zur Reinigung von Elektronikteilen zu sprechen zu kommen, möchte ich jedoch anmerken, dass sich Probleme ergeben würden, wenn eine oder eine Hand voll von Spezialfirmen ein Monopol auf diesen Gebieten errichten würden. Wo immer ein Monopol besteht, werden diejenigen, die dem Monopol angehören, habgierig, während die anderen auf diesem Geschäftssektor, die dem Monopol nicht angehören, in Schwierigkeiten kommen. Diese Situation wird immer zu Konfrontation und Unruhe führen. Am besten ist es nach meiner Meinung, wenn alle Beteiligten in einem Industriezweig als eine Einheit arbeiten, und mein Ideal wäre es, wenn diese Gemeinschaften so arbeiten würden, dass die ganze menschliche Gesellschaft daran teilhat und davon profitiert. Wenn ein Industriesektor sich zu diesem Weg entschließen würde, würde ich alles in meinen Kräften Stehende tun, um diesen Traum Wirklichkeit werden zu lassen.

Zurzeit stehen drei Gesellschaften unter Lizenz für die Herstellung von EM1. Mit allen arbeite ich nun schon seit über zehn Jahren bestens zusammen und vertraue ihnen ganz. Unabhängig von der verkauften Menge EM funktioniert das Vermarktungssystem so, dass ich als Einzelperson nicht einen einzigen Yen aus den Verkäufen bekomme, und die größere Hälfte der Gewinne der menschlichen Gesellschaft als Ganzer zugutekommt. Darüber hinaus kann jeder an den Verkaufspreisen der EM-Produkte ablesen, dass die Vermarktung nicht unter dem Gesichtspunkt erfolgt, riesige finanzielle Gewinne zu erzielen.

Ich glaube fest daran, dass die Anwendung von EM weiter wachsen, ja sich sogar beschleunigen wird. Es ist mein dringender Wunsch, dass die segensreichen Eigenschaften von EM auf den unterschiedlichsten Anwendungsgebieten zum Aufbau einer harmonischen menschlichen Gesellschaft beitragen, in der friedliches Zusammenleben und Wohlstand für alle natürlich und selbstverständlich sind.

Anmerkungen

1 Bäder in japanischen Wohnungen werden anders genutzt als bei uns: es wird nur darin gebadet, man wäscht sich ausserhalb.

Kapitel 7

Ein Weg aus der medizinischen Misere
Aus: *Eine Revolution zur Rettung der Erde I*

Medizin sollte eine rückläufige Industrie sein

Im Staatsetat von 1991 erreichten die direkten Kosten für die medizinische Versorgung in Japan 20 Billionen Yen, eine Zahl, die annähernd 30 % des gesamten nationalen Budgets ausmacht. 20 Billionen Yen! Die Zahl geht einem ganz leicht über die Zunge, wenn man nicht weiter darüber nachdenkt. Denkt man aber darüber nach, was dann? Wenn ich daran erinnere, dass unsere Welt aus nahezu 200 Nationen besteht, wenn ich sage, dass unter diesen Nationen weniger als 30 einen jährlichen Staatshaushalt von über 1 Billion Yen haben, wenn ich weiter erwähne, dass Japan mehr internationale Hilfe leistet als jede andere Nation in der Welt und dass die jährliche Summe dafür jetzt 1 Billion Yen erreicht – was soll man dann zu einer Summe von 20 Billionen Yen sagen, nur ausgegeben für medizinische Versorgung? Eine astronomische Summe, nicht wahr?

Das System für die Bezahlung medizinischer Behandlungen funktioniert so, dass die medizinischen Ausgaben automatisch steigen. Wenn das gegenwärtige System nicht radikal revidiert wird, werden die Kosten einfach weiter steigen. Wenn sich nichts ändert und das jetzige System weiterbesteht, werden die medizinischen Kosten eine so riesige Belastung für den nationalen Haushalt sein, dass Japans derzeitige gesunde Wirtschaft dadurch krank wird. Ich spreche jetzt nicht mehr von möglichen Ereignissen. Wir hätten die Warnsignale schon lange bemerken sollen, jetzt ist die Zeit dafür vorbei. Es ist ganz klar, dass wir vor unausweichlichen Problemen stehen. Vor kurzem wurden noch Vorschläge gemacht, die Zuweisungen für den medizinischen Sektor zugunsten der sozialen Wohlfahrt zu erhöhen. Das ist ein höchst verrückter Vorschlag. Japan sollte genau das Gegenteil tun: nämlich jede Anstrengung machen, um die medizinischen Kosten wirksam zu senken.

Die Gründe für die Eskalation der Kosten sind vollkommen einsichtig. Ein Grund ist die signifikante Erhöhung der Zahl der Kranken und Behinderten; ein anderer liegt darin, dass unsere Sozialstruktur die Zahl der Patienten fördert, und – ganz subtil – einfach die Menschen krank macht. Wie schon in einem früheren Kapitel ausgeführt, befindet sich die Umwelt der ganzen Erde heute in einem Zustand rascher Oxidation. Extreme Oxidation ist der ursächliche Grund für schlechte Gesundheit und entsteht durch Umweltverschmutzung, Stress, belastete Nahrungsmittel und durch eine unausgeglichene und ungesunde Ernährung.

Die Struktur einer Gesellschaft, in der die Zahl der Patienten sich vermehrt und es immer mehr Kranke und Behinderte gibt, erfordert eine genauere Untersuchung. Will man es so einfach wie möglich ausdrücken, dann hat sich die Medizin in Japan dahin entwickelt, dass die Mehrzahl der Ärzte nur Geld machen will. Sie sind heute Spezialisten in der Technik der Kalkulation und der Wissenschaft der Zahlen anstatt in der Kunst des Heilens. Diese Behauptung möchte ich mit einigen harten Fakten stützen.

Nehmen wir das Beispiel eines älteren Patienten von mindestens 70 Jahren oder vielleicht mehr, der krank und ins Krankenhaus eingewiesen wird. Nun vergleiche man die relative Aufenthaltsdauer im Krankenhaus in Japan mit der in anderen Ländern. In Frankreich würde unser geriatrischer Patient durchschnittlich 13,5 Tage im Krankenhaus verbleiben. In Deutschland wären es 18,4 Tage, in den Vereinigten Staaten würde der Aufenthalt 7,1 Tage betragen. Und in Japan? Hier können es bis zu 90 Tage sein! Man kann es ansehen wie man will, 90 Tage sind einfach zu viel. Ist ein solch langer Aufenthalt wirklich gerechtfertigt? Ich glaube es nicht. Und sonst wohl auch niemand.

Ärzte und Patienten tragen gleichermaßen die Verantwortung für die derzeitigen Zustände. Die Patienten ziehen aus eigennützigen Motiven ihren Aufenthalt in die Länge, anstatt in ein Pflegeheim oder ein Altersheim zu gehen. Das Krankenhaus seinerseits verlängert die Aufenthaltsdauer durch unnötige medizinische Diagnosen und Behandlungen. Die halbe Zeit wird so mit betrügerischen Tätigkeiten von Seiten des Krankenhauses vertan, die andere Hälfte vergeht, weil der Patient sich sagen kann, er könne ja genau so gut bleiben und von allem Gebrauch machen, was geboten wird, da ja die ganze Sache sowieso von der Krankenkasse bezahlt wird. Diese Einstellung des „Ich kann kommen und ich kann gehen, wie ich will", gegenüber der Krankenversicherung ist keinesfalls auf Japans ältere Bürger beschränkt, sondern sie scheint endemisch zu sein bei den Kranken aller Altersstufen, bis hin zu den Patienten, die ein Krankenhaus aufsuchen, wenn sie mal Kopfschmerzen haben oder leichtes Fieber. Es ist wirklich höchste Zeit, dass wir unsere Einstellung gegenüber der medizinischen Behandlung, dem Verbrauch an Medikamenten und dem Krankenhausaufenthalt überdenken. Obgleich mein Heimatland die zweifelhafte Ehre hat, in Bezug auf dieses Problem unter allen Nationen den schlechtesten Platz einzunehmen, bin ich sicher, dass es damit nicht alleinsteht.

Diese Verhältnisse sind nicht auf die medizinische Behandlung in den Krankenhäusern beschränkt. Es sind natürlich auch die Ärzte in den privaten Praxen, deren allzu ausgiebiger Apparategebrauch kritisch zu betrachten ist. Da sie genau wissen, dass ihre medizinischen Honorare aus den öffentlichen Kassen kommen, verlängern sie die Behandlung über das notwendige Maß hinaus, ob der Patient es wünscht oder nicht, ordnen serienweise unnötige Untersuchungen an und stopfen den Patienten mit Medikamenten voll. Es gibt wirklich keinen Grund, so etwas weiterhin zuzulassen.

Eigentlich sollte ihrer wahren Natur nach die Medizin in die Kategorie der Industrien fallen, deren Bedeutung zurückgeht. Damit meine ich, wenn die Mediziner ihre Aufgabe effizient erfüllen und die Patienten wirklich kurieren, dann sollte ihre Zahl so weit zurückgehen, dass die Ärzte an einen Punkt kommen, wo sie sich fragen, ob sie in ihrem Beruf bleiben sollen oder nicht. Der Arztberuf sollte in hohem Ansehen stehen, und aufopferungsvolle Tätigkeit sollte eine Selbstverständlichkeit sein. Jeder Arzt sollte im Sinne des Staates Verantwortung für die medizinische Behandlung der Bürger tragen. Besondere Unterstützung sollte denjenigen Ärzten zuteil werden, die ihre Arbeit gut machen und die Menschen gesund erhalten, auch wenn sie, wie ich oben schon gesagt habe, ständig unter der Bedrohung stünden, arbeitslos zu werden. Meiner Meinung nach ist die Zeit gekommen, dass wir zu den wahren Ursprüngen der Medizin und des Heilens zurückkehren und zu ihrer einstigen Wertschätzung zurückfinden.

Wir müssen eigenverantwortlich bestimmen, was wir unserem Körper zuführen wollen und was nicht

Eine geordnete und hocheffektive Lenkung einer Gesellschaft oder eines Systems erfordert es in den meisten Fällen, dass bestimmte Einrichtungen, die sich im Laufe der Zeit eher zum Negativen als zum Positiven und damit zur Belastung entwickelt haben, abgeschafft werden können. Unter „Belastungen" verstehe ich die Gesamtheit aller Fehlentwicklungen, die sich einschleichen, wenn irgendetwas falsch, unsachgemäß oder unpraktisch wird, weil es nicht mehr den ursprünglichen Zweck erfüllt. In manchen Fällen können solche Fehlentwicklungen allmählich so extrem werden, dass sie zuletzt zum vollständigen Zusammenbruch des ganzen Systems führen.

Wir Menschen sind ebenfalls ein System, ein System, das aus dem Zusammenwirken von Verstand und Körper gebildet wird. Aus diesem Grund sind wir auch diesen Systemregeln unterworfen, sie gelten genauso für uns.

Man denke an Krankheit, Siechtum, Verbrechen, Streit und Armut. Wenn wir diese Erscheinungen und andere Abweichungen aus einer ganzheitlichen Sicht betrachten, merken wir, dass sie alle eine einzige Ursache haben: Sie entstehen aus all den Belastungen, die sich aus dem totalen Zusammenbruch oder der Fehlentwicklung eines einzelnen Menschen in seiner körperlichen oder geistigen Gesundheit ergeben. Alle Lebewesen bilden Gesellschaften und leben darin, aber die Menschen bilden Gesellschaften besonderer Art, weil sie über die Naturgesetze hinaus Intelligenz besitzen. Dementsprechend haben sie zwei Lebensnormen, und eben diese Zweiteilung führt zu den größten Fehlentwicklungen in der menschlichen Gesellschaft. Wenn sich solche falschen Entwicklungen einmal im sozialen System festgesetzt haben, werden sie ihrem Wesen nach negativ. Krankheit ist ein typisches Beispiel. Sie ist als solche definitiv negativ und selten von Nutzen, jedoch in unserer heutigen Gesellschaft ein Faktor geworden, der über die Verantwortung des Einzelnen hinausgeht und der Verantwortung der ganzen Gesellschaft obliegt.

Dafür ein Beispiel: Nehmen wir an, einige Leute joggen aus Gesundheitsgründen und sie nehmen die Sache ernst. Sie joggen und betrachten es als religiöse Übung. Dabei atmen sie jedoch mit jedem Atemzug die Auspuffgase der Autos ein. Dies ist unvermeidlich, und jedermann weiß, dass Auspuffgase uns nicht guttun. Ein anderes Beispiel: Gemüse und Obst werden als gesund angesehen und wir essen viel davon in der Annahme, dass wir dadurch gesund bleiben, aber in Wirklichkeit essen wir damit eine Riesenmenge von schädlichen Substanzen, Chemikalien aus der Landwirtschaft und andere „gute Sachen" eingeschlossen. Dies sind nur zwei der vielen Anomalien, die uns von allen Seiten umgeben und uns täglich schaden: Unser Essen als solches fügt uns Schaden zu; die chemischen Stoffe, die uns überall umgeben, können regelrecht gefährlich sein. Als Individuen mögen wir die unbedingte Absicht haben, gesund zu bleiben und für unsere Gesundheit selbst die Verantwortung zu übernehmen, aber meistens ist die dafür aufgewendete Zeit und Mühe umsonst und wir erreichen das Gegenteil.

Um diesen Widersprüchlichkeiten ein Ende zu setzen, müssen wir die verschiedenen Bereiche unseres täglichen Lebens miteinander verknüpfen und sie im Zusammenhang sehen. Hierunter verstehe ich, dass wir Gesundheit als etwas Ganzes betrachten: Wir müssen sicherstellen, dass Luft und Wasser rein, unsere Böden fruchtbar und unsere Umwelt sauber und gesund sind und es bleiben. Gleichzeitig müssen wir dafür sorgen, dass wir auch geistig gesund bleiben, dass wir da, wo wir arbeiten und mit unseren Familien leben, gesund und glücklich sein können. Wir müssen dies in dem Bewusstsein tun, dass jeder dieser Bereiche in Beziehung zu allen anderen steht. Der wichtigste Faktor hierbei betrifft die Grundlagen des Lebens selbst: nämlich Luft, Wasser und Erde, und genauso unsere Nahrung. Aus all dem Gesagten muss jetzt deutlich werden, warum zur Erreichung dieser Ziele in den genannten Bereichen EM unverzichtbar ist für den ganzheitlichen, holistischen Heilungsprozess.

Ich habe es in diesem Buch schon mehrfach gesagt, aber ich sage es noch einmal, und es wird wahrscheinlich nicht das letzte Mal sein: Wir müssen unseren Blick auf die Welt der Mikroorganismen richten, auf diese winzigen Lebewesen, deren Dasein und Tätigkeit unser Leben erhalten. Wenn wir sicherstellen wollen, dass die Natur als Ganzes in einem gesunden Zustand ist, dann muss die Dynamik in der Welt der Mikroorganismen als Kraft zur Regeneration wirken, die allen Dingen Leben und Vitalität verleiht. Diese positive Kraft stützt und erhält das Ganze, bewirkt Heilung und Gesundheit, sie ist produktiv, segensreich und Leben schaffend.

Alles, was grundsätzlich „schlecht" ist, also zerstörend und feindlich, negativ, nekrotisch, degenerativ, in welcher Form es sich auch manifestiert, das fördert und bewirkt den Zusammenbruch aller grundlegenden Bestandteile dieses ganzen Systems.

Die Effektivität der EM-Technologie ist auf allen Gebieten unübertroffen. Sie beweist ihre Fähigkeit bei der Erzeugung von Ernten höchster Qualität; die Landwirte können damit Riesenernten erarbeiten, gleich welche Frucht sie anbauen; und sie hat einen positiven und günstigen Einfluss auf die gesamte Umwelt. Mit ihr wird es möglich, die Qualität unserer Nahrung bedeutend zu verbessern und damit unsere Gesundheit, weil unsere Nahrung einen direkten Einfluss auf unsere Gesundheit hat. EM kann uns eine bessere Gesundheit verleihen und uns in einem guten Gesundheitszustand erhalten. Deshalb möchte ich jetzt zuerst über unsere Nahrung sprechen.

Wenn im Boden ausreichend EM vorhanden ist und wirksam wird, dann wird die Nahrung, die unter diesen Bedingungen erzeugt wird, das Gleichgewicht in unserem Körper wiederherstellen. Mit Nahrungsmitteln, die mit EM-Techniken für die Landwirtschaft angebaut worden sind, werden wir unsere Gesundheit wiedergewinnen. Dies sind Tatsachen, durch eine Überfülle von Daten belegt.

Weiter unten werde ich noch mehr darüber sagen, wie EM in dieser Hinsicht seinen Einfluss ausübt, aber zuerst möchte ich ausführen, wie wir selbst ganz einfach bestimmen können, ob unsere Nahrung tatsächlich gut für uns ist oder nicht. Das ist ganz einfach. Letztlich müssen wir nur zwei Dinge prüfen: wie lange die Nahrungsmittel haltbar sind, und wie sie riechen, wenn sie sich zersetzen. Kurz: Nahrungsmittel, die sich nur eine kurze Zeit halten und schlecht riechen, wenn der Prozess der Zersetzung beginnt, sind nicht gut für uns. Von

Nahrungsmitteln dagegen, die sich eine Weile halten und beim Einsetzen des Zerfalls einen verhältnismäßig guten Geruch abgeben, der eher an Gärung anstatt an Fäulnis erinnert, d. h. dass also auch beim Zerfallsprozess kein schlechter Geruch entsteht – von solchen Nahrungsmitteln haben wir einen Gewinn, wenn wir sie unserem Körper zuführen.

Nehmen wir Reis als Beispiel: Mit Kunstdünger gezogener und zum Einweichen in Wasser gelegter Reis wird nach kurzer Zeit musig. Kurz darauf verfärbt er sich und riecht stechend und widerlich. Mit EM gezogener und genauso behandelter Reis wird erst nach viel längerer Zeit musig, verfärbt sich nicht so leicht und riecht eher angenehm nach Gärungsferment.

Dasselbe bei Obst und Gemüse: In Stücke geschnitten und in einer Plastiktüte mit etwas Wasser verwahrt, dauert es bei den mit EM gezogenen Produkten viel länger, bis sie anfangen schlecht zu werden. Und wenn das dann geschieht, riechen sie selten schlecht. Dies ist also tatsächlich eine wirksame Testmethode für die EM-Aktivität im Boden. Sollten die mit EM gezogenen Produkte ziemlich schnell verderben und schlecht riechen, dann zeigt das deutlich, dass EM im Boden nicht in der vorgesehenen Weise wirkt, und dass Maßnahmen für eine Verbesserung der Aktivität von EM getroffen werden müssen.

Es gibt viele Sorten von Obst und Gemüse, die, wenn sie unter Anwendung von EM gewachsen sind, nur sehr langsam verderben und ihre Frische über lange Zeit behalten. Tomaten sind dafür ein gutes Beispiel. Ein Test für gute, feste, fleischige Tomaten ist, dass sie schnell und tief in Wasser sinken. So zeigen EM-Tomaten, dass sie frisch und in gutem Zustand sind. EM-Tomaten behalten ihren guten Zustand mehrere Monate lang sogar bei Raumtemperatur. Es besteht auch ein ganz klarer Unterschied in der Menge der Nährstoffe, die in EM-Produkten enthalten sind gegenüber den anderen. Bei Tests, die man mit verschiedenen Personen durchgeführt hat, wobei die einen EM-Produkte gegessen haben, haben sich signifikante Unterschiede in der Menge der Darmbakterien ergeben. Dies zeigt deutlich, dass EM auch in dieser Hinsicht einen Einfluss auf die menschliche Gesundheit hat. Darauf werde ich später noch näher eingehen.

Wir wissen, dass eine gut ausbalancierte Ernährung für Kranke wichtig ist, aber denken wir je darüber nach, was sie vorher gegessen haben und wodurch sie in erster Linie krank geworden sind? Es ist allmählich an der Zeit, sich darüber klar zu werden, dass für unsere Nahrung eine Abhängigkeit besteht von ihrer Anbauweise und dass wir durch falsche Anbauweise krank werden können. In diesem Zusammenhang möchte ich als klassische Beispiele hinweisen auf die Agrarprodukte, die mit Kunstdünger und riesigen Mengen von Chemikalien erzeugt werden, und auf die Tiere und Fische, die mit Antibiotika und vielen anderen Medikamenten aufgezogen werden.

Nahrungsmittelzusätze können schädlich sein. Unter all den verschiedenen Arten der Nahrungsmittelverunreinigung können sie die vielleicht bedenklichsten sein. Die meisten Zusätze sind starke Antiseptika, die eine Oxidation bewirken. Im Lauf dieses Prozesses fördern sie die Entstehung von aggressivem aktivierten Sauerstoff. Wie ich später ausführen werde, stellt dies an sich schon ein signifikantes Gesundheitsrisiko dar und ist einer der Hauptgründe für Gesundheitsprobleme.

Gegenwärtig laufen Forschungen darüber, wie die EM-Technologie für die Lösung dieses Problems eingesetzt werden kann. Es ist noch zu früh für definitive Ergebnisse, aber die Aussichten scheinen günstig. Wenn alles gutgeht, wird es möglich sein, EM anstelle der konventionellen Zusätze zu verwenden und damit seine Antioxidationsenzyme wirken zu lassen.

Ein Stück frisches Fleisch, das Antioxidationsenzyme enthält, bleibt mehr als ein Jahr frisch. Theoretisch sollte es möglich sein, es frisch zu erhalten, solange sein Gewebe noch Energie enthält. EM produziert eine Vielzahl von Antioxidationsenzymen, wovon der größte Teil selbst bei hohen Temperaturen von mehreren hundert Grad Celsius stabil bleibt. Ich bin der Ansicht, dass EM eine ganz neuartige und revolutionäre Möglichkeit für die Konservierung und Frischhaltung von Nahrungsmitteln über einen langen Zeitraum bietet, und zwar ohne irgendwelche schädlichen Nebenwirkungen für unsere Gesundheit.

Wir werden zwar immer älter, aber der schlechte Gesundheitszustand ist ein soziales Problem

Inzwischen wird es klar geworden sein, dass die derzeitige Krankheitsrate ungefähr um die Hälfte reduziert werden könnte, wenn einige radikale Änderungen im Wertesystem und in der Gesellschaft im Allgemeinen durchgeführt würden. In dieser Hinsicht kann von EM ein wirksamer Effekt erwartet werden, ganz positiv und direkt im Bereich der medizinischen Behandlung. Im Prolog habe ich erwähnt, dass eine Anzahl von Ärzten Interesse an EM-X gezeigt und auch schon mit der Aufzeichnung von Daten über ihre Ergebnisse begonnen hat.

Es ist wichtig zu bedenken, dass der menschliche Körper im Ablauf der Zeit zwar ganz natürlich auf den Tod zugeht, dass er aber eigentlich das ganze Leben hindurch gesund bleiben kann. Gegenwärtig scheint aber die vorherrschende Meinung zu sein, dass die meisten von uns als Erwachsene krank werden und dass bestimmte Erkrankungen eher die Älteren als die Jüngeren treffen, also in einem Alter ab fünfunddreißig bis Ende fünfzig. Meiner Meinung nach sollte man dieses Denken am besten als Aberglauben des zwanzigsten Jahrhunderts betrachten, und zwar deshalb, weil die Menschen biologisch so angelegt waren und sind, dass sie am Ende ihrer biologischen Lebenserwartung[1] an natürlichen Ursachen sterben.

Es gibt viele Theorien darüber, wie lange die natürliche Lebenserwartung des Menschen sei. Eine Theorie besagt, sie könnte das Vier- bis Fünffache der Zeit betragen, die ein Mensch braucht, um volle Reife zu erlangen. Wenn also die Menschen mit ungefähr 25 Jahren die volle körperliche und geistige Reife erreichen, dann könnten wir dieser Theorie entsprechend die normale menschliche Lebenserwartung mit 100 bis 125 Jahren annehmen. Dies bedeutet, dass Menschen über hundert Jahre alt werden können wie die beiden japanischen Zwillingsschwestern Kin-san und Gin-san, die jetzt in ihre elfte Lebensdekade eingetreten sind und weltweit Aufsehen erregt haben. Bekanntlich leben nur wenige Menschen so lange, weil sie ihre natürliche Lebenszeit künstlich verkürzen durch eine Lebensführung, die sie sich nach ihrem menschlichen Gutdünken wählen. Tatsächlich sterben viele von uns relativ jung. Obgleich ohne Zweifel die heutige Lebenserwartung höher ist als noch eine Generation zuvor, so muss doch argumentiert werden, dass dies aufgrund der medizinischen Fortschritte und der Entwicklung neuer und fortschrittlicherer Medikamente geschieht. Und doch ist es wahr, dass wir Menschen eine uns angeborene Fähigkeit haben, länger zu leben, wenn wir nur gesünder wären.

Die durchschnittliche Lebenserwartung, die früher 50 Jahre betrug, liegt heute bei 80 Jahren. Berechtigterweise darf man dafür die Verbesserung in der medizinischen Behandlung und die größere Hygiene verantwortlich machen. Es stimmt auch, dass in der Vergangenheit die durchschnittliche Lebenserwartung statistisch niedrig war infolge der großen Säuglingssterblichkeit durch fehlende Hygiene und durch das Massensterben bei Epidemien. Selbst wenn wir heute eine längere Lebenserwartung haben, gab es früher nicht die ständig wachsende Zahl von Halbinvaliden, die heute die Bevölkerungszahl steigen lässt. Wenn wir die vorübergehend Kranken oder Behinderten nicht mitrechnen, so ist doch das vielleicht ernstere und besorgniserregendere Problem die zunehmende Zahl der bettlägerigen Patienten. Wir können sagen, dass wir Quantität für Qualität erkauft haben, indem wir, ohne auf die Lebensqualität zu achten, auf falsche Weise das Leben verlängern. Wenn dies die Lebensumstände sein sollen, unter denen menschliches Leben verlängert wird, dann fällt es schwer, sich über eine Verlängerung zu freuen. Die Ironie liegt darin, dass der Mensch tatsächlich, wie ich am Anfang sagte, eine biologische Lebenserwartung von 100 bis 125 Jahren bei guter Lebensqualität und guter Gesundheit hat.

Warum bringen wir zumeist unseren älteren Mitbürgern und denen, die ein langes und erfülltes Leben haben, so viel Ansehen entgegen? Sicherlich nicht, weil sie lange gelebt haben. Unsere Verehrung bezieht sich nicht auf ihr langes Leben, sondern darauf, dass sie in ihrem Leben direkt oder indirekt einen wichtigen Beitrag für unsere Gesellschaft geleistet haben. Es ist jedoch für diejenigen, die nicht bei guter Gesundheit sind – die Kranken, Bettlägerigen oder Halbinvaliden –, oder auch für diejenigen, deren Leben künstlich verlängert wird, schwierig oder gar unmöglich, ein halbwegs gutes oder nützliches Leben zu führen. Weit entfernt davon, der Gesellschaft etwas zu geben, sind sie im Gegenteil ein stetiger Aderlass und eine große Belastung für sie. Infolgedessen ist die Zeit dafür gekommen, die jetzige Situation klar und unvoreingenommen zu beurteilen, und die Frage, warum wir uns mit solchen minimalen Gesundheitsstandards zufriedengeben und sie als das bestmöglich Erreichbare und als Norm akzeptieren, in aller Deutlichkeit zu stellen. Ebenso müssen wir uns ernsthaft fragen, ob wir, wenn wir krank werden, mit hohen Kosten und großen Aufwendungen am Leben erhalten werden wollen, ohne wirklichen Nutzen für uns und für andere.

Seit Beginn meiner Forschungen über EM habe ich mit vielen im medizinischen und klinischen Bereich Tätigen Verbindung aufgenommen. Dadurch bekam ich Einsicht in viele Daten auf diesem Gebiet und habe den Eindruck gewonnen, dass bei vielem, was derzeit auf dem Gebiet der Behandlung und Heilung vor sich geht, grundsätzlich die Beachtung und das Verständnis für die Grundfragen, was das Leben eigentlich ist, fehlen. Man hat diese Fragen ganz in den Hintergrund geschoben und lehnt sich bei der Bewältigung der drängenden Aufgaben, was Heilung von Krankheiten und Fürsorge für Kranke und Behinderte angeht, sozusagen bequem zurück.

Dogmatisch zu sein, steht mir hier nicht zu, habe ich mich doch früher selber schuldig gemacht. Aber heute verdamme ich, was ich früher gedacht und wie ich gehandelt habe. Was wir jetzt alle brauchen, auch die Mediziner, ist eine gründliche Ausbildung in bestimmten wesentlichen Dingen. Wir brauchen mit anderen Worten ein Wissen über die fundamentalen Tatsachen, was Gesundheit eigentlich ist und was sie ausmacht. Ich betrachte es als unbedingt notwendig, dass solche grundsätzlichen Kenntnisse im Medizinstudium vermittelt werden.

Die heilende Kraft der Antioxidation

Alle normal geborenen und gesunden Individuen besitzen alles, was sie für ein langes Leben brauchen. Was sie daran hindert, ein langes Leben zu erreichen, ist der Zustand, den wir als schlechte Gesundheit kennen, dem wir aber auch viele andere Namen geben, nämlich Krankheit, Siechtum, Behinderung, schlechtes Befinden usw.

Der allgemeine Begriff für die Fähigkeit, Krankheit abzuwehren, ist Immunität, und der Grad der Widerstandskraft wird häufig als Immunitätsgrad bezeichnet. Übermäßige Oxidation oder, um eine andere Bezeichnung zu verwenden, die Überproduktion von aktiviertem Sauerstoff wirkt als Bremse oder Blockade für die Immunität. Antioxidantien verhindern, dass eine Oxidation stattfindet. Die Mikroorganismen, die EM ausmachen, haben eines gemeinsam und das ist ihre Fähigkeit, Antioxidantien zu bilden. Wie wir inzwischen genau wissen, bewirken diese Substanzen die Antioxidation. Wenn wir die Wirkungsweise von EM genau betrachten bei Tieren, Pflanzen, bei der Reinigung unserer Umwelt, dann wird offensichtlich, dass dies in den allermeisten Fällen durch antioxidative Prozesse erreicht wird.

In Studien, die in den Vereinigten Staaten insbesondere über Langlebigkeit durchgeführt wurden, ergab sich bei verschiedenen länger lebenden Arten der Fruchtfliege Drosophila, die vielfach für genetische Studien eingesetzt wird, dass ihre Nachkommen eine zweimal so lange Lebensdauer hatten wie ihre an sich schon langlebigen Eltern. In anderen Studien wurden Ratten, die wegen ihrer blitzschnellen Reaktionen in einem Labyrinth für überdurchschnittlich intelligent galten, mit normal intelligenten Ratten gepaart, und ihre Jungen stellten sich als superintelligent heraus. Eine Analyse dieser Ergebnisse, was Langlebigkeit bzw. Superintelligenz betraf, ergab in beiden Fällen, dass der Unterschied zu den anderen Artgenossen darin bestand, dass sie eine DNA mit erhöhter Fähigkeit, aktiven Sauerstoff auszuschalten, besaßen. Anders ausgedrückt: Sie hatten eine überdurchschnittliche Fähigkeit zur Produktion von Antioxidantien.

Das Gehirn und der Körper besitzen eine Art von innerem Verbrennungsmotor, dessen einzige Aufgabe es ist, Stoffe zu oxidieren. Diese Maschine arbeitet ununterbrochen, und wenn der Kontrollmechanismus nicht vorschriftsmäßig funktioniert, wird der Körper überhitzt und es entstehen die verschiedensten Zusammenbrüche und Probleme. Ein plötzlicher Fieberausbruch, hohe Temperatur oder eine Entzündung, die mit Krankheit oder Infektion einhergehen, sind das typische Zeichen dafür, dass eine überschießende Oxidation im Körper stattfindet. Die Antioxidantien in unserem Körper kontrollieren, wie und in welchen Mengen wir Energie verbrennen, ohne zu überhitzen. Dies ist eine ihrer Funktionen.

Killerwale sind bekanntlich außerordentlich intelligent. Wir wissen, dass sie in der Lage sind, aktiven Sauerstoff wirksam zu eliminieren. Bei Menschen sollen Mitglieder aus Familien, die für ihre Langlebigkeit bekannt sind, ebenso überdurchschnittlich intelligent sein. Daten, die aus so weit auseinanderliegenden Bereichen stammen, deuten aber doch darauf hin, dass in all diesen Fällen die Voraussetzungen für gute Gesundheit mit der Fähigkeit zusammenhängen, überschüssigen Sauerstoff zu eliminieren. So betrachtet, kann man Immunität als Fähigkeit verstehen, Antioxidationsvorgänge effizient durchzuführen. Sicher wird der Zusammenhang zwischen guter Gesundheit und langem Leben einerseits und der

Fähigkeit zur Produktion von Antioxidantien für die Eliminierung von zu viel aktivem Sauerstoff andererseits in Zukunft ein wichtiges Thema in der medizinischen Behandlung sein.

Schon seit Beginn der Evolution ist Sauerstoff grundsätzlich für die derzeit auf der Erde existierenden Lebewesen schädlich. Im Molekularzustand hat Sauerstoff nicht die Fähigkeit, mit anderen Substanzen eine Oxidation einzugehen. Er muss erst aktiviert werden. In Form von aktiviertem Sauerstoff wird er zu einem freien Radikal, ist also schädlich, wie ich schon früher ausführte. Die Auspuffgase der Autos, Chemikalien der Landwirtschaft, Kunstdünger – das heißt Oxidantien jeder Art –, ebenso faulende, verwesende oder zerfallende Substanzen bilden aggressive freie Radikale. Fäulnisbakterien und pathogene Keime erzeugen ebenfalls wirksame freie Radikale. Man kann tatsächlich von allen toxischen Substanzen sagen, dass sie superwirksame freie Radikale entstehen lassen. Legt man Eisen in einen Extrakt von EM, rostet es nicht, und zwar deshalb nicht, weil EM die Lebensdauer von lebenden Zellen verlängert. Sogar Vitamin C, das sich leicht löst und schnell oxidiert, kann in einem flüssigen Extrakt von EM länger als eine Stunde gekocht werden, und trotzdem bleibt mehr als die Hälfte davon ungelöst.

Ein anderes Beispiel bilden Obst und Gemüse. Sind bei der Lagerung große Mengen von Antioxidantien vorhanden, werden sie nur sehr langsam schlecht. Beispielsweise wurden Pflanzen mit Hilfe von Antioxidantien wieder kräftig, obwohl man sie schon als tot betrachtet hatte. Auch bei verschiedenen Fisch- und Tierarten zeigten Antioxidantien diese Wirkung und übertrafen damit alle Erwartungen. Coccidose bei Geflügel, hervorgerufen durch den Protozoenparasit Coccidium, oder die Newcastle-Krankheit, eine sehr ansteckende Krankheit, die Geflügel sehr leicht befällt; Maul- und Klauenseuche bei Rindern und Rheumatismus beim Milchvieh, das sind alles Beispiele für sehr hartnäckige und schwer zu behandelnde Krankheiten, ebenso die hochansteckende Schweinepest und die verschiedenen Arten der tödlichen Krankheiten von Haustieren in den Tropen – alle konnten unglaublich leicht mit Hilfe von Antioxidantien geheilt werden.

Ähnliche Ergebnisse wurden bei Pflanzen erzielt. Die Gesundung erfolgte dramatisch, als das Antioxidantienniveau angehoben wurde, sogar bei Pflanzen, die von besonders hartnäckigen Krankheiten befallen waren. Ich selbst begann mit der Einnahme von EM-X, als es in einem biomagnetischen Resonanztest auf Toxizität für absolut sicher befunden wurde.

Nahrungsmittel, die nach allgemeiner Ansicht als gesund gelten, haben, wenn man sich die Mühe macht, sie zu untersuchen, alle eine starke Antioxidationskapazität. Die wirksamsten und darüber hinaus nicht schädlichen Medikamente sind alle starke Antioxidantien. Mit magnetischer Resonanz kann die Antioxidation durch den Prozess des Informationstransfers in Wasser durchgeführt werden. In diesem Fall wirkt die dabei entstehende magnetische Resonanz günstig auf Körper und Gesundheit und hat einen positiven Einfluss auf alle Lebewesen.

Allen Krankheiten und Krankheitsursachen gemeinsam ist die überschießende Oxidation oder ein deutliches Potenzial zur Oxidation. Der Gedanke, Heilung vom Standpunkt der Oxidation bzw. Antioxidation zu betrachten, ist relativ neu und steht im Gegensatz zu konventionellen Meinungen. Wo bisher eher vage und wenig definierte Ansichten bestanden, entwickeln sich derzeit jedoch bereits eindeutigere Definitionen, und es entstehen klarere

Konzepte für die verschiedenen Behandlungsmöglichkeiten auf dem Gebiet der natürlichen oder alternativen Heilmethoden.

Alle Lebewesen besitzen die natürliche Fähigkeit, spontan wieder gesund zu werden, oder anders ausgedrückt, sich selbst zu heilen. Diese Kraft zu spontaner Heilung ähnelt dem Vorgang zwischen Feuerwehr und dem Waldbrand, den sie bekämpft. Ein kleines Feuer ist beherrschbar und kann leicht gelöscht werden, aber ein Flächenbrand, der nicht in Schach gehalten oder gelöscht werden kann, endet in totaler Zerstörung. Dasselbe gilt für Krankheiten. Krankheit hat viele Gesichter und Formen. Natürliche Heilmethoden haben Erfolg, solange das „Feuer" in unserem Körper beherrschbar ist und noch gelöscht werden kann. Ist es jedoch so stark und kann es nicht mehr eingedämmt werden, dann hilft kein Beten mehr und keine Medizin. Bei einem riesigen Brand ist ein starker Regen, ein Wolkenbruch, die einzige Hilfe. Im Falle eines Waldbrandes brauchen die verbrannten Flächen einige Zeit zur Erholung. Wie ein Berghang nach solch einem Waldbrand hat auch der menschliche Körper die Fähigkeit zur Genesung und kann den früheren Zustand wieder erreichen.

Im menschlichen Körper geht ständig eine Verbrennung vor sich, aber sie muss unter Kontrolle gehalten werden, damit wir nicht verbrennen und „in Flammen aufgehen". Antioxidantien haben diese Kontrollaufgabe. Wenn wir also das Bestmögliche aus unserer natürlichen Heilkraft machen wollen, müssen wir lediglich die Fähigkeit unseres Körpers zur Antioxidation steigern. Mit dieser Fähigkeit wird der Körper im Falle einer Krankheit aus dem Zustand der starken Oxidation wieder herausfinden, die notwendigen Maßnahmen ergreifen und zu seinem ursprünglichen gesunden Antioxidationsniveau zurückkehren. Dadurch wird die natürliche Heilkraft zurückgewonnen und der gesunde Zustand wiederhergestellt.

Wenn EM-X für die Gesundung der Darmflora eingenommen wird, wirkt es auf verschiedene Art, auf jeden Fall aber entstehen dadurch Antioxidantien. Diese wiederum steigern die natürliche Heilkraft des Körpers. Das ist die positive Wirkung bei den Patienten, die EM-X trinken. In diesem Sinne gleicht EM-X in der Wirkung auf die Darmbakterienflora anderen, bakterienhaltigen Getränken.

Medizinische Beweise

Im Prolog erwähnte ich bereits kurz, dass ein Programm für die Testung von EM-X unter klinischen Bedingungen auf den Weg gebracht wurde. Dafür trinken die Patienten EM-X unter der Aufsicht ihrer Ärzte. Wird EM-X zur begleitenden Therapie eingesetzt, ist es unbedingt notwendig, dass es unter ärztlicher Kontrolle eingenommen wird, denn in bestimmten Fällen treten starke Erstreaktionen auf. Obgleich das als gutes Zeichen für die Einleitung des Heilprozesses gewertet werden kann, könnten die Patienten doch ängstlich werden, wenn ihnen der Arzt nicht beruhigend versichert, dass eine anfängliche Verschlimmerung nichts Ungewöhnliches ist und tatsächlich den ersten Schritt zur Genesung bedeutet.

Ärzte, die am Programm teilnehmen, haben schon detaillierte Daten über Besserungen bei Patienten mitgeteilt. Diese Patienten litten in der Hauptsache an Leberkrebs, Diabetes und chronischen Bindegewebskrankheiten. Im Falle von Diabetes wurde berichtet, dass neben der Haupterkrankung EM-X auch einen positiven Effekt auf die anderen Beschwerden der Patienten hatte. Aus diesen Daten schlossen die Ärzte, dass EM-X unspezifisch wirkt, erstens direkt auf das betreffende Körperorgan und zweitens allgemein unterstützend. EM-X regt in günstiger Weise die Antioxidationsfunktionen des ganzen Körpers an, was wiederum definitiv das Immunsystem stärkt.

Ich selbst bin kein Arzt, es wäre also unverantwortlich von mir, Behauptungen aufzustellen, die nicht durch klare medizinische Beweise belegt werden könnten. Aber die Fülle der positiven Daten wächst täglich, sodass ich meine Ungeduld zügeln muss, bis meine medizinischen Kollegen mir ihre Meinung mitteilen können, die auf unwiderlegbaren Beweisen basiert.

Obwohl noch im Anfangsstadium, haben einige pharmazeutische Unternehmen ihr lebhaftes Interesse bekundet, in Zusammenarbeit mit mir weitere medizinische Forschungen über die von EM-X produzierten Antioxidantien durchzuführen. Ich halte den Wunsch zwar für lobenswert, ein für die Gesellschaft nützliches Produkt herzustellen, jedoch sehe ich noch zu viele Hindernisse, bevor ein neues pharmazeutisches Präparat als marktreif gelten kann. Besonders eine Neuentwicklung ist ein extrem langer Prozess, der beträchtliche Investitionen an Geld und Zeit erfordert. Vor der Genehmigung für Produktion und Vermarktung muss eine Fülle von Daten eingereicht werden, die klar die chemische Struktur aufzeigen. Als nächste Stufe muss das Produkt im Tierversuch getestet werden, und auch diese Daten müssen aufgezeichnet werden. Darauf folgt in einer weiteren langen Forschungsperiode die Sammlung von Daten über die Anwendung am Menschen im klinischen Versuch. Erst wenn all diese Kriterien erfüllt sind, kann ein neues pharmazeutisches Produkt medizinisch angewandt werden.

Ich habe mich entschlossen, EM-X in den Ländern als Medikament abzugeben, wo es gesetzlich als solches anerkannt ist, dagegen als Nahrungsergänzungsmittel in den Ländern, wo keine derartige Anerkennung besteht. Der Zeitpunkt scheint günstig zu sein, EM-X als Gesundheitsgetränk einzuführen, da schon eine Vielzahl von Fermentgetränken und solchen mit lebenden Bakterien auf dem Markt ist; insofern sehe ich darin keine großen Probleme.

Wenn ich meine Forschungsarbeiten über EM überblicke, kann ich sagen, dass ich hart daran gearbeitet habe. Ich habe nicht erbittert dafür gekämpft und meine Ergebnisse nicht im Schweiße meines Angesichts errungen. Doch wie ich schon früher sagte, scheint alles Erreichte, nachdem ich den richtigen Schlüssel gefunden hatte, das Ergebnis von glücklichen Zufällen gewesen zu sein. Der Zeitpunkt war richtig, und alles ergab sich ganz natürlich und mehr oder weniger zufällig. Deshalb ist es weder jetzt noch war es früher meine Absicht, meine Entdeckungen in EM-Technologie zu monopolisieren. Ich werde auch alle Fakten darüber veröffentlichen, wenn die Zeit dafür gekommen ist. Im Grunde genommen habe ich keine angestammten Interessen auf EM. Ich wünsche mir, dass es in der ganzen Welt frei verfügbar ist und nicht eine Einzelperson dadurch reich wird.

Diese Ansichten habe ich während meiner Amerikaaufenthalte geäußert, woraufhin man mich gewarnt hat, dass ich zu einer Zielperson werden und es mich möglicherweise das Leben kosten könnte, wenn ich eine Situation schaffen würde, wo EM zu bekannt und sich zu schnell verbreiten würde. Ich füge hinzu, dass mein Tod für sehr viele Menschen einen großen Verlust bedeuten würde, und man kann nur hoffen, dass nichts passiert. Ich kann jedoch nicht leugnen, dass – man mag es betrachten, wie man will – die Verbreitung von EM weitestreichende Folgen haben wird. Soweit es die Landwirtschaft betrifft, würde es letztlich das Ende von Agrarchemie und Kunstdünger bedeuten. Auf dem medizinischen Gebiet eingesetzt, wird es eine erhebliche Verringerung der Patientenzahlen mit sich bringen. Wahrscheinlich würden Kliniken und andere medizinische Einrichtungen, die vielfach schon jetzt ums Überleben kämpfen, in größere finanzielle Schwierigkeiten kommen.

Wie dem auch sei, so wie die Landwirtschaft und die Medizin strukturiert sind und bis heute funktionieren, kann es nicht weitergehen, die Strukturen und Funktionen müssen unbedingt neu geordnet werden. Unvermeidlich entstehen bei größeren Veränderungen Umschichtungen und Schwierigkeiten. Der ganze Prozess muss mit großer Umsicht durchgeführt werden, hoffentlich als Bestandteil der nationalen Politik, damit gewährleistet ist, dass niemand als Opfer unter die Räder kommt. Besonders auf medizinischem Gebiet muss jede Reform vorsichtig und mit Weitblick vorgenommen werden.

Warum bekommen manche Raucher Krebs und andere nicht?

Von den Reisbauern, die auf die Anwendung von EM-Methoden übergegangen sind, berichten viele, dass sie sich nach der Feldarbeit frisch und erholt fühlen. Die Bauern arbeiten barfuß, bis zu den Knöcheln im Wasser. Wenn sie ihre Knochenarbeit unterbrechen, breiten sie eine Strohmatte auf den Boden und strecken sich für eine Zeit lang aus. Sie berichteten, dass sie sich danach „wie neu" fühlten. In dieser Gruppe litten einige auch an Herzbeschwerden. Sie sagen, dass sich ihr Zustand, nachdem sie einige Zeit auf den Reisfeldern gearbeitet hatten, so gebessert hatte, dass sie keine Ermüdungserscheinungen wie früher fühlten.

Arbeiter in Müllverbrennungsanlagen arbeiten unter schlimmen Oxidationsbedingungen. Der ständige Aufenthalt bei hoher Oxidation hat einen bleibend schädigenden Einfluss auf ihre Gesundheit. Man hat jedoch festgestellt, dass die schädliche Wirkung des Oxidationsvorgangs und vor allem der stechende Geruch des Abfalls bei Anwendung von EM herabgesetzt werden können. Wird EM in den Befeuchtungsanlagen der Wohnungen eingesetzt, wird die Luft in den Räumen gereinigt und gleichzeitig von Milben und Zecken befreit. EM-Benutzer solcher Apparate leiden angeblich nicht mehr an Erkältungen oder Allergien. Ich besitze eine große Zahl von genauen Berichten über die positiven Wirkungen, die sich bei Verwendung von EM auf kleinen und unscheinbaren, aber doch bedeutsamen Gebieten des täglichen Lebens ergeben haben. Es mag überraschen, dass die desinfizierenden Mittel und die Insektensprays im Haushalt auch eine Umweltbelastung bedeuten. Sie bewirken in vielen Fällen dasselbe wie die Spritzgifte auf den Feldern. Würde EM bei der Toilettenspülung und mit einem Sprüher in den Räumen angewendet, dann würde der Verbrauch von Desinfektionsmitteln und Insektensprays um mehr als die Hälfte reduziert, und es ergäbe sich eine günstige Wirkung auf das gesamte Haus.

Ich betrachte körperliche Beeinträchtigung wie jede andere Art von Beschwerden: Sie gehören auch in die Kategorie Krankheit oder Behinderung. Alle Beeinträchtigungen fallen nach meiner Meinung unter eine von vier Kategorien: In der ersten Kategorie ist eine körperliche oder chemisch verursachte Beeinträchtigung der Grund der Behinderung. In der zweiten ergibt sich die Behinderung durch ein nicht richtig funktionierendes Organ. In der dritten besteht meiner Ansicht nach eine geistige oder psychologische Ursache. In der vierten gibt es dafür wohl eine spirituelle Ursache.

Zur ersten Kategorie würde ich auch die von Verkehrs- und Arbeitsunfällen Betroffenen zählen. Es ist verhältnismäßig einfach, die Zahl solcher Unfälle zu reduzieren, wenn wir uns die Mühe machen, entsprechende Sicherheitsmaßnahmen zu ergreifen. Bei den drei anderen Bereichen liegen die Dinge schwieriger, denn in vielen Fällen greifen sie ineinander. Eines haben sie jedoch meiner Meinung nach gemeinsam: Die Fähigkeit zur Antioxidation ist beeinträchtigt. Warum können zwei Personen das Gleiche essen und in ähnlichen Umständen leben, und doch wird einer von ihnen krank und der andere bleibt gesund? Die Antwort führt uns, glaube ich, zurück zu der kleinen Fruchtfliege, der langlebigen Drosophila. Mit Sicherheit kann man sagen, dass diese Unterschiede von der Fähigkeit herrühren, Antioxidantien zu produzieren, und das ist in der DNA eines jeden Individuums kodiert.

Jedermann weiß, dass ein bestimmtes Maß an körperlicher Betätigung für unsere Gesundheit wichtig ist, und die Annahme ist verständlich, dass noch mehr noch besser wäre. Aber was ist dann mit den Athleten und den Sportlern und Sportlerinnen, die bis zum Exzess trainieren? Wenn mehr besser wäre, könnte man mit gutem Grund annehmen, dass diese Trainingsfanatiker eine überdurchschnittliche Lebenserwartung haben. Meistens ist das Gegenteil der Fall. Aus den Statistiken geht hervor, dass die Spitzensportler und -athleten früher sterben als der Durchschnitt.

Solcher Widersprüchlichkeiten gibt es noch viele. Starke Raucher zum Beispiel: Sie rauchen wie die Schlote, aber sie bleiben gesund, während einer, der niemals in seinem ganzen Leben eine einzige Zigarette geraucht hat, sich einen Lungenkrebs zuzieht. Man kann keinen Sinn darin erkennen. Zigaretten haben auf den menschlichen Körper dieselbe Wirkung wie starke Oxidantien. Dass aber diese Raucher trotz der bewiesenen Tatsachen und trotz der Oxidantienmenge, die sie aufnehmen, gesund bleiben, kann nur mit der unterschiedlichen Fähigkeit zur Antioxidantienbildung erklärt werden: Die schweren Raucher, die trotz allem keinen Schaden durchs Rauchen haben, müssen in der Lage sein, so viele Antioxidantien zu produzieren, dass sich die negativen Wirkungen der Oxidantien aufheben.

Es gibt natürlich viele Theorien darüber, was man tun kann, um gesund zu bleiben und länger zu leben. „Tu das und das, und du bekommst keinen Krebs!" – Diese Liste ist lang. „Mach dies und vermeide jenes, dann wirst du nie krank!" – Der Ratschläge und Theorien sind viele. Aber im Grunde genommen besagen sie alle dasselbe, und es läuft alles darauf hinaus, dass sie wirksame Schritte sind gegen eine übermäßige Oxidation in unserem Körper. In Bezug auf unsere Nahrung besteht ohne Ausnahme eine Beziehung zwischen dem Prozess der Verhinderung von Oxidation und guter und gesunder Nahrung. Allmählich setzt sich auch die Ansicht durch, dass übermäßige sportliche Betätigung ein Übermaß an aktivem Sauerstoff produziert, der schädlich ist, und es wird neuerdings zur Mäßigung geraten. Sportliches Training, um unter allen Umständen zu gewinnen, ist von diesem Standpunkt aus völlig sinnlos. Wenn die Wirkungen von körperlichem Training verbessert werden sollen, muss zuallererst der aktive Sauerstoff so schnell wie möglich als die Ursache der Ermüdung aus dem

Körper ausgeschieden werden, und gleichzeitig muss gewährleistet sein, dass er ständig in einem normal guten Gesundheitszustand bleibt.

Krebs, der Energiefresser, und die Antioxidantien als seine größten Feinde

Zur Einführung in diesen Abschnitt möchte ich nochmals einen zeitlichen Schritt zurück machen und einen kurzen Aufriss über die verschiedenen Prozesse geben, die vermutlich stattfanden, als unsere Erde noch jung war und von vielen thermophilen anaeroben Bakterien besiedelt war, jenen winzigen Lebewesen, die außerordentlich hohen Temperaturen standhalten konnten und den Sauerstoff hassten. Im Laufe der Zeit hatten die Aktivitäten dieser Mikroorganismen zu einer Situation geführt, in der der von ihnen erzeugte Sauerstoff ihre eigene Umwelt „vergiftet" hatte und die Erdatmosphäre für sie toxisch wurde. Unter diesen extrem schlechten Bedingungen hatten sie nur die Wahl, sich anzupassen oder zu sterben. Durch plötzliche Mutation, eine ihnen innewohnende Fähigkeit, vollzogen sie gezwungenermaßen den Prozess einer genetischen Veränderung und Anpassung, der sie in die Lage versetzte, nun die Antioxidation durchzuführen.

Photosynthesebakterien sind hierfür ein typisches Beispiel. Sie gehören zur Gruppe der fakultativen Anaerobier, die thermophil sind und extreme Hitze ertragen können. Fakultative Anaerobier haben die Eigenschaft, unter verschiedenen Umweltbedingungen zu leben, sodass sie unter aeroben Bedingungen nicht sterben, sondern lediglich ihre üblichen Aktivitäten einschränken und weiterleben. Unter anaeroben Bedingungen, die ihnen zusagen, sind sie extrem aktiv und produzieren riesige Mengen von Antioxidantien. Obgleich diese Fähigkeit unter aeroben Bedingungen aufhört, können sie diese Situation sozusagen durch Aussitzen überstehen, bis die Situation für sie wieder günstiger wird. Durch die sinkenden Temperaturen bei der Abkühlung der Erde bildeten sich allmählich Algen und algenähnliche Pilze, und es entwickelten sich die Lebewesen auf dem Festland.

Obgleich der Sauerstoff, der in der Atmosphäre überwog, den ersten Lebewesen möglicherweise schadete, konnten sie doch ihre Funktion stärken, nämlich Enzyme zu bilden, mit deren Hilfe sie Sauerstoff verwerten und gleichzeitig die Oxidation ihres Körpers verhindern konnten. Später entwickelte sich dieses System dazu, dass sie Sauerstoff zur Energiegewinnung verwenden konnten. Die Weiterentwicklung führte zum heutigen Zustand, wo die meisten Lebewesen auf dem Planeten Sauerstoffreichtum benötigen, um zu überleben.

Man kann auch sagen, dass sich die Lebewesen der Erde aus ihrem ursprünglichen Zustand, wo der Sauerstoff für sie möglicherweise tödlich war, dahin entwickelt haben, dass sie von dem vorherrschenden Sauerstoff wirksam Gebrauch machen. Trotz alledem ändert dies nichts an der Grundtatsache, dass, wie zu Beginn, der Sauerstoff in fast allen seinen Formen eine toxische Substanz für alle Erdbewohner bleibt, auch für die Menschen. Ziehen wir eine Parallele zum Feuer. Eine kleine Flamme gibt die richtige Hitze und Wärme. Aber bei Missbrauch oder wenn es außer Kontrolle gerät, werden schlimme Brände entstehen. Den Brand, der in uns durch zu viel Sauerstoff entsteht, nennen wir Krankheit, und das automatische Kontrollsystem, das verhindert, dass wir nicht an einem Übermaß an Sauerstoff leiden, sondern das „Feuer löscht", damit wir nicht „verbrennen", ist unsere Fähigkeit zur Antioxidation. Sie ist damit die Grundlage für unsere Gesundheit.

Meine Beschreibung ist eine starke Vereinfachung, aber sie genügt für die Betrachtung der interessanten Zusammenhänge, die zwischen den verschiedenen Aktivitätsgraden von aktivem Sauerstoff und den Prozessen, durch welche wir krank werden, bestehen.

Ich beginne mit der Atmung. Sauerstoff aus der Luft wird durch den Prozess der Atmung in aktiven Sauerstoff umgewandelt. In dieser Form ist er absolut unersetzlich, weil wir dadurch Energie gewinnen. Zu viel Sauerstoff führt jedoch zur Ermüdung und zu einer Überproduktion an Stoffen, wie zum Beispiel Milchsäure. Milchsäure hat keimtötende Wirkung. Darüber hinaus wirkt sie aufbauend, weil sie antioxidativ wirkt. Ihre Entstehung ist für uns ein natürliches Zeichen, dass wir schon zu viel Sauerstoff im Körper haben und wir die Menge nicht noch erhöhen sollten. So dienen Milchsäure und ähnliche Substanzen dem Schutz vor übermäßiger Oxidation.

Beim Training erzielen wir die besten Resultate, wenn wir an dem Punkt aufhören, an dem die Überoxidation spürbar wird. Wenn wir dem Prinzip huldigen: „Kein Gewinn ohne Schmerz" und den bewussten Punkt überschreiten, dann erhöht sich die Menge an aktivem Sauerstoff noch mehr, wir kommen ins nächste Stadium der Überhitzung und bekommen Fieber. Ob das nun das Ergebnis von übertriebenem Training ist oder weil Erreger unseren Körper befallen, es entstehen große Mengen von freien Radikalen. Unabhängig von der Ursache ist das Ergebnis immer dasselbe.

Erhöhte Temperatur oder Krankheit als Ausdruck vollständig verbrauchter körperlicher Energie bedeutet für den Körper dasselbe wie ein Marathonlauf ohne Ziellinie: Nichts signalisiert dem Körper den Punkt, an dem es Zeit ist, keinen aktiven Sauerstoff mehr zu produzieren. Wenn das Niveau des aktiven Sauerstoffs weiter steigt, verwandelt er sich schließlich in Substanzen, die Unbehagen und Schmerzen verursachen. Sie zeigen sich als Wunde, Entzündung und Mattigkeit. In diesem Stadium erreichen die freien Radikale ein Niveau, wo sie stark genug sind, die DNA in unseren Genen zu schädigen. Auch an diesem Punkt hat ein relativ gesunder Körper noch die Kraft, sich selbst zu heilen und den Schaden in der DNA zu reparieren, da sein natürliches Heilvermögen ins Spiel kommt. In einem Körper, dessen natürliches Heilvermögen verbraucht ist, können Krebsgene entstehen, was letztlich zum Ausbruch von Krebs führen kann. So gesehen ist Krankheit untrennbar mit dem Oxidationsprozess verknüpft. Wie sich eine Krankheit manifestiert oder wie schwer sie ist, hängt davon ab, wie viel aktiver Sauerstoff produziert worden ist und in welchem Grad er negativ auf den Körper einwirken kann.

Krebszellen verbrauchen eine große Menge Energie, weshalb Krebspatienten immer einen starken Gewichtsverlust erleiden. Andererseits sind unsere alten Freunde, nämlich die Antioxidantien, die Erzfeinde und schlimmsten Gegner der Krebszellen, dieser energiefressenden Monster. Aus diesem Grund wendet in jüngster Zeit die medizinische Forschung den freien Radikalen ihre erhöhte Aufmerksamkeit zu. Gegenwärtig werden enorme Ausgaben für die Entwicklung von teuren Medikamenten und pharmazeutischen Präparaten gegen Krebs gemacht. Kein Krebsmedikament kommt jedoch EM-X gleich, und dabei kann EM-X sehr preisgünstig hergestellt werden. Ich brauche es sicher nicht zu wiederholen, dass einer der größten Fehler der modernen Medizin darin besteht, beharrlich nur die Symptome zu behandeln und hier Erleichterung zu schaffen, anstatt sich mit den wahren Ursachen an der Wurzel zu befassen.

Meine Schilderung des Prozesses, wie der Körper infolge überschießender Oxidation zusammenbricht, muss klargemacht haben, dass Stärkung des Immunsystems und Steigerung der Fähigkeit zur Antioxidation nur die zwei Seiten einer Münze sind. Wenn bei der Behandlung die Erhöhung der natürlichen Fähigkeit des Körpers zur Antioxidation mit den konventionellen Methoden zur Kräftigung des Immunsystems Hand in Hand gingen, könnten wir sicherlich die Erfolgsrate auf bestimmten medizinischen Gebieten bedeutend steigern. Dies wäre nach meiner Meinung sogar in der Behandlung von AIDS möglich, der Krankheit, die mehr als jede andere uns veranlasst, unsere grundsätzlichen vitalen Funktionen zu hinterfragen, nämlich das Immunsystem unseres Körpers. Bis jetzt haben wir das als selbstverständlich gegeben angesehen.

Bei geistigen und seelischen Krankheiten entsteht ebenfalls aktiver Sauerstoff

Mentale und psychische Störungen gehören zur dritten Kategorie von Krankheiten, unter denen Menschen leiden. Es wurde bereits wissenschaftlich klar bewiesen, dass bei psychosomatischen Krankheiten die eigentliche Ursache in der Psyche der Patienten liegt. „Das ist rein seelische bedingt" ist nicht nur so eine Redewendung, sondern ist eine wissenschaftlich erhärtete Tatsache. Wenn in einer länger andauernden Depressionsphase z. B. die Patienten empfinden, dass ihnen nichts gelinge, dass alles falsch laufe, wenn sie sich ausgenutzt oder erniedrigt vorkommen, wenn sie hasserfüllt oder ständig wütend oder traurig sind oder die Zukunft ihnen vollkommen düster erscheint, dann befinden sie sich in mentalem Stress, wodurch das Sekretionssystem des Körpers in eine Übererregung kommt. Das daraus resultierende Ungleichgewicht des Körpers, ob es nun aus sich selbst oder als Reaktion auf Druck von außen entsteht, führt dann zu einer Vergiftungslage und letztlich zu einem Übermaß an aktivem Sauerstoff.

Jemand, der fortwährend in einem Zustand äußerster Irritabilität, Nervosität und Spannung ist, ist sehr wahrscheinlich ein Kandidat für Krebs, weil seine starke seelische Belastung gleichzeitig eine erhöhte Menge aktiven Sauerstoffs produziert, der wiederum schädigend auf seine DNA einwirkt. Man sagt uns ständig, dass es in unserer modernen Gesellschaft kein Entrinnen vor dem Stress gibt. Wir seien ihm überall ausgesetzt. Sicher besteht ein ganz enger Zusammenhang zwischen Stress und der hohen Zahl an Krebserkrankungen und anderen sogenannten Erkrankungen des Erwachsenenalters, wie sie immer häufiger auftreten.

Richtige Ernährung und Lebensführung bringen gar nichts, wenn die Menschen seelisch und geistig nicht im Lot sind und sich unwohl oder krank fühlen. Deshalb ist es so wichtig, dass wir alles tun, um seelisch ausgeglichen und gesund zu bleiben, weil auf lange Sicht gesehen mentale und seelische Störungen schlimmere Folgen haben können als rein körperliche Erkrankungen. Ideal wäre ein stressfreies Leben, wenn wir gesund bleiben wollten, aber das ist heutzutage praktisch unmöglich. Vielerlei Ängste und Sorgen kennzeichnen unser modernes Leben, und niemand kann ein wirklich stressfreies Leben führen.

Wenn Stress also unmöglich vermieden werden kann, dann ist es umso wichtiger, eine Möglichkeit zu finden, wie wir damit umgehen. Eine Möglichkeit, das Übermaß an aktivem Sauerstoff zu eliminieren, ist die Anwendung von Antioxidantien. Wenn der Körper im Gleichgewicht ist und Alpha- oder Thetawellen im Gehirn entstehen, wird das Wasser in ihm aktiviert und seine Fähigkeit erhöht, einen gesunden Antioxidationsgrad aufrechtzuerhalten. Diese Sicht der Dinge bestätigt meine Meinung, dass ich dann am glücklichsten bin, wenn andere es auch sind.

Um bei guter geistiger Gesundheit zu bleiben, sollten wir uns also immer um eine optimistische und positive Haltung in jeder Situation unseres Lebens und um Feingefühl und Sensibilität bemühen. Dann ist es von großer Bedeutung, dass wir uns mit schönen Dingen beschäftigen, mit Kunstwerken, schöner, natürlicher Landschaft und mit Dingen, die authentisch und echt sind.

Es ist eine Eigenart von mir, sofort anderen mitteilen zu wollen, wenn ich etwas Gutes oder Wertvolles oder sonst wie Nützliches entdecke. Ich glaube, dass dieser Wesenszug mich optimistisch macht und einen positiven Einfluss auf mein Wohlbefinden hat. Wenn ich z. B. bei meinen Forschungsarbeiten zu guten Ergebnissen gekommen bin, dann kann ich einfach nicht abwarten, es irgendjemandem zu erzählen. Vielleicht habe ich dabei einen Hauch von Besorgnis, dass mein Vertrauensmann meine Ideen kopieren könnte, aber die Freude am Teilhabenlassen überwiegt immer bei weitem meine Vorsicht. Deshalb mache ich es immer wieder so, werfe alle Bedenken beiseite und genieße einfach das Vergnügen des Teilens. Es bestätigt sich jedoch immer wieder, dass dabei die seltsamsten Dinge passieren: Sobald ich mich mit jemandem austausche, bekomme ich den nächsten Inspirationsblitz oder ich erhalte ein weiteres Stückchen Information oder Wissen, das mir bei der Vervollständigung meines eigenen „Puzzles" hilft. Ich habe auch herausgefunden, dass es eine ähnliche Dynamik in der entgegengesetzten Richtung gibt. Wenn ich mich aufs Äußerste bemühe, etwas für mich zu behalten, damit niemand Zugriff darauf haben soll, also sozusagen die Informationen bei mir verstecke mit dem Gefühl „Prima, prima! Ich habe das Monopol!", dann scheint mein Hirn auf „Halt!" einzurasten, und ich habe einfach keine Ideen mehr.

Heutzutage entwickelt sich alles mit solcher Geschwindigkeit, dass es nicht taugt, wenn man eine Idee für sich behält in der Absicht, sie geheim zu halten und nicht allen zugänglich zu machen. Denn ehe man sich's versieht, haben sich die Dinge weiterbewegt, und eben diese Idee oder Entdeckung ist nicht mehr zeitgemäß und die Chance, sie anzuwenden, ist vorbei. Auch hier ist es wie überall, dass Dinge, die nicht benutzt werden, Staub oder Rost ansetzen und uns dadurch bei der Entwicklung neuer nützlicher Theorien oder Ideen behindern. Es ist das Wesen der Kreativität, dass man andere teilhaben lässt und weitergibt, ohne auf die Kosten zu achten. Der freie Austausch der Kreativität ist der eigentliche Motor und mehr als alles andere die eigentliche Quelle weiterer Kreativität.

Der vierte mögliche Grund von Krankheit ist spiritueller Natur. Man glaubt, dass dahinter die Auswirkung der Taten aus der Vergangenheit – oft als Karma bezeichnet – oder eine tiefe innere Sehnsucht steckt. Es gibt viele verschiedene Erklärungen für die Probleme spiritueller Natur. Ich möchte hier meine eigene persönliche Theorie darstellen. Voraussagen über Zukunft und Schicksal, Wahrsagung und Weissagung – wie man es auch nennen will – stehen zurzeit hoch im Kurs. Mindestens in Japan ist es so, und vieles deutet darauf hin, dass es nicht nur eine vorübergehende Modeerscheinung ist.

Wahrsagerei als Spaß und Spiel ist keine große Sache und wirklich harmlos. Aber wenn die Menschen der Sache ganz verfallen und völlig davon abhängig werden, dann wird das Spiel zur Besessenheit. Hat aber die Einstellung der Wahrsagerei gegenüber dieses Stadium erreicht, dann wird der Wunsch der betreffenden Person sichtbar, das Unbekannte wissen und schon einen Blick auf zukünftige Dinge werfen zu wollen, also mit Sicherheit vorherwissen zu können, was immer unbekannt bleiben muss. Meiner Ansicht nach beginnt mit dieser Haltung ein Lebensbetrug.

Die Konfrontation mit dem Unbekannten und mit den vielfältigen Schwierigkeiten, die uns im Leben begegnen, sind die Triebkraft, die als Prüfungen verschiedenster Art uns Weiterentwicklung und Weiterwachsen ermöglichen. Es kann alles angehen, so lange wir das Voraussagen der Zukunft als eine Art Spaß betreiben. Doch wenn es einmal darüber hinausgeht, wir auf ein Lebensmuster festgelegt sind, keinen Bewegungsspielraum mehr haben und nicht mehr weiter wissen, ohne vorher einen Wahrsager oder Seelenberater zu konsultieren, – wenn es also über diesen Spaß hinausgeht und wir im Voraus meinen wissen zu müssen, was sich in der Zukunft ereignen wird, dann gibt es für diese Einstellung tatsächlich keine andere Bezeichnung als Betrug, denn das ist es wirklich. Wer für sich eine solche Einengung zulässt, beraubt sich der Möglichkeit, zu wachsen und sich weiterzuentwickeln. Wie alles – und daran gibt es nicht den geringsten Zweifel – hat auch die Entscheidung, sich auf diese Weise zu betrügen, ihren Preis. Das Schicksal, das diejenigen erwartet, die diesen Weg der geistigen Besessenheit gewählt haben, ist klar. Überall finden wir Beweise, angefangen von den Lehren in unseren ältesten Märchen bis zu den Berichten in den Zeitungen heute. Wir müssen daraus den Schluss ziehen, dass nichts Gutes dabei herauskommt.

Manchmal sehe ich, dass meine eigenen Studenten in eine ähnliche Haltung hineinschliddern. Ich stelle sie dann immer zur Rede und warne sie ernstlich, sich nicht selbst zu betrügen! Ich mache ihnen deutlich, dass alles, was uns im Leben begegnet, einen bestimmten Sinn hat, und so wie die Ereignisse unvermeidlich sind, so auch das, was daraus folgt. Die Zukunft nicht zu kennen, gibt uns die Gelegenheit, uns in Optimismus und Zuversicht zu üben, sodass wir bei einem Fehlschlag oder bei Schwierigkeiten, statt die Zukunft als vollendete Tatsache anzusehen und den Mut sinken zu lassen, uns selbst davon überzeugen können, dass unser eigentliches Problem darin besteht, unsere Fähigkeiten nicht genug ausgebildet zu haben; immer noch sei dazu aber Zeit, und wir könnten es noch einmal versuchen. In diesem zweiten Versuch liegt aber die ganz reale Möglichkeit. Und mehr als einmal erweist es sich, dass der zweite oder dritte Anlauf bessere Ergebnisse bringt.

Bestimmte Ereignisse in unserer Welt könnten darauf hinweisen, dass die „spirituelle Welt" existiert. Wenn einige von uns die Fähigkeit besitzen, Ahnungen von der anderen Welt zu haben, mit anderen Worten, wenn es solche übermenschlichen Fähigkeiten gibt, dann wäre es doch sinnvoller, solche Begabungen für höhere Zwecke zu verwenden. Begabungen solcher Art sollten für das allgemeine Wohl und für alle genutzt werden und nicht nur dafür, persönliche Vorteile im Konkurrenzkampf herauszuschlagen, das eigene Leben zu erleichtern oder für sich selbst finanziellen Gewinn zu machen.

Obwohl ich glaube, dass die Möglichkeiten, die jedem von uns für weiteres Wachstum in seinem Leben gegeben sind, mehr oder weniger vorherbestimmt sind, bin ich nicht der Überzeugung, dass der einzige Weg für spirituelle Entwicklung oder für die Ausbildung solcher übermenschlichen Fähigkeiten und psychischen Kräfte darin besteht, ein Einsiedler zu werden: dass man also wie ein Asket ins Gebirge geht oder sich unter einen Wasserfall setzt, nichts als Zen praktiziert oder irgendeine andere Art von Meditation. Ich habe natürlich überhaupt kein Recht, diejenigen zu kritisieren, die diese Praktiken wählen. Aber ich kann mich des Gefühls nicht erwehren, dass die dafür aufgewendete Zeit besser und sinnvoller genutzt werden könnte, etwa zur Verbesserung unserer alltäglichen Lebensumstände. Wir können krank werden oder Probleme am Arbeitsplatz haben oder Sorgen um unsere Familie, aber wenn wir angesichts solcher Schwierigkeiten optimistisch bleiben und uns bemühen, sie zu überwinden, dann erweisen sie sich in neun von zehn Fällen als die Kraft, die uns befähigt, die Leiden der anderen zu verstehen und uns selbst zu besseren Menschen zu entwickeln. Deshalb ist es für uns so wichtig, uns Ziele zu setzen und optimistisch zu sein, wenn wir uns mit den Schwierigkeiten abmühen, die sich uns in den Weg stellen. Niemals den Glauben verlieren, das ist das Wesentliche. Immer daran festhalten, dass wir zuletzt die Ziele erreichen, die wir uns selbst gesetzt haben. Aber es ist ebenso wichtig, an diesem Prozess Freude zu haben, nicht trotz, sondern vielmehr wegen der damit verbundenen Anstrengung. Ich glaube, dass wir seltener an Krankheiten leiden, zumindest nicht an solchen geistiger Art, wenn wir unser Leben in dieser Weise führen. Es ist sicher wichtig, darauf zu achten, sich in Ruhe und Gelassenheit des Geistes zu üben, damit trotz unserer persönlichen Probleme unser Körper immer in einem positiven Antioxidationszustand bleibt.

Hiermit habe ich nur meine ganz persönliche Meinung über die den Krankheiten zugrundeliegenden Ursachen dargestellt und wie wir damit umgehen können, um sie zu verhüten. Ich möchte jedoch betonen, dass alle vier so sehr verschieden scheinenden Ursachen in Wirklichkeit untereinander in enger Beziehung stehen und dass es nur darauf ankommt, welche zu einer bestimmten Zeit dominiert. Welche Gründe auch dazu führen mögen, Krankheit hat ihren Ursprung immer in einem erhöhten Niveau an aktiviertem Sauerstoff im Körper, wodurch die Fehlfunktionen im physischen und geistigen Bereich des Körpers und im Nervensystem entstehen.

Es gibt eine Anzahl von Krankengeschichten, nach denen Patienten, die an verschiedenen Formen von geistigen oder psychosomatischen Krankheiten und auch an Menière litten, durch Trinken von aktivem Wasser, das die Antioxidation und die Erzeugung von Antioxidantien im Körper anregt, geheilt wurden. Die Forschung hat noch einen weiten Weg vor sich, die Ursachen der Krankheiten zu finden. Doch glaube ich, dass wir jetzt den Weg klarer vor uns sehen. Es besteht Hoffnung für eine bessere Medizin in naher Zukunft.

Gesundheit durch regenerative Mikroorganismen

Ansteckungen mit mikrobiellen Mischinfektionen in Krankenhäusern und anderen Gesundheitseinrichtungen sind in letzter Zeit zu einem großen Problem geworden. Dabei passiert Folgendes: Ein kranker Patient wird ins Krankenhaus eingeliefert, um dort behandelt zu werden. Möglicherweise ist eine Operation nötig, die auch ordnungsgemäß und mit Erfolg durchgeführt wird. Der Patient ist erleichtert und erholt sich. Dann wird er plötzlich von einem ganz ordinären Entzündungserreger niedergeworfen, einem der vielen und in allen Krankenhäusern verbreiteten Keime. Der Patient, der auf dem besten Wege der Besserung war, stirbt schließlich. Das ist sehr seltsam und kaum zu fassen. MRSA ist als der schuldige Erreger identifiziert worden. Es ist ein resistentes Bakterium, das eine ausgesprochene Widerstandsfähigkeit gegen Antibiotika hat, zur Gruppe der Staphylokokken gehört und Nahrungsvergiftungen verursacht. Dieser Bakterienstamm ist so resistent, dass Antibiotika grundsätzlich nichts gegen ihn ausrichten. Er findet sich in jedem Krankenhaus auf der ganzen Welt. Weil aber Antibiotika zu seiner Bekämpfung nutzlos sind, scheint die einzige Vorsichtsmaßnahme gegenwärtig nur fleißiges Schrubben durch das Pflegepersonal zu sein bzw. rigoroses Sterilisieren aller medizinischen Instrumente und des ganzen medizinischen Bedarfs. Das ist und bleibt Anlass für ernsteste Besorgnis.

Das natürliche Immunsystem einer gesunden Person ist stark genug, um MRSA zu besiegen. Aber bei einem schwer kranken Patienten mit einer stark angeschlagenen Konstitution kann er fatale Wirkung haben. Zurzeit ist es für einen Patienten in geschwächtem Zustand oder in der Rekonvaleszenz ein Pokerspiel – es ist schlimm, das eingestehen zu müssen –, ob er MRSA zum Opfer fällt oder nicht. Denn die Krankenhäuser können bis jetzt tun, was sie wollen, sie sind nicht Herr der Lage.

Man hat EM mit sehr guten Resultaten gegen diesen unheilvollen resistenten Bakterienstamm eingesetzt. Weiter oben habe ich schon erwähnt, dass EM in Befeuchtungs- und Sprühanlagen gegen schlechte und unerwünschte Gerüche verwendet wird. Dieselbe Technologie wurde in Krankenhäusern benutzt und außerdem wurden die Krankenhausflure mit EM-Wasser gereinigt.

Offensichtlich wirkt EM in diesem Fall so, dass es die resistenten MRSA-Bakterien daran hindert, Oxidationen durchzuführen. Dies liegt nahe, wenn wir die Ergebnisse betrachten, die mit EM bei der Viehzucht in den Viehställen erreicht wurden, um die gefährlichen, hoch ansteckenden Krankheiten zu verhindern und auszuschalten. Hier möchte ich der falschen Vorstellung entgegentreten, dass das Versprühen von Mikroorganismen, was ja bei der Anwendung von EM geschieht, gleichbedeutend ist mit dem Versprühen und Verbreiten von Keimen oder Krankheitserregern. Im Gegenteil, das Umgekehrte ist der Fall. Da EM nur Stämme von regenerativen Mikroorganismen enthält, ist es ein ganz hartnäckiger Feind für den virulentesten Krankheitserreger. Glücklicherweise ist eine der wichtigsten Eigenschaften von EM, dass es nicht, wie die Antibiotika, die Keime, wie z. B. MRSA, sofort abtötet, sondern stattdessen seine Feinde an der Vermehrung hindert und ihre Aktivität einschränkt. Dadurch können sich keine dissoziierenden[2], mutierten Stämme mit größerer Resistenz gegenüber den Substanzen, die gegen ihre Vorgänger eingesetzt wurden, entwickeln.

Kapitel 7 · Ein Weg aus der medizinischen Misere

Die Vorstellungen der Medizin, Krankheiten zu bekämpfen, gleichen grundsätzlich denen, die in der Landwirtschaft notwendigerweise zur Anwendung von Chemikalien und Kunstdünger geführt haben, um die Ernteerträge zu verbessern. Wir sind in den heutigen Engpass, landwirtschaftliche Erträge ohne die Hilfe solcher Stoffe nicht mehr erzielen zu können, deshalb geraten, weil der Boden so sehr degeneriert ist. So wie die Dinge heute liegen, müssen Chemikalien gegen Schädlinge und Pflanzenkrankheiten eingesetzt werden, und ohne Kunstdünger würde das Wachstum bis zur Ernte viel zu lange dauern. Der ganze Prozess ist zu einem Teufelskreis entartet, wobei die natürliche Kraft des Bodens verlorengegangen ist und es immer größerer Mengen von Chemikalien und Kunstdüngern bedarf, um die gewünschten Erträge zu erzielen. In dem Maß, wie die Chemikalien stärker wurden, entwickelten sich auch resistentere Schädlinge und hartnäckigere Pflanzenkrankheiten, die ihnen trotzen.

Ohne Übertreibung kann man sagen, dass das Drama, das sich heute in der Landwirtschaft abspielt, sich jetzt auf der medizinischen Bühne wiederholt. Die vielen und vielfältigen Probleme, die sich in der medizinischen Versorgung stellen, angefangen bei den Mischinfektionen und den Ansteckungsgefahren in den Krankenhäusern, der bösartigen Ausbreitung von AIDS bis zu der steigenden Krankheitsrate bei Erwachsenen, die große Zahl der nicht heilbaren Krankheiten und Allergien – sie haben alle e i n e Ursache.

AIDS steht an der Spitze, deshalb wähle ich es als Beispiel. Das AIDS-Virus ist eigentlich ein nicht sehr ansteckendes Retro-Virus. Was aber seine Kraft und Virulenz so verstärkt und die Schwierigkeiten, mit ihm fertig zu werden, so erhöht, ist die Kombination von anderen Faktoren, die nicht direkt mit dem AIDS-Virus als solchem in Zusammenhang stehen. Das sind die schlechte Qualität unseres Wassers, unserer Luft und unserer Nahrung, unsere verunreinigte Umwelt und ein hohes Maß an mentalem und psychischem Stress. Genauso wie unsere Böden ausgelaugt und verarmt sind, so ist unsere körperliche Fähigkeit zur Antioxidation gesunken und verbraucht und unser Immunsystem geschwächt. Wir könnten sicher die genannten Faktoren korrigieren, sodass gar keine Notwendigkeit bestünde, gegen AIDS neue Medikamente zu entwickeln. Die Wirksamkeit der gegenwärtigen Behandlung wäre entschieden besser, und wir könnten entscheidende Fortschritte in der Bekämpfung dieser Geißel des ausgehenden zwanzigsten Jahrhunderts machen.

Medizinische Fachleute berichten von Erfolgen bei aktuellen Fällen von Diabetes und Gewebskrankheiten und stellen fest, dass EM-X in seiner Wirkung sich nicht auf eine spezifische Krankheit richtet, sondern eine ganzheitliche Gesundung zu fördern scheint, indem es die körpereigene Heilungskraft anfacht und wiederbelebt. Ich halte dies für den wahrscheinlich wichtigsten Aspekt der Wirksamkeit der regenerativen Mikroorganismen in EM-X.

Die meisten der in irgendeiner Weise auf dem medizinischen Gebiet Tätigen oder sich mit Gesundheit und Krankenbehandlung Befassten werden nach dem Lesen dieses Kapitels sicher sagen: „Lächerlich!" oder „Unmöglich!" Ich kann ihre Skepsis verstehen. Denn ich selbst habe nicht im Traum daran gedacht, dass die Anwendung der EM-Technologie auf medizinischem Gebiet solche weitreichenden Wirkungen haben würde und solche Hoffnungen erfüllen könnte.

Bei sogenanntem „heiligem Wasser" und anderen Arten von Wasser, denen eine heilende Kraft auf den menschlichen Körper zugeschrieben wird, hat man immer eine ausgeprägte

Antioxidationsfähigkeit festgestellt. Pi-Wasser ist ein weiteres Beispiel. Vitamin C zerfällt und löst sich in Pi-Wasser nicht auf, selbst dann nicht, wenn das Wasser gekocht wird. Ein Beweis dafür, dass das Wasser reich an Antioxidantien ist. Normalerweise glauben die Menschen an die Qualität solcher Wässer und trinken sie auch im Glauben an ihre Heilwirkung. Sie sind umstritten, weil Experten skeptisch sind, solange ein wissenschaftlicher Nachweis für ihre Wirkung fehlt. Wenn auch wissenschaftliche Daten als Beweis für diese von Laien erhobenen Behauptungen fehlen, so steht fest – wie wir weiter oben in diesem Kapitel ausgeführt haben –, dass Wasser in seinen Wirbeln die magnetische Schwingung von anderen Substanzen elektromagnetisch kodieren kann. Das wäre eine Erklärung dafür, warum bestimmte Wasserarten entweder durch entsprechende Behandlung oder durch die Fähigkeit zur Antioxidation günstige Wirkungen haben. Dies ist der Hauptgrund, weshalb Wasser in der Homöopathie so ausgiebig zur Anwendung kommt[3].

Im Juli 1993 hatte ich Gelegenheit, in einem Gespräch mit Dr. Andlewide von der Universität von Arizona verschiedene Aspekte der Heilung von Krankheiten zu diskutieren. Dr. Andlewide ist eine Autorität für holistische Medizin, d. h. für die Behandlung von Körper, Geist und Seele als unteilbarem Ganzen. Er war der Meinung, dass, gleich welche Methode auch angewendet wird, eine Heilung dann eintreten würde, wenn die Aktivität der Killer-T-Zellen und daraus folgend die Aktivität des Immunsystems im Körper gesteigert würde. Killer-T-Zellen sind die Elite-Verteidigungstruppen unseres Körpers, die im selben Augenblick in Aktion treten, in dem irgendein Fremdkörper in den menschlichen Körper eindringt. Er sagte auch, dass er Geistheilung für wirksam hielte, weil sie im Patienten eine Heiterkeit und Klarheit des Geistes hervorbringe. Wir sind heute in der glücklichen Lage, die Effektivität des Heilprozesses maximieren zu können, weil wir eindeutige Kriterien und sehr verlässliche Methoden haben, um die magnetische Resonanz von Stoffen zu messen und festzustellen, ob sie einen positiven oder einen negativen Einfluss auf die menschliche Gesundheit haben.

Die Zahl der Staaten steigt, die jetzt Homöopathie als versicherungsfähig anerkennen. Auch für Japan ist die Zeit gekommen, im medizinischen Versorgungssystem einige radikale Änderungen vorzunehmen und insbesondere die Mechanismen zu revidieren, durch die astronomische Summen für Medikamente verschwendet werden. Es ist Zeit, dass andere alternative Heilmethoden anerkannt werden. Ich spreche hier nicht nur über Methoden, die die Antioxidation anregen, sondern auch über Techniken, die biomagnetische Resonanztestung in ihren verschiedenen Formen einschließen und ebenso Methoden, die die Heilung sowohl des Geistes als auch des Körpers zum Ziel haben. Es ist von lebenswichtiger Bedeutung, dass Japans Gesundheitssystem vom übermäßigen Medikamentenverbrauch wegkommt, der es finanziell zum Krüppel und die Patienten zu wandelnden Apotheken macht.

Wenn diese radikalen Reformen beim Medikamentenverbrauch zur Entlastung des Budgets in Japan durchgeführt werden sollen, darf keinesfalls der Zusammenhang zwischen den Gesundheitsproblemen und den Landwirtschafts- und Umweltproblemen außer Acht gelassen werden. Wenn z. B. die EM-Technologie in großem Maßstab für die Wasserreinigung bei Staudämmen eingesetzt würde, erhielte man für die Haushaltsversorgung so sauberes Wasser, dass Chlorierung unnötig wäre. Das allein brächte eine sofortige Lösung für Gesundheits- und Hygieneprobleme. Die extremen Hygieneprobleme in den Flüchtlingslagern in Afrika und Asien hängen alle mit der Wasserverschmutzung zusammen. Trinkwasser, das Krankheitskeime enthält, ist die Hauptursache von Durchfall. Hier also beginnt der Teufelskreis, wo Wasser zum Überträger von Krankheitskeimen von einer Person zur anderen wird. Riesige Geldsummen fließen in die betroffenen Elendsgebiete in Form von enormen Mengen von Antibiotika und anderen Medikamenten, meistens ohne durchschlagenden Erfolg. Es ist gerade so, als ob ein einziger Mann mit einem Degen und einem roten Tuch dem plötzlichen Ansturm einer Herde von wilden Bullen Halt gebieten wollte!

Im Bemühen um eine Verbesserung der Lage begannen wir damit, einigen Gruppen in solchen Lagern EM-Wasser zu geben. Die Ergebnisse übertrafen bei weitem unsere Erwartungen. Sie waren tatsächlich so dramatisch, dass die für die Landwirtschaft bereitgestellten EM-Vorräte für die Behandlung der Kranken verwendet wurden.

Es wird enorm schwierig werden, gangbare Wege für die Änderung in der Versorgung mit patentierten Medikamenten und anderen Pharmazeutika zu finden. Weil aber schon eine Reform der gegenwärtigen Strukturen der medizinischen Versorgung nicht leicht sein wird, wären Wege notwendig, die Informationen über EM, die EM-Technologie und ihre vielfältigen Anwendungsmöglichkeiten im täglichen Leben frei verfügbar zu machen, damit jedermann auf der Erde Zugang dazu hat.

Anmerkungen

1   Biologische Lebenserwartung: Alle Lebewesen haben ihre eigene Lebenserwartung, die für jede Art verschieden ist. Sie wird für alle Lebewesen als „natürliche Lebenserwartung" bezeichnet.

2   Dissoziierende Keime bzw. Erreger: Bakterienstämme, die durch eine plötzliche Mutation neue und andersartige Eigenschaften gegenüber vorher erwerben. MRSA, eine hochansteckende und infektiöse Bakterienart, die gegenwärtig in den meisten Krankenhäusern auf der ganzen Welt vorherrscht, ist dafür ein Beispiel. Ein sehr bedenklicher Aspekt bei diesen Mutationen ist, dass die entstehenden dissoziierenden Keime meist zu Arten mutieren, die absolut resistent sind gegen Substanzen, die bisher gegen ihre Vorläufer wirksam waren.

3   Homöopathie: Eine ganzheitliche Behandlungsweise, bei der natürliche Stoffe, pflanzlicher, tierischer oder mineralischer Herkunft, potenziert werden. Entsprechend der Anamnese und Diagnose wird der Zustand des Patienten analysiert und die notwendigen Mittel für die Behandlung eingesetzt. Spuren dieser Mittel – allerkleinste Mengen – werden in Wasser aufgelöst und als Lösung getrunken.

Kapitel 8

Aufbau einer Gesellschaft, die auf Koexistenz und Wohlstand für alle basiert[1]

Aus: *Eine Revolution zur Rettung der Erde I*

Landwirtschaft und Pflanzenanbau: meine Leidenschaft seit Kindertagen

Ich habe mich immer gerne mit Pflanzen beschäftigt. Seit meiner Kindheit war dies meine einzige Passion. Es war mein Glück, dass ich darin bestärkt und unterstützt wurde, als ich noch jung war. Etwa in der dritten oder vierten Klasse erhielt ich von meinem Klassenlehrer ein anspornendes Lob, als er der ganzen Klasse bekannt gab, dass wir beim nächsten Blumenwettbewerb der Schule sicher gewinnen würden, „weil Higa in diesem Jahr in unserer Klasse ist!".

Ich liebte Blumen. Morgens war ich schon vor allen anderen in der Schule, um die Blumenbeete zu gießen und Unkraut zu jäten. Nach der Schule machte ich nochmals die Runde, um nachzusehen, ob noch etwas nötig wäre, bevor ich nach Hause ging. Im Sommer trockneten die Beete sehr schnell aus, deshalb goss ich sie nach der Schule ein zweites Mal. Ich betrachtete das als meine tägliche Arbeit. Wenn ich in unserem Dorf in Gärten Blumen entdeckte, die wir in der Schule nicht hatten, bat ich die Leute, mir einen Zweig oder ein paar Samen zu geben, damit ich sie in unser Klassenbeet einpflanzen konnte. Ich war ganz gut im Überreden, und gewöhnlich gaben mir die Leute, was ich wollte. Bald lockten unsere Klassenbeete die anderen Schüler an, und sie bewunderten die vielen ungewöhnlichen Blumenarten, die niemand sonst in der Schule hatte. Jedoch nicht nur wegen der Vielfalt.

Unsere Blumen waren immer frisch und kräftig und gediehen gut. Auch in unserem Garten zu Hause wuchsen viele ungewöhnliche Sorten; ich nahm immer welche mit und gab sie den Leuten, die mir von ihren gegeben hatten. Auf diese Weise nahm mein Wissen über die verschiedenen Pflanzen und ihre Pflege ständig zu, ohne dass ich mir besondere Mühe gab, bis es mir zur zweiten Natur wurde. Ich lernte jede Menge kleiner Geheimnisse über Pflanzenzucht, und mein Wissen wurde ständig größer. Plötzlich sagten die Leute, ich hätte Zauberhände, weil die Blumen zu wachsen und zu blühen schienen, wohin ich auch kam.

Durch meinen Lehrer in der fünften Klasse kam ich dazu, die Liebe zur Landwirtschaft zu entwickeln, und hier wurde die Saat für meinen Wunsch gelegt, Landwirtschaft zu meinem Beruf zu machen. Von Zeit zu Zeit sah ich Studenten des örtlichen Landwirtschaftsgymnasiums im Bus, und ich begann davon zu träumen, auch einen Arbeitsoverall tragen zu können wie sie. Als ich etwa 14 Jahre alt und im zweiten Jahr der Mittelschule war, war ich schon ein flügge gewordener Landwirt mit der vollen Verantwortung für Rinder und Pferde und für ein Reisfeld von etwas über einem Hektar.

Ehrlich gesagt, tat ich dies nicht aus eigener Initiative: Mein wunderbarer Großvater hatte mir diese Aufgabe, die Felder und das Vieh zu versorgen, übertragen. Mein Großvater war als junger Mann nach Hawaii ausgewandert und hatte dort sein Glück gemacht. Inzwischen war er nach Okinawa zurückgekommen und ein großer Landbesitzer geworden. Er hatte strenge Vorstellungen von Effektivität und war in ihrer Auslegung sehr dogmatisch. Er hämmerte mir seine Ideen ein und pochte darauf, dass man nie zu etwas käme, wenn man immer nur e i n e Sache machte: Man müsse in der Lage sein, zwei oder mehr Dinge gleichzeitig zu tun. Es war seine Gewohnheit, mindestens e i n e größere Arbeit am Tage bereits vor dem Frühstück beendet zu haben.

Er wohnte zwei Kilometer von uns entfernt, doch im Sommer war er gewöhnlich schon um sechs Uhr morgens an unserem Haus, und wehe mir, wenn ich nicht schon bei der Arbeit war, wenn er kam: Er wurde verrückt wie ein nasses Huhn, und ich kriegte es zu spüren. Deshalb stand ich jeden Morgen um fünf Uhr auf und begann mit der Arbeit. Ich musste nicht nur das Vieh versorgen, sondern hatte gleichzeitig noch eine Menge anderer Pflichten. Es war die arbeitsreichste Zeit des Jahres und – Mann o Mann! – war ich glücklich, wenn sie vorüber war, dass ich verschnaufen konnte. Rückschauend bin ich wirklich dankbar für diese Chance, denn ich wurde bis ins Innerste mit der Landwirtschaft vertraut: Sie wurde ein Teil von mir, und ich konnte es mit jedem Landwirt in der Nachbarschaft aufnehmen, sogar mit dem allerbesten. So kann man sagen, dass es bei all diesen Erfahrungen nur natürlich war, dass ich auf das Gymnasium für Landwirtschaft und Forsten ging.

Meine erste Reaktion im Gymnasium waren jedoch Schrecken und Enttäuschung. Ich hatte ja schon ganz praktische Erfahrungen mit all dem, was wir nach dem Lehrplan lernen sollten, und alles aus dem Lernstoff war mir bekannt. Nicht nur das: Unsere Schule war sehr ärmlich ausgestattet, und man erwartete von uns, dass wir die landwirtschaftlichen Geräte und andere Werkzeuge für die praktische Arbeit selbst beschafften. Ich liebte praktische Arbeit, vor allem den Pflanzenanbau. Ich hatte Spaß daran und konnte beinahe nicht genug kriegen. Gleichzeitig machte ich mir aber ziemliche Sorgen darüber, wie ich bei diesem Lernstoff überhaupt noch mein gegenwärtiges Wissen erweitern oder noch etwas dazulernen könnte, weil ich das alles schon wusste.

Ein Hauptgrund für meine Wahl, auf die Landwirtschaftsschule zu gehen, war meine Idee, später nach Brasilien auszuwandern und dort eine Farm aufzubauen. Nun wollte ich doch wissen, welche landwirtschaftlichen Techniken dort gebraucht würden und in welchen Tätigkeiten ich mich besonders ausbilden müsste, wenn ich dort drüben erfolgreich sein wollte! Um darüber mehr zu erfahren, holte ich die verschiedensten Informationen von entsprechenden Organisationen ein, wie z. B. von der Vereinigung für Jugendförderung und der Vereinigung für Auswanderungsfragen von Okinawa. Zu meiner Enttäuschung gaben sie nur ausweichende Antworten und sagten mir, man brauche keine speziellen Fähigkeiten, ich müsste nur hart arbeiten können und den Willen zum Erfolg haben. Trotz meiner Enttäuschung blieb mein Entschluss, später einmal nach Brasilien auszuwandern, unerschütterlich.

Als Student änderte ich jedoch meine Pläne, als der zuständige Dozent mich drängte, nicht zu schnell den Glauben an die Landwirtschaft in Okinawa aufzugeben. Er meinte, es wäre immer noch Zeit, später nach Brasilien zu gehen, wenn ich alles, was es hier zu lernen gäbe, gelernt hätte, besonders wenn die Landwirtschaft auf Okinawa einmal einen höheren Standard erreicht hätte. Dies schien mir ein guter Rat. Besser als unvollständig vorbereitet nach Brasilien zu gehen, wollte ich mir lieber noch grundsätzliche Fähigkeiten aneignen. Bei allem Enthusiasmus, in die Welt zu gehen, kam für mich nichts anderes in Frage. Ich bedachte meine Aussichten für die Zukunft in jeder Richtung und entschloss mich schließlich, aufs College zu gehen und weiterzustudieren.

Den Entschluss zu fassen, war eine Sache, ihn in die Praxis umzusetzen, eine total andere. Es war damals nicht einfach, ins College aufgenommen zu werden, besonders nicht für jemanden, der von einem landwirtschaftlichen Gymnasium kam. Hätte ich doch ein normales Gymnasium besucht! Es war zu spät. Ich wohnte auf dem Lande, und es gab dort keine weiterführenden Schulen wie heutzutage. Ich hatte niemanden, den ich um Hilfe bitten konnte, mit mir den Stoff zu büffeln, den ich für den Eintritt ins College brauchte. Wenn ich also an die Universität wollte, dann musste ich unter allen Umständen und auf Biegen und Brechen alles allein machen. Ich begann für mich zu studieren, holte, wenn ich nicht weiterwusste, meine früheren Schulbücher hervor und tat alles, was ich nur irgend schaffte. Und ich muss das Richtige getan haben, denn ich wurde in die landwirtschaftliche Fakultät der Ryukyu-Universität in Okinawa, meiner Heimatinsel, aufgenommen.

Meine Erfahrungen durch mein Selbststudium während der Gymnasialzeit wurden die Grundlagen für meine Lebensansichten. Auch heute noch sind sie die Grundlagen, nach denen ich mein Leben führe. Ich glaube, dass es sich am Ende auszahlt, auf eigene Faust zu studieren und sich Wissen anzueignen, wenn irgend möglich ohne fremde Hilfe. Ich kann etwas, das ein anderer gefunden oder sich ausgedacht hat, nur dann verstehen, wenn ich den Willen habe, dafür Zeit aufzuwenden, um es mir selbst anzueignen. Ich bin auch davon überzeugt, dass man Informationen und Wissen über etwas schlechter behält, wenn man davon nur in der Theorie weiß und keine eigenen praktischen Erfahrungen hat.

Nun war ich, was mein Herzenswunsch war, an der Universität. Aber es dauerte nicht lange und schon tauchten wieder Probleme auf. Das Landwirtschaftsstudium am College hatte ich gewählt, weil nach meiner Meinung Landwirtschaft eine ehrenhafte, ja edle Arbeit ist und aus diesem Grund Respekt verdient. Bald stellte ich jedoch fest, dass die meisten meiner Mitstudenten hier waren, weil sie nicht wussten, wohin sie sonst gehen sollten. Grundsätzlich wollten sie aufs College gehen, aber dies war die einzige ihnen offenstehende Möglichkeit. Noch schlimmer, ich merkte, dass die Mehrzahl der Fakultätsmitglieder reine Theoretiker waren ohne irgendwelche praktische Erfahrung in der Landwirtschaft. Nach meiner Ansicht ist landwirtschaftliche Theorie mehr als nutzlos, wenn sie nicht auf praktischer Erfahrung basiert. Studenten, denen die Grundlagen der Landwirtschaft aus Büchern beigebracht wird, werden keine besseren Landwirte werden. Man könnte genauso gut einem Soldaten ein Gewehr mit abgebrochenem Lauf und ohne Kugeln als Waffe in die Hand drücken und ihm sagen, er solle den Krieg gewinnen!

Ich hatte die landwirtschaftliche Fakultät an dieser Universität gewählt, weil ich der Meinung war, dass sie dazu da sei, die Landwirtschaft dieser Gegend zu fördern. Total desillusioniert und ärgerlich stellte ich fest, dass überhaupt nichts getan wurde, um der Landwirtschaft in Okinawa eine Hilfe zur Weiterentwicklung zu geben. Zuletzt war ich derart niedergeschlagen, dass es mir leid tat, überhaupt in der Fakultät zu sein und hier zu studieren. Obgleich ich eine Unmenge von Büchern über mein Thema las, entdeckte ich, dass sie überhaupt keine Beziehung zu den Erfahrungen hatten, die ich in der Landwirtschaft gemacht hatte. Wenn sich manchmal praktische Probleme stellten, schaute ich in den Büchern nach, fand aber niemals etwas darin, das mich überzeugt oder auch nur die Spur einer Antwort dargestellt hätte.

Diese und andere Erfahrungen riefen bei mir dann doch eine Art Trotz hervor, eine Haltung, mich nicht unterkriegen zu lassen, und den Wunsch, in der ganzen Sache eine Kehrtwendung zu machen. Anstatt die Universität zu verlassen, entschloss ich mich nach dem Abschlussexamen zu weiteren Studien. Mein Ziel war, ein solcher Professor zu werden, wie ich ihn mir selbst wünschte! Ich beschloss, ein Professor zu werden, der wirklich die Fragen der Studenten beantworten konnte, und gab mir selbst das Versprechen, mein Möglichstes zu tun, ihren Enthusiasmus nicht zu dämpfen. Sie sollten sich nie unglücklich und alleingelassen fühlen. Meines Wissens hatte kein Mitglied des Lehrkörpers am College die Qualifikation für Obstbaumkultur bzw. Obstanbau und -kultivierung. Da ich die Hoffnung hatte, den Obstanbau so voranzubringen, dass er ein Bestandteil der Landwirtschaft von Okinawa werden könnte, machte ich mich daran, alles nur Mögliche und Erreichbare über dieses Thema zu lernen. Da niemand in der Abteilung mir dabei helfen konnte, war ich mal wieder auf mich selbst gestellt und musste mein eigener Lehrer sein.

Theorie ohne Praxis gegen Praxis ohne Theorie und die erfolgreiche Kultivierung von Mandarinen auf Okinawa

Im System für weiterführende Studien nach dem Abschlussdiplom gab es zu der damaligen Zeit nur ein College, das die Forschung über Mandarinenanbau anbot – woran ich interessiert war –, nämlich die Kyushu-Universität. Ich erfuhr, dass auch dort bisher nur wenig über Obstanbau geforscht worden war. Immer noch mit der festen Absicht, die Landwirtschaft auf der Insel Okinawa voranzubringen, beschloss ich, mich bei der Kyushu-Universität zu bewerben. Glücklicherweise wurde ich angenommen und nahm am Forschungsprogramm für die Diplomierten teil.

Die akademische Atmosphäre unterschied sich sehr stark von der in Okinawa. Zuerst war ich sehr glücklich. Aber es war mir ja sozusagen zur zweiten Natur geworden, bei jeder Arbeit, die ich gerade machte, immer gleich zu fragen, welchen praktischen Nutzen sie in der gegebenen landwirtschaftlichen Situation habe. Unter diesem Gesichtspunkt fragte ich mich immer selbst, wie die Fakten, Theorien oder Technologien am vorteilhaftesten für einen Fortschritt in der Landwirtschaft angewendet werden könnten, oder welchen praktischen Nutzen dieses oder jenes Buch habe. Ich vermute, dass ich viel zu viel auf die Praxis gepocht habe, denn es dauerte nicht lange, und ich hatte mir einen ziemlich schlechten Ruf erworben. Da ich auch nicht ein bisschen an Theorie oder theoretischen Diskussionen interessiert war, warfen mir meine Kollegen oft vor, kein wirkliches Verständnis für akademische Studien zu haben, und mich nur auf die Frage zu konzentrieren, ob ein Thema von praktischem Nutzen sei oder nicht.

Ich glaube, ich konnte nichts dafür. Es war mir einfach nicht möglich, die Erinnerungen an den Zweiten Weltkrieg, den ich auf Okinawa erlebt hatte, abzuschütteln. Jedermann war so schrecklich arm, und alle hatten nur einen Gedanken im Kopf, wie sie am nächsten Tag satt werden sollten. Einige hatten sogar verschiedene wilde Grassorten zu essen versucht, die vorher niemand gegessen hatte, und wurden krank davon. Kurzum, wir probierten alles, was nur irgend essbar war. Wir kochten es, bereiteten es auf verschiedene Weise zu, taten alles, um es ansehnlich zu machen und aßen es, um am Leben zu bleiben. Die Menschen waren verzweifelt, und ich erlebte Verzweiflung am eigenen Leibe. Ich verwarf also Theorie nicht an sich, doch ich hatte zugegebenermaßen eine Haltung entwickelt, die deutlich zeigte, dass ich wenig oder gar keine Zeit für Theorien ohne praktischen Nutzen übrig hatte. Ich konnte und wollte mich nicht damit befassen.

Ich besah mir die wundervollen Daten, die meine Forscherkollegen ansammelten und präsentierten. Sie machten großen Eindruck auf mich, aber als ich die Ernten sah, die sie damit produziert hatten, da schlug meine Bewunderung in Enttäuschung um. Ich war dagegen ins andere Extrem gegangen, weil ich ständig um wirklich exzellente Ernteerträge bemüht war – und konnte keine vergleichbaren Datensammlungen vorweisen. Es war ein Fehler, keine theoretischen Erklärungen darüber zu liefern, wie ich solche Ernten erzielte, und ich merkte bald, dass ich dieses Versäumnis korrigieren musste.

Eines Tages fiel mir ein Buch über experimentelle Pflanzenökologie von Henrik Lundegårdh[2] in die Hände, das mich wirklich interessierte und außerordentlich fesselte. Typischerweise empfahl ich es meinen Freunden, die es aber sofort als viel zu komplex verwarfen. Es gab mir natürlich zu denken, dass meine Freunde ein Buch zurückwiesen, das ich für ausgezeichnet hielt. Zuerst war ich irgendwie erleichtert, dass es Bücher gab, die ich verstand und die anderen zu schwierig fanden. Gleichzeitig befürchtete ich aber, ich könnte den Wert von Büchern danach beurteilen wollen, wie schwierig sie für mich zu verstehen wären. Dann würde ich aber wertvolle Bücher als nutzlos verwerfen, nur weil ich mit ihnen nichts anfangen konnte. Diese Gedanken bestärkten mich jedoch in meiner Entscheidung, den praktischen Nutzen zu meinem Hauptkriterium zu machen und die Bücher zuallererst danach zu beurteilen, ob sie praktische Hilfen für die Landwirtschaft enthielten, und seien sie noch so gering.

Außerdem fand ich, es bestünde keine Notwendigkeit dafür, dass Bücher so komplex seien und so schwierig zu lesen, wenn sie aber in dieser Art geschrieben wären, dann müsste auch ein Grund vorhanden sein. Entweder gab es dafür ein übergeordnetes Motiv oder die darin enthaltenen Ideen waren unfertig und noch nicht zu Ende gedacht. Zuletzt entschied ich, dass alles Wertvolle und Gültige, alles Authentische nicht auf schwierige Weise dargestellt zu werden braucht, sondern in klaren, erhellenden und präzisen Begriffen. Auf diesem Standpunkt stehe ich noch heute. Ich habe meine Meinung seither nicht um ein Jota geändert.

Das akademische Studium der Landwirtschaft soll die Entwicklung der Landwirtschaft voranbringen, doch eine große Zahl von Forschern auf diesem Gebiet ist der Meinung, es bestünde keine dringende Notwendigkeit für den praktischen Nutzen ihrer Arbeit. Sie scheinen sich zu sagen: Wozu diese Eile? Was macht es aus, wenn die derzeitige Forschung für die Landwirtschaft insgesamt keinen unmittelbaren Nutzen abwirft? Es ist doch alles in

Ordnung, wenn sich irgendwann in der Zukunft dieser Nutzen zeigt. Seit dreißig Jahren bin ich in der Forschung tätig und weiß, wie falsch dieser Standpunkt ist. Ich kenne viele Akademiker und Forscher, die auf diesem Gebiet arbeiten und ähnliche Meinungen äußern, einfach um gut dazustehen. Aber genau besehen haben ihre Arbeiten nie praktische Früchte getragen, und es besteht auch in der Zukunft keine Aussicht dafür.

Die Landwirtschaft belasten viele schwierige Probleme. Meinungen, wie die oben erwähnten, scheinen nichts als hohle Entschuldigungen dafür zu sein, dass man keine Lösungen anzubieten hat. Der Grund für diesen unnormalen Zustand, dass trotz aller Forschung so wenig Lösungen herauskommen, liegt darin, dass einerseits eine Reihe von Forschern keine praktische Felderfahrung hat und dass andererseits die Landwirte mit reicher praktischer Erfahrung ihre Hoffnungen darauf setzen, dass früher oder später auch Lösungen kommen müssten, wenn nur geforscht wird.

Zu der Zeit, als ich nach Fertigstellung meiner Arbeit in Kyushu meine neue Stelle an der Ryukyu-Universität antrat, vollzog sich in der Landwirtschaft auf Okinawa gerade ein wichtiger Prozess des Umbruchs. Von einigen als Krise in der Ananas- und Zuckerrohrproduktion beschrieben, lief es darauf hinaus, dass man auf den Anbau anderer, besser vermarktungsfähiger Produkte übergehen wollte. Meine Arbeit in Kyushu hatte mich dazu gebracht, den Mandarinenanbau zu befürworten. Aber die meisten zweifelten an der Durchführbarkeit und waren gegen diesen Plan. Ich hielt einige Informationsveranstaltungen über den Mandarinenanbau, fiel aber buchstäblich auf den Rücken, als die Hauptfrage der Zuhörerschaft – alles vollberufliche Landwirte! – war: „Wie viel Subventionen können wir erwarten?"

Meine Idee für den Mandarinenanbau auf Okinawa war, dass wir die früh reifende Sorte aus den warmen Gegenden des Festlandes wählen sollten. Bei den auf Okinawa herrschenden Bedingungen könnten wir die Mandarinen im August und September auf den Markt bringen. Auf Okinawa toben oft Taifune. Eine der wichtigsten Eigenschaften der vorgeschlagenen Mandarinensorte war gerade ihre Zähigkeit und Widerstandskraft gegen Taifune. Solange also die angewandte Technologie in Ordnung war, war ich mir ziemlich sicher, dass wir bei Kultivierung dieser Sorte auf guten Erfolg hoffen konnten. Meine Vorschläge trafen auf erbitterten Widerstand, doch glücklicherweise bekam ich auch starke Unterstützung. Einer meiner Verbündeten war der verstorbene Yasuhiro Namisato, ein alter Freund von mir und ehemaliger Bürgermeister der kleinen Stadt Motobu. Er war meiner Meinung und gab mir Schützenhilfe zur Durchführung.

Nun begann ein neues Leben für mich. An den Vormittagen hielt ich an der Universität meine Vorlesungen, nachmittags und an jedem Samstag und Sonntag besuchte ich rundum die Anbaugebiete. Dies wurde schnell meine regelmäßige Routine. Es klappte alles, und 1972 erfolgte die erste Verschiffung von Mandarinen von Okinawa nach Tokio. Ich selbst gab ihnen den Namen, der ausdrückte, dass sie die ersten auf dem Markt waren: Max-early (early = früh), eine Abkürzung von Maximum-early. In den etwas mehr als zwanzig Jahren bis heute ist die Produktion von „Max-early" zu einem Geschäft von 1,4 bis 1,5 Milliarden Yen pro Jahr geworden und wird sich vermutlich in naher Zukunft auf 10 Milliarden Yen ausweiten. Gegenwärtig ist die Nachfrage so groß, dass die Anbauer Schwierigkeiten haben, sie zu befriedigen.

Eine Zeit des sozialen Umbruchs: Von der Konkurrenz zu Koexistenz und Koprosperität

Ich habe schon geschildert, wie die Entwicklung von EM fast zufällig aus meiner Forschungsarbeit beim Mandarinenanbau auf Okinawa erwuchs. Nun will ich noch schildern, wie gleichzeitig noch andere Gedanken in mir reiften. Ich entwickelte neue Ansichten, mein eigenes persönliches Credo, woraus sich bestimmte Überzeugungen ergaben. Zugrunde lag die Überzeugung, dass ich beinahe alles erreichen konnte, solange ich mir selbst genau sagen konnte, was ich erreichen oder was ich beweisen wollte. Danach setzte ich mir ein klares Ziel und ging unbeirrt darauf zu. Ich glaube, dass diese Überzeugung nicht nur für mich gilt, sondern für jedermann.

In gewissem Sinne leben wir heute in der privilegiertesten und glücklichsten Zeit. Sicher verdanken wir diese Situation hauptsächlich dem Fortschritt in Wissenschaft und Technik. Wir brauchen nur die Idee zu haben, einen 1000 Meter hohen Turm zu bauen, und wir haben alles, um diese Idee mit Leichtigkeit auszuführen. Oder eine Brücke zu bauen zwischen Kyushu im Süden des Festlandes von Japan und der Insel Okinawa, eine Entfernung von etwas weniger als 550 Kilometern: Die Technik für den Bau ist vorhanden, sogar für den Bau einer Schiffsbrücke. Heute entscheidet der ökonomische Faktor über die Durchführbarkeit, nicht die Technik, denn sie ist vorhanden. Ob etwas gemacht oder nicht gemacht werden soll, wird nicht mehr von technischen Schwierigkeiten bestimmt, sondern davon, ob es wirtschaftlich gerechtfertigt ist.

Als wir zum Mond fliegen wollten, konnten wir das tun, und niemand dachte groß darüber nach. Aber wenn vorher niemand die Idee oder den Wunsch gehabt hätte, den Mond zu erreichen, wären wir auch nicht dorthin geflogen. Wir würden immer noch hier unten auf der Erde sitzen, den Mond am Himmel betrachten und uns fragen, ob die Markierungen wirklich zum Gesicht des Mannes im Mond gehören oder ob es – wie in Japan – ein Hase mit langen Ohren ist, der dort oben Reiskuchen backt. Grundsätzlich ist das gleichgültig. Jedenfalls sind wir auf dem Mond gewesen, haben es selbst gesehen und wissen jetzt, dass beide Meinungen falsch sind. Wie man es auch betrachten mag, wir leben in einem Zeitalter, in dem es in den meisten Fällen möglich ist, das in die Tat umzusetzen, was der menschliche Geist sich ausdenkt.

Durch meine Forschungen über EM bin ich zu der Überzeugung gekommen, dass alles, was der menschliche Geist sich auch immer ausdenken kann, im Bereich der Natur schon vorhanden ist. Die Wissenschaft ist eigentlich nur Mittel und Werkzeug, uns die unermesslichen Wunder und die Größe der Natur zu erklären. Wer jedoch die Welt unter diesem Gesichtspunkt betrachtet, dem wird sich zuletzt die Frage stellen, wie die Entwicklung der Welt von jetzt an weitergehen wird. Eines kann man, glaube ich, mit Sicherheit sagen, Krieg als Mittel kann nicht mehr zur Wahl stehen. Es kann zu kleineren Auseinandersetzungen rund um die Welt kommen, aber niemand ist in der Lage, einen größeren Weltkrieg zu beginnen. Das bedeutet einen Wendepunkt in der Geschichte der Menschheit. Nie vorher waren wir in dieser Lage.

Krieg ist jedoch nur einer von vielen Aspekten der Veränderung. Man muss sich nur die riesige Menge von Büchern mit neuen Philosophien und Theorien ansehen, wie man in der

Welt vorankommt und das Leben zum Erfolg macht. In den meisten Fällen geht es grundsätzlich darum, wie man die Konkurrenz besiegt, wie man den Anderen oder die Andere übertrifft und austrickst. Es läuft im Grund genommen immer darauf hinaus, dass vorankommen siegen bedeutet, aber siegen über jemand anderen. Es bedeutet immer, dass der, der gewinnt, einen anderen zum Verlierer macht. Tatsächlich schildern diese Bücher nur das Siegen und Gewinnen. Ihre einzige Botschaft scheint zu sein: Du musst siegen! Du musst gewinnen, gewinnen, gewinnen! Gewinnen ist das einzige, was zählt! Viele Bücher über dieses Thema sind berühmte Bestseller geworden, was nicht überrascht, da Kriege, Kämpfe, Auseinandersetzungen und Schlachten immer die menschliche Geschichte ausgemacht haben. Wir haben bis heute Gewinnen mit Im-Recht-Sein gleichgesetzt: Wer gewinnt, hat Recht.

Die meisten dieser Veröffentlichungen bauen aber auf einem Betrug auf und bieten nur einen billigen Trick für die angebliche Stärkung des Selbstvertrauens. Sie halten nie, was sie versprechen, sind aber in einer Sprache geschrieben, die vorgibt, mit absoluter, göttlicher Autorität zu sprechen. Infolgedessen sind viele Leser angetan oder scheinen es wenigstens zu sein, haben diese Bücher doch eine große Anhängerschaft gefunden. Und in der Tat muss man zugeben, dass es fast unmöglich ist, nicht auch eine heimliche Bewunderung für solche Menschen zu hegen. Sie ziehen ganz klar ihren Vorteil aus der gegenwärtigen Situation, verbreiten ihre guten Ratschläge über alles und jedes, niemand ist jedoch verpflichtet, sie ernst zu nehmen oder sie in die Tat umzusetzen.

Unsere gegenwärtige Lage zeigt jedoch deutlich, dass die alten Regeln für gesunden Menschenverstand und die alten Werte, die so lange gegolten haben, einfach nicht mehr gelten. In lange vergangenen Zeiten ging in Kriegen die Beute an die Sieger, die grundsätzlich freie Hand für alles hatten, was ihnen beliebte: das besiegte Land auszuplündern, das Volk als Gefangene in die Sklaverei zu führen usw. Wenn heute jedoch das Siegerland nicht Acht gibt, kann es letzten Endes selbst verarmen, weil es für den Verlierer sorgen und somit einen großen Teil seiner Stärke und Kraft zu dessen Überleben einsetzen muss. Man betrachte nur die enormen Summen, die seit dem Ende des Zweiten Weltkriegs für den militärischen Bereich ausgegeben worden sind. Wenn dieses Geld so gelenkt worden wäre, dass ein sinnvolles Wasserverteilungssystem aufgebaut und überall auf der Welt Kanäle gebaut worden wären, so hätten wir heute blühende Wüsten und immer noch einen Gewinn von unseren Investitionen.

Krieg mit allem Drum und Dran wirft keine Erträge ab. Nichts Gutes oder Wertvolles bleibt, und nichts wird dadurch gewonnen. Er bringt nur Verluste in immensen Größenordnungen. Gleichgültig, was der Grund für einen Krieg sein mag – und es gibt deren viele: rassische, religiöse, nationale aus verletztem Stolz. Tatsache ist, dass keiner, weder der Sieger noch der Verlierer, etwas dadurch gewinnt. Es ist schon nicht leicht zu erkennen, dass aus den Kriegen in alter Zeit Gutes entstanden sein soll, doch es ist absolut sicher, dass die modernen Kriege nichts Gutes bewirken und es auch nie bewirken werden.

In einem Religionskrieg erheben beide Seiten den Anspruch, für den wahren Gott zu kämpfen, doch kann ich mir beim besten Willen keinen wahren Gott vorstellen, wie auch immer er sich offenbart oder seinen Willen kundgetan hat, der militärische Konflikte fordert. Nach meiner Ansicht wurzeln alle Religionskriege, die im Namen Gottes geführt werden, in menschlichem Egoismus. Sie schlagen aber dem göttlichen Willen ins Gesicht. Ich glaube, dass alle Konflikte ihre Wurzel im Nichtverstehen der Gegenseite haben, in tief liegenden Ängsten gegenüber der anderen Seite – und in einem innersten Bedürfnis nach Konkurrenz, wobei nur eine Seite als Gewinner hervorgehen kann. An diesem Punkt der Geschichte, wo die Informationsdienste und die Medien derart hoch entwickelt sind, wo sich eine globale Wirtschaft herausbildet und die Menschen für die Zukunft nur in Begriffen von der Erde als Ganzem zu denken beginnen, halte ich es nicht nur für halsbrecherisch und dumm, sondern für total unnötig, für Kriege so viel Energie und Rohstoffen zu vergeuden.

Wir nähern uns dem Ende der weltweiten, massiven Unruhen, die ich gerne als „die globale Revolution" bezeichne und die das 20. Jahrhundert geprägt haben. Gegenwärtig sind wir Zeugen der letzten Stadien einiger größerer Katastrophen, z. B. der Zweite Weltkrieg, der Fall der Berliner Mauer und der Zusammenbruch der Sowjetunion. Andere Aspekte sind die bedeutsamen Veränderungen im politischen Bereich und in der Parteienlandschaft, wo sowohl in den Vereinigten Staaten als auch in Japan sich ein Gleichgewicht der politischen Kräfte herausgebildet hat. Natürlich ist die globale Rezession der entscheidende Aspekt, aber sie ist in Wirklichkeit nur eines von vielen alles erfassenden Ereignissen, Nachrichten und Meldungen, die auf uns mit Wucht niederprasseln wie nie zuvor in der Geschichte der Menschheit.

Viele meinen, dass wir heutzutage überhaupt nicht voraussagen können, wie sich die Zukunft gestalten wird. Der Grund für diese Behauptung ist wohl die Tatsache, dass wir die Basis, die uns bis heute immer die letzte Antwort für jedes Problem gegeben hat, gänzlich verloren haben: das Konkurrenzprinzip. Es bietet heute keinen Halt und keine Orientierung mehr. Die Menschheit stolpert am Rand der Zerstörung entlang. Auch ohne Krieg wird sie von allen Seiten durch Probleme der Umweltverschmutzung, Nahrungsmittelknappheit und Nahrung von schlechter Qualität, durch medizinische Probleme in Bezug auf Behandlung und den Gesundheitszustand im Allgemeinen bedrängt – dies sind die neuen Krisen, die uns bedrohen, doch wir ignorieren sie und ihre Gefahren.

Am Ende des Zweiten Weltkrieges war Japan die erste Nation in der Geschichte, die versuchte, dem Krieg vollkommen abzuschwören. Hierbei hatte es den Vorteil, als Archipel mitten im Ozean zu liegen, war ein maximaler, natürlicher Schutz. Japan war auch in der Lage, unter den wachsamen Augen einer internationalen Überwachungsmacht eine gründliche Introspektion zu vollziehen. Unter diesen Bedingungen wählte Japan den Weg, seine Energien, die es vorher in Kriege in Asien und im Pazifik investiert hatte, nun in andere Richtungen zu lenken, nämlich seine nationale Wirtschaft zu entwickeln. Es hat letztendlich einen gesunden Zustand erreicht, den man wohl in aller Fairness als Wunder beschreiben kann. Von der anderen Seite her gesehen könnte man auch sagen, dass Japan nach dem Krieg der Gewinner war. Denn anders als die Vereinigten Staaten und die Sowjetunion steckte es nicht in der Situation des Kalten Krieges mit einem anderen mächtigen Gegner, noch lebte es in internationalen Spannungen. Ohne irgendwelche Verpflichtungen anderen Nationen gegenüber war Japan in der günstigen Lage, sich gänzlich auf sich selbst konzentrieren zu können. Es ist nur fair, Japan Anerkennung dafür zu zollen, dass es die Gunst der Stunde allerbestens genützt, seine Kräfte mobilisiert und das Beste daraus gemacht hat.

Nach dem Krieg war Japan – ob zum Guten oder Schlechten – von der Bürde und Verantwortung für all seine früheren Kolonien befreit. Gleichzeitig war es aus geographischen und anderen Gründen für Flüchtlinge nur schwer zugänglich. Ohne das Gewicht solcher zusätzlicher Bürden konnte Japan vorwärtsgehen und wirtschaftliche Supermacht werden. Mit dem Erreichen dieses Status hat Japan meiner Meinung nach heute eine internationale Verpflichtung, dem Rest der Welt gegenüber sein Versprechen für Weltfrieden und Wohlstand einzulösen, und tatsächlich blickt die Welt erwartungsvoll auf Japan. In seiner heutigen Situation und auf seinem Weg in die Zukunft muss sich Japan zutiefst bewusst bleiben, dass es einen großen, ja sogar einen entscheidenden Einfluss auf das Weltgeschehen hat.

Nahrung, Gesundheit, Umwelt: Sie dürfen nicht dem Prinzip der Konkurrenz unterworfen bleiben

Nach dem Krieg lenkte Japan seine gesamte Energie auf den Wiederaufbau seiner Wirtschaft. Mit seinem materiellen Überfluss erreichte es das Niveau der höchstentwickelten Nationen der Welt, ja übertraf sie in manchen Fällen. Heute ist es anerkanntermaßen eines, wenn nicht gar das wirtschaftlich höchstentwickelte Land der Welt. Was jedoch seinen geistigen Reichtum und Überfluss angeht, so ist es noch beträchtlich im Rückstand.

„Was ich jetzt besitze, genügt mir. Ich habe so viel Geld, wie ich brauche."
„Ich wünsche mir Freude und Erfüllung für mein Leben."
„Es ist mein größter Wunsch, anderen nützlich zu sein."
„Ich möchte weiterkommen, mich entwickeln und bewusster leben."

Solche und ähnliche Gefühle scheinen in diesen Zeiten vage, nicht zielgerichtet und wenig oder gar nicht wichtig zu sein. Ich glaube, dass im Leben am meisten zählt, etwas Sinnvolles zu tun – mag es auch kosten, was es will. Wenn unsere Zeit zu sterben gekommen ist, können wir mit Dankbarkeit denen gegenüber, die uns geholfen und uns auf unserem Weg unterstützt haben, unser Leben beenden. Leider muss ich befürchten, dass Ansichten wie meine sich ziemlich stark von den gegenwärtig in Japan herrschenden unterscheiden.

Da sind diejenigen, die die beste Erziehung genossen haben, für die besten Firmen gearbeitet und Großartiges geleistet haben, und die bei Erreichen des Ruhestandes ein Gefühl des Bedauerns und der Trauer empfinden, wenn sie überdenken, was sie in ihrem Leben getan haben. Sie spüren eine vage Unzufriedenheit, als ob ihnen etwas fehle, aber sie können nicht genau sagen, was es ist. In manchen Fällen geben sich diese Menschen auf und verfallen schnell in Senilität. In einem jetzt so reichen Land muss etwas falsch laufen, wenn die Zahl derer, die als Erwachsene mit ihrem Arbeitsleben unzufrieden sind, ständig steigt.

Die menschliche Entwicklung hat sich über einen langen Zeitraum erstreckt. Aus wissenschaftlicher Sicht kann der Evolutionsprozess definiert werden mit der Fähigkeit der DNA, Informationen anzuhäufen und zu integrieren. Durch die Myriaden von verschiedenen Prozessen besitzt die DNA des Menschen das größte Informationsvolumen sowohl quantitativ als auch qualitativ. Da die DNA der Träger aller Informationen der Lebensformen der Erde ist, folgt daraus, dass in der DNA des Menschen sämtliche Informationen kodiert sind, die auch allen anderen Lebensformen der Erde gemeinsam sind bis hinunter zu jedem einzelnen Colibazillus in unserem Darm. Eben das verleiht uns Menschen die Fähigkeit, genau dieselben Emotionen wie jede andere lebendige Kreatur oder Lebensform auf dem Planeten zu empfinden, sei es ein einzelner Colibazillus oder ein Moskito oder eine Libelle, sei es ein Pferd oder eine Kuh. Sogar Pflanzen empfinden sie, was uns mit Liebe, Ehrfurcht und einer positiven Einstellung erfüllen sollte.

Das anerkannte Naturgesetz in der Tierwelt ist das Überleben des Tüchtigsten: Der Starke greift den Schwachen an, der Schwache wird besiegt, der Starke überlebt. Das Stehlen der Nahrung, ja sogar das Töten der eigenen Jungen oder von anderen, wird als natürliches und normales Verhalten angesehen. Nicht so in der menschlichen Gesellschaft, wo Stehlen und Töten als strafbar, ja sogar verdammenswert angesehen werden. Die Haltung der menschlichen Gesellschaft solchen Taten gegenüber ist an sich ein Beweis, dass wir uns als menschliche Wesen entwickelt haben. Da die ganze Natur, die Erde eingeschlossen, in uns kodiert ist, können wir also sagen, dass wir menschlichen Wesen das Potenzial haben, als die Superwesen der Tierwelt zu existieren.

Diese Vorstellungen sind oft und ausführlich von Religion und Ethik behandelt worden, und während sie sogar weiterhin das Ziel für die Menschen bleiben, ist es auch wahr, dass aufgrund unserer gegenwärtigen sozialen Strukturen wir uns von dem Prinzip, dass der Tüchtigste überlebt, nicht lösen können. Warum sind wir, obwohl wir uns der Widersprüche bewusst sind, in der rauen Wirklichkeit entgegen aller religiösen oder ethischen Grundsätze unfähig, das Verhalten der Tiere zu überwinden und wie höhere Wesen zu handeln? Wir sind dazu nicht fähig, weil durch unsere ganze Geschichte hindurch bis heute die wirtschaftlichen Bedingungen in den menschlichen Gesellschaften immer von Knappheit, Mangel oder völliger Unterversorgung gekennzeichnet waren.

Die heutige Nahrungsversorgung der Welt möge als Beispiel dienen. Dem Volumen nach produzieren wir schon jedes Jahr genug, um die ganze Weltbevölkerung ernähren zu können. Das jährliche Nahrungsvolumen reicht aus, um jeden Mann, jede Frau und jedes Kind auf der Erde mit 2400 Kalorien pro Tag zu versorgen, und doch ist es Tatsache, dass ein erschreckend größerer Prozentsatz unserer Bevölkerung in Gebieten lebt, wo Verhungern die Regel ist. Dies ist kein Problem der Produktion, es ist eines der Verteilung. Was uns aber daran hindert, dafür eine wirksame Lösung zu finden und ein effektives Verteilungssystem aufzubauen, ist unser menschlicher Egoismus. Leider basiert dieser Egoismus auf Angst, nämlich der Angst, dass man verhungern könnte. Das ist relativ leicht zu rechtfertigen, aber das Endergebnis dieser Haltung ist doch, dass niemand zu teilen bereit ist, weil man selbst oder die Familie oder sonstige Angehörige möglicherweise hungern müssten.

Dieser Standpunkt ist schon zu einem Teufelskreis geworden, der zu keiner Lösung mehr führt. Wir geben vor, etwas dagegen tun zu wollen und die Dinge zu ändern, auch mit anderen zu teilen, sobald wir sicher sind, etwas übrig zu haben. Wir versprechen, etwas für die Habenichtse zu tun, sobald wir wissen, dass etwas übrig bleibt. Aber weil wir immer der tief verwurzelten Angst erliegen, möglicherweise nicht genug für uns selbst zu haben, auch wenn wir etwas mehr haben, als wir für uns selbst brauchen, empfinden wir nie das sichere Gefühl, doch etwas von unserem Überfluss an die, die es wirklich brauchen, abgeben zu können. Das heutige Japan ist leider ein typisches Beispiel für dieses Denken und diese tief sitzende Angst.

Die einzige Möglichkeit, uns von dieser schrecklichen Angst, nie genug zu haben, zu befreien, besteht darin, alles, was mit Ernährung, die ja die Grundlage allen Lebens ist, und alles, was mit Medizin und der Umwelt zusammenhängt, vollständig aus der Konkurrenz und ihren Prinzipien herauszunehmen. Während der hundert Jahre des Bürgerkriegs in Japan, der von 1467 bis 1568 dauerte, war die effektivste Art, eine Burg in die Knie zu zwingen, ihre Belagerung und Unterwerfung durch Aushungern. Ich kann mir nichts Törichteres oder Grausameres denken, als die Nahrung in dieser Weise als Waffe zu benutzen. Nahrung strategisch zu nutzen, geht gegen die fundamentalsten Regeln der menschlichen Gesellschaft und hinterlässt unfehlbar Hass und Bosheit.

Der Instinkt für Konkurrenz liegt im Menschen, und erbitterte Konkurrenz ist nichts Schlechtes, solange dabei um eine Sache gerungen wird, die dem menschlichen Verstand entstammt. Sie ist dann tatsächlich gut und notwendig für den Fortschritt, wenn sie z. B. auf dem Gebiet der Entwicklung und des Verkaufs von hochleistungsfähigen Computern aktiv ist, wenn sie also, mit anderen Worten, sich auf Gebiete beschränkt, die für das menschliche Leben Erleichterung bringen. Lebensnotwendige Bereiche aber müssen aus der Konkurrenz herausgenommen werden, weil wir im anderen Falle in der Gefahr stehen, unsere Würde als menschliche Wesen mit Füßen zu treten.

Das Kennzeichen der Authentizität – allgemeiner Nutzen zu erschwinglichen Preisen

Wir nähern uns dem Ende des zwanzigsten Jahrhunderts. Obwohl der allgegenwärtige Pessimismus, der den Weltuntergangsprophezeiungen von Nostradamus glaubt, sehr verständlich ist, betrachte ich die Dinge doch mit ziemlichem Optimismus. Ein Grund für diese Haltung ist die Erfahrung, dass Voraussagen solcher Art immer aufgrund der auf Konkurrenz basierenden Sozialstrukturen gemacht worden sind, jetzt aber die Konkurrenzgesellschaft unmittelbar vor dem Kollaps steht und ihre Tage gezählt sind. Dies gibt mir wirklich Grund zur Hoffnung, weil wir nun in die Lage kommen werden, die Gesellschaftsstrukturen in Richtung Koexistenz zu verändern und ein wahrhaft menschenwürdiges Wertesystem aufzubauen. Wenn wir das einmal geschafft haben, ist die Lösung unserer heutigen Probleme ziemlich einfach. Ein kurzer Blick auf die pessimistischen Prophezeiungen der Vergangenheit zeigt uns, dass keine sich völlig erfüllt hat. Wenn wir mit einer positiven Haltung den Vorgängen der heutigen Zeit gegenüberstehen und flexibel bleiben im Anpacken der Aufgaben, dann gibt es keinen Grund zum Pessimismus für die Zukunft.

Ein Wort der Warnung ist hier jedoch angebracht. In dem Maß, wie wir uns unfähig zeigen, unseren menschlichen Egoismus und unsere tief eingewurzelten Ängste zu besiegen, in dem Maß wird es auch unmöglich sein, die Menschheit von den ihr eingefleischten Prinzipien der Konkurrenz, die so lange gültig waren, zu befreien.

Als ich im Juni 1992 während des Weltgipfeltreffens in Brasilien den Hauptvortrag auf dem Symposium der Journalisten und Wissenschaftler über Umweltprobleme hielt, betonte ich ganz besonders, dass unsere Welt zwar das ökonomische und technologische Potenzial zur Lösung aller globalen Umweltprobleme habe, dass es aber eines radikalen Wandels in unserem Denken bedürfe, um sie umzusetzen.

Wenn Umweltprobleme diskutiert werden, wenden sich die Gespräche fast unweigerlich technischen Gebieten zu. Sie konzentrieren sich entweder darauf, wie die Umwelt zerstört worden ist und welcher Art von Technologie es bedarf, um die Schäden zu korrigieren, oder welche Technologie erforderlich ist, um Zusammenbruch und Zerstörung zu verhindern. Die uns bedrohenden Probleme sind jedoch das Ergebnis von bestimmten eigenen Aktionen, und wenn wir diese nicht bis zu ihren ursächlichen Wurzeln zurückverfolgen und unsere Denkweise nicht radikal ändern, werden wir nur zu kurzlebigen Lösungen kommen, die die Symptome kurieren, aber nicht die Probleme als solche erledigen.

Werfen wir einen Blick auf die Probleme der Müllabfuhr. Da das Müllvolumen steigt, werden mehr Müllabfuhrwagen gebraucht. Diese kosten Geld, und das Geld stammt aus unseren Steuern. So ist es unvermeidlich, dass die Steuern steigen. Andererseits erkennen wir, wie wichtig es ist, unsere natürlichen Ressourcen zu erhalten, und setzen uns für das Recyceln der Materialien ein, wo immer es möglich ist. Aber die dabei anfallenden Kosten sind im Endeffekt höher als die für vollkommen neue Produkte. Dies liegt in gewisser Weise an der nur teilweise ausgereiften Technik, aber noch viel mehr an dem enormen Schaden, der durch die Torheit einer Gesellschaft entsteht, in der Konkurrenz herrscht.

Meine Forderung, auf die ich poche, ist absolut notwendig, um uns ein für alle Mal aus den Klauen der Konkurrenz zu befreien und stattdessen die Philosophie der Koexistenz und des Wohlergehens für alle zu übernehmen und mit Hilfe authentischer Technologie in die Tat umzusetzen.

Lassen Sie mich zuerst erklären, was ich unter „authentischer Technologie" verstehe. Ich habe dieses Thema schon angesprochen, aber ich möchte jetzt noch etwas mehr ins Detail gehen. Wenn, nach meinem Verständnis, eine Sache als „authentisch" bezeichnet wird, z. B. als „authentische Technologie", dann muss sie zuallererst zwei sehr wichtigen Kriterien genügen. Erstens muss sie nur positive Ergebnisse erbringen, frei von irgendwelchen Fehlern, Nachteilen oder negativen Aspekten. Sollte sich hierbei ein noch so kleiner Fehler irgendwelcher Art einschleichen, darf er nur dann als vorübergehender Mangel hingenommen werden, wenn die Technologie als Ganzes zur Selbstkorrektur und Selbstperfektion in der Lage ist. „Selbstkorrektur" und „Selbstperfektion" bedeutet, dass bei Auftreten eines Fehlers oder einer Fehlfunktion die Technologie aus sich heraus die Fähigkeit zur Korrektur und zur automatischen fehlerfreien Funktion besitzt, so dass sie wieder in einen Zustand zurückkehrt, der frei von Anomalien oder selbstzerstörerischen Defekten ist, und perfekt arbeitet. Mit anderen Worten: Sie muss aus sich selbst heraus in der Lage sein, irgendwelche negativen Elemente auszuschalten und deren Wiederholung auszuschließen. Das verstehe ich unter authentischer Technologie. Weiter oben habe ich schon viele Auswirkungen der EM-Technologie beschrieben, und es wird deutlich geworden sein, dass in keinem einzigen Fall sich schädliche oder negative Ergebnisse oder Nebenwirkungen gezeigt haben. Sicher wird mancher meine Behauptungen und Ansprüche als zu schön, um wahr zu sein, betrachten, aber so muss eine Technologie beschaffen sein, wenn sie die Bezeichnung authentisch verdienen soll.

Das zweite Kriterium für Authentizität ist, dass die Sache nicht überteuert ist. Damit meine ich nicht einfach, dass sie billig ist. Sie muss einen vernünftigen Preis haben und erschwinglich sein. Diese Bedingung mag ziemlich einfach erscheinen, aber es kann äußerst schwierig sein, sie in die Praxis umzusetzen.

Nehmen wir an, jemand erfindet eine Glühbirne, die beinahe ewig hält und zu einem Preis hergestellt werden könnte wie eine normale Glühbirne. Kein Hersteller wird sie auf den Markt bringen, denn nach dem anfänglichen Käuferansturm würden die Verkäufe praktisch auf null zurückgehen und die Hersteller könnten die Fabrik schließen. Die Erfindung einer mittellang haltbaren Glühbirne könnte eine authentische Technologie darstellen, zumindest was das zweite Kriterium, dass sie nicht teuer sein soll, anbelangt, und doch wäre der Widerstand von Seiten der Hersteller von herkömmlichen Glühbirnen unüberwindlich. Deshalb muss gesagt werden, dass sich unvorhergesehene Schwierigkeiten gegen die Einführung einer „authentischen" Sache auftun können. Ich vermute, dass dies einer der Hauptgründe war, warum es mindestens zehn Jahre gedauert hat, bis EM sich so weit verbreitet hat, wie es heute der Fall ist, und auch jetzt noch trifft es auf starken Widerstand aus den altetablierten Lagern.

Nichts, was bequem, aber teuer ist oder bei dem wir uns mit giftigen Nebenwirkungen abfinden müssen oder das Verschmutzung verursacht, gehört in die Kategorie des Authentischen. Sich mit gewissen Unbequemlichkeiten zugunsten von größeren Bequemlichkeiten abzufinden, ist die eine Seite. Wenn aber die Nachteile die Vorteile überwiegen, wenn die Mängel oder Schäden größer sind als die Summe der Bequemlichkeiten, dann ist etwas radikal falsch, und genau das kennzeichnet die heutige Situation.

Zuallererst müssen wir die Philosophie von Koexistenz und Wohlstand für alle in die Praxis umsetzen. Man kann es auch anders ausdrücken: „Wenn du etwas Authentisches entdeckt oder gefunden hast, verbreite die Nachricht darüber so schnell du kannst und erzähle möglichst vielen Leuten davon. Was es auch sein mag. Es besteht dann die größte Chance, dass es zu weiteren nützlichen, segensreichen und authentischen Entwicklungen führt." Genau das Gegenteil spielt sich in unserer Konkurrenzgesellschaft ab. In unserer modernen Gesellschaft, und zwar im industriellen wie im persönlichen Bereich, ist bei einer guten Erfindung die erste und alles bestimmende Reaktion, anderen davon so wenig wie möglich Kenntnis zu geben. Diese Reaktion ist genau genommen eine Variation über das bekannte Thema: „Egal, wie gut die Sache ist, wenn ich sie nicht zu meinem persönlichen Vorteil verwenden kann, lasse ich sie verschwinden, damit auch niemand anderes einen Nutzen davon hat." Nach dieser Philosophie haben wir etwa 300 Jahre lang gehandelt, und ich glaube, dass wir jetzt den Punkt erreicht haben, wo wir es zu spüren bekommen, wenn wir nicht sehr aufpassen.

Verminderung übermäßiger Belastungen der Gesellschaft

Im Verlauf meiner Arbeit mit EM auf den Gebieten der Landwirtschaft, der Umwelt und der medizinischen Vorsorge bin ich zu der Überzeugung gekommen, dass alle größeren Anomalien und ernsthaften Probleme in der Welt einzig und allein aus der ausschließlichen Anwendung des Konkurrenzprinzips entstehen. Wir sind im Irrtum, wenn wir angesichts unserer unvollkommenen Technologie und der damit verbundenen Haltung meinen, dass jeder Sieg unvermeidlich immer auch einige Verlierer mit sich bringen muss, frei nach dem Motto: „In der Natur siegt immer der Stärkere."

Ohne Frage waren die Hoffnung und der Wunsch nach einer (endlich!) einigen Welt, die wir beim Ende des Kalten Krieges empfanden, ehrlich und echt. Doch weil wir unfähig waren, unsere sklavische Bindung an die Konkurrenzprinzipien genügend zu lösen, ist der Traum von einer friedlichen, vereinten Weltnation mit allem, was das heute bedeuten könnte, ein Traum geblieben. Bei dem heutigen schnellen Fortschritt sieht es so aus, als ob wir es kaum schaffen würden, es vor dem Ende des nächsten Jahrhunderts Wirklichkeit werden zu lassen.

Bevor wir tatsächlich eine Gesellschaft aufbauen können, die auf Koexistenz und Wohlstand für alle basiert, müssen die existentiell wichtigen Bereiche der fundamentalen Lebenserhaltung erst einmal von der Vorherrschaft der Konkurrenz befreit werden. Als erster Schritt muss der Versuch gemacht werden, die übermäßigen und überflüssigen Belastungen, die unsere Gesellschaft zurzeit verkraften muss, abzubauen.

Mit „übermäßiger Belastung unserer Gesellschaft" meine ich jeden Tatbestand, der die Gesellschaft nicht zu belasten brauchte, wenn alles so korrekt funktionieren würde, wie es ursprünglich geplant war. Der Bereich der medizinischen Behandlung und der Gesundheitsvorsorge ist z. B. solch eine Belastung. Eine gesunde Bevölkerung würde die Medizin fast überflüssig machen. Kriminalität ist ein weiterer Bereich. Wenn wir in der Lage wären, die Verbrechensrate tatsächlich zu senken, würde das sofort eine finanzielle Ersparnis bedeuten, weil die Kosten für Polizei und das Gefängnissystem eingespart werden könnten. Weiterhin wären in unserer Gesellschaft auch Streitigkeiten überflüssig, und zwar Streitigkeiten jeder Art. Sie sind eine veruchte Zeitverschwendung und bedeuten von vornherein eine psychologische und geistige Belastung für alle Beteiligten und für die Gesellschaft als Ganzem. Daneben verschlingen sie riesige Summen an Gebühren, die alle unnötig würden, wenn wir mehr gegenseitiges Verständnis suchen würden.

Natürlich entwerfe ich hier eine völlig utopische Sicht der Dinge, denn die Wirklichkeit macht deutlich, dass eine menschliche Gesellschaft so nie funktionieren könnte. Tatsache ist jedoch, dass heutzutage diese für unsere Gesellschaft in vieler Hinsicht überflüssigen und unproduktiven Belastungen jährlich enorm wachsen. Sie bilden eine bedrohliche und ernsthafte Gefahr für unsere Gesellschaftsstruktur.

Eine Gesellschaft, die unter der Bürde solcher überflüssigen und zerstörenden Lasten leidet, kann keine glückliche Gesellschaft sein. Sie kann auch nicht gedeihen. Die wirtschaftlichen Prinzipien scheinen heutzutage geradezu alles, selbst übermäßige zerstörerische und unproduktive Belastungen in Kauf zu nehmen, wenn nur das Wirtschaftswachstum dadurch gefördert wird. Ich habe gehört, dass in einigen Ländern die Zahl der Hochschulstudenten und die Zahl der Gefängnisinsassen ungefähr gleich hoch ist. Wenn ich dazu noch höre, dass in einigen Ländern die Kosten für einen Schüler auf dem Gymnasium fünfmal niedriger sind als für einen Verbrecher im Gefängnis, dann kommen mir doch gravierende Bedenken über unsere Zukunft.

Bei diesen Problemen kristallisiert sich eine Reihe von Fragen heraus: „Wer muss was tun, wann muss es getan und wo muss angefangen werden?" Genau so lief es, als ich mit der Entwicklung der EM-Technologie begann, als ich mich also mit den Problemen befasste, wie man die Landwirtschaft wieder in Gang bringen und wieder auf die Füße stellen könnte. Gleichzeitig befasste ich mich mit den damit naturgemäß verbundenen Problemen der Umweltverschmutzung. Durch meine Erfahrungen auf diesem Gebiet bin ich zu folgenden Schlüssen gekommen: Wenn Landwirtschaft und Umwelt wieder so intakt sind, wie es nötig ist, dann könnten wir Hunger und Verhungern vergessen, könnten die Weltbevölkerung mit Nahrung versorgen und ihr zu einem guten Gesundheitszustand verhelfen. Wir könnten außerdem die Umwelt sauber halten und sie vor weiterer Verschmutzung schützen, so dass die Welt, in der wir leben, wieder aufblüht.

Könnten wir das erreichen, dann kämen nach meiner festen Überzeugung auch die edleren Charakterzüge der Menschen wieder zum Vorschein. Ist die Bevölkerung wieder gesund, so dass die besseren Veranlagungen der Menschen zum Zuge kommen können, wird das unsere Mentalität in der Weise beeinflussen, dass wir optimistischer nach vorne blicken. Dadurch werden wir den notwendigen Freiraum entwickeln, auch etwas schwierigere Probleme mit ungeahnter Leichtigkeit zu lösen. Denn unser Verhalten hängt weitgehend von unseren Ansichten ab. Deshalb sehen Optimisten und Pessimisten dieselbe Welt ganz verschieden an. Da unsere Wirklichkeit eine Frage unserer geistigen Sicht ist, werden wir, befreit von aller Bedrohung, unsere Zukunft unweigerlich in einer positiveren Haltung gestalten wollen und können.

In unseren Ansichten trennen uns Menschen oft Welten. Deshalb kommen Leute mit genau demselben Einkommen und genau demselben Ziel vor Augen zu ganz verschiedenen Ergebnissen. Verfolgen wir nun zurück, wodurch solche Unterschiede entstehen, werden wir sie in der geistigen Haltung des Einzelnen finden, und das auch bei den Vorgesetzten und den Topmanagern. Eben diese und vor allem deren psychologische Haltung definieren die Parameter, und die unbewusste Gruppenhaltung, der Herdentrieb, bewirkt dann den Elan. Infolgedessen werden sich die Ergebnisse in den Einzelheiten von Fall zu Fall stark unterscheiden, je nachdem in welche Richtung sich der Elan bewegt. Aus diesem Grund halte ich es für unerlässlich, dass wir unser angeborenes soziales Verständnis für Koexistenz und Wohlstand für alle mit allen Kräften entwickeln.

In der Landwirtschaft und nicht in der Medizin kann das große Geld verdient werden

Darüber reden, dass wir unsere angeborenen Fähigkeiten und Stärken entwickeln sollen, kann man ganz schön! Aber solche hochtrabenden Ideale den Menschen zu predigen, die in ärmlichen Verhältnissen leben und nicht genug zu essen haben, führt zu gar nichts. Körperlich Kranke oder seelisch Niedergedrückte zu größeren Leistungen anzuspornen, hat genau den gegenteiligen Effekt und zermürbt sie noch mehr.

Das Gleiche gilt für die Landwirtschaft. In der gegenwärtigen Lage fehlt ihr der Schwung. Sie befindet sich in einer betrüblichen Lage, weil die in ihr Beschäftigten kaum Geld verdienen. Das ist einer der Hauptgründe, warum es so schwierig ist, Leuten in der Landwirtschaft eine Zukunft aufzuzeigen. Trotzdem funktioniert sie, wenn man sie nach meinen Grundsätzen betreibt. Das heißt: Landwirtschaft kann ein profitables, Gewinn bringendes Geschäft werden, wenn z. B. ungefähr drei Quadratmeter Land sofort einen Gewinn von mindestens 10000 Yen (= ca. 60 Euro) erbringen. Wenn die Agrartechnik noch weiter ausgefeilt und noch mehr in sie investiert wird, wird sich der Gewinn sogar verdreifachen lassen. Dies ist mein Ziel, und wenn mir jemand entgegnet, so etwas sei nicht möglich, schlage ich vor, dass er es selbst doch einmal ausprobieren solle.

Die effektivste Methode, Menschen zu erziehen und sie zu ihren besten Leistungen zu bringen, ist die selbst Hand anlegende Praxis. Tatsächlich werden viele meiner jetzt in der Landwirtschaft tätigen Absolventen von den in anderen Berufen Tätigen beneidet. Diese Absolventen stammen nicht aus traditionellen Bauernfamilien. Auch haben viele keine Bauern unter ihren Vorfahren. Die meisten von ihnen haben nie auch nur einen Quadratmeter Land besessen, als sie zu mir kamen. Viele sind sogar ohne jede praktische landwirtschaftliche Erfahrung in unsere Landwirtschaftliche Fakultät gekommen. Aber ich bin jedes Wochenende mit ihnen in die Berge gegangen, wo sie ihre Hände in weit abseits liegenden Obstplantagen schmutzig machen mussten. Dort haben sie bis acht Uhr abends praktisch gearbeitet, sich dann hingesetzt, gegessen und getrunken und bis Mitternacht diskutiert. Am nächsten Morgen ließ ich sie ab fünf Uhr wieder den ganzen Tag in den Plantagen arbeiten. Als sie dies Wochenende für Wochenende gemacht hatten, veränderten sie sich und begannen, Landwirtschaft als ihre wahre Berufung zu sehen.

Ich erklärte den Studenten meine Grundsätze: Dass ich für die Landwirtschaft eine großartige Zukunft voraussähe, wenn die darin Beschäftigten vorher eine gründliche Ausbildung bekämen, nämlich als „Leute wie ihr!" „Es kommt auf euch an, das müsst ihr wissen! Ihr habt eine Verantwortung, ja sogar die Pflicht, es der Welt zu zeigen. Ich werde euch meine ganze Unterstützung und Förderung geben. Aber ich sage euch, geht in die Landwirtschaft! Da liegt die Zukunft!"

In vielen Fällen widersetzten sich ihre Eltern, dass sie wirklich praktisch arbeiten und Landwirte werden sollten. Es kostete mich viel, sie bei der Stange zu halten, aber ich tat alles mir Mögliche. Ich ging mit ihnen trinken, hörte ihren Träumen zu und unterstützte sie in ihren Zukunftsplänen. Manchmal tröstete ich sie, manchmal gab ich ihnen Rippenstöße, ja manchmal drohte ich ihnen. Manchmal ging ich so weit, dass ich ihnen wie ein Gesetz verkündete, in der Landwirtschaft liege die Lebenserfüllung. Immer wieder mahnte ich, sie sollten dabei bleiben und die Landwirtschaft als ihre Berufung ansehen.

Ich weiß von mindestens drei meiner Studenten, dass sie nach dem Abschlussexamen Verwaltungsposten in der Regierung angeboten bekommen hatten, auf diese Positionen aber verzichteten und stattdessen in die Landwirtschaft gingen.

Im Süden Okinawas sah ich eine Obstplantage – heute ein Golfplatz –, die nicht mehr war als eine steinige Wildnis. Nach Verhandlungen mit dem Besitzer schickte ich sieben meiner Absolventen dorthin, mit meiner Hilfe diese Wildnis zu kultivieren. Mit dem Besitzer handelte ich aus, dass sie im Erfolgsfall etwas von dem Land bekämen. Von meinen Exstudenten erbat ich einzig, dass sie im Falle des Erfolgs selbständige Landwirte würden. Das Resultat: Seitdem sind die Orchideen von Okinawa weltberühmt geworden, und die Orchideenzucht ist heute einer der größten Industriezweige[3]. Meine sieben Absolventen nutzten den Erfolg auf der Obstplantage und bauten zusammen mit einer Gruppe von Agrarfachleuten auf dieser Grundlage die Orchideenzucht von Okinawa aus. Solche Erfolge lassen die Landwirtschaft auf Okinawa jetzt als vielversprechende Berufssparte mit besten Zukunftschancen erscheinen. Sie ist jetzt so weit gediehen, dass man jungen Leuten ernsthaft raten kann, in die Landwirtschaft statt in die Medizin zu gehen, wenn sie viel Geld verdienen wollen.

Halten wir einen Moment inne und überlegen: Der Medizinerberuf hat absolut keinen Einfluss auf die „Produktion". Ärzte können nichts tun, um genügend Patienten in ihre Praxen zu bringen und damit Geld zu verdienen. Sie können nicht künstlich Krankheiten verbreiten oder Leute verletzen, um ihr Klientel zu vergrößern. Dagegen liegt in der Landwirtschaft der Umfang der Produktion völlig beim Landwirt selbst. Er hat praktisch ein unbegrenztes Potenzial in Händen und bestimmt die Höhe des Produktionsniveaus und die Qualität seiner Produkte. Es hängt nur von seiner Willenskraft und seiner eigenen Leistung ab.

Auch heute noch gibt es viele junge Leute in Japan, die den Medizinerberuf als den einzig wahren ansehen und deshalb nur darauf aus sind, Medizin zu studieren und ihre Qualifikationen zu erhalten. Sollte aber ihre Motivation allein das Geldverdienen sein, dann kann ich nicht verstehen, warum sie sich die Mühe machen und einen Beruf wählen, der bald schon rückläufig werden wird oder es zumindest werden sollte. Wenn wir, wie ich hoffe, zur Besinnung kommen und die Zeiten sich so ändern, wie ich es mir vorstelle und in diesem Buch dargestellt habe, dann wird das medizinische Tätigkeitsfeld rückläufig sein. Wenn das geschieht, werden nur die wahren Philanthropen die Medizin als Berufung betrachten und diesen finanziell nur noch wenig empfehlenswerten Berufsweg wählen. Heute steht sozusagen die „Schrift an der Wand", und ich kann die Eltern kaum verstehen, die ihren Nachwuchs zwingen, wegen möglicher wirtschaftlicher und sozialer Vorteile Medizin zu studieren, und für den Trend der gegenwärtigen Entwicklungen blind sind.

Medizin ist ein edler Beruf, weil er die Hilfe für die Kranken und Leidenden zum Ziel hat. So gesehen ist es unethisch, ihn nur als Möglichkeit zu betrachten, Geld zu verdienen und reich zu werden. Landwirtschaft ist ein ähnlich ehrenhafter Beruf, und es ist nichts Falsches oder Unehrenhaftes dabei, damit Geld zu verdienen oder reich zu werden, so lange die richtigen Methoden und Technologien dabei angewendet werden. Landwirtschaft ist in der Tat eine vielversprechende Tätigkeit für jeden, der gut verdienen will. Deshalb ermutige ich auch jeden, der gutes Geld verdienen will, sich hier zu engagieren. Nach meiner Ansicht bietet die Landwirtschaft eine wirklich sichere Zukunft, weshalb ich auch nicht zögere, sie als Berufsweg zu empfehlen.

Tatsache ist jedoch, dass althergebrachte Werte alles andere als leicht zu verändern sind. Wir alle haben feste Ideen und Vorstellungen entwickelt, die meisten von uns benutzen sie sogar, um eine Mauer um uns herum zu bauen. Gelegentlich kann diese Mauer als Schutz zu unseren Gunsten dienen, aber oft mauern wir uns ein. Wie oft habe ich z. B. Studenten erlebt, die nach dem Abschlussexamen meinten, sie könnten sich für den Rest ihres Lebens auf demselben Gebiet weiter spezialisieren. Oder Studenten der Mathematik oder irgendeiner anderen Fachrichtung, die glaubten, sie könnten ihr Schicksal auf Lebenszeit an dieses eine Fach binden. Den wahren Spezialisten kennzeichnet aber gerade seine Fähigkeit, über das Spezialgebiet hinauszugehen, wie auch der Erfolgreiche sich dadurch auszeichnet, dass er die Mauer seiner festen Vorstellungen überwindet. Ist die Mauer einmal überstiegen, dann sind alle erfolgreich, gleichgültig welche Bereiche sie als Tätigkeitsfeld wählen. Das trifft auf die Landwirtschaft genau so zu wie auf alle anderen Gebiete. Kein Agrarfachmann, der nicht seine Spezialisierungsgrenzen überschritten und überwunden hat, verdient es, als ein Spezialist für Landwirtschaft im wahren Sinne des Wortes bezeichnet zu werden.

Würde man das Bild, das man sich in Japan von der Landwirtschaft macht, in einer Formel ausdrücken, dann müsste man SSG schreiben: Schwer, schmutzig, gefährlich. Genau!! Und man müsste noch hinzufügen: + SB, d. h. schlecht bezahlt! Bei diesem Image ist es nicht verwunderlich, dass die jungen Landwirte es schwer haben, eine Frau zu finden, und die Älteren keine Nachfolger haben, wenn sie sich zur Ruhe setzen. Viele in der Landwirtschaft Tätige beklagen diese gegenwärtige Lage. Man kann diese bestürzende Situation aber ziemlich einleuchtend mit all der ganzen Verpäppelung und Protektion erklären, die man der Landwirtschaft in Japan hat angedeihen lassen.

Die gegenwärtige Lage der Landwirtschaft in Japan gleicht nämlich der eines überbeschützten Kindes, verwöhnt und verzogen von seinen Eltern, die in ihrer Blindheit nur die Schwäche des Kindes wahrnehmen, aber nicht seine Fähigkeiten, die geweckt und gestärkt werden müssen. Da ich die Zukunftsmöglichkeiten der Landwirtschaft einzuschätzen weiß, kann ich nur sagen: Gut so, wenn ich von jemandem höre, der das Handtuch werfen und die Landwirtschaft aufgeben will. Die Vorstellung, dass jemand keinen Nachfolger auf seinem Hof hat, bekümmert mich nicht im Geringsten.

Aus eigener Erfahrung muss ich sagen: Die Ergebnisse mit EM-Methoden in der naturgemäßen Landwirtschaft zeigen, dass man kaum einen großen Unterschied machen muss zwischen professionellen Agrarfachleuten, die die sogenannten „Spezialisten" sind, und den „Amateuren", die in der Landwirtschaft Neulinge sind[4]. Ich selbst habe eine große Zahl bestausgebildeter Ruheständler, die ihr Leben lang in Regierungsstellen oder in privaten Firmen gearbeitet haben, kennen gelernt, die nach ihrer Pensionierung in die Landwirtschaft gegangen sind und mehr Erfolg haben als die Landwirte, die ihr ganzes Leben nichts anderes gemacht haben. Da die naturgemäßen EM-Anbaumethoden sich so grundlegend von den herkömmlichen unterscheiden, hat ein Neuling, den nicht unnötiges Wissen oder frühere Erfahrung behindern, oft als „Amateur" viel größeren Erfolg als die meisten „Professionellen".

Wenn also kein ausgebildeter Landwirt einen landwirtschaftlichen Betrieb übernehmen will, warum soll man dann einen 60 Jahre alten Ruheständler, der aus einem anderen Beruf kommt, daran hindern, in die Bresche zu springen und in der Landwirtschaft eine zweite Karriere zu machen? Dies würde zumindest unsere Nation ihrer Sorgen, dass nicht genug Nahrungsmittel zur Verfügung stehen, entheben.

Noch etwas anderes muss hier bedacht werden. Wir nähern uns dem einundzwanzigsten Jahrhundert und gehen mit Riesenschritten auf eine Gesellschaft zu, in der die Jüngeren in der Minderheit sind und ein Viertel der Bevölkerung zur Gruppe der Alten gehört. Die einen befürchten, dass es für die jungen Leute sehr schwer werden wird, eine solch große Zahl von alten Leuten zu unterhalten. Aber ich denke, dass diese Meinung auf der Prämisse beruht, dass man von den Älteren nicht mehr erwarten kann, dass sie arbeiten, sondern in ihrem Ruhestand nur noch Ferien machen. Wenn ich mich umschaue, sehe ich jede Menge von Ruheständlern, die ihre Zeit auf dem Golfplatz vertun oder in Spielotheken vor Automaten sitzen. Ich weiß jedoch, dass die meisten von ihnen dieselben hochqualifizierten Männer sind, die Japans Wirtschaft in der Nachkriegszeit auf- und ausgebaut haben.

Unsere Gesellschaft sollte viel mehr vom Wissen und der Erfahrung dieser Männer Gebrauch machen, doch scheint es zurzeit nichts ihrem Alter und ihrer Ausbildung Angemessenes zu geben, das sie gerne tun würden. Die japanische Regierung müsste Schritte unternehmen, um das Agrarland-Gesetz zu revidieren und noch eine ganze Anzahl anderer gesetzlicher Änderungen vornehmen. Außerdem müsste unser Land diese Leute fördern, sie bestens in ihrer Arbeit in der Landwirtschaft unterstützen, zumal sie ihnen Befriedigung gibt beim Aufbau eines wunderbaren Agrarsystems, das der Gesundheit aller, auch ihrer eigenen, dient und für die Umwelt von Nutzen ist. Wenn wir das in Japan schaffen würden, könnten wir das Problem der fehlenden Nachfolger unter unseren Landwirten in kürzester Zeit lösen. In Anbetracht des Potenzials und der Möglichkeiten braucht man sich um die Zukunft der Landwirtschaft in Japan nicht die geringsten Sorgen zu machen.

Prioritäten setzen: Problemlösung vor Wissensanhäufung

Müsste ich alle natürlichen Fähigkeiten, mit denen die Menschen ausgestattet sind, auflisten und die beste auswählen, würde ich die Fähigkeit zur Lösung von Problemen nennen. Ich meine hier nicht Probleme, die sich auf irgendeine alte Erfahrung beziehen, sondern Probleme, die uns zum ersten Mal begegnen und von denen wir vorher nichts wussten. Wir alle stoßen im Laufe unseres Lebens auf Probleme. Nach meiner eigenen Erfahrung würde ich sagen, dass es gleichgültig ist, wie schwierig ein Problem anfangs erscheint. Jede Person, die ein Problem erkannt hat, verfügt auch gleichzeitig über die Möglichkeiten, es zu lösen. Andernfalls würde sie das Problem gar nicht sehen. Dies bedeutet jedoch, dass niemand mit einem Problem konfrontiert wird, das er nicht irgendwie lösen könnte. Dies habe ich als unumstößliches Gesetz in meinem Leben erkannt.

Wichtig bei der Problemlösung ist jedoch, auf welchem Weg wir die Lösung finden. Bei jedem Problem, das uns begegnet, müssen wir den Mut und die Ehrlichkeit – oder die Fähigkeit, wenn man so will – haben, die Lösung auf einer höheren Ebene zu suchen, einer Ebene, die über das normale Selbstinteresse oder den Wunsch des Ego hinausgeht. Wenn wir uns entscheiden, die Probleme auf dieser höheren Ebene lösen zu wollen, werden wir feststellen, dass unser Erinnerungsvermögen nicht viel nützt. Unser Zurückgreifen auf frühere Erfahrungen oder unser Gedächtnis mit dem von früher gespeicherten Wissen helfen uns dabei nicht weiter. Mit anderen Worten: Die Problemlösung ist keine Frage des Wissens und Erinnerungsvermögens, sie entscheidet sich vielmehr daran, ob wir die Sache kreativ angehen oder nicht.

Ein anderes wichtiges Element spielt hier eine Rolle. Wir wissen, dass wir fähig sind, unsere eigenen Probleme zu lösen – das ist offensichtlich. Aber sind wir auch fähig, Probleme anzugehen, die andere betreffen? Wenn ja, dann besitzen wir wahre und echte Fähigkeiten. Wenn wir sowohl unsere eigenen Probleme lösen als auch anderen bei der Lösung ihrer Probleme helfen, ist es nicht nötig, darüber nachzudenken, wie unsere übrigen Leistungen eurteilt werden.

Hier möchte ich jedoch nicht missverstanden werden. Ich verachte keineswegs das Wissen oder sage, es sei unwichtig. Doch ich behaupte, wenn man all das Wissen, das ein Universitätsabsolvent am Ende seines vierjährigen Studiums angehäuft hat, auf Computerverhältnisse überträgt, wäre der Speicher weniger als 1000 Yen (ca. 6 Euro) wert.

Ein Computer kann nur die Informationen wiedergeben, mit denen man ihn vorher gefüttert hat. Ohne Input bekommt man kein Output. Die Fragen, die bei den Aufnahmeprüfungen fürs College oder Gymnasium, zumindest in Japan, gestellt werden, setzen bei den Studenten das Wissen der Antworten voraus. Der Schlüssel für das Bestehen dieser Art von Prüfungen ist fleißiges Einpauken vorgegebener Antworten. Das jedoch hat überhaupt nichts mit der Fähigkeit zu tun, selbständig Probleme zu lösen. Bei den Aufnahmeprüfungen wird nur nachkontrolliert, wie fleißig der Prüfling den vorgegebenen Stoff auswendig gelernt, memoriert hat, und wie gut er ihn wiederzugeben imstande ist. Tests dieser Art sind also nichts anderes als Spielchen, um die Gedächtnisleistung und die Fähigkeit, die „richtige" Antwort der „richtigen" Frage zuzuordnen, beurteilen zu können.

Unter den derzeitigen Bedingungen werden in Japan diejenigen Studenten, die in diesem „Zuordnungsspiel" gut sind, zum College zugelassen. Unsere Gesellschaft gibt sich also der Illusion hin, dass diese Anwärter in bestimmter Weise die besseren und hochwertigeren Menschen sind. Es stimmt schon, dass diese Studenten beim Eintritt ins College mit ziemlich schwierigen Fragen fertig werden, aber nur so lange, wie dafür Antworten schon existieren. Legt man eben diesen Studenten Fragen oder ein Problem vor, für die derzeit noch keine Antwort bekannt ist, fallen sie sofort ins Vorkindergartenalter zurück und geben eine staunenswert absurde Antwort. Die Unfähigkeit, eine Lösung selbst zu versuchen und nicht gleich zu kneifen, wenn sich ein Problem stellt, das bisher noch nie behandelt worden war, scheint leider in Japan zurzeit zuzunehmen.

Leider ist der Ausbildung eines guten Gedächtnisses immer sehr viel Aufmerksamkeit geschenkt worden, jedoch praktisch keine Förderung der Fähigkeiten, Probleme zu lösen. Das Einzige, was modernen Collegestudenten bei einem Problem zu tun bleibt, das ihnen vorher nie begegnet ist und für das sie aus ihrem Gedächtnis keine Lösung abrufen können, ist, dass sie nach etwas Ähnlichem suchen, wofür schon ein Vorgang existiert, den sie als

Modell für die Lösung heranziehen können. Legt man ihnen ein Problem vor, wofür es keine vorher bekannte Lösung gibt, werfen sie das Handtuch. Sie geben einfach auf. Diese Haltung hilft uns mit Sicherheit nicht durch die derzeitigen radikalen Umbrüche und Veränderungen.

Es sieht nicht danach aus, dass ernsthaft versucht wird, die traditionelle Collegeerziehung zu revidieren und sie mehr den Erfordernissen der Gegenwart anzupassen. Aus diesem Grund ist diese Ausbildung nicht mehr zeitgemäß und hat dazu geführt, dass die Absolventen von den Firmen oder Organisationen, die sie nach dem Abschluss beschäftigen, neu ausgebildet werden müssen, bevor sie ihnen von Nutzen sind. Bestimmte Leute freuen sich, aus dieser Not eine Tugend zu machen, und eröffnen eine neue Art von Geschäft, das sich auf die Nachausbildung der Collegeabsolventen konzentriert. Lässt man diesen Trend ungehindert weiter zu, werden daraus in Zukunft neue Schwierigkeiten entstehen. Die Unternehmer haben ohnehin genug Belastungen und sollten nicht auf eine solche Zweitausbildung angewiesen sein. Als Mitglied des Lehrkörpers an der Universität habe ich immer die Meinung vertreten, dass es Aufgabe der Universitäten selbst ist, das System einer Revision zu unterziehen. Ich habe daher schon lange darauf gedrängt, dass wir das gegenwärtige System der Aufnahmeprüfungen aufgeben und dass die Studenten auf Empfehlung hin an die Universität kommen. Das würde bedeuten, dass die zukünftigen Collegestudenten nicht aufgrund einer einzigen Prüfung beurteilt werden, sondern insgesamt durch ihre Leistungen in der Schule und ihre Aktivitäten außerhalb des Stundenplans während ihrer dreijährigen Gymnasialzeit. Die Beurteilung würde vom Direktor der Schule vorgenommen, der auch die Wahl des Studienfachs und des Colleges überwachen würde und ebenso die Empfehlung beim College.

Da mir bewusst war, dass schon eine einzige Person einen Umschwung bewirken kann, bat ich die Direktoren von verschiedenen landwirtschaftlichen Gymnasien, eine Petition an die Universität zu richten, die Aufnahme ins College auf die Basis der Empfehlung umzustellen, statt Prüfungen durchzuführen. Ich wartete ein Jahr, und als keine Antwort kam, beschloss ich, die nötigen Schritte zu einer Änderung selbst zu unternehmen. Ich entwarf deshalb selbst einen Brief, fand einen Weg, um das offizielle Siegel der Vereinigung der Gymnasialdirektoren dafür zu erhalten, und sandte ihn an meine eigene Universität. Tatsächlich führte die Ryukyu-Universität als erste in Japan an ihrem landwirtschaftlichen College die Aufnahme der Studenten auf Empfehlung ein.

Das Landwirtschaftsstudium kann man nicht einfach schnell durchlaufen; es ist meist ein unerwartet langer Prozess. Deshalb ist es für die Landwirtschaftsabteilung an einem College sinnvoll, Studenten aus den landwirtschaftlichen Gymnasien aufzunehmen, weil sie schon vorher etwas auf diesem Gebiet gelernt haben und dadurch besser vorbereitet sind als Schüler von anderen Gymnasien. Man braucht nicht besonders zu erwähnen, dass die besseren Schüler dann das Landwirtschaftsstudium aufnehmen, weil sie die Landwirtschaft wirklich mögen und zu ihrem Beruf machen wollen. Studenten ohne diese Berufung haben keinen wirklichen Erfolg, wie viel Wissen sie sich auch aneignen. Einer meiner Hauptgründe für die Durchsetzung des Systems der Empfehlung der Studenten in meine Abteilung war der Gedanke, die Zahl derjenigen Studenten, die nach dem alten System der Aufnahmeprüfung ins College kamen, so niedrig wie möglich zu halten, weil diese eigentlich keine Liebe zum Fach mitbringen. Manchmal sind aber auch die auf Empfehlung kommenden Studenten noch nicht zum richtigen wissenschaftlichen Arbeiten fähig und haben anfangs viele Schwierigkeiten, dies zu lernen. Ihre akademischen Erfolge sind deshalb mittelmäßig oder unterdurchschnittlich. Wenn sie sich sehr anstrengen, holen sie in der zweiten Hälfte des Studiums auf, und die Zahl derjenigen, die in den Hauptfächern Bestnoten erreichen, nimmt zu. Drei, vier oder fünf Jahre nach ihrem Abschluss sind sie die Aktivsten, die für die Landwirtschaft auf Okinawa die bedeutendste Arbeit leisten.

Aus diesem kleinen Anfang ist das Empfehlungssystem jetzt für die ganze Landwirtschaftsfakultät eingeführt worden. Dieser Erfolg hat mich davon überzeugt, wie sinnlos die alte Aufnahmeprüfung war. Ich würde sogar so weit gehen und behaupten, dass ein Student mit der richtigen Charaktereinstellung allein auf der Basis eines Gesprächs ins College aufgenommen werden könnte.

Weiter oben habe ich schon ausgeführt, dass die Welt heutzutage die Idee eines größeren Krieges aufgeben muss. Denn wir sind an einem Punkt angelangt, an dem ein Krieg größeren Ausmaßes niemand mehr auch nur den kleinsten Vorteil bringen würde. Gleichzeitig wird unsere Welt „kleiner" und wir rücken immer näher zusammen. Je mehr wir über andere Völker, andere Kulturen und andere Lebensweisen erfahren, desto mehr stellen wir fest, dass es „da draußen" keine schlimmen Feinde gibt: Es sind einfach Leute, die so ähnlich denken wie wir. Die Menschheit hat einen unglaublich hohen Preis dafür bezahlt, dahin zu kommen, wo sie heute steht, und dafür unzählige Opfer gebracht. Schon aus diesem Grund, wenn aus keinem anderen, müssen wir miteinander auskommen. Es sieht so aus, als ob wir endlich dazu fähig wären.

Unsere Umweltprobleme sind deshalb so riesig, weil die Leute alles wegwerfen, was sie nicht mehr zu brauchen meinen, ohne Rücksicht auf die Folgen. Jedoch nicht nur mit dem Müll machen sie es so, sondern auch mit Menschen. Menschen können andere manchmal genau so wegwerfen, wie sie Abfall wegwerfen. Wir wählen die Leute aus, die unserer Ansicht nach die meisten Fähigkeiten haben, die wir für „Gewinner" halten, die restlichen schieben wir auf die Seite und bezeichnen sie als „Verlierer". Unsere Gesellschaft applaudiert den Gewinnern, die Verlierer verachtet sie.

Die Verlierer und die Verachteten werden zuletzt die „Problemkinder" der Gesellschaft. Viele Nationen auf der ganzen Welt geben ungeheure Summen aus, um die negativen und unproduktiven Elemente ihrer Gesellschaft zu eliminieren in der vagen Hoffnung, dass sich ihr Land dann leichter zum Positiven entwickelt; aber die Ergebnisse entsprechen keinesfalls den Erwartungen.

Um noch einmal auf das Müllproblem zurückzukommen, kann ich nur wiederholen, was ich weiter oben gesagt habe. Wenn man den Müll verbrennt, kann man genauso gut das Geld im Müllofen verbrennen, denn das läuft auf das Gleiche hinaus. Müllverbrennung hat nichts Positives, sondern nur Negatives vorzuweisen, und dazu noch die Tatsache, dass sie selbst Verursacher von enormer Umweltverschmutzung ist. Wenn wir von diesem und anderen ähnlichen Übeln loskommen wollen, können wir das nur mit Hilfe der Philosophie der Koexistenz. Wenn wir anfangen würden zusammenzuarbeiten, unsere Ziele und Aktionen aufeinander abzustimmen, könnten wir effektiv mit den drei Hauptproblemen unserer Zeit fertig werden: Umwelt, Nahrung und medizinische Versorgung könnten wir zu einem

Paket zusammenschnüren, denn jedes ist mit den anderen beiden aufs Engste verbunden. Die EM-Technologie betrachte ich als Katalysator für dieses Dreier-Paket-Problem.

Das Wasser kann noch so verschmutzt, die Abwässer durch Mist und Urin aus der Viehhaltung noch so verunreinigt sein, es kann sich um kranke Pflanzen oder um kranke Tiere handeln, EM hat die Kraft zur Reinigung und Gesundung. Wird EM optimal eingesetzt, läuft das Regenwasser nicht mehr nutzlos über die Oberfläche des Bodens, sondern dringt unmittelbar in den Boden ein und erreicht das Grundwasser. Wenn es dabei EM mitnimmt, wird allmählich auch diese Wasserversorgungsquelle wieder sauber.

Ärmere Völker möchten zwar ihre Landwirtschaft entwickeln, haben aber kein Geld, um Chemikalien und Kunstdünger dafür zu kaufen. Letzten Endes kann es sich aber als Glück und Vorteil erweisen, dass sie diese Möglichkeit nicht hatten. Meine Organisation führt kostenlos Ausbildungskurse für EM-Technologie in diesen Ländern durch, und schneller, als wir je erwartet hätten, findet sie Eingang und Verbreitung. Dies bedeutet, dass diesen Entwicklungsländern der beträchtliche finanzielle Aderlass erspart bleibt, den sie erlitten hätten, wenn sie in ihrer Landwirtschaft die Methoden der entwickelten Länder übernommen hätten. So aber konnten sie mit einer äußerst effizienten Methode arbeiten, die auf ideale Weise ihre Probleme löst. Für diese sich entwickelnden Länder gibt es meist keinen Hinderungsgrund, mit der Anwendung von EM zu beginnen. Denn sie sind ja nicht gezwungen, sich mit einer alten, festgefügten Landwirtschaftsordnung auseinanderzusetzen, wie es bei den entwickelten Ländern der Fall ist.

Sind die Müll- und Abwasserprobleme, die Probleme der Umweltverschmutzung und der Landwirtschaft erst einmal gelöst, müssen wir mit der Reinigung der Meere und Ozeane beginnen, wobei ich auch die größten Hoffnungen auf EM setze, besonders im Blick auf Japan, mein eigenes Land. Der japanische Archipel hat das Glück, auf vier Seiten ans Meer zu grenzen, aus dem er sich seit jeher unermesslichen Reichtum holen konnte. Betrüblicherweise ist das Meer, das uns so beschenkt hat, jetzt in ernster Gefahr. Schalentiere, Krabben und andere Meerestiere sind beinahe völlig von unseren Küsten verschwunden, auch findet man kaum mehr Seetang, den es früher so reichlich in den Küstengewässern gab. Einer der wichtigsten Gründe für diese Denaturierung ist der Alkaligehalt im Beton, der für die Küstenbefestigungen verwendet wird.

Die Abwässer, die vom Land ins Meer fließen, tragen ebenfalls in gravierender Weise zur Meeresverschmutzung bei. Aus dem im Sand entlang der Küsten abgelagerten Stalldünger und aus den Abwässern wird Ammoniak und Methangas frei, machen ihn alkalisch und fördern so die Verödung noch weiter. Es bestehen darüber hinaus viele weitere Theorien über die Gründe der Verödung der Küsten. Man gibt z. B. der Wassertemperatur und den Meeresströmungen eine Mitschuld. Und sicher werden wir in der Zukunft noch weitere und genauere Ursachenforschung auf diesem Gebiet betreiben müssen. Auf Grund der Ergebnisse, die jetzt in Fischfarmen mit EM erzielt werden, kann ich aber mit Sicherheit sagen, dass mit Hilfe der EM-Technologie die Verschmutzung in den Meeren zu einem großen Teil beseitigt werden kann.

Der erste Schritt muss jedoch sein, die EM-Technologie im Inland für die Reinigung und für die Beseitigung der Verschmutzungsquellen einzusetzen. Dies bedeutet den Einsatz von EM in den großen Viehstallungen, die Anwendung von EM-Bokashi für organische Abfälle im Haushalt und anderswo und die intensive Nutzung von EM in der Landwirtschaft und in der Abwässerklärung. Wenn erst einmal eine Reinigung des Schmutzwassers im Inland stattgefunden hat und die Regeneration in Gang kommt, werden sich die Verhältnisse in einer Kehrtwendung von 180 Grad ändern, und zwar in der Weise, dass vom Land aus statt des Drecks nun die Hilfe zur Reinigung ins Meer fließt. Wenn auf diesem Wege genügend effektive Mikroorganismen das Meer erreichen, stimulieren sie den natürlichen Regenerationsprozess, und die Meere werden sich ganz aus sich selbst von der Verschmutzung befreien. Sind die Meere einmal sauber, werden sich auch die Strände wieder regenerieren, die Schalentiere werden wieder gedeihen und der Seetang wird in den Küstengewässern wieder wachsen. Wenn wir das in Japan tatsächlich in die Praxis umsetzen, schaffen wir damit ein Modell für die anderen Völker.

Japan hat das Potenzial, eine ideale Gesellschaft aufzubauen

Wir hören ja häufig, dass wir jetzt Zeugen des Endes der Menschheitsgeschichte oder der Welt sind. Ich könnte dem insofern zustimmen, als die alten Strukturen der Konfrontation und Feindschaft zusammenbrechen. Wir sind in der Tat Zeugen eines Endes der Menschheitsgeschichte oder der Welt, wie wir sie bis jetzt gekannt haben, weil nichts, was wir derzeit erleben, bisher je geschehen ist. Wir stehen vor etwas gänzlich Neuem und besitzen kein Nachschlagewerk oder ein Rezeptbuch, das uns sagt, wie wir mit der neuen Situation umgehen müssen. Welche Versuche wir auch machen nach den alten Regeln, wir tun uns schwer, einen Weg zu finden, der uns wirklich aus unseren Schwierigkeiten herausführt. Ich spreche hier nicht von vorläufigen Maßnahmen zur Abhilfe, sondern wir brauchen eine radikale Lösung für unsere heutigen Probleme. Natürlich haben in der Vergangenheit die traditionellen Methoden eine Zeit lang weitergeholfen, vor allem, als die Weltbevölkerung noch ziemlich klein war und die damaligen Verhältnisse genügend Spielraum boten. Aber die rasche wirtschaftliche Entwicklung hat zusammen mit der Explosion der Weltbevölkerung eine Situation geschaffen, für die die bisherigen Methoden ungeeignet und letztlich zum Scheitern verurteilt sind. Die Versuche, unseren jetzigen Problemen mit den „seit jeher bewährten und einzig richtigen" Methoden der Vergangenheit oder mit einer etwas veränderten Version beizukommen, bringen uns ans Ende unserer Möglichkeiten. Das Ergebnis sind kurzlebige Lösungen voller selbstzerstörender, mit Fehlern behafteter Anomalien, die lediglich weitere Probleme schaffen, oft genug ernstere als die vorherigen. Diese Dynamik steht hinter der Frage, wie und warum die Menschheit sich selbst so hart an den Rand der Zerstörung gebracht hat.

Diesem Szenario müssen wir jetzt ein Ende setzen! Wir müssen uns dem kommenden Zeitalter stellen! Die verschiedensten Anstrengungen werden schon gemacht, um die äußerst komplexen und ineinander verzahnten Weltprobleme zu entschärfen, aber wir sehen kaum ein Fünkchen Hoffnung für eine wirkliche Lösung. Ich bin jedoch zuversichtlich, dass die EM-Technologie eine fundamentale Unterstützung bietet für die notwendigen Veränderungen. Sie allein genügt jedoch nicht für den Aufbau einer neuen Struktur in der neuen Phase unserer Geschichte. Authentische Technologien, bisher verworfen oder nicht beachtet, kommen jetzt ans Tageslicht. Wenn wir sie nützen wollen, die schon existierenden und die zukünftigen, brauchen wir ein politisches und soziales System, das sie nicht nur ermöglicht, sondern das ihre Entwicklung in hohem Maße fördert.

Vor einigen Jahren legten die Vereinigten Staaten ein Programm auf, das die Entwicklung neuer Medikamente durch Privatunternehmen fördern soll. Ich glaube, dass mein Land von solchen Maßnahmen lernen kann. Japan sollte eine radikal neue Politik ansteuern – hin auf Wachstum und Entwicklung in den fundamental wichtigen Bereichen der natürlichen Rohstoffe, der Energie, der Umwelt, der medizinischen Versorgung und der Ernährung.

Für das kommende Zeitalter wird Japan viele neue Technologien und Modelle einführen und dafür sorgen müssen, dass die Gesellschaft als Ganzes sie akzeptiert und fördert. Es muss die vorhandenen Potenziale nutzen, um ein System aufzubauen, das die übermäßigen und unprofitablen Belastungen für die Gesellschaft minimiert, denn eben diese Belastungen sind es, die unsere Gesellschaft in den Ruin treiben. Es ist von größter Bedeutung, dass Japan sich zu einer Nation entwickelt, die einen echten finanziellen Überschuss ohne uneffektive Verschwendung erwirtschaftet. Da es heute eine Nation mit internationalen Verpflichtungen ist, muss es jetzt seinen vielen und vielfältigen globalen Aufgaben gerecht werden. Es besteht jedoch keine Hoffnung darauf, dass dies auf dem bisherigen Wege gelingen kann, nämlich im eigenen Land ein wirtschaftliches Wachstum zu erzielen und die sich daraus ergebenden Überschüsse an Entwicklungsländer abzugeben. Der bisherige Weg vergrößert nur die Widersprüchlichkeiten und Anomalien, die ich weiter oben dargestellt habe. Bleibt Japan jedoch auf diesem Weg, wird es in den Entwicklungsländern nur ähnliche Probleme schaffen, die schon seine eigene Sozialstruktur kennzeichnen.

Glücklicherweise ändern sich bereits die politischen Strömungen in Japan, die Winde für einen Wechsel blasen durch die Korridore der Macht und bringen neues Leben ins System. Wir warten nur darauf, dass jetzt die vielen authentischen Neuerungen ans Tageslicht kommen können, die infolge vielfacher Pressionen hinter den Kulissen bisher verhindert wurden. Die zukünftige Politik und die Maßnahmen der Regierung werden der misslichen Lage, wie ich sie oben aufgezeigt habe, gerecht werden müssen. Darüber hinaus muss die Gesellschaft als Ganzes Verantwortung übernehmen, damit wir ein System aufbauen können, das sich selbst erhält, automatisch seine Fehler korrigiert und dadurch Perfektion aus sich selbst erreicht ohne fremde Hilfe, ein System, das negative Elemente und unproduktive Belastungen ausschaltet. Menschen, die in einer Gesellschaft leben, die auf Koexistenz und Wohlstand für alle basiert, die in der Lage sind, durch authentische Technologien die auftretenden Anomalien zu korrigieren und das Optimum an Perfektion und Selbsterhaltung zu gewährleisten, werden sich auch in ihrem Können, auch auf geistigem Gebiet, höher entwickeln. Sind die Menschen tatsächlich die höchstentwickelten Lebewesen, dann kann es keine andere Entwicklungsrichtung geben.

Um eine solche ideale Gesellschaftsstruktur aufbauen zu können, muss eine Nation über enorme Kräfte verfügen. Sie muss zu einem Modell für andere werden. Das geht nicht ohne echten finanziellen Überschuss, wenn sie die Pflicht und Verantwortung, weniger Begünstigten zu helfen, auf sich nehmen soll, wenn sie die finanziell schlechter gestellten Länder auch auf den eigenen Idealstand bringen und diese als im wahrsten Sinne des Wortes Gleichberechtigte behandeln will. Gleich welcher Art die Probleme sind, nur eine Nation in einer extrem starken Position wird sich der Probleme anderer annehmen und ihnen authentische Problemlösungen anbieten können. Ein mächtiges Land, das nur Theorien und Empfehlungen ohne praktische Hilfeleistung verbreitet, kann als Antwort keine Dankbarkeit erwarten, sondern höchstens Groll und Feindschaft.

Zu Beginn eines neuen Zeitalters könnte nach meiner Meinung nur Japan diese eben beschriebene Rolle übernehmen. Es hat dafür das notwendige Potenzial. Es muss nur unnötige und unproduktive Belastungen beseitigen und einige relativ kleine Berichtigungen in seiner Sozialstruktur vornehmen. Dann wird es in der Lage sein, einen finanziellen Überschuss von mehreren Milliarden Yen (= mehrere Millionen Dollar) zu erwirtschaften. Strukturelle Berichtigungen werden die Entwicklung der Industrie und die einer von Authentizität und höherem Anspruch gekennzeichnete Kultur begünstigen. Wenn die zukünftigen Politiker und die Regierung von Japan dies herbeiführen können, dann kann die Menschheit einer wahrhaft hellen Zukunft entgegensehen.

All das mag wie ein Versprechen von Milch und Honig klingen, denn die Vorstellung eines finanziellen Überschusses von mehreren Milliarden Yen erscheint beinahe unmöglich, wenn wir uns den Umfang der nationalen Haushalte der meisten Länder vor Augen halten oder die Riesensummen, die zur Erhaltung des Weltfriedens ausgegeben werden. Angenommen, dass nur ein Bruchteil dieses Betrags über einen Zeitraum von ungefähr zehn Jahren für die verschiedenen Gebiete, die ich in diesem Buch beschrieben habe, ausgegeben werden, dann, und das ist meine feste Überzeugung, könnten wir in wenig mehr als einem Jahrzehnt alle größeren Probleme, die uns zurzeit auf der ganzen Welt zu schaffen machen, lösen. Es gibt kein Beispiel in der Geschichte für das, was ich vorschlage: Nichts dergleichen ist jemals vorher versucht worden. Doch ich glaube, dass Japan in der Lage dazu ist und darüber hinaus die Verpflichtung hat, es in die Tat umzusetzen.

Man hört auch die Meinung, dass das Flüchtlingsproblem in der Welt zu solchen Größenordnungen anwachsen wird, dass es uns alle überschwemmen wird. Wir brauchen jedoch nur unseren Standpunkt zu ändern, um einzusehen, dass dieses Problem – wie auch die anderen – das Ergebnis des Konkurrenzkampfes ist, wobei nach bewährtem Muster die Verlierer eben ihrem Schicksal überlassen werden. Doch wird es auch nicht allzu schwierig sein, für dieses Problem Lösungen zu finden. Wir müssen uns nur eine andere Haltung aneignen und die authentischen Technologien zur Anwendung bringen.

Die folgende Geschichte mag dazu dienen, meine Ideen in etwa zu vermitteln: Seit einiger Zeit arbeitet man in Japan an der Entwicklung von Metallen, die in der Lage sind, Wasserstoff zu binden. Diese Metalle wären in Verbindung mit Batterien eine saubere Energiequelle. Die Technik ist ausgereift und die Solarzellen könnten ohne weiteres produziert und eingesetzt werden. Als ich mit größtem Nachdruck darauf drängte, dass diese Technik weiterentwickelt wird, wurden meine Empfehlungen beiseitegefegt und mit banalen Entschuldigungen von sogenannten Experten der Energiewirtschaft und von den zuständigen Regierungsstellen lächerlich gemacht. Es sei unmöglich, das Projekt zu realisieren. Ihre Begründung: Das ganze Gebiet zwischen Tokio und Nagoya, ein Gebiet von beinahe 550 m², müsste mit Solarzellen zugestellt werden.

Warum aber sollte dieses Projekt überhaupt in Japan platziert werden? Das würde bedeuten, dass seine Verwirklichung an die Wahl des Standorts gebunden wäre. Ungefähr 30 % der Erdoberfläche ist aber Wüste, und gibt es einen besseren Platz für Solarzellen als Wüstengebiete? Viele der ärmsten Länder haben weite Wüstengebiete. Sind wir offen für weiter ausgreifende Möglichkeiten, ist die Standortwahl sofort kein Problem mehr. Wüsten wären ideal für dieses Projekt, Japan jedoch mit seinem gebirgigen und waldbedeckten Terrain auf keinen Fall. Würden wir die Sache vom internationalen Standpunkt aus betrachten, wäre die Lösung dieses und anderer Probleme recht einfach, zumal alle in weltweitem Maßstab davon Nutzen hätten. Da ärmere Länder als geeignete Standorte natürlich finanziell von einem derartigen Energiesystem profitieren würden, könnten daran bestimmte Bedingungen geknüpft werden, etwa in Form von Hilfen für Flüchtlinge auf der Basis von Geben und Nehmen.

Das Konzept, Solarenergiezentren in Wüstengebieten zu errichten, könnte in relativ rascher Zukunft umgesetzt werden. Es gibt auch noch andere Möglichkeiten, bei denen Japan auf internationaler Ebene Hilfe leisten könnte, die je nach ihrer Art als Langzeitprojekte durchgezogen werden müssten. Das könnte z. B. ein Programm sein, auf Grund dessen Japan möglichst viele Studenten aus anderen Ländern an seine Universitäten aufnimmt. Ganz definitiv würde dies weltweit eine größere Wertschätzung Japans mit sich bringen. Dies würde jedoch einige radikale Änderungen erforderlich machen, weil Japan im Augenblick weder Unterbringungsmöglichkeiten noch genug Lehrpersonen hat, um einer großen Zahl von ausländischen Studenten gerecht zu werden. Andererseits vergibt das Japanische Ministerium für Erziehung zurzeit erfreulicherweise die weltweit höchste Zahl von Stipendien. Das Studium ist nicht nur völlig kostenlos, sondern die Studenten erhalten monatlich einen Unterhalt von mehr als 180.000 Yen (gut 1000 Euro). Zweifellos sind diese monatlichen Zuwendungen für ausländische Stipendiaten großzügig. Sie sind mehr als ausreichend für die Studenten, um in Tokio, der teuersten Stadt der Welt, oder in einer anderen Großstadt gut leben zu können. Für einen Studenten, der in Okinawa studiert, wo die Lebenshaltungskosten viel niedriger sind, stellen sie ein kleines Vermögen dar! Kommen die Studenten aus Entwicklungsländern, entspricht die monatliche Zahlung dem mehrfachen Wert des Durchschnittslohns in ihrem eigenen Land. Dies hat zu einer Art von Elitebildung geführt, weil nämlich die in ihr Heimatland Zurückkehrenden beträchtlichen Reichtum mitbringen aufgrund der großzügigen Studienunterstützungen. Die Lebensbedingungen für Studenten variieren je nach Universität sehr stark. Ich halte es für nötig, das Stipendiensystem zu ändern und die Verteilung der Gelder effizienter zu gestalten, damit Japan die Stipendiatenzahl aus Übersee noch erhöhen kann.

Es sind jedoch noch einige andere grundlegende Veränderungen nötig: Gelöst werden muss das Problem der Unterbringung der Stipendiaten, der Einstellung von Lehrpersonen und des Ungleichgewichtes zwischen geförderten Studenten und solchen, welche ohne Förderung aus Übersee in Japan studieren. Aber es wäre wirklich von größtem Vorteil, wenn mehr ausländische Studenten hier studieren könnten, besonders weil sie bei ihrer Rückkehr in ihre Heimat als Lehrer ihr Wissen weitergeben könnten. Dies würde Japan in der ganzen Welt bekannter machen, internationale Freundschaften knüpfen und Japans internationale Rolle verstärken. Studenten erinnern sich zumeist mit großer Liebe an ihr Studienland und betrachten es als eine Art Mentor ihr ganzes Leben lang. Soll Japan volle und bedeutsame internationale Verantwortung übernehmen, muss es die Notwendigkeiten für die Zukunft erkennen und so bald wie möglich dafür die Grundlagen schaffen.

Es ist auch die Zeit dafür gekommen, dass Japan den Hilfen für Übersee größere Aufmerksamkeit schenkt. Zurzeit sind die Bedingungen für Unterstützungsgelder minimal, und die Bittsteller wissen das. Meist fordert Japan kaum mehr als eine Liste der Projekte, wofür die Gelder verwendet werden sollen, was praktisch dazu führt, dass Japan seine Hilfen ohne Bedingungen vergibt. Dies wirkt sich oft zum Nachteil sowohl für das Empfängerland als auch für Japan aus. Weil die anderen Länder für die Vergabe von Hilfsgeldern strengere Bedingungen stellen und stärkere Kontrollen über die Verwendung der Gelder verlangen, wenden sich die Bittsteller eher an Japan. Recht häufig entstehen dadurch Missbrauch und Korruption.

Für den Aufbau einer Welt, die auf Koexistenz und Wohlstand für alle gegründet ist, muss Japan als die Speerspitze für dieses Ziel die vorgenannten Aufgaben, nämlich das Flüchtlingsproblem, die Frage der aus Übersee kommenden Studenten und die Frage internationaler Hilfe mit Entschiedenheit ins Visier nehmen. Hierfür müssen ganz rigoros die authentischen Technologien und die Philosophie von Koexistenz und Wohlstand für alle eingesetzt und zugrunde gelegt werden. Auf diese Weise kann dann auch anderen Ländern Hilfe gegeben werden, damit sie sich ähnlich entwickeln können, jedoch unabhängig und selbstbestimmt. In dieser Hinsicht muss Japan seine internationalen Führungsqualitäten dadurch beweisen, dass es bis zu 50 % der gesamten Hilfsleistung für das Empfängerland zur Verfügung stellt, damit dieses zu einer starken und stabilen Nation werden kann.

Viele Nationen sind im Laufe der Geschichte in eine Führerrolle aufgestiegen. In der Vergangenheit waren es bestimmte europäische Länder und Nordamerika durch die Verbreitung des Christentums, das System der parlamentarischen Demokratie und des Liberalismus über die ganze Welt. Japan braucht es ihnen nicht in solch großem Umfang gleichzutun. Es muss nur die Ideen von Koexistenz und Wohlstand für alle, wie in diesem Buch dargestellt, in die Wirklichkeit umsetzen. Dies kann erreicht werden durch radikale Reformen im Erziehungssystem und in der Gesellschaft und durch wirksame Hilfe für andere Länder, die derzeit in Schwierigkeiten sind, so dass sie sich in Sicherheit und Zufriedenheit selbst ausreichend versorgen können. Japan könnte auch eine aktive Rolle in den Vereinten Nationen übernehmen. Mit all diesen Aufgaben hätte Japan auch die Möglichkeit, viele Dinge aus der Vergangenheit, die sich im Nachhinein als falsch und in die Irre führend erwiesen haben, wieder gutzumachen und etwas zu tun, worauf es als Nation stolz sein kann.

Anmerkungen

1 „Koexistenz und Wohlstand für alle" ist die Übersetzung des englischen Begriffs „co-existence and co-prosperity", der auch im japanischen Original benutzt wird.

2 Henrik Lundegårdh, schwedischer Botaniker, *Klima und Boden in ihrer Wirkung auf das Pflanzenleben*, 1949.

3   Die Kultivierung von Orchideen auf Okinawa begann 1980; zur Zeit der Abfassung dieses Buches (1993) erreichten die Umsätze über drei Milliarden Yen.

4   Ausgebildete Landwirte und Amateure: Jeder kann in der Landwirtschaft gute Ergebnisse erzielen, wenn er die EM-Methoden anwendet. Man braucht dazu kein erfahrener Landwirt zu sein. EM bringt viele Vorteile. Nach meiner Meinung brauchen wir uns in Japan keine Sorgen darüber zu machen, dass so wenige die landwirtschaftlichen Betriebe übernehmen wollen, wenn die bisherigen Eigentümer sich zur Ruhe setzen, es sei denn bei extrem großen Betrieben. Kleinere Betriebe würden gern bei Einsatz von EM-Methoden von Ruheständlern übernommen, sozusagen als zweite Karriere, die sie in vielerlei Hinsicht befriedigt.

Postskriptum

Aus: *Eine Revolution zur Rettung der Erde I*

Mein Gefühl sagt mir, dass der Titel „Eine Revolution zur Rettung der Erde" vielleicht ein wenig anspruchsvoll ist, und ehrlich gesagt, fühle ich mich nicht ganz wohl dabei. Angesichts des Enthusiasmus der Herausgeber, die sehr darauf bedacht waren, einen Titel zu wählen, der ins Auge fällt, bestimmte Vorstellungen weckt und möglichst viele Leser anspricht, habe ich es dabei belassen. Ich war damit einverstanden, meine vielen und vielfältigen Erfahrungen mit EM darzustellen, seine Entdeckung und die damit erzielten Ergebnisse, und alles mit eigenen Erlebnissen und Ideen zu würzen. Das Buch enthält auch die verschiedenen Grundgedanken, die mich dazu brachten, meine eigenen Ideen zu entwickeln, worauf wir als menschliche Wesen hinarbeiten sollten in Vorbereitung auf das neue Zeitalter.

Ankündigungen des Buches erschienen in *Authentische Entdeckungen für das kommende Jahrzehnt* von Yukio Funai, erschienen beim Verlag Sunmark im Juni 1993. Sie schienen beträchtliches Interesse bei den Lesern zu wecken, und es gab eine große Anzahl von Nachfragen. Zu meiner Schande muss ich gestehen, dass ich zu der Zeit noch kein Wort zu Papier gebracht hatte. Meine Arbeit mit EM, meine häufigen Auslandsreisen zu Vorträgen und technischer Ausbildung beschäftigten mich so stark, dass ich erst im August 1993 nach meiner Rückkehr von einer solchen Reise – in die Vereinigten Staaten, nach Brasilien, Frankreich und in die Schweiz – mit der Niederschrift begann. Die ersten Worte des Manuskripts schrieb ich am Abend des 4. August 1993. Mein Terminkalender war so voll wie eh und je: Am 6. August nach Tokio und noch am selben Tag zurück nach Okinawa, am 7. August die endgültige Überprüfung von Forschungsarbeiten einiger Absolventen und am 8. August meine Reise nach Thailand. So ist das Buch im wahren Sinne des Wortes ein internationales Produkt geworden. Teile wurden an verschiedenen Orten der Welt geschrieben, dieses Postskriptum schreibe ich hier in Myanmar.

Gestern war ich als Ehrengast auf einem Dinner der Minister für Erziehung und für Landwirtschaft, Forsten und Fischerei und ihrer Stellvertreter. Während des Essens hatten wir einen offenen und in die Tiefe gehenden Meinungsaustausch. Ich gab ihnen auch einen kurzen Überblick über mein Buch und erklärte ihnen, für wie wichtig ich es für alle Völker hielte, sich gemäß dem beschriebenen Modell umzuorientieren.

Myanmar steht zurzeit unter militärischer Führung, und jemand, der unter einer liberalen Demokratie wie ich in Japan lebt, erkennt, dass es unter zahlreichen Schwierigkeiten und vielen Problemen zu leiden hat. Am Ende des Zweiten Weltkriegs entschloss sich das Land, damals noch Burma genannt, für seinen eigenen sozialistischen Weg. Myanmar ist jedoch keine Ausnahme, und es ist nur eine Frage der Zeit, bis auch hier sich die Liberalisierung Bahn bricht. Gegenwärtig zählt Myanmar zu den ärmsten Ländern der Welt, aber die etwa Fünfzigjährigen unter meinen Landsleuten werden sich erinnern, dass Burma, seinerzeit eines der kleinen reichen asiatischen Länder, Japan unmittelbar nach dem Krieg den so dringend benötigten Reis lieferte. Burma wählte den Sozialismus und änderte vor einigen Jahren seinen Namen in Myanmar. Es ist eine Ironie, aber der Sozialismus hat nicht, wie versprochen, zu größerer und gleichmäßiger Verteilung des Reichtums geführt, sondern zur umfassenden Verteilung der Armut. Diese Resultate mag man nicht erwarten, aber sie scheinen bei allen Völkern, die eine sozialistische Regierung wählen, eine ständige und allgemeine Erscheinung zu sein, nicht zuletzt in der früheren Sowjetunion. In meinen Augen sind diese Ergebnisse nur die natürliche Folge eines auf Menschen missbräuchlich ausgeübten Drucks, der sie nur einengt und ihres freien Willens beraubt.

Im Namen des Sozialismus sind große Opfer gebracht worden. Er wurde so mächtig, dass dadurch die Welt in zwei Teile geteilt wurde, teilweise, weil er von solch hohen Idealen emporgetragen wurde. Warum ist er dann zerfallen? Der Hauptgrund ist wohl in der Tatsache zu suchen, dass die Stoßkraft des Sozialismus der Dynamik der menschlichen Entwicklung genau entgegengesetzt ist: Der Sozialismus ist zu weit entfernt von der natürlichen Ordnung der Dinge – das ist die Antwort. Kriege, Unterdrückung und Kontrolle sind ihrem Wesen nach negativ, weil sie die Freiheit einengen. Die wesentliche Voraussetzung für menschliches Glück ist die Möglichkeit, das zu tun, was man wirklich gerne tut, was immer das auch sein mag.

Um die Freiheit dafür zu haben, müssen Nahrungsversorgung, Umwelt und medizinische Versorgung der gemeinsame Besitz aller Menschen werden und für jeden einzelnen, ob Mann, Frau oder Kind, auf unserem Planeten grundsätzlich garantiert sein. Sind wir in der Lage, dafür ein funktionierendes System aufzubauen, werden die Menschen sich immer mehr einem Zustand der Wahrheit annähern. Sie werden zu größerer Reife kommen und in ihrem Alter Verehrung genießen, weil sie für die Gesellschaft einen Reichtum darstellen. Wir müssen ein System schaffen ohne Armut und Krankheit. Dies wird große Anstrengungen erfordern, aber es kann gelingen. Viele Soziologen behaupten, dass Koexistenz bereits eine Tatsache sei, aber Wohlstand für alle sei unmöglich. Solches Denken geht von der Annahme aus, dass es einfach nicht mehr Kuchen zu verteilen gebe. Da wir nur eine bestimmte Menge an Nahrung erzeugen können, gibt es nach ihrer Meinung für uns nur einen Weg zur Koexistenz, nämlich das zu verteilen, was da ist, danach unseren Gürtel enger zu schnallen und zufrieden zu sein, auch wenn unser Magen knurrt.

Diese Leute haben jedoch die authentische Technologie nicht in ihrer Rechnung berücksichtigt. Authentische Technologien wie EM und viele andere, die in nächster Zukunft ans Licht des Tages kommen, werden uns in die Lage versetzen, unsere grundlosen Ängste beiseitezuschieben. Ist erst einmal eine starke, stabile und zuverlässige Sozialstruktur geschaffen, wird sie die Grundlage für eine Welt sein, in der Wohlstand für alle Wirklichkeit ist.

Jedes Zeitalter hat seine eigene, ihm entsprechende Philosophie. Beim Wechsel des historischen Paradigmas wird sich wiederum eine klare Philosophie manifestieren.

Dieses Postskriptum möchte ich schließen, indem ich den Begründer der natürlichen Landwirtschaftsmethoden, Mokichi Okada, der mich zu meiner Philosophie für die EM-Technologie inspirierte, zitiere. Ich bin kein Anhänger der von ihm begründeten religiösen Gemeinschaft Sekai Kyusei Kyo, noch bin ich es je gewesen, aber seine Worte sind von großer Eindringlichkeit und Weitsicht. Ich zitiere sie im Original. Sie sind seiner Schrift *Welche*

Zukunft kann unsere Welt erwarten? aus dem Jahr 1953 entnommen: „Wenn ich auf die vor uns liegenden Zeiten blicke im Lichte der göttlichen Offenbarung, die mir für die Zukunft dieser Nation (die Vereinigten Staaten von Amerika) gewährt worden ist, dann sehe ich, dass in Kürze Probleme größten Ausmaßes auf sie zukommen werden wie nie zuvor in ihrer Geschichte. Zu diesem Zeitpunkt und ohne den ausdrücklichen göttlichen Willen kann ich nicht mehr kundtun, als dass diese Probleme den Anfang massiver Veränderungen globalen Ausmaßes markieren, die jede Facette der menschlichen Kultur von Religion, Politik und Wirtschaft, bis zu Erziehung, Bildung und Medizin, beeinflussen werden. Veränderungen großen Ausmaßes werden sich auch in der Sowjetunion ereignen, und diese werden sich in der Geburt einer neuen globalen Philosophie zeigen. Dies wird eine Reihe von Ereignissen herbeiführen, die letztendlich der Verwirklichung einer Welt des Friedens und Glücks dienen, wie sie von allen Menschen herbeigesehnt wird.

Die neue Philosophie, die dies hervorbringen wird, wird absolut nichts mit dem Kommunismus gemein haben, noch mit dem Sozialismus, noch mit dem Kapitalismus, noch mit der Demokratie. Sie wird sich weder nach rechts noch nach links orientieren, noch wird sie neutral sein. Sondern sie wird fair und vorurteilslos sein und das Prinzip eines vollkommenen Gleichgewichts verkörpern. Eine kulturelle Philosophie einer höheren Ordnung als die jetzige wird entstehen und den Weg weisen, den die Welt in Zukunft gehen wird. Ich muss betonen, dass keine Einmischung des Göttlichen bei diesen Ereignissen erfolgen wird, und doch werden sie unumkehrbar sein. Schicksalhaft werden sie über uns kommen, ob wir wollen oder nicht. Ich sage euch, dass der Traum, das wegweisende Licht dieser Religion (Sekai Kyusei Kyo), von einer Welt, völlig und für immer frei von Krankheit, Armut und Krieg, sich erfüllen wird. Der Himmel wird auf diese Erde herabkommen.

Bevor dies Wirklichkeit wird, belasten viele Schwierigkeiten und große Unruhen den Weg. Es wird Prüfungen über Prüfungen geben, ein Aufruhr nach dem anderen wird kommen, die Menschen werden verwirrt und ratlos sein und nicht wissen, wohin sie gehen oder was sie tun sollen. So wird es sein, bevor der Himmel auf der Erde errichtet wird, und es wäre gut für uns alle, wenn wir uns auf diese Prüfungen vorbereiten würden, um ihnen standzuhalten. Eine tiefe und echte religiöse Hingabe ist der beste Weg, sich für die kommenden Ereignisse zu rüsten, denn durch sie und durch die göttliche Gnade werden die Leiden leichter zu ertragen sein. Mit einem Wort: Die kataklysmischen Veränderungen, die auf dieser Welt das Oberste zuunterst kehren werden, haben einen tiefen Sinn, nämlich die Welt auf das neue Zeitalter vorzubereiten, in dem das Böse buchstäblich nicht mehr existiert und das Gute in all seiner Glorie gedeihen wird. Wer dieser Offenbarung nicht glaubt, wird nur Trauer im Herzen tragen können; ich könnte sogar sagen, er verleugnet wie ein Atheist die Existenz und den Namen des Göttlichen."[1]

Anmerkungen

1 Zitiert nach dem englischen Original: *Glory*, Ausgabe 206, 29. April 1953, herausgegeben von der Sekai Kyusei Kyo.

Biographie

Teruo Higa

Im Dezember 1941 in der Präfektur Okinawa geboren. Nach dem Abschluss des Studiums an der Landwirtschaftlichen Fakultät der Ryukyu-Universität erwarb er den Doktortitel am Landwirtschaftsinstitut der Kyushu-Universität. 1970 nahm er einen Lehrauftrag an der Ryukyu-Universität auf Okinawa an. 1972 wurde er Assistenzprofessor, 1982 ordentlicher Professor an derselben Universität und im Frühjahr 2007 emeritiert. Seit 2007 ist er Professor an der Meio-Universität auf Okinawa und Leiter des Internationalen Forschungsinstitutes für EM-Technologie.

Ende der 60-er Jahre begann Teruo Higa schon Alternativen zum Einsatz von chemischen Mitteln in der Landwirtschaft zu erforschen. Bald war ihm klar, dass die Lösung im Bereich der Mikrobiologie gefunden werden müsste. In den 1980-er Jahren gelang ihm schließlich die Zusammenstellung der Multimikrobenmischung EM (Effektiven Mikroorganismen). In den Folgejahren untersuchte er die Möglichkeiten der Anwendung von EM in der Landwirtschaft, im Umweltschutz, aber auch in der industriellen Anwendung und in der medizinischen Versorgung. Diese Anwendungsmethoden verbreiten sich als EM-Technologie. Schon während seiner Forschungen begann Prof. Higa mit der Verbreitung seiner Erkenntnisse in der ganzen Welt. Seine unermüdliche, weltweite Vortrags- und Beratungstätigkeit hält bis heute an.

U. a. ist Prof. Higa Vorsitzender des *internationalen EM Forschungszentrum*, Präsident des Netzwerks *Asia-Pacific Natural Agriculture Network (APNAN)*, Direktor des *International Nature Farming Research Center (INFRC)* in Japan, Direktor der gemeinnützigen Umweltorganisation *Earth Environment and Co-Existence Network* und Vorsitzender des von zwei japanischen Ministerien eingesetzten Komitees *Evaluation Committee for the National contest of Flowers in City Development and Constructions*. (Japanisches Ministerium für Land- und Forstwirtschaft und Fischerei und das Ministerum für Land, Infrastruktur und Transport).

Seit Ende der 1980-er Jahre sind von ihm zahlreiche Bücher und Aufsätze zur EM-Technologie erschienen. 1993 und 1994 brachte der Verlag Sunmark in Tokio seine beiden grundlegenden Bücher über EM heraus, *Eine Revolution zur Rettung der Erde I und II* (engl. 1996 und 1998), die inzwischen in viele Sprachen übersetzt wurden. Die **edition EM** bringt 2009 erstmalig beide Bücher zusammengefasst in einem Band heraus. Im Herbst 2009 erscheint ebenfalls von Prof. Higa die überarbeitete Neuausgabe von *Die wiedergewonnene Zukunft*.

Bildnachweis

Seite   18: Erich Fuchs
Seite   36: EMRO Costa Rica
Seite   54: K. Petersen
Seite   90: P. Mau
Seite 122: EMRO Thailand
Seite 150: P. Mau
Seite 170: EMRO Costa Rica
Seite 188: P. Mau
Seite 206: EMRO Japan
Seite 230: J. Kunz
Seite 262: P. Mau
Seite 266: J. Kunz

Informationen über die EM-Technologie und Bezugsquellen im deutschsprachigen Raum

Die gemeinnützigen EM-Vereine

**EM e.V. Deutschland
Gesellschaft zur Förderung regenerativer Mikroorganismen**
Geschäftsstelle
Am Dobben 43 A
D-28203 Bremen
Tel. +49 (0)421 330 87 85
Fax +49 (0)421 330 87 95
info@EMeV.info
www.EMeV.de

Interessengemeinschaft Effektive Mikroorganismen (IG-EM) Schweiz
Sekretariat Werner Wäfler
Eselweidweg 7
8833 Samstagern
Tel. +41 (0)44 784 51 89
info@ig-em.ch
www.ig-em.ch

Produktion von EM1 und Vertrieb der Originalprodukte der EM-Technologie

EMIKO Handelsgesellschaft mbH
Unterer Dützhof
Vorgebirgsstr. 99
D-53913 Swisttal-Heimerzheim
Tel. +49 (0)2222 93 95-0
Fax +49 (0)2222 93 95-19
info@emiko.de
www.emiko.de

EM Schweiz AG
Titlisstrasse 11
CH-6020 Emmenbrücke
CH - Schweiz
Tel. +41 (0)41 260 44 74
Fax +41 (0)41 260 44 92
info@em-schweiz.ch
www.em-schweiz.ch

Koordination Europa

EMRO (EM Research Organization) EHG
Hideo Kuwabara
Galgenbergstr. 3/1
D-74626 Bretzfeld-Schwabbach
Tel. +49 (0)7946 947351
kuwabara@emro-ehg.de
www.emro.co.jp/english

SHIGERU TANAKA

Vertrauen in Dr. Higas EM-X

Hilfe auch bei schweren Krankheiten

Mit einer Einführung und einem aktuellen Beitrag von Prof. Teruo Higa

Übersetzt aus dem Japanischen von Dr. Monika Lubitz

Pb., 144 Seiten
Preis: € 16,80 (D), 17,40 (A)
ISBN: 978-3-941383-01-2
© edition EM 2009

Seit Prof. Dr. Teruo Higa mithilfe der Effektiven Mikroorganismen (EM) das stark antioxidant wirkende Getränk, EM-X (heute EM-X Gold) entwickelt hat, wird es von dem Mediziner Dr. Shigeru Tanaka komplementär mit großem Erfolg eingesetzt. Der ehemalige Bürgermeister der Stadt Wako bei Tokio hat seine Erfahrungen aus über zehn Jahren Praxis und Beratung in diesem Buch zusammengefasst.

Dr. Tankas Sohn, Jiro Tanaka, Mediziner in Tokio, steuert die Auswertung einer langjährigen statistischen Erhebung unter Patienten, die EM-X eingenommen haben, bei. In einem zusätzlichen Kapitel stellt Prof. Higa jüngste, vielversprechende Beispiele der Therapie mit dem wirkungsverbesserten EM-X Gold vor, das an die Stelle von EM-X getreten ist. Von ihm stammt auch die ausführliche Einführung, in der er die Wirkungen von EM-X aus dem Prinzipien der EM-Technologie erklärt und die Entwicklung von EM-X zu EM-X Gold erläutert.

edition EM Verlagsges. mbH
Am Dobben 43 A
D-28203 Bremen
Tel: +49-(0)421-79 28 29 39
info@editionEM.de
www.editionEM.de

Die **edition EM** hat sich zur Aufgabe gemacht, Bücher und Medien herauszugeben, die sich im weitesten Sinne mit der EM-Technologie befassen, die von Prof. Dr. Teruo Higa gefunden und beschrieben worden ist. Seine Bücher und seine lebenslangen Aktivitäten haben eine weltweite Bewegung zur ökologischen Verbesserung unseres Planeten hervorgerufen, die bis heute anhält. Darüber hinaus verlegt die **edition EM** Bücher, die zur ökologischen Verbesserung unseres Planeten und der Verbesserung der Lebensrealitäten aller Menschen beitragen.

Die **edition EM** hat ihre Publikationstätigkeit mit zwei wegweisenden Büchern zum Thema EM begonnen.

Im April 2009 erscheint Prof. Higas grundlegendes Werk *Eine Revolution zur Rettung der Erde* in der **edition EM**. Erstmalig in der vollständigen Version, aus den beiden Bänden *An Earth Saving Revolution I* und *An Earth Saving Revolution II* übertragen ins Deutsche von Edith Sassenscheidt und Franz-Peter Mau.

Bereits erschienen ist: Shigeru Tanaka, **Vertrauen in Dr. Higas EM-X,** das Dr. Tanakas klinischen Erfahrungen der vergangenen Jahre beschreibt. Mit zwei Beiträgen von Prof. Higa.

Als nächsten erscheinen:

Teruo Higa, *Die Wiedergewonnene Zukunft*
(neu überarbeitet)

EM-Technologie für das 21. Jahrhundert
Lösungen für viele Probleme im Umweltschutz,
gegen den Hunger in der Welt und in den
modernen Gesellschaften

ISBN 978-3-941383-02-9

Shigeru Tanaka, *EM-X*
(neu überarbeitet)

Die ersten Berichte des Mediziners über seine
Erfahrungen mit EM-X. Erstaunliche Fakten über
die Wirkungen des auf der Basis von Effektiven
Mikroorganismen entwickelten Getränks.

ISBN 978-3-941383-03-6

9783941383005